工程量清单计价编制快学快用系列

装饰装修工程清单计价编制快学快用

于冬波 主 编
林师师 殷大雷 副主编

中国建材工业出版社

图书在版编目(CIP)数据

装饰装修工程清单计价编制快学快用/于冬波主编.
—北京：中国建材工业出版社，2013.9
（工程量清单计价编制快学快用系列）
ISBN 978-7-5160-0519-4

Ⅰ.①装… Ⅱ.①于… Ⅲ.①建筑装饰—工程装修—工程造价—基本知识 Ⅳ.①TU723.3

中国版本图书馆 CIP 数据核字（2013）第 174096 号

装饰装修工程清单计价编制快学快用
于冬波　主编

出版发行	中国建材工业出版社
地　　址	北京市西城区车公庄大街 6 号
邮　　编	100044
经　　销	全国各地新华书店
印　　刷	北京紫瑞利印刷有限公司
开　　本	850mm×1168mm　1/32
印　　张	16
字　　数	431 千字
版　　次	2013 年 9 月第 1 版
印　　次	2013 年 9 月第 1 次
定　　价	43.00 元

本社网址：www.jccbs.com.cn
本书如出现印装质量问题，由我社发行部负责调换。电话：(010)88386906
对本书内容有任何疑问及建议，请与本书责编联系。邮箱：dayi51@sina.com

内容提要

本书根据《建设工程工程量清单计价规范》(GB 50500—2013) 和《房屋建筑与装饰工程工程量计算规范》(GB 50854—2013)，紧扣"快学快用"的理念进行编写，全面系统地介绍了装饰装修工程工程量清单计价的基础理论和方式方法。全书主要内容包括概论，装饰装修工程造价概述，工程量清单计价规定及常用表格，装饰装修工程工程量清单编制，工程量计算概述，楼地面装饰工程工程量计算，墙、柱面装饰与隔断、幕墙工程工程量计算，天棚工程工程量计算，门窗工程工程量计算，油漆、涂料、裱糊工程工程量计算，其他装饰工程工程量计算，拆除工程工程量计算，装饰装修工程措施项目，装饰装修工程工程量清单计价编制等。

本书内容丰富实用，可供装饰装修工程造价编制与管理人员使用，也可供高等院校相关专业师生学习时参考。

前　言

工程造价是工程建设的核心之一，也是市场运行的重要内容，建筑市场存在着许多不规范的行为，大多数与工程造价有直接联系。工程量清单计价是建设工程招标投标中，按照国家统一的工程量清单计价规范及相关工程国家计量规范，由招标人提供工程数量，投标人自主报价，经评审低价中标的工程造价计价模式。采用工程量清单计价有利于发挥企业自主报价的能力，同时也有利于规范业主在工程招标中计价行为，有效改变招标单位在招标中盲目压价的行为，从而真正体现公开、公平、公正的原则，反映市场经济规律。

2012年12月25日，住房和城乡建设部发布了《建设工程工程量清单计价规范》（GB 50500—2013），及《房屋建筑与装饰工程工程量计算规范》（GB50854—2013）等9本工程量计算规范。这10本规范是在《建设工程工程量清单计价规范》（GB 50500—2008）的基础上，以原建设部发布的工程基础定额、消耗量定额、预算定额以及各省、自治区、直辖市或行业建设主管部门发布的工程计价定额为参考，以工程计价相关的国家或行业的技术标准、规范、规程为依据，收集近年来新的施工技术、工艺和新材料的项目资料，经过整理，在全国广泛征求意见后编制而成的，于2013年7月1日起正式实施。

《工程量清单计价编制快学快用系列》丛书即以《建设工程工程量清单计价规范》（GB 50500—2013）和《房屋建筑与装饰工程工程量计算规范》（GB 50854—2013）、《通用安装工程工程量计算规范》（GB 50856—2013）、《市政工程工程量计算规范》（GB 50857—2013）、《园林绿化工程工程量计算规范》（GB 50858—2013）等计价计量规范为依据编写而成。本套共包含以下分册：

1.《建筑工程清单计价编制快学快用》

2.《装饰装修工程清单计价编制快学快用》
3.《水暖工程清单计价编制快学快用》
4.《建筑电气工程清单计价编制快学快用》
5.《通风空调工程清单计价编制快学快用》
6.《市政工程清单计价编制快学快用》
7.《园林绿化工程清单计价编制快学快用》
8.《公路工程清单计价编制快学快用》

本套丛书主要具有以下特色：

（1）丛书的编写严格参照 2013 版工程量清单计价规范及相关工程现行国家计量规范进行编写，对建设工程工程量清单计价方式、各相关工程的工程量计算规则及清单项目设置注意事项进行了详细阐述，并细致介绍了施工过程中工程合同价款约定、工程计量与价款支付、索赔与现场签证、工程价款调整、工程计价争议处理中应注意的各项要求。

（2）丛书内容翔实、结构清晰、编撰体例新颖，在理论与实例相结合的基础上，注重应用理解，以更大限度地满足实际工作的需要，增加了图书的适用性和使用范围，提高了使用效果。

（3）丛书直接以各工程具体应用为叙述对象，详细阐述了各工程量清单计价的实用知识，具有较高的实用价值，方便读者在工作中随时查阅学习。

丛书在编写过程中，参考或引用了有关部门、单位和个人的资料，得到了相关部门及工程造价咨询单位的大力支持与帮助，在此表示衷心感谢。限于编者的学识及专业水平和实践经验，丛书中难免有疏漏或不妥之处，恳请广大读者指正。

编　者

目 录

第一章 概论 … (1)

第一节 装饰装修工程概述 … (1)
一、建筑装饰概念 … (1)
二、建筑装饰的作用 … (1)
三、建筑装饰工程分类与特点 … (2)
四、建筑装饰等级和标准 … (4)

第二节 装饰装修工程施工图识读 … (6)
一、常用房屋建筑室内装饰装修材料和设备图例 … (6)
二、装饰装修工程图纸绘制深度 … (19)
三、装饰装修施工图绘制方法与视图布置 … (27)
四、装饰装修施工平面图识读 … (29)
五、装饰装修天棚平面图识读 … (31)
六、装饰装修立面图识读 … (31)
七、装饰装修剖面图识读 … (33)
八、装饰装修详图识读 … (34)

第二章 装饰装修工程造价概述 … (36)

第一节 装饰装修工程计价 … (36)
一、装饰装修工程计价特征 … (36)
二、装饰装修工程计价基本方法 … (37)
三、定额计价与清单计价的区别 … (37)

第二节 《建设工程工程量清单计价规范》简介……………(39)
 一、规范编制过程……………………………………………(39)
 二、规范编制指导思想与修编原则…………………………(41)
 三、2013版清单计价规范简介………………………………(44)
第三节 实行工程量清单计价的意义与作用………………(45)
 一、实行工程量清单计价的意义……………………………(45)
 二、工程量清单计价的影响因素……………………………(48)

第三章 工程量清单计价规定及常用表格………(52)

第一节 工程量清单计价规定………………………………(52)
 一、计价方式…………………………………………………(52)
 二、发包人提供材料和机械设备……………………………(54)
 三、承包人提供材料和工程设备……………………………(55)
 四、计价风险…………………………………………………(55)
第二节 工程计价常用表格…………………………………(57)
 一、计价表格种类及使用范围………………………………(57)
 二、工程计价表格的形式及填写要求………………………(59)

第四章 装饰装修工程工程量清单编制……………(98)

第一节 工程量清单编制依据与程序………………………(98)
 一、一般规定…………………………………………………(98)
 二、工程量清单编制依据……………………………………(99)
 三、工程量清单编制程序……………………………………(99)
第二节 招标工程量清单编制………………………………(99)
 一、分部分项工程项目………………………………………(99)
 二、措施项目…………………………………………………(109)
 三、其他项目…………………………………………………(110)

四、规费、税金项目 …………………………………………… (116)

第五章　工程量计算概述 …………………………………… (119)

第一节　工程量计算基本原理 ……………………………… (119)
一、正确计算工程量的意义 …………………………………… (119)

二、工程量计算一般原则 ……………………………………… (120)

三、工程量计算顺序 …………………………………………… (121)

四、统筹法计算工程量简介 …………………………………… (123)

第二节　建筑面积计算 ……………………………………… (125)
一、建筑面积计算相关术语 …………………………………… (125)

二、计算全部建筑面积的范围与规定 ………………………… (127)

三、计算1/2建筑面积的范围与规定 ………………………… (135)

四、不应计算建筑面积的范围与规定 ………………………… (139)

第六章　楼地面装饰工程工程量计算 ……………………… (143)

第一节　概述 ………………………………………………… (143)
一、楼地面构造与组成 ………………………………………… (143)

二、消耗量定额关于楼地面工程的说明 ……………………… (145)

第二节　整体面层及找平层工程量计算 …………………… (147)
一、水泥砂浆楼地面 …………………………………………… (147)

二、现浇水磨石楼地面 ………………………………………… (151)

三、细石混凝土楼地面 ………………………………………… (154)

四、菱苦土、自流坪楼地面 …………………………………… (157)

五、平面砂浆找平层 …………………………………………… (159)

第三节　块料面层工程量计算 ……………………………… (161)
一、石材、碎石材楼地面 ……………………………………… (161)

二、块料楼地面 ………………………………………………… (167)

第四节 橡塑面层工程量计算 (172)
  一、橡胶板、橡胶板卷材楼地面 (172)
  二、塑料板、塑料卷材楼地面 (175)

第五节 其他材料面层工程量计算 (177)
  一、地毯楼地面 (177)
  二、竹木(复合)地板 (180)
  三、金属复合地板 (185)
  四、防静电活动地板 (188)

第六节 踢脚线工程量计算 (193)
  一、水泥砂浆踢脚线 (193)
  二、石材、块料踢脚线 (195)
  三、其他各类踢脚线 (198)

第七节 楼梯面层工程量计算 (203)
  一、石材、块料、碎拼块料楼梯面层 (203)
  二、水泥砂浆楼梯面层 (206)
  三、现浇水磨石楼梯面层 (208)
  四、地毯楼梯面层 (209)
  五、木板、橡胶板、塑料板楼梯面层 (211)

第八节 台阶及零星装饰项目工程量计算 (212)
  一、石材、块料、拼碎块料台阶面 (212)
  二、水泥砂浆台阶面 (216)
  三、现浇水磨石台阶面 (217)
  四、剁假石台阶面 (219)
  五、零星装饰项目 (221)

第七章 墙、柱面装饰与隔断、幕墙工程工程量计算 (224)
第一节 概述 (224)

一、墙、柱面构造与组成 ……………………………………… (224)
二、消耗量定额关于墙、柱面装饰与隔断、幕墙工程的说明 … (225)

第二节 墙、柱面抹灰工程量计算 ……………………………… (228)
一、一般抹灰 ……………………………………………… (228)
二、装饰抹灰 ……………………………………………… (236)
三、砂浆找平层 …………………………………………… (242)
四、勾缝 …………………………………………………… (244)

第三节 墙、柱(梁)面镶贴块料工程量计算 ………………… (247)
一、石材镶贴 ……………………………………………… (247)
二、拼碎块镶贴 …………………………………………… (256)
三、块料镶贴 ……………………………………………… (260)
四、干挂石材钢骨架 ……………………………………… (267)

第四节 墙饰面工程量计算 ……………………………………… (268)
一、墙面装饰板 …………………………………………… (268)
二、墙面装饰浮雕 ………………………………………… (271)

第五节 柱(梁)饰面工程量计算 ……………………………… (272)
一、柱(梁)面装饰 ……………………………………… (272)
二、成品装饰柱 …………………………………………… (274)

第六节 幕墙工程工程量计算 …………………………………… (275)
一、带骨架幕墙 …………………………………………… (275)
二、全玻(无框玻璃)幕墙 ……………………………… (278)

第七节 隔断工程量计算 ………………………………………… (279)
一、木隔断、金属隔断 …………………………………… (280)
二、成品隔断 ……………………………………………… (282)
三、玻璃隔断、塑料隔断及其他隔断 …………………… (284)

第八章 天棚工程工程量计算 …………………………… (287)

第一节 概述 ……………………………………………………… (287)

一、天棚类型与构造形式 ………………………………… (287)

　　二、消耗量定额关于天棚工程的说明 …………………… (289)

第二节　天棚抹灰、吊顶工程量计算 ………………………… (291)

　　一、天棚抹灰 ……………………………………………… (291)

　　二、吊顶天棚 ……………………………………………… (294)

　　三、其他形式天棚吊顶 …………………………………… (300)

　　四、采光天棚 ……………………………………………… (306)

第三节　天棚其他装饰工程量计算 …………………………… (307)

　　一、灯带(槽) ……………………………………………… (307)

　　二、送风口、回风口 ……………………………………… (309)

第九章　门窗工程工程量计算 ………………………… (310)

第一节　概述 …………………………………………………… (310)

　　一、门窗组成与类型 ……………………………………… (310)

　　二、消耗量定额关于门窗工程的说明 …………………… (313)

第二节　木门窗工程量计算 …………………………………… (313)

　　一、木门 …………………………………………………… (313)

　　二、木窗 …………………………………………………… (319)

第三节　金属门窗工程量计算 ………………………………… (322)

　　一、金属门 ………………………………………………… (322)

　　二、金属窗 ………………………………………………… (324)

第四节　其他类型门工程量计算 ……………………………… (326)

　　一、金属卷帘(闸)门 ……………………………………… (326)

　　二、厂库房大门、特种门 ………………………………… (327)

　　三、其他门 ………………………………………………… (329)

第五节　门窗细部工程工程量计算 …………………………… (331)

　　一、门窗套 ………………………………………………… (331)

二、窗台板 ………………………………………………… (333)

　　三、窗帘、窗帘盒、轨 …………………………………… (335)

第十章　油漆、涂料、裱糊工程工程量计算 ………… (338)

　第一节　概述 ………………………………………………… (338)

　　一、油漆、涂料、裱糊工程概述 ………………………… (338)

　　二、消耗量定额关于油漆、涂料、裱糊工程的说明 …… (341)

　第二节　油漆工程工程量计算 ……………………………… (341)

　　一、门油漆 ………………………………………………… (341)

　　二、窗油漆 ………………………………………………… (343)

　　三、木扶手及其他板条、线条油漆 ……………………… (344)

　　四、木材面油漆 …………………………………………… (344)

　　五、金属面油漆 …………………………………………… (348)

　　六、抹灰面油漆 …………………………………………… (351)

　第三节　喷刷涂料工程工程量计算 ………………………… (355)

　　一、墙面、天棚喷刷涂料 ………………………………… (355)

　　二、花饰、线条刷涂料 …………………………………… (358)

　　三、金属、木材构件喷刷防火涂料 ……………………… (359)

　第四节　裱糊工程工程量计算 ……………………………… (359)

　　一、墙纸裱糊 ……………………………………………… (359)

　　二、织锦缎裱糊 …………………………………………… (361)

第十一章　其他装饰工程工程量计算 ………………… (363)

　第一节　概述 ………………………………………………… (363)

　第二节　扶手、栏杆、栏板装饰工程量计算 ……………… (364)

　　一、栏杆、栏板装饰 ……………………………………… (364)

　　二、扶手装饰 ……………………………………………… (366)

三、玻璃栏板 …………………………………………… (368)

第三节　浴厕配件工程量计算 ……………………………… (369)

一、洗漱台 ……………………………………………… (369)

二、浴厕其他配件 ……………………………………… (371)

三、镜面玻璃 …………………………………………… (373)

四、镜箱 ………………………………………………… (374)

第四节　雨篷、旗杆工程量计算 …………………………… (375)

一、雨篷吊挂饰面 ……………………………………… (375)

二、金属旗杆 …………………………………………… (378)

第五节　招牌、灯箱、美术字工程量计算 ………………… (379)

一、招牌 ………………………………………………… (379)

二、灯箱与信报箱 ……………………………………… (380)

三、美术字 ……………………………………………… (381)

第六节　其他工程工程量计算 ……………………………… (382)

一、柜类、货架 ………………………………………… (382)

二、压条、装饰线 ……………………………………… (385)

三、暖气罩 ……………………………………………… (387)

第十二章　拆除工程工程量计算 …………………… (390)

第一节　拆除工程工程量计算规则 ………………………… (390)

第二节　拆除工程工程量计算说明 ………………………… (396)

第十三章　装饰装修工程措施项目 ………………… (398)

第一节　单价措施项目 ……………………………………… (398)

一、脚手架工程 ………………………………………… (398)

二、混凝土模板及支架（撑） ………………………… (402)

三、垂直运输 …………………………………………… (404)

四、超高施工增加 …………………………………… (407)
　　五、大型机械设备进出场及安拆 …………………… (408)
　　六、施工排水、降水 ………………………………… (409)
 第二节　安全文明施工及其他措施项目 ……………… (409)
　　一、清单项目设置及工程量计算规则 ……………… (409)
　　二、工程量计算相关说明 …………………………… (411)

第十四章　装饰装修工程工程量清单计价编制 …… (412)

 第一节　建筑安装工程费用项目 ……………………… (412)
　　一、建筑安装工程费用项目组成 …………………… (412)
　　二、建筑安装工程费用组成内容 …………………… (412)
　　三、建筑安装工程费参考计算方法 ………………… (420)
 第二节　装饰装修招标控制价编制 …………………… (425)
　　一、一般规定 ………………………………………… (425)
　　二、招标控制价编制与复核 ………………………… (426)
　　三、投诉与处理 ……………………………………… (439)
 第三节　装饰装修工程投标报价编制 ………………… (440)
　　一、一般规定 ………………………………………… (440)
　　二、投标报价编制与复核 …………………………… (441)
 第四节　装饰装修工程合同价款结算 ………………… (444)
　　一、合同价款约定 …………………………………… (444)
　　二、工程计量 ………………………………………… (446)
　　三、合同价款调整 …………………………………… (448)
　　四、合同价款期中支付 ……………………………… (471)
　　五、竣工结算与支付 ………………………………… (476)
　　六、合同解除的价款结算与支付 …………………… (483)
　　七、合同价款争议的解决 …………………………… (485)

第五节　装饰装修工程造价鉴定 …………………………………（488）
　一、一般规定 ………………………………………………………（488）
　二、取证 ……………………………………………………………（489）
　三、鉴定 ……………………………………………………………（491）
第六节　装饰装修工程计价资料与档案 …………………………（492）
　一、工程计价资料 …………………………………………………（492）
　二、计价档案 ………………………………………………………（493）

参考文献 ………………………………………………………………（495）

第一章 概 论

第一节 装饰装修工程概述

一、建筑装饰概念

建筑装饰是指敷设于建筑物或构筑物表面的装饰层,起着保护建筑构件,美化建筑工程,增加使用功能,改善使用环境的基本作用。随着人们生活水平的不断提高,人们对建筑装饰要求越来越高,进而对建筑装饰的兴趣越来越浓厚,从而促使建筑装饰独树一帜,不断地表现出不同于一般建筑的特殊性。随着大量新颖别致、高标准建筑工程的出现,人们越发重视研究建筑装饰工艺,努力融合传统技法与现代施工技术,使建筑装饰更加美观和富有个性。

建筑装饰是建筑工程中一个重要的组成部分,是建筑的物质功能与精神功能得以实现的关键。它贯穿建筑物的整体环境设计和建造的全过程,而不是与建筑主体相分离或事后附加点缀的工作。

二、建筑装饰的作用

建筑装饰工程是建筑工程的重要组成部分。它是在已经建立起来的建筑实体上进行装饰的工程,包括建筑内外装饰和相应设施。归纳起来,建筑装饰工程具有以下几个主要作用:

(1)保护建筑主体结构。通过建筑装饰,使建筑物主体不受风雨和其他有害气体的侵蚀。

(2)保证建筑物的使用功能。这是指满足某些建筑物在灯光、卫生、隔音等方面的要求而进行的各种装饰。

(3)强化建筑物的空间序列。对公共娱乐设施、商场、写字楼等建筑物的内部进行合理布局和分隔,可以满足这些建筑物在使用上的各种要求。

(4)强化建筑物的意境和气氛。通过建筑装饰,对室内外的环境再创造,从而达到精神享受的目的。

(5)起到装饰性的作用。通过建筑装饰,达到美化建筑物和周围环境的目的。

三、建筑装饰工程分类与特点

1. 建筑装饰工程分类

通常情况下,建筑装饰工程按建筑物的使用功能分为下述 11 类:
(1)酒店、宾馆、饭店、度假村。
(2)展览馆、图书馆、博物馆。
(3)商场、购物中心、店铺。
(4)银行营业大厅、证券交易所。
(5)办公楼、写字楼。
(6)歌剧院、戏院、电影院。
(7)歌舞厅、卡拉 OK 歌舞厅。
(8)高级公寓、高层商住楼。
(9)厨房厨具工程。
(10)园林雕塑工程。
(11)其他。

2. 建筑装饰工程特点

(1)固定性。与一般工业生产相比较,虽然建筑装饰工程也是把资源投入产品的生产过程,其生产上的阶段性和连续性,组织上的专业化,协作和联合化,是与工业产品的生产相一致的,但是,其实施却也有着自身的一系列技术经济特点。这些特点首先表现在建筑装饰产品的固定性。这是由于建筑装饰工程是在已经建立起来的建筑实体上进行的,而建筑实体在一个地方建造后便不能移动,只能在建造的地方供人们长期使用,因此,建筑装饰工程也只能在固定的地方来进行。而且与一般工业生产中生产者和生产设备固定不动、产品在流水线上流动不同,建筑装饰则是产品本身固定,生产者和生产设备必须不断地在建筑物不同部位上流动。

(2)多样性。建筑装饰产品的另一个显著特点是多样性。在一般工业生产部门,如机械工业、化学工业、电子工业等,生产的产品数量很大,而产品本身都是标准的同一产品,其规格相同、加工制造的过程也是相同的,按照同一设计图纸反复连续地进行批量生产;建筑装饰产品则不同,其是根据不同的用途,不同的自然环境、人文历史,不同的审美情趣,建造不同风格、造型、材料、工艺各异的装饰作品、构配件等,从而表现出装饰产品的多样性。每一个建筑装饰产品都需要一套单独的设计图纸,而在施工时,根据特定的自然条件、工艺要求,采用相应的施工方法和施工组织。即使是采用相同造型、材质的设计,因为各地自然条件、材料资源的不同,施工时往往也需要采用不同的构造处理,不同的材料配比等,使之与特定自然和材料等特性相适应,从而保证产品质量。这使得装饰产品具有明显的个体性。

(3)体积庞大性。体积庞大性是建筑装饰产品的又一个特点。由于建筑装饰产品的体积庞大,占用空间多,因而,建筑装饰特别是建筑外装饰施工不能不在露天进行,即使是室内装饰施工,由于其作业的特点(如湿作业多,涂料施工、胶粘需要一定的温度、湿度条件等),所以,其受自然气候条件影响很大。

(4)差异性。建筑装饰产品的固定性,决定了建筑装饰的流动性。这种流动性使得不同的建筑装饰产品具有不同的工程条件,因而在工程造价上亦有很大差异。建筑装饰产品的多样性决定了建筑装饰产品的个体性,这种个体性使得不同的建筑装饰产品的费用也不同。此外,由于建筑装饰产品体积庞大及装饰施工作业的特点,决定了建筑装饰受自然气候条件的影响很大,因而,自然气候条件差异也使得不同的建筑装饰产品造价不同。

四、建筑装饰等级和标准

建筑装饰装修等级一般是根据建筑物的类型、等级、使用性质及功能特点等因素来确定的。通常建筑物的等级越高,其建筑装饰装修标准及等级也就越高。建筑装饰装修等级具体划分详见表1-1。

表1-1 建筑装饰装修等级

装饰等级	建筑物的类型
一级	高级宾馆、别墅、纪念性建筑、大型博览建筑、大型体育建筑、一级行政机关办公楼、市级商场
二级	科研建筑、高教建筑、普通博览建筑、普通观演建筑、普通交通建筑、普通体育建筑、广播通信建筑、医疗建筑、商业建筑、旅馆建筑、局级以上行政办公楼、中级居住建筑
三级	中小学和托幼建筑、生活服务建筑、普通行政办公楼、普通居住建筑

不同装饰装修等级的建筑物应分别选用不同档次的装饰装修材料和施工方法,不宜超越其等级任意选用高档材料。为此,国家规定了不同装饰装修等级建筑内外装饰用材料标准,具体见表1-2。

表1-2 建筑内外装饰用材料标准

建筑装饰等级	房间名称	部位	内装饰材料及设备	外装修材料
一级装饰	全部房间	墙面	塑料墙纸(布)、织物墙面、大理石、装饰板、木墙裙、各种面砖、内墙涂料	大理石、花岗石(少用)、面砖、无机涂料、金属墙板、玻璃幕墙
		地面及楼面	软木橡胶地板、各种塑料地板、大理石、花岗石、彩色水磨石、地毯、木地板	
		天棚	金属装饰板、塑料装饰板、金属墙纸、塑料墙纸、装饰吸音板、玻璃天棚、灯具天棚	室外雨篷下及悬挑部分的楼板下,可参照内装饰天棚
		门窗	夹板门、推拉门、带木镶板或大理石镶边、设窗帘盒	各种颜色玻璃铝金门窗、特制木门窗、钢窗,可用光电感应门、遮阳板、卷帘门窗
		其他设施	各种金属及竹木花格、自动扶梯、有机玻璃栏板、各种花饰、灯具、空调、防火设备、暖气罩、高档卫生设备	局部屋檐、屋顶可用各种瓦件、各种装饰物(可少用)

续表

建筑装饰等级	房间名称	部位	内装饰材料及设备	外装修材料
二级装饰	门厅、楼梯、走道、普通房间	楼面、地面	彩色水磨石、地毯、各种塑料地板、卷材地毯、碎大理石地面	
		墙面	各种内墙涂料、装饰抹灰、窗帘盒、暖气罩	主要立面可用面砖,局部可用大理石、无机涂料
		天棚	混合砂浆、石灰膏罩面、板材天棚(钙塑板、胶合板)、吸音板	
		门窗		普通钢木门窗,主要入口处可用铝合金门
	厕所、盥洗室	楼面、地面	普通水磨石、陶瓷马赛克	
		墙面	水泥砂浆、1.4~1.7m高度内瓷砖墙裙	
		天棚	混合砂浆、石灰膏罩面	
		门窗	普通钢木门窗	
三级装饰	一般房间	楼面、地面	局部水磨石、水泥砂浆	
		墙面	混合砂浆、色浆粉刷,可赛银或乳胶漆局部油漆墙裙,柱子不作特殊装饰	局部可用面砖,大部分用水刷石、干粘石、无机涂料、色浆粉刷、清水砖
		天棚	混合砂浆、石灰膏罩面	混合砂浆、石灰膏罩面
		其他	文体用房、幼儿园小班可用木地板、窗帘棍。除托幼外,不设暖气罩,不准作钢饰件,不用白水泥、大理石、铝合金门窗,不贴墙纸	禁用大理石、金属外墙板
	门厅、楼梯、走道		除门厅可局部吊顶外,其他同一般房间。楼梯用金属栏杆、木扶手或抹灰栏板	
	厕所、盥洗室		水泥砂浆地面、水泥砂浆墙裙	

第二节 装饰装修工程施工图识读

一、常用房屋建筑室内装饰装修材料和设备图例

(1)房屋建筑室内装饰装修材料的图例画法应符合现行国家标准《房屋建筑制图统一标准》(GB/T 50001—2010)的规定。

(2)常用房屋建筑室内材料、装饰装修材料应按表 1-3 所示图例画法绘制。

表 1-3　　　　常用房屋建筑室内装饰装修材料图例

序号	名称	图例	备注
1	夯实土壤		—
2	砂砾石、碎砖三合土		—
3	石材		注明厚度
4	毛石		必要时注明石料块面大小及品种
5	普通砖		包括实心砖、多孔砖、砌块等砌体。断面较窄不易绘出图例线时,可涂红,并在图纸备注中加注说明,画出该材料图例
6	轻质砌块砖		指非承重砖砌体
7	轻钢龙骨板材隔墙		注明材料品种

续一

序号	名称	图例	备注
8	饰面砖		包括铺地砖、马赛克、陶瓷锦砖、人造大理石等
9	混凝土		1. 本图例指能承重的混凝土及钢筋混凝土
10	钢筋混凝土		2. 包括各种强度等级、骨料、添加剂的混凝土 3. 在剖面图上画出钢筋时,不画图例线 4. 断面图形小,不易画出图例线时,可涂黑
11	多孔材料		包括水泥珍珠岩、沥青珍珠岩、泡沫混凝土、非承重加气混凝土、软木、蛭石制品等
12	纤维材料		包括矿棉、岩棉、玻璃棉、麻丝、木丝板、纤维板等
13	泡沫塑料材料		包括聚苯乙烯、聚乙烯、聚氨酯等多孔聚合物类材料
14	密度板		注明厚度
15	实木		表示垫木、木砖或木龙骨
			表示木材横断面
			表示木材纵断面
16	胶合板		注明厚度或层数
17	多层板		注明厚度或层数

续二

序号	名称	图例	备注
18	木工板		注明厚度
19	石膏板		1. 注明厚度 2. 注明石膏板品种名称
20	金属		1. 包括各种金属,注明材料名称 2. 图形小时,可涂黑
21	液体	(平面)	注明具体液体名称
22	玻璃砖		注明厚度
23	普通玻璃	(立面)	注明材质、厚度
24	磨耗玻璃	(立面)	1. 注明材质、厚度 2. 本图例采用较均匀的点
25	夹层(夹绢、夹纸)玻璃	(立面)	注明材质、厚度
26	镜面	(立面)	注明材质、厚度

续三

序号	名称	图例	备注
27	橡胶		—
28	塑料		包括各种软、硬塑料及有机玻璃等
29	地毯		注明种类
30	防水材料	(小尺度比例) (大尺度比例)	注明材质、厚度
31	粉刷		本图例采用较稀的点
32	窗帘	(立面)	箭头所示为开启方向

注：序号1、3、5、6、10、11、16、17、20、23、25、27、28图例中的斜线、短斜线、交叉斜线等均为45°。

(3)《房屋建筑室内装饰装修制图标准》(JGJ/T 244—2011)规定：当采用表1-3所列图例中未包括的建筑装饰材料时，可自编图例，但不得与表1-3所列的图例重复，且在绘制时，应在适当位置画出该材料图例，并应加以说明。下列情况，可不画建筑装饰材料图例，但应加文字说明：

1)图纸内的图样只用一种图例时；

2)图形较小无法画出建筑装饰材料图例时；

3) 图形较复杂,画出建筑装饰材料图例影响图纸理解时。

(4) 常用家具图例应按表1-4所示图例画法绘制。

表1-4　　　　　　　　　常用家具图例

序号	名称		图例	备注
1	沙发	单人沙发		
		双人沙发		
		三人沙发		
2	办公桌			
3	椅	办公椅		1. 立面样式根据设计自定 2. 其他家具图例根据设计自定
		休闲椅		
		躺椅		
4	床	单人床		
		双人床		
5	橱柜	衣柜		
		低柜		
		高柜		

(5)常用电器图例应按表 1-5 所示图例画法绘制。

表 1-5　　　　　　　　　　　常用电器图例

序号	名称	图例	备注
1	电视	TV	
2	冰箱	REF	
3	空调	A/C	
4	洗衣机	W/M	1. 立面样式根据设计自定
5	饮水机	WD	2. 其他电器图例根据设计自定
6	电脑	PC	
7	电话	TEL	

(6)常用厨具图例应按表 1-6 所示图例画法绘制。

表 1-6　　　　　　　　　　　常用厨具图例

序号	名称		图例	备注
1	灶具	单头灶		1. 立面样式根据设计自定
		双头灶		2. 其他厨具图例根据设计自定
		三头灶		

续表

序号	名称		图例	备注
1	灶具	四头灶	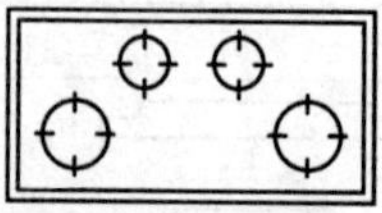	1. 立面样式根据设计自定 2. 其他厨具图例根据设计自定
		六头灶	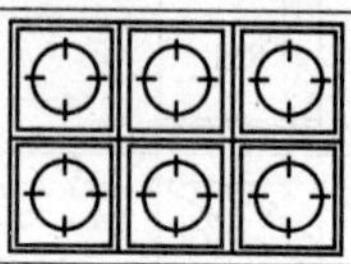	
2	水槽	单盆	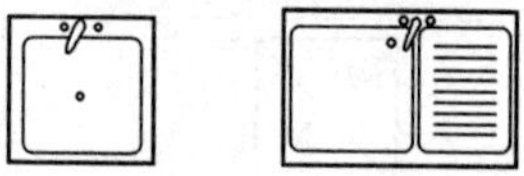	
		双盆	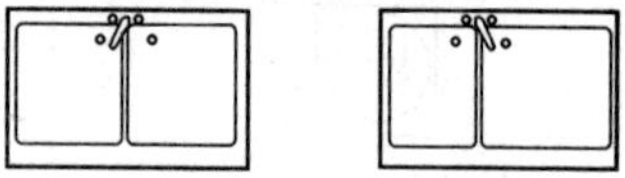	

(7)常用洁具图例宜按表 1-7 所示图例画法绘制。

表 1-7　　　　　常用洁具图例

序号	名称		图例	备注
1	大便器	坐式	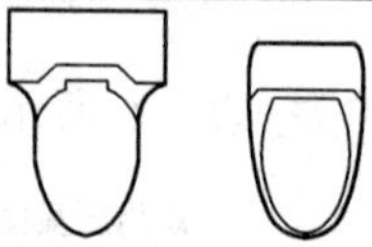	1. 立面样式根据设计自定 2. 其他厨具图例根据设计自定
		蹲式	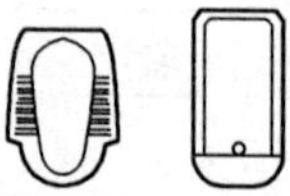	
2	小便器		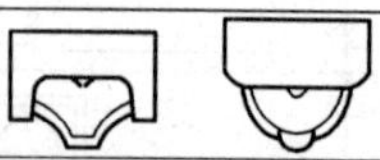	
3	台盆	立式	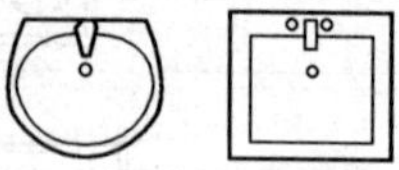	
		台式	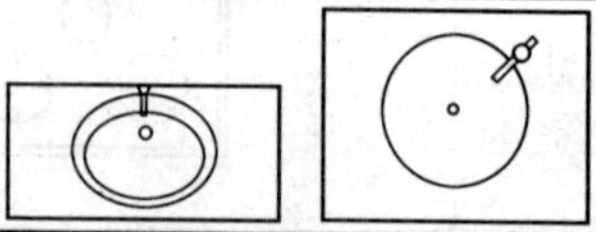	

续表

序号	名称		图例	备注
3	台盆	挂式		
4	污水池			
5	浴缸	长方形	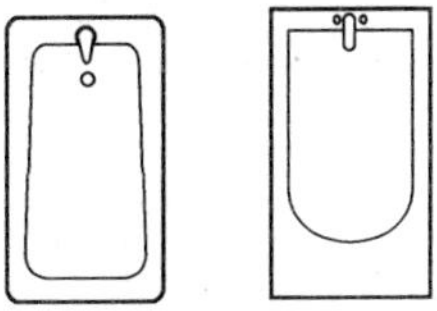	1. 立面样式根据设计自定 2. 其他厨具图例根据设计自定
		三角形	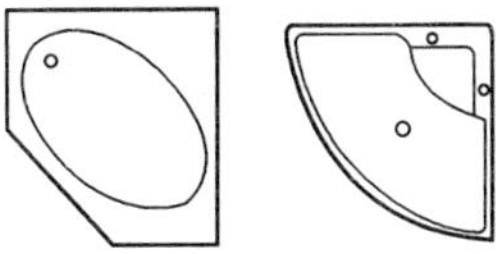	
		圆形	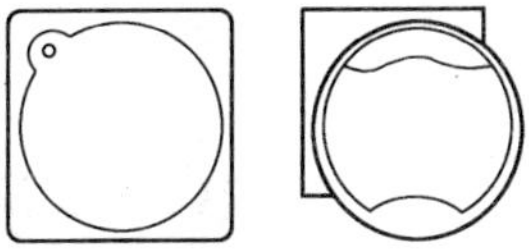	
6	沐浴房		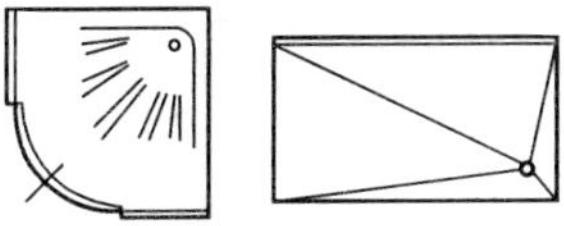	

(8)室内常用景观配饰图例宜按表 1-8 所示图例画法绘制。

表 1-8 　　　　　　室内常用景观配饰图例

序号	名称	图例	备注
1	阔叶植物		1. 立面样式根据设计自定 2. 其他景观配饰图例根据设计自定
2	针叶植物	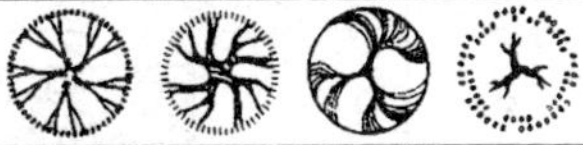	
3	落叶植物	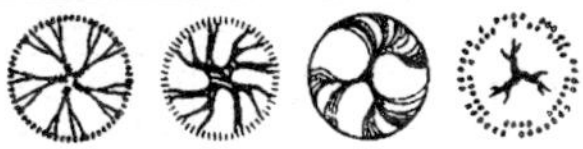	

续表

序号	名称		图例	备注
4	盆景类	树桩类		
		观花类		
		观叶类		
		山水类		
5	插花类			
6	吊挂类			1. 立面样式根据设计自定 2. 其他景观配饰图例根据设计自定
7	棕榈植物			
8	水生植物			
9	假山石			
10	草坪			
11	铺地	卵石类		
		条石类		
		碎石类		

(9)常用灯光照明图例应按表1-9所示图例画法绘制。

表1-9　　　　　　　　　常用灯光照明图例

序号	名称	图例
1	艺术吊灯	
2	吸顶灯	
3	筒灯	
4	射灯	
5	轨道射灯	
6	格栅射灯	(单头) (双头) (三头)
7	格栅荧光灯	(正方形) (长方形)
8	暗藏灯带	--------
9	壁灯	
10	台灯	
11	落地灯	
12	水下灯	
13	踏步灯	
14	荧光灯	
15	投光灯	
16	泛光灯	
17	聚光灯	

(10)常用设备图例应按表 1-10 所示图例画法绘制。

表 1-10　　　　　　　　　　常用设备图例

序号	名称	图例
1	送风口	▨ (条形)　▨ (方形)
2	回风口	▭ (条形)　▦ (方形)
3	侧送风、侧回风	↑　↓
4	排气扇	▦
5	风机盘管	▨ (立式明装)　◨ (卧式明装)
6	安全出口	EXIT
7	防火卷帘	Ⓕ
8	消防自动喷淋头	⊙
9	感温探测器	[↓]
10	感烟探测器	[S]
11	室内消火栓	◪ (单口)　▨ (双口)
12	扬声器	◁

（11）常用开关、插座图例应按表 1-11、表 1-12 所示图例画法绘制。

表 1-11　　　　　　常用开关、插座立面图例

序号	名称	图例
1	单相二级电源插座	
2	单相三级电源插座	
3	单相二、三级电源插座	
4	电话、信息插座	（单孔） （双孔）
5	电视插座	（单孔） （双孔）
6	地插座	
7	连接盒、接线盒	
8	音响出线盒	
9	单联开关	
10	双联开关	
11	三联开关	
12	四联开关	
13	钥匙开关	
14	请勿打扰开关	
15	可调节开关	
16	紧急呼叫按钮	

表 1-12　　　　　　　　常用开关、插座平面图例

序号	名称	图例
1	(电源)插座	
2	三个插座	
3	带保护极的(电源)插座	
4	单相二、三极电源插座	
5	带单极开关的(电源)插座	
6	带保护极的单极开关的(电源)插座	
7	信息插座	
8	电接线箱	
9	公用电话插座	
10	直线电话插座	
11	传真机插座	
12	网络插座	
13	有线电视插座	
14	单联单控开关	
15	双联单控开关	
16	三联单控开关	
17	单极限时开关	
18	双极开关	
19	多位单极开关	
20	双控单极开关	
21	按钮	
22	配电箱	

二、装饰装修工程图纸绘制深度

1. 方案设计图

(1)方案设计应包括设计说明、平面图、天棚平面图、主要立面图、必要的分析图、效果图等。

(2)方案设计的平面图绘制应符合下列规定：

1)宜标明房屋建筑室内装饰装修设计的区域位置及范围；

2)宜标明房屋建筑室内装饰装修设计中对原房屋建筑改造的内容；

3)宜标注轴线编号，并应使轴线编号与原房屋建筑图相符；

4)宜标注总尺寸及主要空间的定位尺寸；

5)宜标明房屋建筑室内装饰装修设计后的所有室内外墙体、门窗、管道井、电梯和自动扶梯、楼梯、平台和阳台等位置；

6)宜标明主要使用房间的名称和主要部位的尺寸，并应标明楼梯的上下方向；

7)宜标明主要部位固定和可移动的装饰造型、隔断、构件、家具、陈设、厨卫设施、灯具以及其他配置、配饰的名称和位置；

8)宜标明主要装饰装修材料和部品部件的名称；

9)宜标注房屋建筑室内地面的装饰装修设计标高；

10)宜标注指北针、图纸名称、制图比例以及必要的索引符号、编号；

11)根据需要，宜绘制主要房间的放大平面图；

12)根据需要，宜绘制反映方案特性的分析图，并宜包括：功能分区、空间组合、交通分析、消防分析、分期建设等图示。

(3)天棚平面图的绘制应符合下列规定：

1)应标注轴线编号，并应使轴线编号与原房屋建筑图相符；

2)应标注总尺寸及主要空间的定位尺寸；

3)应标明房屋建筑室内装饰装修设计调整过后的所有室内外墙体、管道井、天窗等的位置；

4) 应标明装饰造型、灯具、防火卷帘以及主要设施、设备、主要饰品的位置；

5) 应标明天棚的主要装饰装修及饰品的名称；

6) 应标注天棚主要装饰装修造型位置的设计标高；

7) 应标注图纸名称、制图比例以及必要的索引符号、编号。

(4) 方案设计的立面图绘制应符合下列规定：

1) 应标注立面范围内的轴线和轴线编号，以及立面两端轴线之间的尺寸；

2) 应绘制有代表性的立面、标明房屋建筑室内装饰装修完成面的底界面线和装饰装修完成面的顶界面线、标注房屋建筑室内主要部位装饰装修完成面的净高，并应根据需要标注楼层的层高；

3) 应绘制墙面和柱面的装饰装修造型、固定隔断、固定家具、门窗、栏杆、台阶等立面形状位置，并应标注主要部位的定位尺寸；

4) 应标注主要装饰装修材料和部品部件的名称；

5) 标注图纸名称、制图比例以及必要的索引符号、编号。

(5) 方案设计的剖面图绘制应符合下列规定：

1) 方案设计可不绘制剖面图，对于在空间关系比较复杂、高度和层数不同的部位，应绘制剖面；

2) 应标明房屋建筑室内空间中高度方向的尺寸和主要部位的设计标高及总高度；

3) 当遇有高度控制时，尚应标明最高点的标高；

4) 标注图纸名称、制图比例以及必要的索引符号、编号。

(6) 方案设计的效果图应反映方案设计的房屋建筑室内主要空间的装饰装修形态，并应符合下列规定：

1) 应做到材料、色彩、质地真实，尺寸、比例准确；

2) 应体现设计的意图及风格特征；

3) 图面应美观，并应具有艺术性。

2. 扩初设计图

(1) 规模较大的房屋建筑室内装饰装修工程，根据需要，可绘制扩大初步设计图。

(2)扩大初步设计图的深度应符合下列规定：

1)应对设计方案进一步深化；

2)应能作为深化施工图的依据；

3)应能作为工程概算的依据；

4)应能作为主要材料和设备的订货依据。

(3)扩大初步设计应包括设计说明、平面图、天棚平面图、主要立面图、主要剖面图等。

(4)平面图绘制应标明或标注下列内容：

1)房屋建筑室内装饰装修设计的区域位置及范围；

2)房屋建筑室内装饰装修中对原房屋建筑改造的内容及定位尺寸；

3)房屋建筑图中柱网、承重墙以及需要装饰装修设计的非承重墙、房屋建筑设施、设备的位置和尺寸；

4)轴线编号，并应使轴线编号与原房屋建筑图相符；

5)轴线间尺寸及总尺寸；

6)房屋建筑室内装饰装修设计后的所有室内外墙体、门窗、管道井、电梯和自动扶梯、楼梯、平台、阳台、台阶、坡道等位置和使用的主要材料；

7)房间的名称和主要部位的尺寸，楼梯的上下方向；

8)固定的和可移动的装饰装修造型、隔断、构件、家具、陈设、厨卫设施、灯具以及其他配置、配饰的名称和位置；

9)定制部品部件的内容及所在位置；

10)门窗、橱柜或其他构件的开启方向和方式；

11)主要装饰装修材料和部品部件的名称；

12)房屋建筑平面或空间的防火分区和防火分区分隔位置，及安全出口位置示意，并应单独成图，当只有一个防火分区，可不注防火分区面积；

13)房屋建筑室内地面设计标高；

14)索引符号、编号、指北针、图纸名称和制图比例。

(5)天棚平面图的绘制应标明或标注下列内容：

1)房屋建筑图中柱网、承重墙以及房屋建筑室内装饰装修设计需要的非承重墙；

2)轴线编号，并使轴线编号与原房屋建筑图相符；

3)轴线间尺寸及总尺寸；

4)房屋建筑室内装饰装修设计调整过后的所有室内外墙体、管井、天窗等的位置，必要部位的名称和主要尺寸；

5)装饰造型、灯具、防火卷帘以及主要设施、设备、主要饰品的位置；

6)天棚主要饰品的名称；

7)天棚主要部位的设计标高；

8)索引符号、编号、指北针、图纸名称和制图比例。

(6)立面图的绘制应标注或标明下列内容：

1)绘制需要设计的主要立面；

2)标注立面两端的轴线、轴线编号和尺寸；

3)标注房屋建筑室内装饰装修完成面的地面至天棚的净高；

4)绘制房屋建筑室内墙面和柱面的装饰装修造型、固定隔断、固定家具、门窗、栏杆、台阶、坡道等立面形状和位置，标注主要部位的定位尺寸；

5)标明立面主要装饰装修材料和部品部件的名称；

6)标注索引符号、编号、图纸名称和制图比例。

(7)剖面应剖在空间关系复杂、高度和层数不同的部位和重点设计的部位。剖面图应准确、清晰表示出剖到或看到的各相关部位内容，其绘制应标明或标注下列内容：

1)标明剖面所在的位置；

2)标注设计部位结构、构造的主要尺寸、标高、用材做法；

3)标注索引符号、编号、图纸名称和制图比例。

3. 施工设计图

(1)施工设计图纸应包括平面图、天棚平面图、立面图、剖面图、详图和节点图。

(2)施工图的平面图应包括设计楼层的总平面图、房屋建筑现状平面图、各空间平面布置图、平面定位图、地面铺装图、索引图等。

(3)施工图中的总平面图除了应符合上述扩初设计图中平面图绘制的有关规定外,尚应符合下列规定:

1)应全面反映房屋建筑室内装饰装修设计部位平面与毗邻环境的关系,包括交通流线、功能布局等;

2)应详细注明设计后对房屋建筑的改造内容;

3)应标明需做特殊要求的部位;

4)在图纸空间允许的情况下,可在平面图旁绘制需要注释的大样图。

(4)施工图中的平面布置图可分为陈设、家具平面布置图、部品部件平面布置图、设备设施布置图、绿化布置图、局部放大平面布置图等。平面布置图除应符合上述扩初设计图中平面图绘制的有关规定外,尚应符合下列规定:

1)陈设、家具平面布置图应标注陈设品的名称、位置、大小、必要的尺寸以及布置中需要说明的问题;应标注固定家具和可移动家具及隔断的位置、布置方向,以及柜门或橱门开启方向,并应标注家具的定位尺寸和其他必要的尺寸。必要时,还应确定家具上电器摆放的位置。

2)部品部件平面布置图应标注部品部件的名称、位置、尺寸、安装方法和需要说明的问题。

3)设备设施布置图应标明设备设施的位置、名称和需要说明的问题。

4)规模较小的房屋建筑室内装饰装修中陈设、家具平面布置图、设备设施布置图以及绿化布置图,可合并。

5)规模较大的房屋建筑室内装饰装修中应有绿化布置图,应标注绿化品种、定位尺寸和其他必要尺寸。

6)房屋建筑单层面积较大时,可根据需要绘制局部放大平面布置图,但应在各分区平面布置图适当位置上给出分区组合示意图,并应明显表示本分区部位编号。

7)应标注所需的构造节点详图的索引号。

8)当照明、绿化、陈设、家具、部品部件或设备设施另行委托设计时,可根据需要绘制照明、绿化、陈设、家具、部品部件及设施施工的示意性和控制性布置图。

9)对于对称平面,对称部分的内部尺寸可省略,对称轴部位应用对称符号表示,轴线号不得省略;楼层标准层可共用同一平面,但应注明层次范围及各层的标高。

(5)施工图中的平面定位图应表达与原房屋建筑图的关系,并应体现平面图的定位尺寸。平面定位图除应符合上述扩初设计图中平面图绘制的有关规定外,尚应标注下列内容:

1)房屋建筑室内装饰装修设计对原房屋建筑或原房屋建筑室内装饰装修的改造状况;

2)房屋建筑室内装饰装修设计中新设计的墙体和管井等的定位尺寸、墙体厚度与材料种类,并注明做法;

3)房屋建筑室内装饰装修设计中新设计的门窗洞定位尺寸、洞口宽度与高度尺寸、材料种类、门窗编号等;

4)房屋建筑室内装饰装修设计中新设计的楼梯、自动扶梯、平台、台阶、坡道等的定位尺寸、设计标高及其他必要尺寸,并注明材料及其做法;

5)固定隔断、固定家具、装饰造型、台面、栏杆等的定位尺寸和其他必要尺寸,并注明材料及其做法。

(6)施工图中的地面铺装图除应符合上述扩初设计图中平面图绘制和施工设计图中平面布置图绘制的有关规定外,尚应标注下列内容:

1)地面装饰材料的种类、拼接图案、不同材料的分界线;

2) 地面装饰的定位尺寸、规格和异形材料的尺寸、施工做法；

3) 地面装饰嵌条、台阶和梯段防滑条的定位尺寸、材料种类及做法。

(7) 房屋建筑室内装饰装修设计应绘制索引图。索引图应注明立面、剖面、详图和节点图的索引符号及编号，并可增加文字说明帮助索引。在图面比较拥挤的情况下，可适当缩小图面比例。

(8) 施工图中的天棚平面图应包括装饰装修楼层的天棚总平面图、天棚装饰灯具布置图、天棚综合布点图、各空间天棚平面图等。

(9) 施工图中天棚总平面图的绘制除应符合上述扩初设计图中天棚平面图绘制的有关规定外，尚应符合下列规定：

1) 应全面反映天棚平面的总体情况，包括天棚造型、天棚装饰、灯具布置、消防设施及其他设备布置等内容；

2) 应标明需做特殊工艺或造型的部位；

3) 应标注天棚装饰材料的种类、拼接图案、不同材料的分界线；

4) 在图纸空间允许的情况下，可在平面图旁边绘制需要注释的大样图。

(10) 施工图中天棚平面图的绘制除应符合上述扩初设计图中天棚平面图绘制的有关规定外，尚应符合下列规定：

1) 应标明天棚造型、天窗、构件、装饰垂挂物及其他装饰配置和饰品的位置，注明定位尺寸、标高或高度、材料名称和做法；

2) 房屋建筑单层面积较大时，可根据需要单独绘制局部的放大天棚图，但应在各放大天棚图的适当位置上绘出分区组合示意图，并应明显地表示本分区部位编号；

3) 应标注所需的构造节点详图的索引号；

4) 表述内容单一的天棚平面，可缩小比例绘制；

5) 对于对称平面，对称部分的内部尺寸可省略，对称轴部位应用对称符号表示，但轴线号不得省略；楼层标准层可共用同一天棚平面，但应注明层次范围及各层的标高。

(11) 施工图中的天棚综合布点图除应符合上述扩初设计图中天

棚平面图绘制的有关规定外,还应标明天棚装饰装修造型与设备设施的位置、尺寸关系。

(12)施工图中天棚装饰灯具布置图的绘制除应符合上述扩初设计图中天棚平面图绘制的有关规定外,还应标注所有明装和暗藏的灯具(包括火灾和事故照明灯具)、发光天棚、空调风口、喷头、探测器、扬声器、挡烟垂壁、防火卷帘、防火挑檐、疏散和指示标志牌等的位置,标明定位尺寸、材料名称、编号及做法。

(13)施工图中立面图的绘制除应符合上述扩初设计图中立面图绘制的有关规定外,尚应符合下列规定:

1)应绘制立面左右两端的墙体构造或界面轮廓线、原楼地面至装修地面的构造层、天棚面层、装饰装修的构造层;

2)应标注设计范围内立面造型的定位尺寸及细部尺寸;

3)应标注立面投视方向上装饰物的形状、尺寸及关键控制标高;

4)应标明立面上装饰装修材料的种类、名称、施工工艺、拼接图案、不同材料的分界线;

5)应标注所需的构造节点详图的索引号;

6)对需要特殊和详细表达的部位,可单独绘制其局部放大立面图,并应标明其索引位置;

7)无特殊装饰装修要求的立面,可不画立面图,但应在施工说明中或相邻立面的图纸上予以说明;

8)各个方向的立面应绘齐全,对于差异小、左右对称的立面可简略,但应在与其对称的立面的图纸上予以说明;中庭或看不到的局部立面,可在相关剖面图上表示,当剖面图未能表示完全时,应单独绘制;

9)对于影响房屋建筑室内装饰装修效果的装饰物、家具、陈设品、灯具、电源插座、通信和电视信号插孔、空调控制器、开关、按钮、消火栓等物体,宜在立面图中绘制出其位置。

(14)施工图中的剖面图应标明平面图、天棚平面图和立面图中需要清楚表达的部位。剖面图除应符合上述扩初设计图中剖面图绘制

的有关规定外,尚应符合下列规定:

1)应标注平面图、天棚平面图和立面图中需要清楚表达部分的详细尺寸、标高、材料名称、连接方式和做法;

2)剖切的部位应根据表达的需要确定;

3)应标注所需的构造节点详图的索引号。

(15)施工图应将平面图、天棚平面图、立面图和剖面图中需要更清晰表达的部位索引出来,并应绘制详略或节点图。

(16)施工图中的详图的绘制应符合下列规定:

1)应标明物体的细部、构件或配件的开关、大小、材料名称及具体技术要求,注明尺寸和做法;

2)对于在平、立、剖面图或文字说明中对物体的细部形态无法交代或交代不清的,可绘制详图;

3)应标注详图名称和制图比例。

(17)施工图中节点图的绘制应符合下列规定:

1)应标明节点外构造层材料的支撑、连接的关系,标注材料的名称及技术要求,注明尺寸和构造做法;

2)对于在平、立、剖面图或文字说明中对物体的构造做法无法交代或交代不清的,可绘制节点图;

3)应标注节点图名称和制图比例。

4. 变更设计图

变更设计应包括变更原因、变更位置、变更内容等。变更设计可采取图纸的形式,也可采取文字说明的形式。

5. 竣工图

竣工图的制图深度应与施工图的制图深度一致,其内容应能完整记录施工情况,并应满足工程决算、工程维护以及存档的要求。

三、装饰装修施工图绘制方法与视图布置

(一)施工图绘制方法——投影法

(1)房屋建筑室内装饰装修的视图,应采用位于建筑内部的视点按

正投影法并用第一角画法绘制,且自 A 的投影镜像图应为天棚平面图,自 B 的投影应为平面图,自 C、D、E、F 的投影应为立面图(图 1-1)。

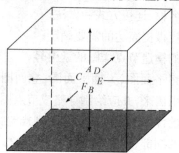

图 1-1　第一角法

(2)天棚平面图应采用镜像投影法绘制,其图像中纵横轴线排列应与平面图完全一致(图 1-2)。

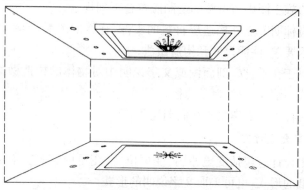

图 1-2　镜像投影法

(3)装饰装修界面与投影面不平行时,可用展开图表示。

(二)视图布置

(1)同一张图纸上绘制若干个视图时,各视图的位置应根据视图的逻辑关系和版面的美观决定(图 1-3)。

(2)每个视图均应在视图下方、一侧或相近位置标注图名。

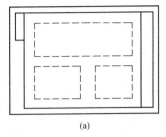 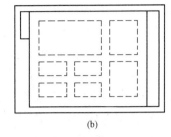

(a)　　　　　　　　　　　　(b)

图 1-3　常规的布图方法

四、装饰装修施工平面图识读

建筑装饰平面图是建筑功能、建筑技术、装饰艺术、装饰经济等在平面上的体现,在建筑装饰装修工程中是非常受人重视的。其效用主要表现为:①建筑结构与尺寸;②装饰布置与装饰结构及其尺寸的关系;③设备、家具陈设位置及尺寸关系。

(一)施工平面图的画法

(1)除天棚平面图外,各种平面图应按正投影法绘制。

(2)平面图宜取视平线以下适宜高度水平剖切俯视所得,并根据表现内容的需要,可增加剖视高度和剖切平面。

(3)平面图应表达室内水平界面中正投影方向的物象,且需要时,还应表示剖切位置中正投影方向墙体的可视物象。

(4)局部平面放大图的方向宜与楼层平面图的方向一致。

(5)平面图中应注写房间的名称或编号,编号应注定在直径为6mm细实线绘制的圆圈内,其字体大小应大于图中索引用文字标注,并应在同张图纸上列出房间名称表。

(6)对于平面图中的装饰装修物件,可注写名称或用相应的图例符号表示。

(7)在同一张图纸上绘制多于一层的平面图时,应按现行国家标准《建筑制图标准》(GB/T 50104—2010)的规定执行。

(8)对于较大的房屋建筑室内装饰装修平面,可分区绘制平面图,且每张分区平面图均应以组合示意图表示所在位置。对于在组合示意图中要表示的分区,可采用阴影线或填充色块表示。各分区应分别用大写拉丁字母或功能区名称表示。各分区视图的分区部位及编号应一致,并应与组合示意图对应。

(9)房屋建筑室内装饰装修平面起伏较大,呈弧形、曲折形或异形时,可用展开图表示,不同的转角面应用转角符号表示连接,且画法应符合现行国家标准《建筑制图标准》(GB/T 50104—2010)的规定。

(10)在同一张平面图内,对于不在设计范围内的局部区域应用阴影线或填充色块的方式表示。

(11)为表示室内立面的平面上的位置,应在平面图上表示出相应的索引符号。

(12)对于平面图上未被剖切到的墙体立面的洞、龛等,在平面图中可用细虚线连接表明其位置。

(13)房屋建筑室内各种平面中出现异形的凹凸形状时,可用剖面图表示。

(二)施工平面图识读要点

(1)首先看图名、比例、标题栏,弄清是什么平面图。再看建筑平面基本结构及尺寸,把各个房间的名称、面积及门窗、走道等主要尺寸记住。

(2)通过装饰面的文字说明,弄清施工图对材料规格、品种、色彩的要求,对工艺的要求。结合装饰面的面积,组织施工和安排用料。明确各装饰面的结构材料与饰面材料的衔接关系与固定方式。

(3)确定尺寸。先要区分建筑尺寸与装饰装修尺寸,再在装饰装修尺寸中,分清定位尺寸、外形尺寸和结构尺寸(平面上的尺寸标注一般分布在图形的内外)。

(4)通过平面布置图上的符号:①通过投影符号,明确投影面编号和投影方向,并进一步查出各投影方向的立面图;②通过剖切符号,明确剖切位置及其剖切方向,进一步查阅相应的剖面图;③通过索引符号,明确被索引部位和详图所在位置。

五、装饰装修天棚平面图识读

(一)天棚平面图的画法

(1)天棚平面图中应省去平面图中门的符号,并应用细实线连接门洞以表明位置。墙体立面的洞、龛等,在天棚平面中可用细虚线连接表明其位置。

(2)天棚平面图应表示出镜像投影后水平界面上的物象,且需要时,还应表示剖切位置中投影方向的墙体的可视内容。

(3)平面为圆形、弧形、曲折形、异形的天棚平面,可用展开图表示,不同的转角面应用转角符号表示连接,画法应符合现行国家标准《建筑制图标准》(GB/T 50104—2010)的规定。

(4)房屋建筑室内天棚上出现异形的凹凸形状时,可用剖面图表示。

(二)天棚平面图识读要点

(1)首先应弄清楚天棚平面图与平面布置图各部分的对应关系,核对天棚平面图与平面布置图的基本结构和尺寸上是否相符。

(2)对于某些有迭级变化的天棚,要分清它的标高尺寸和线型尺寸,并结合造型平面分区线,在平面上建立起二维空间的尺度概念。

(3)通过天棚平面图,了解顶部灯具和设备设施的规格、品种与数量。

(4)通过天棚平面图上的文字标注,了解天棚所用材料的规格、品种及其施工要求。

(5)通过天棚平面图上的索引符号,找出详图对照着阅读,弄清楚天棚的详细构造。

六、装饰装修立面图识读

(一)装饰装修立面图的画法

(1)房屋建筑室内装饰装修立面图应按正投影法绘制。

(2)立面图应表达室内垂直界面中投影方向的物体,需要时,还应表示剖切位置中投影方向的墙体、天棚、地面的可视内容。

(3)立面图的两端宜标注房屋建筑平面定位轴线编号。

(4)平面为圆形、弧形、曲折形、异形的室内立面,可用展开图表示,不同的转角面应用转角符号表示连接,画法应符合现行国家标准《建筑制图标准》(GB/T 50104—2010)的规定。

(5)对称式装饰装修面或物体等,在不影响物象表现的情况下,立面图可绘制一半,并应在对称轴线处画对称符号。

(6)在房屋建筑室内装饰装修立面图上,相同的装饰装修构造样式可选择一个样式给出完整图样,其余部分可只画图样轮廓线。

(7)在房屋建筑室内装饰装修立面图上,表面分隔线应表示清楚,并应用文字说明各部位所用材料及色彩等。

(8)图形或弧线形的立面图应以细实线表示出该立面的弧度感(图1-4)。

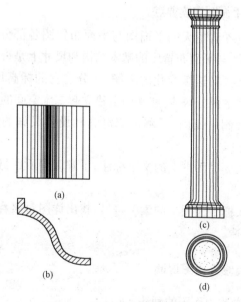

图1-4 圆形或弧线形图样立面
(a)立面图;(b)平面图;(c)立面图;(d)平面图

(9)立面图宜根据平面图中立面索引编号标注图名。有定位轴线的立面,也可根据两端定位轴线号编注立面图名称。

(二)装饰装修立面图识读要点

(1)明确建筑装饰装修立面图上与该工程有关的各部分尺寸和标高。

(2)弄清地面标高,装饰立面图一般都以首层室内地坪为零,高出地面者以正号表示,反之则以负号表示。

(3)弄清每个立面上有几种不同的装饰面,这些装饰面所用材料以及施工工艺要求。

(4)立面上各不同材料饰面之间的衔接收口较多,要注意收口的方式、工艺和所用材料。

(5)要注意电源开关、插座等设施的安装位置和方式。

(6)弄清建筑结构与装饰结构之间的衔接,装饰结构之间的连接方法和固定方式,以便提前准备预埋件和紧固件。仔细阅读立面图中文字说明。

七、装饰装修剖面图识读

装饰装修剖面图的效用主要是为表达建筑物、建筑空间的竖向形象和装饰结构内部构造以及有关部件的相对关系。在建筑装饰装修工程中存在着极其密切的关联和控制作用。

装饰装修剖面图识读应注意以下要点:

(1)看剖面图首先要弄清该图从何处剖切而来。分清是从平面图上,还是从立面图上剖切的。剖切面的编号或字母,应与剖面图符号一致,了解该剖面的剖切位置与方向。

(2)通过对剖面图中所示内容的阅读研究,明确装饰装修工程各部位的构造方法、尺寸、材料要求与工艺要求。

(3)注意剖面图上索引符号,以便识读构件或节点详图。

(4)仔细阅读剖面图竖向数据及有关尺寸、文字说明。

(5)注意剖面图中各种材料结合方式以及工艺要求。

(6) 弄清剖面图中标注、比例。

八、装饰装修详图识读

建筑装饰装修工程详图是补充平、立、剖图的最为具体的图式手段。

建筑装饰施工平、立、剖三图主要是用以控制整个建筑物、建筑空间与装饰结构的原则性做法。但在建筑装饰全过程的具体实施中还存在着一定的限度，还必须加以深化和提供更为详细和具体的图示内容，建筑装饰的施工才能得以继续下去，以求得其竣工后的满意效果。所指的详图应包含"三详"：①图形详；②数据详；③文字详。

1. 局部放大图

放大图就是把原状图放大而加以充实，并不是将原状图进行较大的变形。

(1) 室内装饰平面局部放大图以建筑平面图为依据，按放大的比例图示出厅室的平面结构形式和形状大小、门窗设置等，对家具、卫生设备、电器设备、织物、摆设、绿化等平面布置表达清楚，同时还要标注有关尺寸和文字说明等。

(2) 室内装饰立面局部放大图是重点表现墙面的设计，先图示出厅室围护结构的构造形式，再对墙面上的附加物以及靠墙的家具都详细地表现出来，同时标注有关详细尺寸、图示符号和文字说明等。

2. 建筑装饰件详图

建筑装饰件项目很多，如暖气罩、吊灯、吸顶灯、壁灯、空调箱孔、送风口、回风口等。这些装饰件都可能要依据设计意图画出详图。其内容主要是表明它在建筑物上的准确位置，与建筑物其他构配件的衔接关系，装饰件自身构造及所用材料等内容。

建筑装饰件的图示法要视其细部构造的繁简程度和表达的范围而定。有的只要一个剖面详图就行，有的还需要另加平面详图或立面详图来表示，有的还需要同时用平、立、剖面详图来表现。对于复杂的装饰件，除本身的平、立、剖面图外，还需增加节点详图才能表达清楚。

3. 节点详图

节点详图是将两个或多个装饰面的交汇点，按垂直或水平方向切开，并加以放大绘出的视图。

节点详图主要是表明某些构件、配件局部的详细尺寸、做法及施工要求；表明装饰结构与建筑结构之间详细的衔接尺寸与连接形式；表明装饰面之间的对接方式及装饰面上的设备安装方式和固定方法。

节点详图是详图中的详图。识读节点详图一定要弄清该图从何处剖切而来，同时注意剖切方向和视图的投影方向，对节点图中各种材料结合方式以及工艺要求要弄清。

第二章 装饰装修工程造价概述

第一节 装饰装修工程计价

装饰装修工程计价是指对装饰装修工程造价的计算,即对装饰装修工程价格的计算。装饰装修工程计价的过程是,将一个装饰装修工程项目分解成若干分部、分项工程,或按有关计价依据规定的若干基本子目,找到合适的计量单位,采用特定的组价方法进行计价,组合汇总,得到该工程项目的工程造价。

一、装饰装修工程计价特征

1. 单件性计价

装饰装修产品生产的单件性,决定了每个工程项目都必须根据工程自身的特点,按一定的规则单独计算工程造价。

2. 多次性计价

由于建设工程生产周期长、规模大、造价高,因此,必须按基本建设规定程序分阶段分别计算工程造价,以保证工程造价确定与控制的科学性。对不同阶段实行多次性计价是一个从粗到细、从浅到深、由概略到精细逐步接近实际造价的过程。

3. 组合性计价

工程项目层次性和工程计价本身的特点要求工程计价按分部分项工程→单位工程→单项工程→建设项目,依次逐步组合的计价过程来进行。

4. 计价形式和方法多样性

工程计价形式和方法有多种,目前,常见的工程计价方法包括定额计价法和工程量清单计价法。

5. 计价依据的复杂性

由于影响工程造价的因素很多,因此,计价依据种类繁多且复杂。计价依据是指计算工程造价所依据的基础资料总称。它包括各种类型定额与指标、设计文件、招标文件、工程量清单、计价规范、人工单价、材料价格、机械台班单价、施工方案、取费定额及有关部门颁发的文件和规定等。

二、装饰装修工程计价基本方法

装饰装修工程计价基本方法有两种:定额计价法与工程量清单计价法。

(1)定额计价法有两种:一种是单价法;另一种是实物法。定额计价法通常采用单价法,它是一种传统的计价方式。

(2)工程量清单计价法是指完成工程量清单中一个规定计量单位项目的完全价格(包括人、材、机、企业管理费、利润、风险费)的一种方法。工程量清单计价法是一种国际上通用的计价方式。

三、定额计价与清单计价的区别

长期以来,工程预算定额是我国承发包计价、定价的主要依据。但这种平均价格可作为市场竞争的参考价格,不能反映参与竞争企业的实际消耗和技术管理水平,在一定程度上限制了企业的公平竞争。为改变以往的工程预算定额的计价模式,适应招标投标的需要,推行工程量清单计价办法是十分必要的。工程量清单计价与定额计价的差别具体体现在以下几方面:

1. 编制工程量的单位不同

传统定额预算计价办法是:建设工程的工程量分别由招标单位和投标单位分别按图计算。工程量清单计价是:工程量由招标单位统一计算或委托有工程造价咨询资质单位统一计算,"招标工程量清单"是招标文件的重要组成部分,各投标单位根据招标人提供的"招标工程量清单",根据自身的技术装备、施工经验、企业成本、企业定额、管理水平自主填写报单价。

2. 编制工程量的时间不同

传统的定额预算计价法是在发出招标文件后编制（招标与投标人同时编制或投标人编制在前，招标人编制在后）。工程量清单报价法必须在发出招标文件前编制。

3. 表现形式不同

采用传统的定额预算计价法一般是总价形式。工程量清单报价法采用综合单价形式，综合单价包括人工费、材料费、机械使用费、管理费、利润，并考虑风险因素。工程量清单报价具有直观、单价相对固定的特点，工程量发生变化时，单价一般不作调整。

4. 编制依据不同

传统的定额预算计价依据工程图纸；人工、材料、机械台班消耗量依据建设行政主管部门颁发的预算定额；人工、材料、机械台班单价依据工程造价管理部门发布的价格信息进行计算。工程量清单报价法，根据原建设部第107号令规定，招标控制价的编制根据招标文件中的招标工程量清单和有关要求、施工现场情况、合理的施工方法以及按建设行政主管部门制定的有关工程造价计价办法编制；企业的投标报价则根据企业定额和市场价格信息，或参照建设行政主管部门发布的社会平均消耗量定额编制。

5. 评标所用的方法不同

传统预算定额计价投标一般采用百分制评分法。采用工程量清单计价法投标，一般采用合理低报价中标法，既要对总价进行评分，还要对综合单价进行分析评分。

6. 项目编码不同

采用传统的预算定额项目编码，全国各省市采用不同的定额子目。采用工程量清单计价全国实行统一编码，项目编码采用十二位阿拉伯数字表示，一到九位为统一编码，其中，一、二位为专业工程代码，三、四位为专业工程附录分类顺序码；五、六位为分部工程顺序码；七、

八、九位为分项工程项目名称顺序码；十至十二位为清单项目名称顺序码。前九位编码不能变动，后三位编码由清单编制人根据项目设置的清单项目编制。

7. 合同价调整方式不同

传统的定额预算计价合同价调整方式有：变更签证、定额解释、政策性调整。工程量清单计价法合同价调整方式主要是索赔。工程量清单的综合单价一般通过招标中报价的形式体现，一旦中标，报价作为签订施工合同的依据相对固定下来，工程结算按承包商实际完成工程量乘以清单中相应的单价计算，减少了调整活口。采用传统的预算定额经常有定额解释及定额规定，结算中又有政策性文件调整。工程量清单计价单价不能随意调整。

8. 工程量计算时间不同

与定额计价相比，工程量清单计价模式下，工程量计算时间前置，在招标前由招标人编制。也可能业主为了缩短建设周期，通常在初步设计完成后就开始施工招标，在不影响施工进度的前提下陆续发放施工图纸，因此承包商据以报价的工程量清单中各项工作内容下的工程量一般为概算工程量。

9. 投标计算口径不同

各投标单位都根据统一的工程量清单报价，因此能达到投标计算口径统一。传统预算定额招标，各投标单位各自计算工程量，各投标单位计算的工程量均不一致。

10. 工程量清单计价模式下索赔事件增加

因承包商对工程量清单单价包含的工作内容一目了然，故凡建设方不按清单内容施工的，任意要求修改清单的，都会增加施工索赔的因素。

第二节 《建设工程工程量清单计价规范》简介

一、规范编制过程

定额计价产生以来，工程预算定额在相当长一段时期内成为我国建设工程承发包计价、定价的法定依据。但随着市场经济体制的建立，我国在工程施工发包与承包中开始初步实行招投标制度，无论是编制标底还是投标报价，传统的工程造价管理方式都不能适应招投标的要求。

为适应我国加入世界贸易组织后与国际惯例接轨，以及社会主义市场经济发展的需要，2003年2月17日，原建设部以第119号公告批准发布了国家标准《建设工程工程量清单计价规范》(GB 50500—2003)。自2003年7月1日清单计价规范实施起，我国工程造价从传统的以预算定额为主的计价方式向国际上通行的工程量清单计价模式转变，工程量清单计价政策的全面推行，规范建设工程工程量清单计价行为，统一建设工程工程量清单的编制和计价方法，在工程建设领域受到了广泛的关注与积极的响应，并在各地和有关部门的工程建设中得到了有效的推行，积累了宝贵的经验，取得了丰硕的成果。但在执行中，也反映出一些不足之处。

为了完善工程量清单计价工作，原建设部标准定额从2006年开始，组织有关单位和专家对清单计价规范的正文部分进行修订。

2008年7月9日，历经两年多的起草、论证和多次修改，住房和城乡建设部以第63号公告，发布了《建设工程工程量清单计价规范》(GB 50500—2008)(以下简称"08计价规范")，从2008年12月1日起实施。新规范的出台，对巩固工程量清单计价改革的成果，进一步规范工程量清单计价行为具有十分重要的意义。

2008版清单计价规范的颁布实施，对于规范工程实施阶段的计价行为起到了良好的作用，但由于规范的附录部分没有进行修订，还存在有待修改与完善的地方。为此，住房和城乡建设部标准定额司根据相关通知与要求，从2009年开始组织有关单位对2008版清单计价规范进行全面修订。2012年12月25日，历经研究确定编制大纲、编制与初审、初步征求意见与修改、专家审查与修改、再次征求意见与修改、召开规范审查会、完成报批稿及报批等阶段，住房和城乡建设部发布了《建设工程工程量清单计价规范》(GB 50500—2013)(以下简称

"13计价规范")和《房屋建筑与装饰工程工程量计算规范》(GB 50854—2013)、《仿古建筑工程工程量计算规范》(GB 50855—2013)、《通用安装工程工程量计算规范》(GB 50856—2013)、《市政工程工程量计算规范》(GB 50857—2013)、《园林绿化工程工程量计算规范》(GB 50858—2013)、《矿山工程工程量计算规范》(GB 50859—2013)、《构筑物工程工程量计算规范》(GB 50860—2013)、《城市轨道交通工程工程量计算规范》(GB 50861—2013)、《爆破工程工程量计算规范》(GB 50862—2013)等9本计量规范(以下简称"13工程计量规范"),全部10本规范于2013年7月1日起实施。

二、规范编制指导思想与修编原则

(一)规范编制指导思想与原则

根据原建设部第107号令《建筑工程施工发包与承包计价管理办法》,结合我国工程造价管理现状,总结有关省市工程量清单试点的经验,参照国际上有关工程量清单计价通行的做法,编制中遵循的指导思想是按照政府宏观调控、市场竞争形成价格的要求,创造公平、公正、公开竞争的环境,以建立全国统一的、有序的建筑市场,既要与国际惯例接轨,又考虑我国的工程造价管理实际情况。

编制工作除了遵循上述指导思想外,主要坚持以下几项原则:

(1)政府宏观调控、企业自主报价、市场竞争形成价格。按照政府宏观调控、市场竞争形成价格的指导思想,为规范发包方与承包方计价行为,确定了工程量清单计价的原则、方法和必须遵守的规则,包括统一项目编码、项目名称、计量单位、工程量计算规则等,留给企业自主报价、参与市场竞争的空间,将属于企业性质的施工方法、施工措施和人工、材料、机械的消耗量水平、取费等由企业来确定,给企业充分选择的权利,以促进生产力的发展。

(2)与现行预算定额既有机结合又有所区别。《建设工程工程量清单计价规范》在编制过程中,以现行的《全国统一工程预算定额》为基础,特别是项目划分、计量单位、工程量计算规则等方面,尽可能多地与定额衔接。有机结合的原因主要是：预算定额是我国经过几十年实践的总结，这些内容具有一定的科学性和实用性；与工程预算定额有所区别的主要原因是：预算定额是按照计划经济的要求制定发布贯彻执行的，其中有许多不适应《建设工程工程量清单计价规范》编制指导思想的，主要表现在：①定额项目是国家规定以工序为划分项目的原则；②施工工艺、施工方法是根据大多数企业的施工方法综合取定的；③工、料、机消耗量是根据"社会平均水平"综合测定的；④取费标准是根据不同地区平均测算的。因此，企业报价时就会表现为平均主义，企业不能结合项目具体情况、自身技术管理水平自主报价，不能充分调动企业加强管理的积极性。

(3)既考虑我国工程造价管理的现状，又尽可能与国际惯例接轨。《建设工程工程量清单计价规范》要根据我国当前工程建设市场发展的形势，逐步解决定额计价中与当前工程建设市场不相适应的因素，适应我国社会主义市场经济发展的需要，适应与国际接轨的需要，积极稳妥地推行工程量清单计价。因此，在编制中，既借鉴了世界银行、菲迪克(FIDIK)、英联邦国家以及香港等的一些做法，同时，也结合了我国现阶段的具体情况。如：实体项目的设置方面，就结合了当前按专业设置的一些情况；有关名词尽量沿用国内习惯，如措施项目就是国内的习惯叫法，国外称为开办项目；措施项目的内容则借鉴了部分国外的做法。

(二)13 计价规范和 13 工程计量规范的修编原则

1. 13 计价规范修编原则

(1)依法原则。建设工程计价活动受《中华人民共和国合同法》、《中华人民共和国招标投标法》等多部法律、法规的管辖，因而"13 计价规范"对规范条文做到依法设置。

(2)权责对等原则。在建设工程施工活动中，不论发包人或承包人，有权利就必然有责任，清单计价规范中杜绝只有权利没有责任的条款。

(3)公平交易原则。建设工程计价从本质上讲，就是发包人与承包人之间的交易价格,在社会主义市场经济条件下应做到公平进行。"13 计价规范"中对计价风险的分类、风险幅度及合理分担等做了具体规定。

(4)可操作性原则。"13 计价规范"尽量避免条文点到就止,十分重视条文有无可操作性。

(5)从约原则。建设工程计价活动是发承包双方在法律框架下签约、履约的活动。因此,遵从合同约定,履行合同义务是双方的应尽之责。"13 计价规范"在条文上坚持"按合同约定"的规定,但在合同约定不明或没有约定的情况下,发承包双方发生争议时不能协商一致,规范的规定就会在处理争议方面发挥积极作用。

2. "13 工程计量规范"修编原则

(1)项目编码唯一性原则。"13 工程计量规范"对项目编码的方式保持 2003 版和 2008 版清单计价规范的方式不变。前两位定义为每本计量规范的代码,使每个项目清单的编码都是唯一的,没有重复。

(2)项目设置简明适用原则。"13 工程计量规范"在项目设置上以符合工程实际、满足计价需要为前提,力求增加新技术、新工艺、新材料的项目,删除技术规范已经淘汰的项目。

(3)项目特征满足组价原则。在项目特征上,"13 工程计量规范"对凡是体现项目自身价值的都作出规定,不以工作内容已有,而不在项目特征中作出要求。"13 工程计量规范"对工程计价无实质影响的、对应由投标人根据施工方案自行确定的,以及对应由投标人根据当地材料供应及构件配料决定的项目特征描述都不作规定,对应由施工措施解决并充分体现竞争要求的,注明了特征描述时不同的处理方式。

(4)计量单位方便计量原则。计量单位应以方便计量为前提,注意与现行工程定额的规定衔接。如有两个或两个以上计量单位均可满足某一工程项目计量要求的,均予以标注,由招标人根据工程实际情况选用。

(5)工程量计算规则统一原则。对使用两个或两个以上计量单位的,分别规定了不同计量单位的工程量计算规则;对易引起争议的,用文字加以说明。

三、2013 版清单计价规范简介

"13 计价规范"及"13 工程计量规范"是在"08 计价规范"基础上，以原建设部发布的工程基础定额、消耗量定额、预算定额以及各省、自治区、直辖市或行业建设主管部门发布的工程计价定额为参考，以工程计价相关的国家或行业的技术标准、规范、规程为依据，收集近年来新的施工技术、工艺和新材料的项目资料，经过整理，在全国广泛征求意见后编制而成。

"13 计价规范"共设置 16 章、54 节、329 条，各章名称为：总则、术语、一般规定、工程量清单编制、招标控制价、投标报价、合同价款约定、工程计量、合同价款调整、合同价款期中支付、竣工结算与支付、合同解除的价款结算与支付、合同价款争议的解决、工程造价鉴定、工程计价资料与档案和工程计价表格。相比"08 计价规范"而言，分别增加了 11 章、37 节、192 条。

"13 计价规范"适用于建设工程发承包及实施阶段的招标工程量清单、招标控制价、投标报价的编制，工程合同价款的约定，竣工结算的办理以及施工过程中的工程计量、合同价款支付、施工索赔与现场签证、合同价款调整和合同价款争议的解决等计价活动。相对于"08 计价规范"，"13 计价规范"将"建设工程工程量清单计价活动"修改为"建设工程发承包及实施阶段的计价活动"，从而对清单计价规范的适用范围进一步进行了明确，表明了不分何种计价方式，建设工程发承包及实施阶段的计价活动必须执行"13 计价规范"。之所以规定"建设工程发承包及实施阶段的计价活动"，主要是因为工程建设具有周期长、金额大、不确定因素多的特点，从而决定了建设工程计价具有分阶段计价的特点，建设工程决策阶段、设计阶段的计价要求与发承包及实施阶段人计价要求是有区别的，这就避免了因理解上的歧义而发生纠纷。

"13 计价规范"规定："建设工程发承包及实施阶段的工程造价应

由分部分项工程费、措施项目费、其他项目费、规费和税金组成。"这说明了不论采用什么计价方式,建设工程发承包及实施阶段的工程造价均由这五部分组成,这五部分也称之为建筑安装工程费。

根据原人事部、原建设部《关于印发〈造价工程师执业制度暂行规定〉的通知》(人发[1996]77号)、《注册造价工程师管理办法》(原建设部第150号令)以及《全国建设工程造价员管理办法》(中价协[2011]021号)的有关规定,"13计价规范"规定:"招标工程量清单、招标控制价、投标报价、工程计量、合同价款调整、合同价款结算与支付以及工程造价鉴定等工程造价文件的编制与核对,应由具有专业资格的工程造价人员承担。""承担工程造价文件的编制与核对的工程造价人员及其所在单位,应对工程造价文件的质量负责。"

另外,由于建设工程造价计价活动不仅要客观反映工程建设的投资,更应体现工程建设交易活动的公正、公平的原则,因此"13计价规范"规定,工程建设双方,包括受其委托的工程造价咨询方,在建设工程发承包及实施阶段从事计价活动均应遵循客观、公正、公平的原则。

第三节 实行工程量清单计价的意义与作用

一、实行工程量清单计价的意义

(1)推行工程量清单计价是深化工程造价管理改革,推进建设市场化的重要途径。

长期以来,工程预算定额是我国承发包计价、定价的主要依据。现预算定额中规定的消耗量和有关施工措施性费用是按社会平均水平编制的,以此为依据形成的工程造价基本上也属于社会平均价格。这种平均价格可作为市场竞争的参考价格,但不能反映参与竞争企业的实际消耗和技术管理水平,在一定程度上限制了企业的公平竞争。

20世纪90年代国家提出了"控制量、指导价、竞争费"的改革措施,将工程预算定额中的人工、材料、机械消耗量和相应的量价分离,国家控制量以保证质量,价格逐步走向市场化,这一措施走出了向传统工程预算定额改革的第一步。但是,这种做法难以改变工程预算定额中国家指令性内容较多的状况,难以满足招标投标竞争定价和经评审的合理低价中标的要求。因为,国家定额的控制量是社会平均消耗量,不能反映企业的实际消耗量,不能全面体现企业的技术装备水平、管理水平和劳动生产率,不能体现公平竞争的原则,社会平均水平不能代表社会先进水平,改变以往的工程预算定额的计价模式,适应招标投标的需要,推行工程量清单计价办法是十分必要的。

工程量清单计价是建设工程招标投标中,按照国家统一的工程量清单计价规范,由招标人提供工程数量,投标人自主报价,经评审低价中标的工程造价计价模式。采用工程量清单计价能反映工程个别成本,有利于企业自主报价和公平竞争。

(2)在建设工程招标投标中实行工程量清单计价是规范建筑市场秩序的治本措施之一,适应社会主义市场经济的需要。

工程造价是工程建设的核心,也是市场运行的核心内容,建筑市场存在着许多不规范的行为,大多数与工程造价有直接联系。建筑产品是商品,具有商品的共性,它受价值规律、货币流通规律和供求规律的支配。但是,建筑产品与一般的工业产品价格构成不一样,建筑产品具有某些特殊性:

1)它竣工后一般不在空间发生物理运动,可以直接移交用户,立即进入生产消费或生活消费,因而价格中不含商品使用价值运动发生的流通费用,即因生产过程在流通领域内继续进行而支付的商品包装运输费、保管费。

2)它是固定在某地方的。

3)由于施工人员和施工机具围绕着建设工程流动,因而,有的建设工程构成还包括施工企业远离基地的费用,甚至包括成建制转移到新的工地所增加的费用等。

建筑产品价格随建设时间和地点而变化,相同结构的建筑物在同一地段建造,施工的时间不同造价就不一样;同一时间、不同地段造价也不一样；即使时间和地段相同，施工方法、施工手段、管理水平不同工程造价也有所差别。所以说，建筑产品的价格，既有它的同一性，又有它的特殊性。

为了推动社会主义市场经济的发展，国家颁发了相应的有关法律，如《中华人民共和国价格法》第三条规定：我国实行并逐步完善宏观经济调控下主要由市场形成价格的机制。价格的制定应当符合价格规律，对多数商品和服务价格实行市场调节价，极少数商品和服务价格实行政府指导价或政府定价。市场调节价，是指由经营者自主定价，通过市场竞争形成价格。原建设部第107号令《建设工程施工发包与承包计价管理办法》第七条规定：投标报价应依据企业定额和市场信息，并按国务院和省、自治区、直辖市人民政府建设行政主管部门发布的工程造价计价办法编制。建筑产品市场形成价格是社会主义市场经济的需要。过去工程预算定额在调节承发包双方利益和反映市场价格、需求方面存在着不相适应的地方，特别是公开、公正、公平竞争方面，还缺乏合理的机制，甚至出现了一些漏洞，高估冒算，相互串通，从中回扣。发挥市场规律"竞争"和"价格"的作用是治本之策。尽快建立和完善市场形成工程造价的机制，是当前规范建筑市场的需要。通过推行工程量清单计价有利于发挥企业自主报价的能力，同时也有利于规范业主在工程招标中计价行为，有效改变招标单位在招标中盲目压价的行为，从而真正体现公开、公平、公正的原则，反映市场经济规律。

(3)实行工程量清单计价，是促进建设市场有序竞争和企业健康发展的需要。

工程量清单是招标文件的重要组成部分，由招标单位编制或委托有资质的工程造价咨询单位编制，工程量清单编制的准确、详尽、完整，有利于提高招标单位的管理水平，减少索赔事件的发生。由于工程量清单是公开的，有利于防止招标工程中弄虚作假、暗箱操作等不规范行为。投标单位通过对单位工程成本、利润进行分析，统筹考虑，精心选择施工方案，根据企业的定额合理确定人工、材料、机械等要素投入量的合理配置,优化组合,合理控制现场经费和施工技术措施费,在满足招标文件需要的前提下,合理确定自己的报价,让企业有自主报价权。改变了过去依赖建设行政主管部门发布的定额和规定的取费标准进行计价的模式,有利于提高劳动生产率,促进企业技术进步,节约投资和规范建设市场。采用工程量清单计价后,将使招标活动的透明度增加,在充分竞争的基础上降低了造价,提高了投资效益,且便于操作和推行,业主和承包商将都会接受这种计价模式。

(4) 实行工程量清单计价,有利于我国工程造价政府职能的转变。

按照政府部门真正履行起"经济调节、市场监督、社会管理和公共服务"的职能要求,政府对工程造价管理的模式要进行相应的改变,将推行政府宏观调控、企业自主报价、市场形成价格、社会全面监督的工程造价管理思路。实行工程量清单计价,将会有利于我国工程造价政府职能的转变,由过去的政府控制的指令性定额转变为制定适应市场经济规律需要的工程量清单计价方法,由过去的行政干预转变为对工程造价进行依法监管,有效地强化政府对工程造价的宏观调控。

二、工程量清单计价的影响因素

工程量清单报价中标的工程,无论采用何种计价方法,在正常情况下,基本说明工程造价已确定,只是当出现设计变更或工程量变动时,通过签证再结算调整另行计算。工程量清单工程成本要素的管理重点,是在既定收入的前提下,如何控制成本支出。

1. 对用工批量的有效管理

人工费支出约占建筑产品成本的 17%,且随市场价格波动而不断变化。对人工单价在整个施工期间作出切合实际的预测,是控制人工费用支出的前提条件。

首先根据施工进度,月初依据工序合理做出用工数量,结合市场人工单价计算出本月控制指标。

其次在施工过程中,依据工程分部分项,对每天用工数量连续记录,在完成一个分项后,就同工程量清单报价中的用工数量对比,进行横评找出存在问题,办理相应手续以便对控制指标加以修正。每月完成几个工程分项后各自同工程量清单报价中的用工数量对比,考核控制指标完成情况。通过这种控制节约用工数量,就意味着降低人工费支出,即增加了相应的效益。这种对用工数量控制的方法,最大优势在于不受任何工程结构形式的影响,分阶段加以控制,有很强的实用性。人工费用控制指标,主要是从量上加以控制。重点通过对在建工程过程控制,积累各类结构形式下实际用工数量的原始资料,以便形成企业定额体系。

2. 材料费用的管理

材料费用开支约占建筑产品成本的63%,是成本要素控制的重点。材料费用因工程量清单报价形式不同,材料供应方式不同而有所不同。如业主限价的材料价格,如何管理?其主要问题可从施工企业采购过程降低材料单价来把握。

首先对本月施工分项所需材料用量下发采购部门,在保证材料质量前提下货比三家。采购过程以工程量清单报价中材料价格为控制指标,确保采购过程产生收益。对业主供材供料,确保足斤足两,严把验收入库环节。

其次在施工过程中,严格执行质量方面的程序文件,做到材料堆放合理布局,减少二次搬运。具体操作依据工程进度实行限额领料,完成一个分项后,考核控制效果。最后是杜绝没有收入的支出,把返工损失降到最低限度。月末应把控制用量和价格同实际数量横向对比,考核实际效果,对超用材料数量落实清楚,是在哪个工程子项造成的,原因是什么,是否存在同业主计取材料差价的问题等。

3. 机械费用的管理

机械费的开支约占建筑产品成本的7%,其控制指标,主要是根据工程量清单计算出使用的机械控制台班数。在施工过程中,每天做详细台班记录,是否存在维修、待班的台班。如存在现场停电超过合同规定时间,应在当天同业主作好待班现场签证记录,月末将实际使用台班同控制台班的绝对数进行对比,分析量差发生的原因。对机械费价格一般采取租赁协议,合同一般在结算期内不变动,所以,控制实际用量是关键。依据现场情况做到设备合理布局,充分利用,特别是要合理安排大型设备进出场时间,以降低费用。

4. 施工过程中水电费的管理

水电费的管理,在以往工程施工中一直被忽视。水作为人类赖以生存的宝贵资源,越来越短缺,正在给人类敲响警钟。这对加强施工过程中水电费管理的重要性不言而喻。为便于施工过程支出的控制管理,应把控制用量计算到施工子项以便于水电费用控制。月末依据完成子项所需水电用量同实际用量对比,找出差距的出处,以便制定改正措施。总之,施工过程中对水电用量控制不仅仅是一个经济效益的问题,更重要的是一个合理利用宝贵资源的问题。

5. 对设计变更和工程签证的管理

在施工过程中,时常会遇到一些原设计未预料的实际情况或业主单位提出要求改变某些施工做法、材料代用等,引发设计变更;同样对施工图以外的内容及停水、停电,或因材料供应不及时造成停工、窝工等都需要办理工程签证。以上两部分工作,首先应由负责现场施工的技术人员做好工程量的确认,如存在工程量清单不包括的施工内容,应及时通知技术人员,将需要办理工程签证的内容落实清楚;其次工程造价人员审核变更或签证签字内容是否清楚完整、手续是否齐全。如手续不齐全,应在当天督促施工人员补办手续,变更或签证的资料应连续编号;最后工程造价人员还应特别注意在施工方案中涉及的工程造价问题。在投标时工程量清单是依据以往的经验计价,建立在既定的施工方案基础上的。施工方案的改变便是对工程量清单造价的修正。变更或签证是工程量清单工程造价中所不包括的内容,但在施工过程中费用已经发生,工程造价人员应及时地编制变更及签证后的变动价值。加强设计变更和工程签证工作是施工企业经济活动中的一个重要组成部分,它可防止应得效益的流失,反映工程真实造价构成,对施工企业各级管理者来说更显得重要。

6. 对其他成本要素的管理

成本要素除工料单价法包含的以外,还有管理费用、利润、临设费、税金、保险费等。这部分收入已分散在工程量清单的子项之中,中标后已成既定的数,因而,在施工过程中应注意以下几点:

(1)节约管理费用是重点,制定切实的预算指标,对每笔开支严格依据预算执行审批手续;提高管理人员的综合素质,做到高效精干,提倡一专多能。对办公费用的管理,从节约一张纸、减少每次通话时间等方面着手,精打细算,控制费用支出。

(2)利润作为工程量清单子项收入的一部分,在成本不亏损的情况下,就是企业既定利润。

(3)临设费管理的重点是,依据施工的工期及现场情况合理布局临设。尽可能就地取材搭建临设,工程接近竣工时及时减少临设的占用。对购买的彩板房每次安、拆要高抬轻放,延长使用次数。日常使用及时维护易损部位,延长使用寿命。

(4)对税金、保险费的管理重点是一个资金问题,依据施工进度及时拨付工程款,确保按国家规定的税金及时上缴。

以上6个方面是施工企业的成本要素,针对工程量清单形式带来的风险性,施工企业要从加强过程控制的管理入手,才能将风险降到最低点。积累各种结构形式下成本要素的资料,逐步形成科学、合理的,具有代表人力、财力、技术力量的企业定额体系。通过企业定额,使报价不再盲目,避免了一味过低或过高报价所形成的亏损、废标,以应付复杂激烈的市场竞争。

第三章 工程量清单计价规定及常用表格

第一节 工程量清单计价规定

一、计价方式

(1)使用国有资金投资的建设工程发承包,必须采用工程量清单计价。国有投资的资金包括国家融资资金、国有资金为主的投资资金。

1)国有资金投资的工程建设项目包括:
①使用各级财政预算资金的项目;
②使用纳入财政管理的各种政府性专项建设资金的项目;
③使用国有企事业单位自有资金,并且国有资产投资者实际拥有控制权的项目。

2)国家融资资金投资的工程建设项目包括:
①使用国家发行债券所筹资金的项目;
②使用国家对外借款或者担保所筹资金的项目;
③使用国家政策性贷款的项目;
④国家授权投资主体融资的项目;
⑤国家特许的融资项目。

3)国有资金为主的工程建设项目是指国有资金占投资总额50%以上,或虽不足50%但国有投资者实质上拥有控股权的工程建设项目。

(2)非国有资金投资的建设工程,"13计价规范"鼓励采用工程量清单计价方式,但是否采用,由项目业主自主确定。

(3)不采用工程量清单计价的建设工程,应执行"13计价规范"中除工程量清单等专门性规定外的其他规定。

(4)实行工程量清单计价应采用综合单价法,不论分部分项工程项目、措施项目、其他项目,还是以单价形式或以总价形式表现的项目,其综合单价的组成内容均包括完成该项目所需的、除规费和税金以外的所有费用。

(5)根据《中华人民共和国安全生产法》、《中华人民共和国建筑法》、《建设工程安全生产管理条例》、《安全生产许可证条例》等法律、法规的规定,原建设部办公厅印发了《建筑工程安全防护、文明施工措施费及使用管理规定》(建办[2005]89号),将安全文明施工费纳入国家强制性标准管理范围,其费用标准不予竞争,并规定"投标方安全防护、文明施工措施的报价,不得低于依据工程所在地工程造价管理机构测定费率计算所需费用总额的90%"。2012年2月14日,财政部、国家安全生产监督管理总局印发《企业安全生产费用提取和使用管理办法》(财企[2012]16号)规定:"建设工程施工企业提取的安全费用列入工程造价,在竞标时,不得删减,列入标外管理"。

"13计价规范"规定措施项目清单中的安全文明施工费必须按国家或省级、行业建设主管部门的规定费用标准计算,招标人不得要求投标人对该项费用进行优惠,投标人也不得将该项费用参与市场竞争。此处的安全文明施工费包括《建筑安装工程费用项目组成》(建标[2013]44号)中措施费的文明施工费、环境保护费、临时设施费、安全施工费。

(6)根据住建部、财政部印发的《建筑安装工程费用项目组成》(建标[2013]44号)的规定,规费是政府和有关权力部门规定必须缴纳的费用。税金是国家按照税法预先规定的标准,强制地、无偿地要求纳税人缴纳的费用。它们都是工程造价的组成部分,但是其费用内容和计取标准都不是发、承包人能自主确定的,更不是由市场竞争决定的。因而"13计价规范"规定:"规费和税金必须按须按国家或省级、行业建设主管部门的规定计算，不得作为竞争性费用。"

二、发包人提供材料和机械设备

(1)《建设工程质量管理条例》第 14 条规定："按照合同约定，由建设单位采购建筑材料、建筑构配件和设备的，建设单位应当保证建筑材料、建筑构配件和设备符合设计文件和合同要求"；《中华人民共和国合同法》第 283 条规定："发包人未按照约定的时间和要求提供原材料、设备、场地、资金、技术资料的，承包人可以顺延工程日期，并有权要求赔偿停工、窝工等损失"。"13 计价规范"根据上述法律条文对发包人提供材料和机械设备的情况进行了如下约定：

(1)发包人提供的材料和工程设备（以下简称甲供材料）应在招标文件中按照规定填写《发包人提供材料和工程设备一览表》，写明甲供材料的名称、规格、数量、单价、交货方式、交货地点等。承包人投标时，甲供材料价格应计入相应项目的综合单价中，签约后，发包人应按合同约定扣除甲供材料款，不予支付。

(2)承包人应根据合同工程进度计划的安排，向发包人提交甲供材料交货的日期计划。发包人应按计划提供。

(3)发包人提供的甲供材料如规格、数量或质量不符合合同要求，或由于发包人原因发生交货日期延误、交货地点及交货方式变更等情况的，发包人应承担由此增加的费用和（或）工期延误，并应向承包人支付合理利润。

(4)发承包双方对甲供材料的数量发生争议不能达成一致的，应按照相关工程的计价定额同类项目规定的材料消耗量计算。

(5)若发包人要求承包人采购已在招标文件中确定为甲供材料的，材料价格应由发承包双方根据市场调查确定，并应另行签订补充协议。

三、承包人提供材料和工程设备

《建设工程质量管理条例》第29条规定:"施工单位必须按照工程设计要求、施工技术标准和合同约定,对建筑材料、建筑构配件、设备和商品混凝土进行检验,检验应当有书面记录和专人签字;未经检验或者检验不合格的,不得使用。""13计价规范"根据此法律条文对承包人提供材料和机械设备的情况进行了如下约定:

(1)除合同约定的发包人提供的甲供材料外,合同工程所需的材料和工程设备应由承包人提供,承包人提供的材料和工程设备均应由承包人负责采购、运输和保管。

(2)承包人应按合同约定将采购材料和工程设备的供货人及品种、规格、数量和供货时间等提交发包人确认,并负责提供材料和工程设备的质量证明文件,满足合同约定的质量标准。

(3)对承包人提供的材料和工程设备经检测不符合合同约定的质量标准,发包人应立即要求承包人更换,由此增加的费用和(或)工期延误应由承包人承担。对发包人要求检测承包人已具有合格证明的材料、工程设备,但经检测证明该项材料、工程设备符合合同约定的质量标准,发包人应承担由此增加的费用和(或)工期延误,并向承包人支付合理利润。

四、计价风险

(1)建设工程发承包,必须在招标文件、合同中明确计价中的风险内容及其范围,不得采用无限风险、所有风险或类似语句规定计价中的风险内容及范围。

风险是一种客观存在的、会带来损失的、不确定的状态。它具有客观性、损失性、不确定性的特点,并且风险始终是与损失相联系的。工程施工发包是一种期货交易行为,工程建设本身又具有单件性和建设周期长的特点。在工程施工过程中影响工程施工及工程造价的风险因素很多,但并非所有的风险都是承包人能预测、能控制和应承担其造成损失的。

工程施工招标发包是工程建设交易方式之一,一个成熟的建设市场应是一个体现交易公平性的市场。在工程建设施工发包中实行风险共担和合理分摊原则是实现建设市场交易公平性的具体体现,是维护建设市场正常秩序的措施之一。其具体体现则是应在招标文件或合同中对发、承包双方各自应承担的风险内容及其风险范围或幅度进行界定和明确,而不能要求承包人承担所有风险或无限度风险。

根据我国工程建设特点,投标人应完全承担的风险是技术风险和管理风险,如管理费和利润;应有限度承担的是市场风险,如材料价格、施工机械使用费等的风险;应完全不承担的是法律、法规、规章和政策变化的风险。

(2)由于下列因素出现,影响合同价款调整的,应由发包人承担:

1)由于国家法律、法规、规章或有关政策出台导致工程税金、规费等发生变化的;

2)对于根据我国目前工程建设的实际情况,各省、自治区、直辖市建设行政主管部门均根据当地人力资源和社会保障行政主管部门的有关规定发布人工成本信息或人工费调整,对此关系职工切身利益的人工费进行调整的,但承包人对人工费或人工单价的报价高于发布的除外;

3)按照《中华人民共和国合同法》第 63 条规定:"执行政府定价或者政府指导价的,在合同约定的交付期限内价格调整时,按照交付的价格计价。逾期交付标的物的,遇价格上涨时,按照原价格执行;价格下降时,按照新价格执行。逾期提取标的物或者逾期付款的,遇价格上涨时,按照新价格执行;价格下降时,按照原价格执行"。因此,对政府定价或政府指导价管理的原材料价格按照相关文件规定进行合同价款调整的。

因承包人原因导致工期延误的,应按本书后叙"合同价款调整"中"法律法规变化"和"物价变化"中的有关规定进行处理。

(3)对于主要由市场价格波动导致的价格风险,如工程造价中的建筑材料、燃料等价格风险,应由发承包双方合理分摊,并按规定填写《承包人提供主要材料和工程设备一览表》作为合同附件;当合同中没有约定,发承包双方发生争议时,应按"13计价规范"的相关规定调整合同价款。

"13计价规范"中提出承包人所承担的材料价格的风险宜控制在5%以内,施工机械使用费的风险可控制在10%以内,超过者予以调整。

(4)由于承包人使用机械设备、施工技术以及组织管理水平等自身原因造成施工费用增加的,应由承包人全部承担。

(5)当不可抗力发生,影响合同价款时,应按本书后叙"合同价款调整"中"不可抗力"的相关规定处理。

第二节 工程计价常用表格

工程量清单与计价宜采用统一的格式。"13计价规范"对工程计价表格,按工程量清单、招标控制价、投标报价、竣工结算和工程造价鉴定等各个计价阶段共设计了5种封面和22种(类)表样。各省、自治区、直辖市建设行政主管部门和行业建设主管部门可根据本地区、本行业的实际情况,在"13计价规范"规定的工程计价表格的基础上进行补充完善。工程计价表格的设置应满足工程计价的需要,方便使用。

一、计价表格种类及使用范围

"13计价规范"中规定的工程计价表格的种类及其使用范围见表3-1所示。

表 3-1　工程计价表格的种类及其使用范围

表格编号	表格种类	表格名称	表格使用范围				
			工程量清单	招标控制价	投标报价	竣工结算	工程造价鉴定
封—1	工程计价文件封面	招标工程量清单封面	●				
封—2		招标控制价封面		●			
封—3		投标总价封面			●		
封—4		竣工结算书封面				●	
封—5		工程造价鉴定意见书封面					●
扉—1	工程计价文件扉页	招标工程量清单扉页	●				
扉—2		招标控制价扉页		●			
扉—3		投标总价扉页			●		
扉—4		竣工结算总价扉页				●	
扉—5		工程造价鉴定意见书扉页					●
表—01	工程计价总说明	总说明	●	●	●	●	●
表—02	工程计价汇总表	建设项目招标控制价/投标报价汇总表		●	●		
表—03		单项工程招标控制价/投标报价汇总表		●	●		
表—04		单位工程招标控制价/投标报价汇总表		●	●		
表—05		建设项目竣工结算汇总表				●	●
表—06		单项工程竣工结算汇总表				●	●
表—07		单位工程竣工结算汇总表				●	●
表—08	分部分项工程和措施项目计价表	分部分项工程和单价措施项目清单与计价表	●	●	●	●	
表—09		综合单价分析表		●	●	●	
表—10		综合单价调整表				●	
表—11		总价措施项目清单与计价表	●	●	●	●	

续二

表格编号	表格种类	表格名称	工程量清单	招标控制价	投标报价	竣工结算	工程造价鉴定
表—12	其他项目计价表	其他项目清单与计价汇总表	●	●	●	●	●
表—12—1		暂列金额明细表	●	●	●		●
表—12—2		材料(工程设备)暂估单价及调整表	●	●	●	●	●
表—12—3		专业工程暂估价及结算价表	●	●	●	●	●
表—12—4		计日工表	●	●	●	●	●
表—12—5		总承包服务费计价表	●	●	●	●	●
表—12—6		索赔与现场签证计价汇总表				●	●
表—12—7		费用索赔申请(核准)表				●	●
表—12—8		现场签证表				●	●
表—13		规费、税金项目计价表	●	●	●	●	●
表—14	合同价款支付申请(核准)表	工程计量申请(核准)表				●	●
表—15		预付款支付申请(核准)表				●	●
表—16		总价项目进度款支付分解表			●	●	●
表—17		进度款支付申请(核准)表				●	●
表—18		竣工结算款支付申请(核准)表				●	●
表—19		最终结清支付申请(核准)表				●	●
表—20	主要材料、工程设备一览表	发包人提供材料和工程设备一览表	●	●	●	●	●
表—21		承包人提供主要材料和工程设备一览表(适用于造价信息差额调整法)	●	●	●	●	●
表—22		承包人提供主要材料和工程设备一览表(适用于价格指数差额调整法)	●	●	●	●	●

二、工程计价表格的形式及填写要求

(一)工程计价文件封面

1. 招标工程量清单封面(封—1)

_____工程

招标工程量清单

招 标 人：_____
　　　　　　　（单位盖章）

造价咨询人：_____
　　　　　　　（单位盖章）

年　　月　　日

封—1

《招标工程量清单封面》(封—1)填写要点：

招标工程量清单封面应填写招标工程项目的具体名称，招标人应盖单位公章，如委托工程造价咨询人编制，还应加盖工程造价咨询人所在单位公章。

2. 招标控制价封面(封—2)

_____工程

招标控制价

招 标 人：_____
　　　　　　　　（单位盖章）

造价咨询人：_____
　　　　　　　　（单位盖章）

年　　月　　日

封—2

《招标控制价封面》(封—2)填写要点：

招标控制价封面应填写招标工程项目的具体名称,招标人应盖单位公章,如委托工程造价咨询人编制,还应加盖工程造价咨询人所在单位公章。

3. 投标总价封面(封—3)

_____工程

投标总价

投 标 人：_____
　　　　　　（单位盖章）

年　　月　　日

封—3

《投标总价封面》(封—3)填写要点：

投标总价封面应填写投标工程项目的具体名称，投标人应盖单位公章。

4. 竣工结算书封面(封—4)

_____工程

竣工结算书

发 包 人：_____
(单位盖章)

承 包 人：_____
(单位盖章)

造价咨询人：_____
(单位盖章)

年   月   日

封—4

《竣工结算书封面》(封—4)填写要点：

竣工结算书封面应填写竣工工程的具体名称,发承包双方应盖单位公章,如委托工程造价咨询人办理的,还应加盖工程造价咨询人所在单位公章。

5. 工程造价鉴定意见书封面(封-5)

_____工程

编号：××[2×××]××号

工程造价鉴定意见书

造价咨询人：_____
（单位盖章）

年　　月　　日

封-5

《工程造价鉴定意见书封面》(封-5)填写要点：

　　工程造价鉴定意见书封面应填写鉴定工程项目的具体名称，填写意见书文号，工程造价咨询人盖所在单位公章。

(二)工程计价文件扉页

1. 招标工程量清单扉页(扉—1)

_____工程

招标工程量清单

招 标 人：_____   造价咨询人：_____
　　　　　　（单位盖章）　　　　　　　　　　（单位资质专用章）

法定代表人　　　　　　　　　　　法定代表人
或其授权人：_____　　或其授权人：_____
　　　　　（签字或盖章）　　　　　　　　　　（签字或盖章）

编 制 人：_____   复 核 人：_____
　　（造价人员签字盖专用章）　　　（造价工程师签字盖专用章）

编制时间：　年　　月　　日　　复核时间：　年　　月　　日

扉—1

《招标工程量清单扉页》(扉—1)填写要点：

(1)本封面由招标人或招标人委托的工程造价咨询人编制招标工程量清单时填写。

(2)招标人自行编制工程量清单的,编制人员必须是在招标人单位注册的造价人员,由招标人盖单位公章,法定代表人或其授权人签字或盖章;当编制人是注册造价工程师时,由其签字盖执业专用章;当编制人是造价员时,由其在编制人栏签字盖专用章,并应由注册造价工程师复核,在复核人栏签字盖执业专用章。

(3)招标人委托工程造价咨询人编制工程量清单的,编制人员必须是在工程造价咨询人单位注册的造价人员。由工程造价咨询人盖单位资质专用章,法定代表人或其授权人签字或盖章;当编制人是注册造价工程师时,由其签字盖执业专用章;当编制人是造价员时,由其在编制人栏签字盖专用章,并应由注册造价工程师复核,在复核人栏签字盖执业专用章。

2. 招标控制价扉页(扉－2)

```
_____工程
            招 标 控 制 价

  招标控制价(小写):_____
         (大写):_____

  招 标 人:_____      造价咨询人:_____
            (单位盖章)                      (单位资质专用章)
  法定代表人                      法定代表人
  或其授权人:_____      或其授权人:_____
            (签字或盖章)                    (签字或盖章)
  编 制 人:_____      复 核 人:_____
         (造价人员签字盖专用章)           (造价工程师签字盖专用章)
  编制时间:   年   月   日      复核时间:   年   月   日
```

扉－2

《招标控制价扉页》(扉－2)填写要点:

(1)本封面由招标人或招标人委托的工程造价咨询人编制招标控制价时填写。

(2)招标人自行编制招标控制价的,编制人员必须是在招标人单位注册的造价人员,由招标人盖单位公章,法定代表人或其授权人签字或盖章;当编制人是注册造价工程师时,由其签字盖执业专用章;当编制人是造价员时,由其在编制人栏签字盖专用章,并应由注册造价工程师复核,在复核人栏签字盖执业专用章。

(3)招标人委托工程造价咨询人编制招标控制价的,编制人员必须是在工程造价咨询人单位注册的造价人员。由工程造价咨询人盖单位资质专用章,法定代表人或其授权人签字或盖章;当编制人是注册造价工程师时,由其签字盖执业专用章;当编制人是造价员时,由其在编制人栏签字盖专用章,并应由注册造价工程师复核,在复核人栏签字盖执业专用章。

3. 投标总价扉页(扉—3)

投 标 总 价

招 标 人：_____

工程名称：_____

投标总价(小写)：_____

　　　　(大写)：_____

投 标 人：_____
　　　　　　　(单位盖章)

法定代表人
或其授权人：_____
　　　　　　　(签字或盖章)

编 制 人：_____
　　　　　　(造价人员签字盖专用章)

时　　间： 　年　月　日

扉—3

《投标总价扉页》(扉—3)填写要点：
(1)本扉页由投标人编制投标报价时填写。

(2)投标人编制投标报价时,编制人员必须是在投标人单位注册的造价人员。由投标人盖单位公章,法定代表人或其授权人签字或盖章;编制的造价人员(造价工程师或造价员)签字盖执业专用章。

4. 竣工结算总价扉页(扉—4)

_____工程

竣工结算总价

合约合同价(小写):_____ (大写):_____
竣工结算价(小写):_____ (大写):_____

发包人:_____ 承包人:_____   造价咨询人:_____
 (单位盖章)   (单位盖章)   (单位资质专用章)

法定代表人   法定代表人   法定代表人
或其授权人:_____   或其授权人:_____   或其授权人:_____
 (签字或盖章)   (签字或盖章)   (签字或盖章)

编制人:_____   核对人:_____
 (造价人员签字盖专用章)   (造价工程师签字盖专用章)

编制时间: 年 月 日   核对时间: 年 月 日

扉—4

《竣工结算总价扉页》(扉—4)填写要点:
(1)承包人自行编制竣工结算总价,编制人员必须是承包人单位注册的造价人员。由承包人盖单位公章,法定代表人或其授权人签字或盖章;编制的造价人员(造价工程师或造价员)签字盖执业专用章。

(2)发包人自行核对竣工结算时,核对人员必须是在发包人单位注册的造价工程师。由发包人盖单位公章,法定代表人或其授权人签字或盖章,核对的造价工程师签字盖执业专用章。

(3)发包人委托工程造价咨询人核对竣工结算时,核对人员必须是在工程造价咨询人单位注册的造价工程师。由发包人盖单位公章,法定代表人或其授权人签字或盖章;工程造价咨询人盖单位资质专用章,法定代表人或其授权人签字或盖章,核对的造价工程师签字盖执业专用章。

(4)除非出现发包人拒绝或不答复承包人竣工结算书的特殊情况,竣工结算办理完毕后,竣工结算总价封面发承包双方的签字、盖章应当齐全。

5. 工程造价鉴定意见书扉页(扉—5)

_____工程

工程造价鉴定意见书

鉴定结论:

造价咨询人:_____
　　　　　　　　(盖单位章及资质专用章)

法定代表人:_____
　　　　　　　　　　(签字或盖章)

造价工程师:_____
　　　　　　　　　(签字盖专用章)

年　月　日

扉—5

《工程造价鉴定意见书扉页》(扉-5)填写要点:

工程造价鉴定意见书扉页应填写工程造价鉴定项目的具体名称,工程造价咨询人应盖单位资质专用章,法定代表人或其授权人签字或盖章,造价工程师签字盖执业专用章。

(三)工程计价总说明(表-01)

总 说 明

工程名称:	第 页共 页

表-01

《工程计价总说明》(表-01)填写要点:

本表适用于工程计价的各个阶段。对工程计价的不同阶段,《总说明》(表-01)中说明的内容是有差别的,要求也有所不同。

(1)工程量清单编制阶段。工程量清单中总说明应包括的内容有:①工程概况:如建设地址、建设规模、工程特征、交通状况、环保要求等;②工程招标和专业工程发包范围;③工程量清单编制依据;④工程质量、材料、施工等的特殊要求;⑤其他需要说明的问题。

(2)招标控制价编制阶段。招标控制价中总说明应包括的内容有:①采用的计价依据;②采用的施工组织设计;③采用的材料价格来源;④综合单价中风险因素、风险范围(幅度);⑤其他等。

(3)投标报价编制阶段。投标报价总说明应包括的内容有:①采用的计价依据;②采用的施工组织设计;③综合单价中包含的风险因素,风险范围(幅度);④措施项目的依据;⑤其他有关内容的说明等。

(4)竣工结算编制阶段。竣工结算中总说明应包括的内容有:①工程概况;②编制依据;③工程变更;④工程价款调整;⑤索赔;⑥其他等。

(5)工程造价鉴定阶段。工程造价鉴定书总说明应包括的内容有:①鉴定项目委托人名称、委托鉴定的内容;②委托鉴定的证据材料;③鉴定的依据及使用的专业技术手段;④对鉴定过程的说明;⑤明确的鉴定结论;⑥其他需说明的事宜等。

(四)工程计价汇总表

1. 建设项目招标控制价/投标报价汇总表(表-02)

建设项目招标控制价/投标报价汇总表

工程名称: 第 页共 页

序号	单项工程名称	金额(元)	其中:(元)		
			暂估价	安全文明施工费	规费
	合 计				

注:本表适用于建筑项目招标控制价或投标报价的汇总。

表-02

《建设项目招标控制价/投标报价汇总表》(表-02)填写要点:

(1)由于编制招标控制价和投标价包含的内容相同,只是对价格的处理不同,因此,招标控制价和投标报价汇总表使用同一表格。实践中,对招标控制价或投标报价可分别印制本表格。

(2)使用本表格编制投标报价时,汇总表中的投标总价与投标中标函中投标报价金额应当一致。如不一致时以投标中标函中填写的大写金额为准。

2. 单项工程招标控制价/投标报价汇总表(表—03)

单项工程招标控制价/投标报价汇总表

工程名称: 　　　　　　　　　　　　　　　　　　　第 页共 页

序号	单位工程名称	金额(元)	其中		
			暂估价(元)	安全文明施工费(元)	规费(元)
	合　计				

注:本表适用于单项工程招标控制价或投标报价的汇总。暂估价包括分部分项工程中的暂估价和专业工程暂估价。

表—03

3. 单位工程招标控制价/投标报价汇总表(表—04)

单位工程招标控制价/投标报价汇总表

工程名称: 　　　　　　　　标段: 　　　　　　　第 页共 页

序号	汇总内容	金额(元)	其中:暂估价(元)
1	分部分项工程		
1.1			
1.2			
1.3			
1.4			
1.5			

续表

序号	汇总内容	金额(元)	其中:暂估价(元)
2	措施项目		
2.1	其中:安全文明施工费		
3	其他项目		
3.1	其中:暂列金额		
3.2	其中:专业工程暂估价		
3.3	其中:计日工		
3.4	其中:总承包服务费		
4	规费		
5	税金		
招标控制价合计=1+2+3+4+5			

注:本表适用于单位工程招标控制价或投标报价的汇总,如无单位工程划分,单项工程也使用本表汇总。

表—04

4. 建设项目竣工结算汇总表(表—05)

建设项目竣工结算汇总表

工程名称: 　　　　　　　　　　　　　　　　　　　　第 页共 页

序号	单项工程名称	金额(元)	其中	
			安全文明施工费(元)	规费(元)
	合计			

表—05

5. 单项工程竣工结算汇总表(表—06)

单项工程竣工结算汇总表

工程名称: 第 页共 页

序号	单位工程名称	金额(元)	其中	
			安全文明施工费(元)	规费(元)
	合 计			

表—06

6. 单位工程竣工结算汇总表(表—07)

单位工程竣工结算汇总表

工程名称: 标段: 第 页共 页

序号	汇 总 内 容	金额(元)
1	分部分项工程	
1.1		
1.2		
1.3		
1.4		
1.5		
2	措施项目	
2.1	其中:安全文明施工费	
3	其他项目	

续表

序号	汇总内容	金额(元)
3.1	其中:专业工程结算价	
3.2	其中:计日工	
3.3	其中:总承包服务费	
3.4	其中:索赔与现场签证	
4	规费	
5	税金	
竣工结算总价合计=1+2+3+4+5		

注:如无单位工程划分,单项工程也使用本表汇总。

表—07

(五)分部分项工程和措施项目计价表

1. 分部分项工程和单价措施项目清单与计价表(表—08)

分部分项工程和单价措施项目清单与计价表

工程名称:　　　　　　　　标段:　　　　　　　　第 页共 页

序号	项目编码	项目名称	项目特征描述	计量单位	工程量	金 额(元)		
						综合单价	合价	其中:暂估价
			本页小计					
			合　计					

注:为计取规费等使用,可在表中增设其中:"定额人工费"。

表—08

《分部分项工程和单价措施项目清单与计价表》(表—08)填写要点:

(1)本表依据"08 计价规范"中《分部分项工程量清单与计价表》和《措施项目清单与计价表(二)》合并而来。单价措施项目和分部分项工程项目清单编制与计价均使用本表。

（2）本表不只是编制招标工程量清单的表式，也是编制招标控制价、投标价和竣工结算的最基本用表。

（3）编制工程量清单时使用本表，在"工程名称"栏应填写详细具体的工程称谓，对于房屋建筑而言，习惯上并无标段划分，可不填写"标段"栏，但相对于管道敷设、道路施工，则往往以标段划分，此时，应填写"标段"栏，其他各表涉及此类设置，道理相同。

（4）由于各省、自治区、直辖市以及行业建设主管部门对规费计取基础的不同设置，为了计取规费等的使用，使用本表时可在表中增设其中："定额人工费"。

（5）编制招标控制价时，使用本表"综合单价"、"合计"以及"其中：暂估价"按"13计价规范"的规定填写。

（6）编制投标报价时，投标人对表中的"项目编码"、"项目名称"、"项目特征"、"计量单位"、"工程量"均不应作改动。"综合单价"、"合价"自主决定填写，对其中的"暂估价"栏，投标人应将招标文件中提供了暂估材料单价的暂估价计入综合单价，并应计算出暂估单价的材料在"综合单价"及其"合价"中的具体数额，因此，为更详细反应暂估价情况，也可在表中增设一栏"综合单价"其中的"暂估价"。

（7）编制竣工结算时，使用本表可取消"暂估价"。

2. 综合单价分析表（表—09）

综合单价分析表

工程名称：　　　　　　　　标段：　　　　　　　　第　页共　页

项目编码				项目名称			计量单位		
清单综合单价组成明细									
定额编号	定额名称	定额单位	数量	单价					管理费和利润
				人工费	材料费	机械费	管理费和利润	人工费	材料费	机械费	
人工单价			小　计						
元/工日			未计价材料费						

续表

	清单项目综合单价						
材料费明细	主要材料名称、规格、型号	单位	数量	单价（元）	合价（元）	暂估单价（元）	暂估合价（元）
	其他材料费			—		—	
	材料费小计			—		—	

注：1. 如不使用省级或行业建设主管部门发布的计价依据，可不填定额项目、编号等。
　　2. 招标文件提供了暂估单价的材料，按暂估的单价填入表内"暂估单价"栏及"暂估合价"栏。

表—09

《综合单价分析表》(表—09)填写要点：

(1)工程量清单单价分析表是评标委员会评审和判别综合单价组成和价格完整性、合理性的主要基础，对因工程变更、工程量偏差等原因调整综合单价也是必不可少的基础价格数据来源。采用经评审的最低投标价法评标时，本表的重要性更为突出。

(2)本表集中反映了构成每一个清单项目综合单价的各个价格要素的价格及主要的"工、料、机"消耗量。投标人在投标报价时，需要对每一个清单项目进行组价，为了使组价工作具有可追溯性（回复评标质疑时尤其需要），需要表明每一个数据的来源。

(3)本表一般随投标文件一同提交，作为竞标价的工程量清单的组成部分，以便中标后，作为合同文件的附属文件。投标人须知中需要就分析表提交的方式作出规定，该规定需要考虑是否有必要对分析表的合同地位给予定义。

(4)编制综合单价分析表时，对辅助性材料不必细列，可归并到其他材料费中以金额表示。

(5)编制招标控制价，使用本表应填写使用的省级或行业建设主管部门发布的计价定额名称。

(6)编制投标报价，使用本表可填写使用的企业定额名称，也可填写省级或行业建设主管部门发布的计价定额,如不使用则不填写。

(7)编制工程结算时,应在已标价工程量清单中的综合单价分析表中将确定的调整过后人工单价、材料单价等进行置换,形成调整后的综合单价。

3. 综合单价调整表(表—10)

综合单价调整表

工程名称:　　　　　　　　标段:　　　　　　　　第 页共 页

序号	项目编码	项目名称	已标价清单综合单价(元)					调整后综合单价(元)				
			综合单价	其中				综合单价	其中			
				人工费	材料费	机械费	管理费和利润		人工费	材料费	机械费	管理费和利润

造价工程师(签章):　　发包人代表(签章):　　造价人员(签章):　　承包人代表(签章):

日期:　　　　　　　　　　　　日期:

注:综合单价调整应附调整依据。

表—10

《综合单价调整表》(表—10)填写要点:

综合单价调整表适用于各种合同约定调整因素出现时调整综合单价,各种调整依据应附于表后。填写时应注意,项目编码和项目名称必须与已标价工程量清单操持一致,不得发生错漏,以免发生争议。

4. 总价措施项目清单与计价表(表--11)

总价措施项目清单与计价表

工程名称： 标段： 第 页共 页

序号	项目编码	项目名称	计算基础	费率(%)	金额(元)	调整费率(%)	调整后金额(元)	备注
		安全文明施工费						
		夜间施工增加费						
		二次搬运费						
		冬雨季施工增加费						
		已完工程及设备保护						
		合　计						

编制人(造价人员)： 复核人(造价工程师)：

注：1. "计算基础"中安全文明施工费可为"定额基价"、"定额人工费"或"定额人工费＋定额机械费"，其他项目可为"定额人工费"或"定额人工费＋定额机械费"
   2. 按施工方案计算的措施费，若无"计算基础"和"费率"的数值，也可只填"金额"数值，但应在备注栏说明施工方案出处或计算方法。

表-11

《总价措施项目清单与计价表》(表-11)填写要点：

(1)编制招标工程量清单时，表中的项目可根据工程实际情况进行增减。

(2)编制招标控制价时，计费基础、费率应按省级或行业建设主管部门的规定计取。

(3)编制投标报价时，除"安全文明施工费"必须按"13 计价规范"的强制性规定，按省级、行业建设主管部门的规定计取外，其他措施项目均可根据投标施工组织设计自主报价。

(六)其他项目计价表

1. 其他项目清单与计价汇总表(表—12)

其他项目清单与计价汇总表

工程名称：　　　　　　　　　标段：　　　　　　　　　第　页共　页

序号	项目名称	金额(元)	结算金额(元)	备注
1	暂列金额			明细详见表—12—1
2	暂估价			
2.1	材料(工程设备)暂估价/结算价	—		明细详见表—12—2
2.2	专业工程暂估价/结算价			明细详见表—12—3
3	计日工			明细详见表—12—4
4	总承包服务费			明细详见表—12—5
5	索赔与现场签证	—		明细详见表—12—6
	合　计			

注：材料(工程设备)暂估单价计入清单项目综合单价，此处不汇总。

表—12

《其他项目清单与计价汇总表》(表—12)填写要点：

(1)编制招标工程量清单，应汇总"暂列金额"和"专业工程暂估价"，以提供给投标人报价。

(2)编制招标控制价，应按有关计价规定估算"计日工"和"总承包服务费"。如招标工程量清单中未列"暂列金额",应按有关规定编列。

(3)编制投标报价,应按招标文件工程量清单提供的"暂列金额"和"专业工程暂估价"填写金额,不得变动。"计日工"、"总承包服务费"自主确定报价。

(4)编制或核对竣工结算,"专业工程暂估价"按实际分包结算价填写,"计日工"、"总承包服务费"按双方认可的费用填写,如发生"索赔"或"现场签证"费用,按双方认可的金额计入本表。

2. 暂列金额明细表(表-12-1)

暂列金额明细表

工程名称： 标段： 第 页共 页

序号	项 目 名 称	计量单位	暂定金额(元)	备 注
1				
2				
3				
4				
5				
6				
7				
8				
9				
10				
11				
	合 计			—

注：此表由招标人填写,如不能详列,也可只列暂定金额总额,投标人应将上述暂列金额计入投标总价中。

表-12-1

《暂列金额明细表》(表-12-1)填写说明：

暂列金额在实际履约过程中可能发生,也可能不发生。本表要求招标人能将暂列金额与拟用项目列出明细,但如确实不能详列也可只列暂定金额总额,投标人应将上述暂列金额计入投标总价中。

3. 材料(工程设备)暂估单价及调整表(表-12-3)

材料(工程设备)暂估单价及调整表

工程名称：　　　　　　　　　标段：　　　　　　　　　第 页共 页

序号	材料(工程设备)名称、规格、型号	计量单位	数量		暂估(元)		确认(元)		差额(元)		备注
			暂估	确认	单价	合价	单价	合价	单价	合价	
	合　计										

注：此表由招标人填写"暂估单价"，并在备注栏说明暂估单价的材料、工程设备拟用在哪些清单项目上，投标人应将上述材料、工程设备暂估单价计入工程量清单综合单价报价中。

表-12-2

《材料(工程设备)暂估单价及调整表》(表-12-3)

暂估价是在招标阶段预见肯定要发生，只是因为标准不明确或者需要由专业承包人完成，暂时无法确定材料、工程设备的具体价格而采用的一种临时性计价方式。暂估价的材料、工程设备数量应在表内填写，拟用项目应在本表备注栏给予补充说明。

"13计价规范"要求招标人针对每一类暂估价给出相应的拟用项目，即按照材料、工程设备的名称分别给出，这样的材料、工程设备暂估价能够纳入到清单项目的综合单价中。

4. 专业工程暂估价及结算价表(表-12-3)

专业工程暂估价及结算价表

工程名称：　　　　　　　　　标段：　　　　　　　　　第 页共 页

序号	工程名称	工作内容	暂估金额(元)	结算金额(元)	差额±(元)	备注

续表

序号	工程名称	工作内容	暂估金额(元)	结算金额(元)	差额±(元)	备注
	合 计					

注：此表"暂估金额"由招标人填写，招标人应将"暂估金额"计入投标总价中。结算时按合同约定结算金额填写。

表－12－3

《专业工程暂估价及结算价表》(表－12－3)填写要点：

专业工程暂估价应在表内填写工程名称、工作内容、暂估金额，投标人应将上述金额计入投标总价中。专业工程暂估价项目及其表中列明的专业工程暂估价，是指分包人实施专业工程的含税金后的完整价，除了合同约定的发包人应承担的总包管理、协调、配合和服务责任所对应的总承包服务费以外，承包人为履行其总包管理、配合、协调和服务所需产生的费用应该包括在投标报价中。

5. 计日工表(表－12－4)

计日工表

工程名称： 标段： 第 页共 页

编号	项目名称	单位	暂定数量	实际数量	综合单价(元)	合价(元)	
						暂定	实际
一	人工						
1							
2							
3							
4							
	人工小计						
二	材料						
1							
2							
3							
4							
5							

续表

编号	项目名称	单位	暂定数量	实际数量	综合单价(元)	合价(元)	
						暂定	实际
	材料小计						
三	施工机械						
1							
2							
3							
4							
	施工机械小计						
四、企业管理费和利润							
	总计						

注：此表项目名称、暂定数量由招标人填写，编制招标控制价时，单价由招标人按有关规定确定；投标时，单价由投标人自主确定，按暂定数量计算合价计入投标总价中；结算时，按发承包双方确定的实际数量计算合价。

表－12－4

《计日工表》(表－12－4)填写要点：

(1)编制工程量清单时，"项目名称"、"单位"、"暂定数量"由招标人填写。

(2)编制招标控制价时，人工、材料、机械台班单价由招标人按有关计价规定填写并计算合价。

(3)编制投标报价时，人工、材料、机械台班单价由投标人自主确定，按已给暂估数量计算合价计入投标总价中。

6. 总承包服务费计价表(表－12－5)

总承包服务费计价表

工程名称：　　　　　　　　　标段：　　　　　　　　第 页共 页

序号	项目名称	项目价值(元)	服务内容	计算基础	费率(%)	金额(元)
1	发包人发包专业工程					
2	发包人提供材料					

续表

序号	项目名称	项目价值(元)	服务内容	计算基础	费率(%)	金额(元)
	合 计	—	—			

注:此表项目名称、服务内容由招标人填写,编制招标控制价时,费率及金额由招标人按有关计价规定确定;投标时,费率及金额由投标人自主报价,计入投标总价中。

表-12-5

《总承包服务费计价表》(表-12-5)填写要点:

(1)编制招标工程量清单时,招标人应将拟定进行专业分包的专业工程、自行采购的材料设备等决定清楚,填写项目名称、服务内容,以便投标人决定报价。

(2)编制招标控制价时,招标人按有关计价规定计价。

(3)编制投标报价时,由投标人根据工程量清单中的总承包服务内容,自主决定报价。

(4)办理竣工结算时,发承包双方应按承包人已标价工程量清单中的报价计算,如发承包双方确定调整的,按调整后的金额计算。

7. 索赔与现场签证计价汇总表(表-12-6)

索赔与现场签证计价汇总表

工程名称:　　　　　　　　　标段:　　　　　　　　第 页共 页

序号	签证及索赔项目名称	计量单位	数量	单价(元)	合价(元)	索赔及签证依据
—	本页小计		—			
—	合 计					

注:签证及索赔依据是指经双方认可的签证单和索赔依据的编号。

表-12-6

《索赔与现场签证计价汇总表》(表－12－6)填写要点:

本表是对发承包双方签证认可的"费用索赔申请(核准)表"和"现场签证表"的汇总。

8. 费用索赔申请(核准)表(表－12－7)

费用索赔申请(核准)表

工程名称：　　　　　　　　标段：　　　　　　　　第 页共 页

致：＿＿＿＿＿＿＿＿＿＿＿＿＿＿＿＿＿＿＿＿＿＿(发包人全称) 　　根据施工合同条款第＿＿＿＿条的约定,由于＿＿＿＿＿原因,我方要求索赔金额(大写) ＿＿＿＿＿＿元,(小写＿＿＿＿＿元),请予核准。 附:1. 费用索赔的详细理由和依据: 　　2. 索赔金额的计算: 　　3. 证明材料: 　　　　　　　　　　　　　　　　　　　　　　　　　　承包人(章) 　　造价人员＿＿＿＿＿　　承包人代表＿＿＿＿＿＿　　日　期＿＿＿＿＿＿

复核意见： 　　根据施工合同条款第＿＿＿＿条的约定,你方提出的费用索赔申请经复核： 　　□不同意此项索赔,具体意见见附件。 　　□同意此项索赔,索赔金额的计算,由造价工程师复核 　　　　监理工程师＿＿＿＿＿＿ 　　　　　日　　期＿＿＿＿＿＿	复核意见： 　　根据施工合同条款第＿＿＿＿条的约定,你方提出的费用索赔申请经复核,索赔金额为(大写)＿＿＿＿元,(小写)＿＿＿＿元。 　　　　造价工程师＿＿＿＿＿＿ 　　　　　日　　期＿＿＿＿＿＿

审核意见： 　　□不同意此项索赔。 　　□同意此项索赔,与本期进度款同期支付。 　　　　　　　　　　　　　　　　　　　　　　　　　　发包人(章) 　　　　　　　　　　　　　　　　　　　　　　　　发包人代表＿＿＿＿＿＿ 　　　　　　　　　　　　　　　　　　　　　　　　　日　　期＿＿＿＿＿＿

注：1. 在选择栏中的"□"内作标识"√"。
　　2. 本表一式四份,由承包人填报,发包人、监理人、造价咨询人、承包人各存一份。

表－12－7

《费用索赔申请(核准)表》(表－12－7)填写要点:

填写本表时,承包人代表应按合同条款的约定,阐述原因,附上索赔证据、费用计算报发包人,经监理工程师复核(按照发包人的授权不论是监理工程师或发包人现场代表均可),经造价工程师(此处造价工程师可以是发包人现场管理人员,也可以是发包人委托的工程造价咨询企业的人员)复核具体费用,经发包人审核后生效,该表以在选择栏中"□"内作标识"√"表示。

9. 现场签证表(表-12-8)

现场签证表

工程名称:　　　　　　　标段:　　　　　　　第 页 共 页

施工部位		日期	
致:_____(发包人全称) 　　根据_____(指令人姓名)　年 月 日的口头指令或你方_____(或监理人)　年 月 日的书面通知,我方要求完成此项工作应支付价款金额为(大写)_____元,(小写)_____元,请予核准。 附:1. 签证事由及原因: 　　2. 附图及计算式: 　　　　　　　　　　　　　　　　　　　　　　　　　　　承包人(章) 造价人员_____　承包人代表_____　　日　期_____			
复核意见: 　　你方提出的此项签证申请经复核: □不同意此项签证,具体意见见附件。 □同意此项签证,签证金额的计算,由造价工程师复核。 　　　　监理工程师_____ 　　　　　　日　期_____		复核意见: □此项签证按承包人中标的计日工单价计算,金额为(大写)_____元,(小写)_____元。 □此项签证因无计日工单价,金额为(大写)_____元,(小写)_____。 　　　　造价工程师_____ 　　　　　　日　期_____	
审核意见: □不同意此项签证。 □同意此项签证,价款与本期进度款同期支付。 　　　　　　　　　　　　　　　　　　　　　　　　　　发包人(章) 　　　　　　　　　　　　　　　　　　　　　　　　　　发包人代表_____ 　　　　　　　　　　　　　　　　　　　　　　　　　　　　日　期_____			

注:1. 在选择栏中的"□"内作标识"√"。
　　2. 本表一式四份,由承包人在收到发包人(监理人)的口头或书面通知后填写,发包人、监理人、造价咨询人、承包人各存一份。

表-12-8

《现场签证表》(表－12－8)填写要点：

本表是对"计日工"的具体化，考虑到招标时，招标人对计日工项目的预估难免会有遗漏，带来实际施工发生后，无相应的计日工单价时，现场签证只能包括单价一并处理，因此，在汇总时，有计日工单价的，可归并于计日工，如无计日工单价，归并于现场签证，以示区别。

(七)规费、税金项目计价表(表－13)

规费、税金项目计价表

工程名称：　　　　　　　　　标段：　　　　　　　　第　页共　页

序号	项目名称	计算基础	计算基数	计算费率(%)	金额(元)
1	规费	定额人工费			
1.1	社会保险费	定额人工费			
(1)	养老保险费	定额人工费			
(2)	失业保险费	定额人工费			
(3)	医疗保险费	定额人工费			
(4)	工伤保险费	定额人工费			
(5)	生育保险费	定额人工费			
1.2	住房公积金	定额人工费			
1.3	工程排污费	按工程所在地环境保护部门收取标准，按实计入			
2	税金	分部分项工程费＋措施项目费＋其他项目费＋规费－按规定不计税的工程设备金额			
	合　计				

编制人：　　　　　　　　　复核人(造价工程师)：

表－13

《规费、税金项目计价表》(表-13)填写要点:

本表按住房和城乡建设部、财政部印发的《建筑安装工程费用项目组成》(建标[2013]44号)列举的规费项目列项,在施工实践中,有的规费项目,如工程排污费,并非每个工程所在地都要征收,实践中可作为按实计算的费用处理。

(八)工程计量申请(核准)表(表-14)

工程计量申请(核准)表

工程名称:　　　　　　　　标段:　　　　　　　　第　页共　页

序号	项目编码	项目名称	计量单位	承包人申请数量	发包人核实数量	发承包人确认数量	备注

承包人代表:　　　监理工程师:　　　造价工程师:　　　发包人代表:

日期:　　　　　　日期:　　　　　　日期:　　　　　　日期:

表-14

《工程计量申请(核准)表》(表－14)填写要点：

本表填写的"项目编码"、"项目名称"、"计量单位"应与已标价工程量清单中一致，承包人应在合同约定的计量周期结束时，将申报数量填写在申报数量栏，发包人核对后如与承包人填写的数量不一致，则在核实数量栏填上核实数量，经发承包双方共同核对确认的计量结果填在确认数量栏。

(九)合同价款支付申请(核准)表

合同价款支付申请(复核)表是合同履行、价款支付的重要凭证。"13计价规范"对此类表格共设计了5种，包括专用于预付款支付的《预付款支付申请(核准)表》(表－15)、用于施工过程中无法计量的总价项目及总价合同进度款支付的《总价项目进度款支付分解表》(表－16)、专用于进度款支付的《进度款支付申请(核准)表》(表－17)、专用于竣工结算价款支付的《竣工结算款支付申请(核准)表》(表－18)和用于缺陷责任期到期，承包人履行了工程缺陷修复责任后，对其预留的质量保证金最终结算的《最终结清支付申请(核准)表》(表－19)。

合同价款支付申请(复核)表包括的5种表格，均由承包人代表在每个计量周期结束后发包人提出，由发包人授权的现场代表复核工程量，由发包人授权的造价工程师复核应付款项，经发包人批准实施。

第三章 工程量清单计价规定及常用表格

1. 预付款支付申请(核准)表(表—15)

预付款支付申请(核准)表

工程名称：_____　　标段：_____　　编号：_____

致：_____（发包人全称）

　　我方根据施工合同的约定，现申请支付工程预付款额为（大写）_____（小写_____），请予核准。

序号	名　称	申请金额(元)	复核金额(元)	备　注
1	已签约合同价款金额			
2	其中：安全文明施工费			
3	应支付的预付款			
4	应支付的安全文明施工费			
5	合计应支付的预付款			

　　　　　　　　　　　　　　　　　　　　　　　　承包人(章)

造价人员_____　　承包人代表_____　　日　期_____

复核意见： □与合同约定不相符，修改意见见附件。 □与合同约定相符，具体金额由造价工程师复核。 　　　　监理工程师_____ 　　　　　日　期_____	复核意见： 你方提出的支付申请经复核，应支付预付款金额为（大写）_____（小写_____）。 　　　　造价工程师_____ 　　　　　日　期_____

审核意见：
□不同意。
□同意，支付时间为本表签发后的15天内。

　　　　　　　　　　　　　　　　　　　　　　　　发包人(章)
　　　　　　　　　　　　　　　　　　　　　　　　发包人代表_____
　　　　　　　　　　　　　　　　　　　　　　　　日　期_____

注：1. 在选择栏中的"□"内作标识"√"。
　　2. 本表一式四份，由承包人填报，发包人、监理人、造价咨询人、承包人各存一份。

表—15

2. 总价项目进度款支付分解表(表—16)

总价项目进度款支付分解表

序号	项目名称	总价金额	首次支付	二次支付	三次支付	四次支付	五次支付
	安全文明施工费						
	夜间施工增加费						
	二次搬运费						
	社会保险费						
	住房公积金						
	合计						

编制人(造价人员)： 复核人(造价工程师)：

注：1. 本表应由承包人在投标报价时根据发包人在招标文件明确的进度款支付周期与报价填写，签订合同时，发承包双方可就支付分解协商调整后作为合同附件。
　　2. 单价合同使用本表，"支付"栏时间应与单价项目进度款支付周期相同。
　　3. 总价合同使用本表，"支付"栏时间应与约定的工程计量周期相同。

表—16

3. 进度款支付申请(核准)表(表—17)

进度款支付申请(核准)表

工程名称：　　　　　　　　标段：　　　　　　　　编号：

致：＿＿＿＿＿＿＿＿＿＿＿＿＿＿＿＿(发包人全称)

我方于＿＿＿＿至＿＿＿＿期间已完成了＿＿＿＿工作,根据施工合同的约定,现申请支付本周期的合同款额为(大写)＿＿＿＿(小写＿＿＿＿),请予核准。

序号	名　称	实际金额(元)	申请金额(元)	复核金额(元)	备注
1	累计已完成的合同价款				
2	累计已实际支付的合同价款				
3	本周期合计完成的合同价款				
3.1	本周期已完成单价项目的金额				
3.2	本周期应支付的总价项目的金额				
3.3	本周期已完成的计日工价款				
3.4	本周期应支付的安全文明施工费				
3.5	本周期应增加的合同价款				
4	本周期合计应扣减的预付款				
4.1	本周期应抵扣的预付款				
4.2	本周期应扣减的金额				
5	本周期应支付的合同价款				

附：上述3、4详见附件清单

承包人(章)

造价人员＿＿＿＿　　承包人代表＿＿＿＿　　日　期＿＿＿＿

复核意见： □与实际施工情况不相符,修改意见见附件。 □与实际施工情况相符,具体金额由造价工程师复核。 　　监理工程师＿＿＿＿ 　　日　期＿＿＿＿	复核意见： 　　你方提出的支付申请经复核,本周期已完成合同款额为(大写)＿＿＿＿(小写＿＿＿＿)。本周期应支付金额为(大写)＿＿＿＿(小写＿＿＿＿)。 　　造价工程师＿＿＿＿ 　　日　期＿＿＿＿

审核意见：
□不同意。
□同意,支付时间为本表签发后的15天内。

　　　　　　　　　　　　　　　　　　　　发包人(章)
　　　　　　　　　　　　　　　　　　　　发包人代表＿＿＿＿
　　　　　　　　　　　　　　　　　　　　日　期＿＿＿＿

注：1. 在选择栏中的"□"内作标识"√"。
　　2. 本表一式四份,由承包人填报,发包人、监理人、造价咨询人、承包人各存一份。

4. 竣工结算款支付申请(核准)表(表—18)

竣工结算款支付申请(核准)表

工程名称：　　　　　　　　　标段：　　　　　　　　　编号：

致：_____(发包人全称)
　　我方于_____至_____期间已完成合同约定的工作,工程已经完工,根据施工合同的约定,现申请支付竣工结算合同款额为(大写)_____(小写_____),请予核准。

序号	名　称	申请金额(元)	复核金额(元)	备　注
1	竣工结算合同价款总额			
2	累计已实际支付的合同价款			
3	应预留的质量保证金			
4	应支付的竣工结算款金额			

　　　　　　　　　　　　　　　　　　　　　　　　　　承包人(章)
造价人员_____　　承包人代表_____　　日　期_____

复核意见： 　□与实际施工情况不相符,修改意见见附件。 　□与实际施工情况相符,具体金额由造价工程师复核。 　　监理工程师_____ 　　日　期_____	复核意见： 　你方提出的竣工结算款支付申请经复核,竣工结算款总额为(大写)_____(小写_____),扣除前期支付以及质量保证金后应支付金额为(大写)_____(小写_____)。 　　造价工程师_____ 　　日　期_____

审核意见：
　□不同意。
　□同意,支付时间为本表签发后的15天内。

　　　　　　　　　　　　　　　　　　　　　　　　　　发包人(章)
　　　　　　　　　　　　　　　　　　　　　　　　　　发包人代表_____
　　　　　　　　　　　　　　　　　　　　　　　　　　日　期_____

注：1. 在选择栏中的"□"内作标识"√"。
　　2. 本表一式四份,由承包人填报,发包人、监理人、造价咨询人、承包人各存一份。

5. 最终结清支付申请(核准)表(表—19)

最终结清支付申请(核准)表

工程名称：　　　　　　　　标段：　　　　　　　　编号：

致：_____(发包人全称)

我方于_____至_____期间已完成了缺陷修复工作,根据施工合同的约定,现申请支付最终结清合同款额为(大写)_____(小写_____),请予核准。

序号	名　称	申请金额(元)	复核金额(元)	备　注
1	已预留的质量保证金			
2	应增加因发包人原因造成缺陷的修复金额			
3	应扣减承包人不修复缺陷、发包人组织修复的金额			
4	最终应支付的合同价款			

附：上述3、4详见附件清单

　　　　　　　　　　　　　　　　　　　　　　　　　承包人(章)
造价人员_____　承包人代表_____　　　日　　期_____

复核意见：
□与实际施工情况不相符,修改意见见附件。
□与实际施工情况相符,具体金额由造价工程师复核。
　　　　　　监理工程师_____
　　　　　　　　日　　期_____

复核意见：
你方提出的支付申请经复核,最终应支付金额为(大写)_____(小写_____)。

　　　　　　造价工程师_____
　　　　　　　　日　　期_____

审核意见：
□不同意。
□同意,支付时间为本表签发后的15天内。

　　　　　　　　　　　　　　　发包人(章)
　　　　　　　　　　　　　　　发包人代表_____
　　　　　　　　　　　　　　　　日　　期_____

注：1. 在选择栏中的"□"内作标识"√"。如监理人已退场,监理工程师栏可空缺。
　　2. 本表一式四份,由承包人填报,发包人、监理人、造价咨询人、承包人各存一份。

表—19

(十)主要材料、工程设备一览表

1. 发包人提供材料和工程设备一览表(表—20)

发包人提供材料和工程设备一览表

工程名称： 标段： 第 页共 页

序号	材料(工程设备)名称、规格、型号	单位	数量	单价(元)	交货方式	送达地点	备注

注：此表由招标人填写，供投标人在投标报价、确定总承包服务费时参考。

表—20

2. 承包人提供主要材料和工程设备一览表(适用于造价信息差额调整法)(表—21)

承包人提供主要材料和工程设备一览表
(适用于造价信息差额调整法)

工程名称： 标段： 第 页共 页

序号	名称、规格、型号	单位	数量	风险系数(%)	基准单价(元)	投标单价(元)	发承包人确认单价(元)	备注

注：1. 此表由招标人填写除"投标单价"栏的内容，投标人在投标时自主确定投标单价。
  2. 招标人应优先采用工程造价管理机构发布的单价作为基准单价，未发布的，通过市场调查确定其基准单价。

表—21

3. 承包人提供主要材料和工程设备一览表(适用于价格指数差额调整法)(表—22)

承包人提供主要材料和工程设备一览表

(适用于价格指数差额调整法)

工程名称： 标段： 第 页共 页

序号	名称、规格、型号	变值权重B	基本价格指数F_0	现行价格指数F_t	备注
	定值权重A		—	—	
	合 计	1	—	—	

注：1. "名称、规格、型号"、"基本价格指数"栏由招标人填写，基本价格指数应首先采用工程造价管理机构发布的价格指数，没有时，可采用发布的价格代替。如人工、机械费也采用本法调整，由招标人在名称"名称"栏填写。

2. "变值权重"栏由投标人根据该项人工、机械费和材料、工程设备价值在投标总报价中所占比例填写，1减去其比例为定值权重。

3. "现行价格指数"按约定付款证书相关周期最后一天的前42天的各项价格指数填写，该指数应首先采用工程造价管理机构发布的价格指数，没有时，可采用发布的价格代替。

表—22

第四章 装饰装修工程工程量清单编制

工程量清单是指载明建设工程分部分项工程项目、措施项目、其他项目的名称和相应数量以及规费、税金项目等内容的明细清单。招标工程量清单是招标人依据国家标准、招标文件、设计文件以及施工现场实际情况编制的，随招标文件发布供投标报价的工程量清单，包括其说明和表格；已标价工程量清单是指构成合同文件组成部分的投标文件中已标明价格，经算术性错误修正（如有）且承包人已确认的工程量清单，包括其说明和表格。

第一节 工程量清单编制依据与程序

一、一般规定

（1）招标工程量清单应由招标人负责编制，若招标人不具有编制工程量清单的能力，则可根据《工程造价咨询企业管理办法》（建设部第149号令）的规定，委托具有工程造价咨询性质的工程造价咨询人编制。

（2）招标工程量清单必须作为招标文件的组成部分，其准确性（数量不算错）和完整性（不缺项漏项）应由招标人负责。招标人应将工程量清单连同招标文件一起发（售）给投标人。投标人依据工程量清单进行投标报价时，对工程量清单不负有核实的义务，更不具有修改和调整的权力。如招标人委托工程造价咨询人编制工程量清单，其责任仍由招标人负责。

（3）招标工程量清单是工程量清单计价的基础，应作为编制招标控制价、投标报价、计算或调整工程量以及工程索赔等的依据之一。

（4）招标工程量清单应以单位（项）工程为单位编制，应由分部分项工程项目清单、措施项目清单、其他项目清单、规费和税金项目清单组成。

二、工程量清单编制依据

编制招标工程量清单应依据：
(1)"13 计价规范"和相关工程的国家计量规范；
(2)国家或省级、行业建设主管部门颁发的计价定额和办法；
(3)建设工程设计文件及相关资料；
(4)与建设工程有关的标准、规范、技术资料；
(5)拟定的招标文件；
(6)施工现场情况、地勘水文资料、工程特点及常规施工方案；
(7)其他相关资料。

三、工程量清单编制程序

(1)熟悉施工图纸、"13 计价规范"及相关工程现行国家计量规范等有关资料。
(2)列项目计算工程量。
(3)编制分部分项工程和单价措施项目清单与计价表。
(4)编制总价措施项目清单与计价表。
(5)编制其他项目清单与计价汇总表。
(6)编制规费、税金项目计价表。
(7)复核。
(8)填写总说明。
(9)填写封面、扉页，并签字、盖章、装订。

第二节 招标工程量清单编制

一、分部分项工程项目

(一)分部分项工程项目清单编制要求

1. 一般规定

(1)分部分项工程项目清单必须载明项目编码、项目名称、项目特征、计量单位和工程量。这是构成一个分部分项工程项目清单的五个要件,在分部分项工程项目清单的组成中缺一不可。

(2)分部分项工程项目清单必须根据相关工程现行国家计量规范规定的项目编码、项目名称、项目特征、计量单位和工程量计算规则进行编制。

2. 项目编码的设置

项目编码按《房屋建筑与装饰工程工程量计算规范》(GB 50854—2013)附录项目编码栏内规定的 9 位数字另加 3 位顺序码共 12 位阿拉伯数字组成。其中一、二位(一级)为专业工程代码;三、四位(二级)为专业工程附录分类顺序码;五、六位(三级)为分部工程顺序码;七、八、九位(四级)为分项工程项目名称顺序码;十至十二位(五级)为清单项目名称顺序码,第五级编码应根据拟建工程的工程量清单项目名称设置。

(1)第一、二位专业工程代码。房屋建筑与装饰工程为 01,仿古建筑为 02,通用安装工程为 03,市政工程为 04,园林绿化工程为 05,矿山工程为 06,构筑物工程为 07,城市轨道交通工程为 08,爆破工程为 09。

(2)第三、四位专业工程附录分类顺序码(相当于章)。以房屋建筑与装饰工程为例,在《房屋建筑与装饰工程工程量计算规范》(GB 50854—2013)附录中,房屋建筑与装饰工程共分为 17 部分,其各自专业工程附录分类顺序码分别为:附录 A 土石方工程,附录分类顺序码 01;附录 B 地基处理与边坡支护工程,附录分类顺序码 02;附录 C 桩基工程,附录分类顺序码 03;附录 D 砌筑工程,附录分类顺序码 04;附录 E 混凝土及钢筋混凝土工程,附录分类顺序码 05;附录 F 金属结构工程,附录分类顺序码 06;附录 G 木结构工程,附录分类顺序码 07;附录 H 门窗工程,附录分类顺序码 08;附录 J 屋面及防水工程,附录分类顺序码 09;附录 K 保温、隔热、防腐工程,附录分类顺序码 10;附录 L 楼地面装饰工程,附录分类顺序码 11;附录 M 墙、柱面装饰与隔断、幕墙工程,附录分类顺序码 12;附录 N 天棚工程,附录分类顺序码 13;

附录 P 油漆、涂料、裱糊工程,附录分类顺序码 14;附录 Q 其他装饰工程,附录分类顺序码 15;附录 R 拆除工程,附录分类顺序码 16;附录 S 措施项目,附录分类顺序码 17。

(3)第五、六位分部工程顺序码(相当于章中的节)。以房屋建筑与装饰工程中墙、柱面装饰与隔断、幕墙工程为例,在《房屋建筑与装饰工程工程量计算规范》(GB 50854—2013)附录 M 中,墙、柱面装饰与隔断、幕墙工程共分为 10 节,其各自分部工程顺序码分别为:M.1 墙面抹灰,分部工程顺序码 01;M.2 柱(梁)面抹灰,分部工程顺序码 02;M.3 零星抹灰,分部工程顺序码 03;M.4 墙面块料面层,分部工程顺序码 04;M.5 柱(梁)面镶贴块料,分部工程顺序码 05;M.6 镶贴零星块料,分部工程顺序码 06;M.7 墙饰面,分部工程顺序码 07;M.8 柱(梁)饰面,分部工程顺序码 08;M.9 幕墙工程,分部工程顺序码 09;M.10 隔断,分部工程顺序码 10。

(4)第七、八、九位分项工程项目名称顺序码。以墙、柱面装饰与隔断、幕墙工程中墙面块料面层为例,在《房屋建筑与装饰工程工程量计算规范》(GB 50854—2013)附录 M.4 中,墙面块料面层共分为 4 项,其各自分项工程项目名称顺序码分别为:石材墙面 001;拼装石材墙面 002;块料墙面;003;干挂石材钢骨架 004。

(5)第十至十二位清单项目名称顺序码。以墙面块料面层中石材墙面为例,按《房屋建筑与装饰工程工程量计算规范》(GB 50854—2013)的有关规定,石材墙面需描述的清单项目特征包括:墙体类型;安装方式;面层材料品种、规格、颜色;缝宽、嵌缝材料种类;防护材料种类;磨光、酸洗、打蜡要求。清单编制人在对石材墙面进行编码时,即可在全国统一九位编码 011204001 的基础上,根据不同的墙体类型、安装方式、面层材料、缝宽、嵌缝材料、防护材料、磨光、酸洗、打蜡要求等因素,对十至十二位编码自行设置,编制出清单项目名称顺序码 001、002、003、004…

清单编制人在自行设置编码时应注意:

(1)编制工程量清单时应注意对项目编码的设置不得有重码,一个项目编码对应一个项目名称、计量单位、计算规则、工作内容、综合单价,因而清单编制人在自行设置编码时,以上五项中只要有一项不同,就应另设编码。例如,同一个单位工程中分别用砂浆、粘结剂粘贴、挂贴等安装方式进行石材墙面安装施工,虽然都是石材墙面,但由于安装方式不一样,因而其综合单价就不同,故第五级编码就应分别设置,其编码分别为 011204001001(砂浆粘贴)、011204001002(粘结剂粘贴)、011204001003(挂贴)。特别应注意的当同一标段(或合同段)的一份工程量清单中含有多个单项或单位工程且工程量清单是以单项或单位工程为编制对象时,应注意项目编码中的十至十二位的设置不得重码。例如一个标段(或合同段)的工程量清单中含有三个单项或单位工程,每一单项或单位工程中都有项目特征相同的墙面一般抹灰,在工程量清单中又需反映三个不同单项或单位工程的墙面一般抹灰工程量时,此时工程量清单应以单项或单位工程为编制对象,第一个单项或单位工程的墙面一般抹灰的项目编码为 011201001001,第二个单项或单位工程的墙面一般抹灰的项目编码为 011201001002,第三个单项或单位工程的墙面一般抹灰的项目编码为 011201001003,并分别列出各单项或单位工程墙面一般抹灰的工程量。

(2)项目编码不应再设副码,因第五级编码的编码范围从 001 至 999 共有 999 个,对于一个项目即使特征有多种类型,也不会超过 999 个,在实际工程应用中足够使用。如用 011204001001-1(副码)、011204001001-2(副码)编码,分别表示砂浆粘贴石材墙面和粘结剂粘贴石材墙面,就是错误的表示方法。

(3)同一个单位工程中第五级编码不应重复。即同一性质项目,只要形成的综合单价不同,第五级编码就应分别设置。如墙面抹灰中的混凝土墙面抹灰和砖墙面抹灰,其第五级编码就应分别设置。

(4)清单编制人在自行设置编码时,并项要慎重考虑。如某多层建筑物挑檐底部抹灰与室内天棚抹灰的砂浆种类、抹灰厚度都相同,但这两个项目的施工难易程度有所不同,因而要慎重考虑并项。

3. 项目名称的确定

项目名称应按相关工程国家工程量计算规范的规定，根据拟建工程实际确定。在实际填写过程中，"项目名称"有两种填写方法：一是完全保持相关工程国家工程量计算规范的项目名称不变；二是根据工程实际在工程量计算规范项目名称下另行确定详细名称。

4. 分部分项工程工程量计算

工程量清单中所列工程量应按相关工程国家工程量计算规范规定的工程量计算规则计算。"13 计价规范"中规定："工程量必须按照相关工程现行国家计量规范规定的工程量计算规则计算。"这就明确了不论采用何种计价方式，其工程量必须按照相关工程的现行国家计量规范规定的工程量计算规则计算。采用统一的工程量计算规则，对于规范工程建设各方的计量计价行为，有效减少计量争议具有十分意义。

5. 计量单位的确定

计量单位应按相关工程国家工程量计算规范规定的计量单位确定。有些项目工程量计算规范中有两个或两个以上计量单位，应根据拟建工程项目的实际，选择最适宜表现该项目特征并方便计量的单位。如泥浆护壁成孔灌注桩项目，工程量计算规范以 m^3、m 和根三个计量单位表示，此时就应根据工程项目的特点，选择其中一个即可。

6. 项目特征描述

工程量清单的项目特征是确定一个清单项目综合单价不可缺少的主要依据。对工程量清单项目的特征描述具有十分重要的意义，其主要体现包括三个方面：①项目特征是区分清单项目的依据。工程量清单项目特征是用来表述分部分项清单项目的实质内容，用于区分计价规范中同一清单条目下各个具体的清单项目。没有项目特征的准确描述，对于相同或相似的清单项目名称，就无从区分。②项目特征是确定综合单价的前提。由于工程量清单项目的特征决定了工程实体的实质内容，必然直接决定了工程实体的自身价值。因此，工程量清单项目特征描述得准确与否,直接关系到工程量清单项目综合单价的准确确定。③项目特征是履行合同义务的基础。实行工程量清单计价,工程量清单及其综合单价是施工合同的组成部分,因此,如果工程量清单项目特征的描述不清甚至漏项、错误,从而引起在施工过程中的更改,都会引起分歧,导致纠纷。

在按"13 工程计量规范"对工程量清单项目的特征进行描述时,应注意"项目特征"与"工作内容"的区别。"项目特征"是工程项目的实质,决定着工程量清单项目的价值大小,而"工作内容"主要讲的是操作程序,是承包人完成能通过验收的工程项目所必须要操作的工序。在"13 工程计量规范"中,工程量清单项目与工程量计算规则、工作内容具有一一对应的关系,当采用"13 计价规范"进行计价时,工作内容已有规定,无需再对其进行描述。而"项目特征"栏中的任何一项都影响着清单项目的综合单价的确定,招标人应高度重视分部分项工程项目清单项目特征的描述,任何不描述或描述不清,均会在施工合同履约过程中产生分歧,导致纠纷、索赔。例如屋面卷材防水,按照"13 计价规范"编码为 010902001 项目中"项目特征"栏的规定,发包人在对工程量清单项目进行描述时,就必须要对卷材的品种、规格、厚度、防水层数及防水层做法等进行详细的描述,因为这其中任何一项的不同都直接影响到屋面卷材防水的综合单价。而在该项"工作内容"栏中阐述了屋面卷材防水应包括基层处理、刷底油、铺油毡卷材、接缝等施工工序,这些工序即便发包人不提,承包人为完成合格屋面卷材防水工程也必然要经过,因而发包人在对工程量清单项目进行描述时就没有必要对屋面卷材防水的施工工序对承包人提出规定。

正因为此,在编制工程量清单时,必须对项目特征进行准确而且全面的描述,准确地描述工程量清单的项目特征对于准确地确定工程量清单项目的综合单价具有决定性的作用。

在对清单的项目特征描述时,可按下列要点进行:

(1)必须描述的内容。

1)涉及正确计量的内容必须描述。如对于门窗若采用"樘"计量,则1樘门或窗有多大,直接关系到门窗的价格,对门窗洞口或框外围尺寸进行描述是十分必要的。

2)涉及结构要求的内容必须描述。如混凝土构件的混凝土的强度等级,因混凝土强度等级不同,其价格也不同,必须描述。

3)涉及材质要求的内容必须描述。如油漆的品种,是调和漆还是硝基清漆等;管材的材质,是钢管还是塑料管等;还需要对管材的规格、型号进行描述。

4)涉及安装方式的内容必须描述。如管道工程中的管道的连接方式就必须描述。

(2)可不描述的内容:

1)对计量计价没有实质影响的内容可以不描述。如对现浇混凝土柱的高度、断面大小等的特征规定可以不描述,因为混凝土构件是按"m^3"计量,对此的描述实质意义不大。

2)应由投标人根据施工方案确定的可以不描述。

3)应由投标人根据当地材料和施工要求确定的可以不描述。如对混凝土构件中的混凝土拌合料使用的石子种类及粒径、砂的种类的特征规定可以不描述。因为混凝土拌合料使用砾石还是碎石,使用粗砂还是中砂、细砂或特细砂,除构件本身有特殊要求需要指定外,主要取决于工程所在地砂、石子材料的供应情况。至于石子的粒径大小主要取决于钢筋配筋的密度。

4)应由施工措施解决的可以不描述。如对现浇混凝土板、梁的标高的特征规定可以不描述。因为同样的板或梁,都可以将其归并在同一个清单项目中,但由于标高的不同,将会导致因楼层的变化对同一项目提出多个清单项目,不同的楼层其工效是不一样的,但这样的差异可以由投标人在报价中考虑,或在施工措施中去解决。

(3)可不详细描述的内容:

1)无法准确描述的可不详细描述。如土壤类别,由于我国幅员辽阔,南北东西差异较大,特别是对于南方来说,在同一地点,由于表层土与表层土以下的土壤,其类别是不相同的,要求清单编制人准确判定某类土壤的所占比例是困难的,在这种情况下,可考虑将土壤类别描述为合格,注明由投标人根据地勘资料自行确定土壤类别,决定报价。

2)施工图纸、标准图集标注明确的,可不再详细描述。对这些项目可采取详见××图集或××图号的方式,对不能满足项目特征描述要求的部分,仍应用文字描述。由于施工图纸、标准图集是发承包双方都应遵守的技术文件,这样描述可以有效减少在施工过程中对项目理解的不一致。

3)有一些项目可不详细描述,但清单编制人在项目特征描述中应注明由投标人自定。如土方工程中的"取土运距"、"弃土运距"等。首先要求清单编制人决定在多远取土或取、弃土运往多远是困难的;其次,由投标人根据在建工程施工情况统筹安排,自主决定取、弃土方的运距可以充分体现竞争的要求。

4)如清单项目的项目特征与现行定额中某些项目的规定是一致的,也可采用见×定额项目的方式进行描述。

(4)项目特征的描述方式。描述清单项目特征的方式大致可分为"问答式"和"简化式"两种。其中"问答式"是指清单编写人按照工程计价软件上提供的规范,在要求描述的项目特征上采用答题的方式进行描述,如描述砖基础清单项目特征时,可采用"1. 砖品种、规格、强度等级:页岩标准砖 MU15,240mm×115mm×53mm;2. 砂浆强度等级:M10 水泥砂浆;3. 防潮层种类及厚度:20mm 厚 1∶2 水泥砂浆(防水粉 5%)。";"简化式"是对需要描述的项目特征内容根据当地的用语习惯,采用口语化的方式直接表述,省略了规范上的描述要求,如同样在描述砖基础清单项目特征时,可采用"M10 水泥砂浆、MU15 页岩标准砖砌条形基础,20mm 厚 1∶2 水泥砂浆(防水粉 5%)防潮层。"

7. 补充项目

随着科学技术日新月异的发展,工程建设中新材料、新技术、新工艺不断涌现,规范附录所列的工程量清单项目不可能包罗万象,很难避免新项目出现。因此,"13 工程计量规范"规定在实际编制工程量清单时,当出现规范附录中未包括的清单项目时,编制人应作补充。补充项目的编码由各专业工程代码(如房屋建筑与装饰工程 01)与 B 和三位阿拉伯数字组成,并应从×B001 起顺序编制,同一招标工程的项目不得重码。补充的工程量清单中需附有补充项目的名称、项目特征、计量单位、工程量计算规则、工作内容。不能计量的措施项目,需附有补充项目的名称、工作内容及包含范围。

(二)分部分项工程项目清单编制示例

某楼装饰装修工程工程量清单编制时,其分部分项工程工程量清单的编制格式及示例,见表 4-1。

表 4-1　　　　　分部分项工程和单价措施项目清单与计价表

工程名称:×××装饰装修工程　　　　标段:　　　　　　　第　页共　页

序号	项目编码	项目名称	项目特征描述	计量单位	工程量	金　　额(元)		
						综合单价	合价	其中:暂估价
			0111 楼地面装饰工程					
1	011101001001	水泥砂浆楼地面	二层楼面粉水泥砂浆,1:2 水泥砂浆,厚 20mm	m²	10.68			
2	011102001001	石材楼地面	一层大理石地面,混凝土垫层 C10,厚 0.08m,0.80m×0.80m 大理石面层	m²	83.25			
			(其他略)					
			分部小计					
			0112 墙、柱面装饰与隔断、幕墙工程					
3	011201001001	墙面一般抹灰	混合砂浆 15mm 厚,888 涂料三遍。	m²	926.15			
4	011204003001	块料墙面	瓷板墙裙,砖墙面层,17mm 厚 1:3 水泥砂浆。	m²	66.32			
			(其他略)					
			分部小计					
			0113 天棚工程					

续表

序号	项目编码	项目名称	项目特征描述	计量单位	工程量	金额(元)		
						综合单价	合价	其中：暂估价
5	011301001001	天棚抹灰	天棚抹灰(现浇板底)，7mm厚1∶4水泥、石灰砂浆，5mm厚1∶0.5∶3水泥砂浆，888涂料三遍	m²	123.61			
6	011302002001	格栅吊顶	不上人型U型轻钢龙骨600×600 间距，600×600石膏板面层	m²	162.40			
			(其他略)					
			分部小计					
			0108 门窗工程					
7	010801001001	胶合板门	胶合板门M-2，900mm×2400mm，杉木框钉5mm胶合板，面层3mm厚榉木板，聚氨酯5遍，门碰、执手锁11个	樘	13			
8	010807001001	金属平开窗	铝合金平开窗，1500mm×1500mm 铝合金 1.2mm厚，50系列5mm厚白玻璃	樘	8			
			(其他略)					
			分部小计					
			0114 油漆、涂料、裱糊工程					
9	011406001001	抹灰面油漆	外墙门窗套外墙漆，水泥砂浆面上刷外墙漆	m²	42.82			
			(其他略)					
			分部小计					
			0117 措施项目					
10	011701001001	综合脚手架	砖混结构，檐高21m	m²	5628			
			(其他略)					
			分部小计					
			合 计					

注：为计取规费等使用，可在表中增设其中："定额人工费"。

表—08

二、措施项目

措施项目是指为完成工程项目施工,发生于该工程施工准备和施工过程中的技术、生活、安全、环境保护等方面的非工程实体项目。

(一)措施项目清单编制要求

(1)能计量的措施项目(即单价措施项目),与分部分项工程项目清单一样,编制工程量清单时必须列出项目编码、项目名称、项目特征、计量单位。

(2)对不能计量、《房屋建筑与装饰工程工程量计算规范》(GB 50854—2013)中仅列出项目编码、项目名称,未列出项目特征、计量单位和工程量计算规则的措施项目(即总价措施项目),编制工程量清单时可仅按项目编码、项目名称确定清单项目,不必描述其项目特征和确定其计量单位。

(3)由于工程建设施工特点和承包人组织施工生产的施工装备水平、施工方案及施工管理水平的差异,同一工程由不同承包人组织施工采用的施工技术措施也不完全相同,因此措施项目清单应根据拟建工程的实际情况列项。

(二)措施项目清单编制示例

某楼装饰装修工程工程量清单编制时,单价措施项目工程量清单的编制格式及示例,见表4-1,总价措施项目工程量清单的编制格式及示例见表4-2。

表4-2 总价措施项目清单与计价表

工程名称:×××装饰装修工程　　　　标段:　　　　　　　　　　　第 页共 页

序号	项目编码	项目名称	计算基础	费率(%)	金额(元)	调整费率(%)	调整后金额(元)	备注
	011707001001	安全文明施工费						
	011707002001	夜间施工增加费						
	011207004001	二次搬运费						
	011707005001	冬雨季施工增加费						
	011707007001	已完工程及设备保护费						

续表

序号	项目编码	项目名称	计算基础	费率(%)	金额(元)	调整费率(%)	调整后金额(元)	备注
		合　计						

编制人(造价人员)：　　　　　　复核人(造价工程师)：

注：1. "计算基础"中安全文明施工费可为"定额基价"、"定额人工费"或"定额人工费+定额机械费"，其他项目可为"定额人工费"或"定额人工费+定额机械费"。

2. 按施工方案计算的措施费，若无"计算基础"和"费率"的数值，也可只填"金额"数值，但应在备注栏说明施工方案出处或计算方法。

表—11

三、其他项目

其他项目清单是指分部分项清单项目和措施项目以外，该工程项目施工中可能发生的其他费用项目和相应数量的清单。

(一)其他项目清单的列项内容

1. 暂列金额

暂列金额是招标人在工程量清单中暂定并包括在合同价款中的一笔款项。清单计价规范中明确规定暂列金额用于施工合同签订时尚未确定或者不可预见的所需材料、设备、服务的采购，施工中可能发生的工程变更、合同约定调整因素出现时的工程价款调整以及发生的索赔、现场签证确认等的费用。

不管采用何种合同形式，工程造价理想的标准是，一份合同的价格就是其最终的竣工结算价格，或者至少两者应尽可能接近。我国规定对政府投资工程实行概算管理，经项目审批部门批复的设计概算是工程投资控制的刚性指标，即使商业性开发项目也有成本的预先控制问题，否则，无法相对准确预测投资的收益和科学合理地进行投资控制。但工程建设自身的特性决定了工程的设计需要根据工程进展不断地进行优化和调整，业主需求可能会随工程建设进展出现变化，工程建设过程还会存在一些不能预见、不能确定的因素。消化这些因素必然会影响合同价格的调整，暂列金额正是为这类不可避免的价格调整而设立，以便达到合理确定和有效控制工程造价的目标。

另外,暂列金额列入合同价格不等于就属于承包人所有了,即使是总价包干合同,也不等于列入合同价格的所有金额就属于承包人,是否属于承包人应得金额取决于具体的合同约定,只有按照合同约定程序实际发生后,才能成为承包人的应得金额,纳入合同结算价款中。扣除实际发生金额后的暂列金额余额仍属于发包人所有。设立暂列金额并不能保证合同结算价格就不会再出现超过合同价格的情况,是否超出合同价格完全取决于工程量清单编制人暂列金额预测的准确性,以及工程建设过程是否出现了其他事先未预测到的事件。

2. 暂估价

暂估价是指招标阶段直至签订合同协议时,招标人在招标文件中提供的用于支付必然发生但暂时不能确定价格的材料以及专业工程的金额。暂估价包括材料暂估单价、工程设备暂估单价和专业工程暂估价。暂估价类似于 FIDIC 合同条款中的 Prime Cost Items,在招标阶段预见肯定要发生,只是因为标准不明确或者需要由专业承包人完成,暂时无法确定价格。暂估价数量和拟用项目应当结合工程量清单中的"暂估价表"予以补充说明。

为方便合同管理,需要纳入分部分项工程项目清单综合单价中的暂估价应只是材料费、工程设备费,以方便投标人组价。

专业工程的暂估价一般应是综合暂估价,应当包括除规费和税金以外的管理费、利润等取费。总承包招标时,专业工程设计深度往往是不够的,一般需要交由专业设计人设计,国际上,出于提高可建造性考虑,一般由专业承包人负责设计,以发挥其专业技能和专业施工经验的优势。这类专业工程交由专业分包人完成是国际工程的良好实践,目前在我国工程建设领域也已经比较普遍。公开透明地合理确定这类暂估价的实际开支金额的最佳途径,就是通过施工总承包人与工程建设项目招标人共同组织的招标。

3. 计日工

计日工是为解决现场发生的零星工作的计价而设立的,其为额外工作和变更的计价提供了一个方便快捷的途径。计日工适用的所谓零星工作一般是指合同约定之外的或者因变更而产生的、工程量清单中没有相应项目的额外工作,尤其是那些时间不允许事先商定价格的额外工作。计日工以完成零星工作所消耗的人工工时、材料数量、机械台班进行计量,并按照计日工表中填报的适用项目的单价进行计价支付。

国际上常见的标准合同条款中,大多数都设立了计日工(Daywork)计价机制。但在我国以往的工程量清单计价实践中,由于计日工项目的单价水平一般要高于工程量清单项目的单价水平,因而经常被忽略。从理论上讲,由于计日工往往是用于一些突发性的额外工作,缺少计划性,承包人在调动施工生产资源方面难免不影响已经计划好的工作,生产资源的使用效率也有一定的降低,客观上造成超出常规的额外投入。另外,其他项目清单中计日工往往是一个暂定的数量,其无法纳入有效的竞争。所以合理的计日工单价水平一定是要高于工程量清单的价格水平的。为获得合理的计日工单价,发包人在其他项目清单中对计日工一定要给出暂定数量,并需要根据经验尽可能估算一个较接近实际的数量。

4. 承包服务费

总承包服务费是为了解决招标人在法律、法规允许的条件下进行专业工程发包,以及自行供应材料、设备,并需要总承包人对发包的专业工程提供协调和配合服务,对供应的材料、设备提供收、发和保管服务以及进行施工现场管理时发生,并向总承包人支付的费用。招标人应预计该项费用并按投标人的投标报价向投标人支付该项费用。

(二)其他项目清单编制要求

(1)为保证工程施工建设的顺利实施,投标人在编制招标工程量清单时应对施工过程中可能出现的各种不确定因素对工程造价的影响进行估算,列出一笔暂列金额。暂列金额可根据工程的复杂程度、设计深度、工程环境条件(包括地质、水文、气候条件等)进行估算,一般可按分部分项工程费的10%~15%作为参考。

(2)暂估价中的材料、工程设备暂估单价应根据工程造价信息或参照市场价格估算,列出明细表;专业工程暂估价应分不同专业,按有关计价规定估算,列出明细表。

(3)计日工应列出项目名称、计量单位和暂估数量。

(4)总承包服务费应列出服务项目及其内容等。

(5)出现上述第(一)项中未列的项目,应根据工程实际情况补充。如办理竣工结算时就需将索赔及现场鉴证列入其他项目中。

(三)其他项目清单编制示例

某楼装饰装修工程工程量清单编制时,其他项目清单的编制格式及示例,见表 4-3～表 4-8。

表 4-3　　　　　　　　　　**其他项目清单与计价汇总表**

工程名称:×××装饰装修工程　　　　标段:　　　　　第 页共 页

序号	项目名称	金额(元)	结算金额(元)	备注
1	暂列金额	56000.00		明细详见表－12－1
2	暂估价	76000.00		
2.1	材料(工程设备)暂估价/结算价	—		明细详见表－12－2
2.2	专业工程暂估价/结算价	76000.00		明细详见表－12－3
3	计日工			明细详见表－12－4
4	总承包服务费			明细详见表－12－5
5				
	合　计			

注:材料(工程设备)暂估单价计入清单项目综合单价,此处不汇总。

表－12

表 4-4　　　　　　　　　　**暂列金额明细表**

工程名称:×××装饰装修工程　　　　标段:　　　　　第 页共 页

序号	项目名称	计量单位	暂定金额(元)	备注
1	图纸中已经标明可能位置,但未最终确定是否需要的主入口处的钢结构雨篷工程的安装工作	项	50000.00	此部分的设计图纸有待进一步完善
2	其他	项	6000.00	
3				
	合计		56000.00	—

注:此表由招标人填写,如不能详列,也可只列暂定金额总额,投标人应将上述暂列金额计入投标总价中。

表－12－1

表 4-5　　　　　　　材料(工程设备)暂估单价及调整表

工程名称：×××装饰装修工程　　　　　标段：　　　　　　　第　页共　页

序号	材料(工程设备)名称、规格、型号	计量单位	数量		暂估(元)		确认(元)		差额(元)		备注
			暂估	确认	单价	合价	单价	合价	单价	合价	
1	胶合板门	樘	13		856.00	11128.00					含门框、门扇，用于本工程的门安装工程项目
	合　计					11128.00					

注：此表由招标人填写"暂估单价"，并在备注栏说明暂估单价的材料、工程设备拟用在哪些清单项目上，投标人应将上述材料、工程设备暂估单价计入工程量清单综合单价报价中。

表-12-2

表 4-6　　　　　　　　专业工程暂估价及结算价表

工程名称：×××装饰装修工程　　　　　标段：　　　　　　　第　页共　页

序号	工程名称	工作内容	暂估金额(元)	结算金额(元)	差额(元)	备注
1	消防工程	合同图纸中标明的以及工程规范和技术说明中规定的各系统,包括但不限于消火栓系统、消防游泳池供水系统、水喷淋系统、火灾自动报警系统及消防联动系统中的设备、管道、阀门、线缆等的供应、安装和调试工作	76000.00			
	合　计		76000.00			

注：此表"暂估金额"由招标人填写，招标人应将"暂估金额"计入投标总价中。结算时按合同约定结算金额填写。

表-12-3

第四章 装饰装修工程工程量清单编制

表 4-7　　　　　　　　　　　计日工表

工程名称：×××装饰装修工程　　　　标段：　　　　　　　　　第 页共 页

编号	项目名称	单位	暂定数量	实际数量	综合单价(元)	合价(元)	
						暂定	实际
一	人工						
1	普工		50				
2	技工		39				
3							
4							
	人工小计						
二	材料						
1	水泥 P·O42.5	t	5				
2	中砂	m³	18				
3	卵石 5~40mm	m³	30				
4							
5							
	材料小计						
三	施工机械						
1	灰浆搅拌机	台班	30				
2	地板磨光机	台班	10				
3							
	施工机械小计						
四、企业管理费和利润							
总　计							

注：此表项目名称、暂定数量由招标人填写，编制招标控制价时，单价由招标人按有关规定确定；投标时，单价由投标人自主确定，按暂定数量计算合价计入投标总价中；结算时，按发承包双方确定的实际数量计算合价。

表-12-4

表 4-8 总承包服务费计价表

工程名称：×××装饰装修工程　　　　标段：　　　　　　　第 页共 页

序号	项目名称	项目价值（元）	服务内容	计算基础	费率(%)	金额(元)
1	发包人发包专业工程	76000	1. 按专业工程承包人的要求提供施工作业面并对施工现场进行统一管理。2. 为专业工程承包人提供垂直运输机械和焊接电源接入点，并承担垂直运输费和电费			
2	发包人提供材料	11128.00	对发包人供应的材料进行验收保管及使用发放			
	合 计	—		—		—

注：此表项目名称、服务内容由招标人填写，编制招标控制价时，费率及金额由招标人按有关计价规定确定；投标时，费率及金额由投标人自主报价，计入投标总价中。

表－12－5

四、规费、税金项目

(一)规费、税金项目清单编制要求

1. 规费

规费是根据省级政府或省级有关权力部门规定必须缴纳的，应计入建筑安装工程造价的费用。根据住房和城乡建设部、财政部"关于印发《建筑安装工程费用项目组成》的通知"(建标[2013]44号)的规定，规费主要包括社会保险费、住房公积金、工程排污费，其中社会保险费包括养老保险费、医疗保险费、失业保险费、工伤保险费和生育保险费；税金主要包括营业税、城市维护建设税、教育费附加和地方教育附加。规费作为政府和有关权力部门规定必须缴纳的费用，政府和有关权力部门可根据形势发展的需要，对规费项目进行调整，因此，清单编制人对《建筑安装工程费用项目组成》中未包括的规费项目，在编制规费项目清单时应根据省级政府或省级有关权力部门的规定列项。

规费项目清单应按照下列内容列项：

(1)社会保险费：包括养老保险费、失业保险费、医疗保险费、工伤保险费、生育保险费；

(2)住房公积金；

(3)工程排污费。

相对于"08计价规范"，"13计价规范"对规费项目清单进行了以下调整：

(1)根据《中华人民共和国社会保险法》的规定，将"08计价规范"使用的"社会保障费"更名为"社会保险费"，将"工伤保险费、生育保险费"列入社会保险费。

(2)根据十一届全国人大常委会第20次会议将《中华人民共和国建筑法》第四十八条由"建筑施工企业必须为从事危险作业的职工办理意外伤害保险，支付保险费"修改为"建筑施工企业应当依法为职工参加工伤保险缴纳工伤保险费。鼓励企业为从事危险作业的职工办理意外伤害保险，支付保险费"。由于建筑法将意外伤害保险由强制改为鼓励，因此，"13计价规范"中规费项目增加了工伤保险费，删除了意外伤害保险，将其列入企业管理费中列支。

(3)根据《财政部、国家发展改革委关于公布取消和停止征收100项行政事业性收费项目的通知》(财综[2008]78号)的规定，工程定额测定费从2009年1月1日起取消，停止征收。因此，"13计价规范"中规费项目取消了工程定额测定费。

2. 税金

根据住房和城乡建设部、财政部"关于印发《建筑安装工程费用项目组成》的通知"(建标[2013]44号)的规定，目前我国税法规定应计入建筑安装工程造价的税种包括营业税、城市建设维护税、教育费附加和地方教育附加。如国家税法发生变化，税务部门依据职权增加了税种，应对税金项目清单进行补充。

税金项目清单应按下列内容列项：

(1)营业税；

(2)城市维护建设税；

(3)教育费附加；

(4)地方教育附加。

根据《财政部关于统一地方教育政策有关内容的通知》(财综[2011]98号)的有关规定，"13计价规范"相对于"08计价规范"，在税金项目增列了地方教育附加项目。

(二)规费、税金项目清单编制示例

某楼装饰装修工程工程量清单编制时，规费、税金项目清单编制格式及示例，见表4-9。

表4-9　　　　　　　　规费、税金项目计价表

工程名称：×××装饰装修工程　　　　标段：　　　　　　　第　页共　页

序号	项目名称	计算基础	计算基数	计算费率(%)	金额(元)
1	规费	定额人工费			
1.1	社会保险费	定额人工费			
(1)	养老保险费	定额人工费			
(2)	失业保险费	定额人工费			
(3)	医疗保险费	定额人工费			
(4)	工伤保险费	定额人工费			
(5)	生育保险费	定额人工费			
1.2	住房公积金	定额人工费			
1.3	工程排污费	按工程所在地环境保护部门收取标准，按实计入			
2	税金	分部分项工程费+措施项目费+其他项目费+规费—按规定不计税的工程设备金额			
	合　计				

编制人：　　　　　　　　　　复核人(造价工程师)：　　　　　　　　表—13

第五章 工程量计算概述

第一节 工程量计算基本原理

工程量是建筑安装工程中以规定的物理计量单位或自然计量单位所表示的各个具体分项工程或构配件的数量。

物理计量单位是以物体的物理属性为计量单位，一般是指法定计量单位。如长度单位 m，面积单位 m^2，体积单位 m^3，质量单位 kg 等。

自然计量单位一般是以物体的自然形态表示的计量单位，如套、组、台、件、个等。

一、正确计算工程量的意义

工程量计算是定额计价时编制施工图预算、工程量清单计价时编制招标工程量清单的重要环节。工程量计算是否正确，直接影响工程预算造价及招标工程量清单的准确性，从而进一步影响发包人所编制的工程招标控制价及承包人所编制的投标报价的准确性。另外，在整个工程造价编制工作中，工程量计算所花的劳动量占整个工程造价编制工作量的70%左右。因此，在工程造价编制过程中，必须对工程量计算这个重要环节给予充分的重视。

工程量还是施工企业编制施工计划，组织劳动力和供应材料、机具的重要依据。因此正确计算工程量对工程建设各单位加强管理，正确确定工程造价具有重要的现实意义。

工程量计算一般采取表格的形式，表格中一般应包括所计算工程量的项目名称、工程量计算式、单位和工程量数量等内容，表中工程量计算式应注明轴线或部位，且应简明扼要，以便进行审查和校核。

二、工程量计算一般原则

1. 工程量计算规则要一致

工程量计算必须与相关工程现行国家工程量计算规范规定的工程量计算规则相一致。现行国家工程量计算规范规定的工程量计算规则中对各分部分项工程的工程量计算规则作了具体规定，计算时必须严格按规定执行。例如实心砖墙工程量计算中，外墙长度按外墙中心线长度计算，内墙长度按内墙净长线计算，内外山墙按其平均高度计算等，又如楼梯面层的工程量按设计图示尺寸以楼梯(包括踏步、休息平台及不大于500mm 的楼梯井)水平投影面积计算。

2. 计算口径要一致

计算工程量时，根据施工图纸列出的工程项目的口径(指工程项目所包括的工作内容)，必须与现行国家工程量计算规范规定相应的清单项目的口径相一致，即不能将清单项目中已包含了的工作内容拿出来另列子目计算。

3. 计算单位要一致

计算工程量时，所计算工程项目的工程量单位必须与现行国家工程量计算规范中相应清单项目的计量单位相一致。

在现行国家工程量计算规范规定中，工程量的计量单位规定为：

(1)以体积计算的为立方米(m^3)。

(2)以面积计算的为平方米(m^2)。

(3)长度为米(m)。

(4)重量为吨或千克(t 或 kg)。

(5)以件(个或组)计算的为件(个或组)

例如，现行国家工程量计算规范规定中，钢筋混凝土现浇整体楼梯的计量单位为 m^2 或 m^3，而钢筋混凝土预制楼梯段的计量单位为 m^3 或段，在计算工程量时，应注意分清，使所列项目的计量单位与之一致。

4. 计算尺寸的取定要准确

计算工程量时,首先要对施工图尺寸进行核对,并对各项目计算尺寸的取定要准确。

5. 计算的顺序要统一

要遵循一定的顺序进行计算。计算工程量时要遵循一定的计算顺序,依次进行计算,这是为避免发生漏算或重算的重要措施。

6. 计算精确度要统一

工程量的数字计算要准确,一般应精确到小数点后三位,汇总时,其准确度取值要达到:

(1)以"t"为单位,应保留小数点后三位数字,第四位四舍五入。

(2)以"m^3"、"m^2"、"m"、"kg"为单位,应保留小数点后两位数字,第三位小数四舍五入。

(3)以"个"、"件"、"根"、"组"、"系统"为单位,应取整数。

三、工程量计算顺序

计算工程量应按照一定的顺序进行,既可以节省看图时间,加快计算进度,又可以避免漏算或重复计算。

1. 单位工程计算顺序

(1)按施工顺序计算法。按施工顺序计算法就是从平整场地、基础挖土到主体、从结构到装饰装修工程等,按照工程施工顺序的先后来计算工程量。如一般民用建筑,按照土方、基础、墙体、脚手架、地面、楼面、屋面、门窗安装、外抹灰、内抹灰、刷浆、油漆、玻璃等顺序进行计算。用这种方法计算工程量,要求具有一定的施工经验,能掌握施工组织的全部过程,并要求对定额和图纸的内容十分熟悉,否则容易漏项。

(2)按定额顺序计算法。按定额顺序计算工程量法就是按照定额(或计价表)分部分项工程顺序来计算工程量。即按定额的章、节、子项目顺序,由前及后,逐项对照,核对定额项目内容与图纸设计内容一致。这种方法计算工程量,要求熟悉施工图纸,具有较多的工程设基础知识,并且要注意施工图中有的项目可能套不上定额项目,这时应单独列项,待编制补充定额时,切记不可因定额缺项而漏项。

2. 单个分项工程计算顺序

为了提高工程量计算速度和质量,在同一分项工程内部各部位之间,也应遵循一定的顺序依次进行计算,常见的有下列计算顺序:

(1)按照顺时针方向计算法。按顺时针方向计算法就是先从平面图的左上角开始,自左至右,然后再由上而下,最后转回到左上角为止,这样按顺时针方向转圈依次进行计算工程量,如图 5-1 所示。例如,计算地面、天棚、墙面装饰装修等分项工程,都可以按照此顺序进行计算。

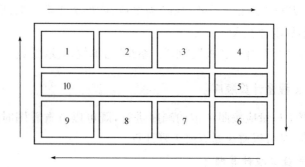

图 5-1 顺时针计算法

(2)按"先横后竖、先上后下、先左后右"计算法。此法就是在平面图上从左上角开始,按"先横后竖、从上到下、自左而右"的顺序进行计算工程量。例如,房屋的门窗过梁、墙面抹灰等分项工程,均可按这种顺序计算。

(3)按轴线编号顺序计算法。按轴线编号顺序计算,就是按横向轴线从①~⑩编号顺序计算横向构造工程量;按竖向轴线从Ⓐ~Ⓓ编号顺序计算纵向构造工程量,如图 5-2 所示。这种方法适用于计算内外墙的挖基槽、做基础、砌墙体、墙面装修等分项工程量。

(4)按图纸分项编号顺序计算法。此法就是按图纸上所注各种构

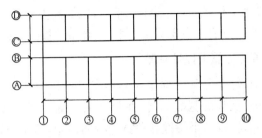

图 5-2 按轴线编号顺序计算法

件、配件的编号顺序计算工程量。例如在施工图上,对钢、木门窗构件,钢筋混凝土构件(柱、梁、板等),木结构构件,金属结构构件,屋架等都按序编号,计算它们的工程量时,可分别按所注编号逐一分别计算。

如图 5-3 所示,其构配件工程量计算顺序为:构造柱 Z_1、Z_2、Z_3、Z_4 →主梁 L_1、L_2、L_3、L_4 →过梁 GL_1、GL_2、GL_3、GL_4 →楼板 B_1、B_2。

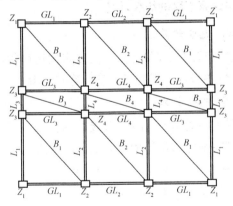

图 5-3 按构件的编号顺序计算

在计算工程量时,不论采用哪种顺序计算法,都不能有漏项少算或重复多算。

四、统筹法计算工程量简介

统筹法是通过研究分析事物内在规律及其相互依赖关系,从全局出发,统筹安排工作顺序,明确工作重心,以提高工作质量和工作效率的一种科学管理方法。在实际工作中,工程量计算一般采用统筹法。

(一)统筹法计算工程量原理

实践表明,每个分项工程量计算虽有着各自的特点,但都离不开计算"线"、"面"之类的基数,它们在整个工程量计算中常常要反复多次使用。因此,根据这个特性和预算定额的规定,运用统筹法原理,对每个分项工程的工程量进行分析,然后依据计算过程的内在联系,按先主后次,统筹安排计算程序,从而简化了繁琐的计算,形成了统筹计算工程量的计算方法。

"线"是指外墙中心线、外墙外边线、内墙净长线,分别用 $L_中$、$L_外$、$L_内$ 表示。

"面"是指底层建筑面积,用 $S_底$ 表示。

(二)统筹法计算工程量基本要点

1. 利用基数,连续计算

基数是单位工程的工程量计算中反复多次运用的数据,提前把这些数据算出来,供各分项工程的工程量计算时查用。

2. 统筹顺序,合理安排

计算工程量的顺序是否合理,直接关系到工程量计算效率的高低。工程量计算一般是以施工顺序和定额顺序进行计算的,若违背这个规律,势必造成繁琐计算,浪费时间和精力。统筹程序、合理安排可克服用老方法计算工程量的缺陷。

3. 一次算出,多次应用

在工程量计算中,凡是不能用"线"和"面"基数进行连续计算的项目,或工程量计算中经常用到的一些系数,如木门窗、屋架、钢筋混凝土预制标准构件、土方放坡断面系数等,事先组织力量,将常用数据一次算出,汇编成建筑工程量计算手册。当需计算有关的工程量时,只要查手册就能很快算出所需要的工程量。这样,可以减少以往那种按图逐项地进行繁琐而重复的计算,亦能保证准确性。

4. 联系实际,灵活机动

由于工程设计差异很大,运用统筹法计算工程量时,必须具体问题具体分析,结合实际,灵活运用下列方法加以解决:

(1)分段计算法:如遇外墙的断面不同时,可采取分段法计算工程量。

(2)分层计算法:如遇多层建筑物,各楼层的建筑面积不同时,可用分层计算法。

(3)补加计算法:如带有墙柱的外墙,可先计算出外墙体积,然后加上砖柱体积。

(4)补减计算法:如每层楼的地面面积相同,地面构造除一层门厅为水磨面外,其余均为水泥砂浆地面,可先按每层都是水泥砂浆地面计量各楼层的工程量,然后再减去门厅的水磨面工程量。

第二节 建筑面积计算

建筑面积亦称建筑展开面积,是指住宅建筑外墙外围线测定的各层平面面积之和(建筑物长度、宽度的外包尺寸的乘积再乘以层数)。建筑面积是表示一个建筑物建筑规模大小的经济指标,其包括三项,即:使用面积、辅助面积与结构面积。

(1)使用面积:是指建筑物各层平面中直接为生产或生活使用的净面积的总和。

(2)辅助面积:是指建筑物各层平面为辅助生产或生活活动所占的净面积的总和。例如,居住建筑中的楼梯、走道、厕所、厨房等。

(3)结构面积:是指建筑物各层平面中的墙、柱等结构所占面积的总和。

一、建筑面积计算相关术语

(1)层高。上下两层楼面或楼面与地面之间的垂直距离。

(2)自然层。按楼板、地板结构分层的楼层。

(3)架空层。建筑物深基础或坡地建筑吊脚架空部位不回填土石方形成的建筑空间。

(4)走廊。建筑物的水平交通空间。

(5)挑廊。挑出建筑物外墙的水平交通空间。

(6)檐廊。设置在建筑物底层出檐下的水平交通空间。

(7)回廊。在建筑物门厅、大厅内设置在二层或二层以上的回形走廊。

(8)门斗。在建筑物出入口设置的起分隔、挡风、御寒等作用的建筑过渡空间。

(9)建筑物通道。为道路穿过建筑物而设置的建筑空间。

(10)架空走廊。建筑物与建筑物之间,在二层或二层以上专门为水平交通设置的走廊。

(11)勒脚。建筑物的外墙与室外地面或散水接触部位墙体的加厚部分。

(12)围护结构。围合建筑空间四周的墙体、门、窗等。

(13)围护性幕墙。直接作为外墙起围护作用的幕墙。

(14)装饰性幕墙。设置在建筑物墙体外起装饰作用的幕墙。

(15)落地橱窗。突出外墙面根基落地的橱窗。

(16)阳台。供使用者进行活动和晾晒衣物的建筑空间。

(17)眺望间。设置在建筑物顶层或挑出房间的供人们远眺或观察周围情况的建筑空间。

(18)雨篷。设置在建筑物进出口上部的遮雨、遮阳篷。

(19)地下室。房间地平面低于室外地平面的高度超过该房间净高的1/2者为地下室。

(20)半地下室。房间地平面低于室外地平面的高度超过该房间净高的1/3,且不超过1/2者为半地下室。

(21)变形缝。伸缩缝(温度缝)、沉降缝和抗震缝的总称。

(22)永久性顶盖。经规划批准设计的永久使用的顶盖。

(23)飘窗。为房间采光和美化造型而设置的突出外墙的窗。

(24)骑楼。楼层部分跨在人行道上的临街楼房。
(25)过街楼。有道路穿过建筑空间的楼房。

二、计算全部建筑面积的范围与规定

(1)单层建筑物的建筑面积,应按其外墙勒脚以上结构外围水平面积计算,并应符合下列规定:

1)单层建筑物高度在2.20m及以上者应计算全面积。

注意:单层建筑物的高度是指室内地面标高至屋面面板板面结构标高之间的垂直距离,遇有此屋面板找坡的平屋顶单层建筑物,其高度是指室内地面标高至屋面板最低处板面结构标高之间的垂直距离。

净高是指楼面或地面至上部楼板底面或吊顶底面之间的垂直距离。

如图5-4所示,其建筑面积按建筑平面图外轮廓线尺寸进行计算,即

$$S = L \times B$$

式中　S——单层建筑物的建筑面积(m^2);
　　　L——两端山墙勒脚以上外表面间水平长度(m);
　　　B——两纵墙勒脚以上外表面间水平宽度(m)。

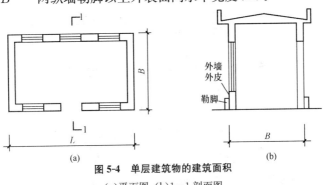

图5-4　单层建筑物的建筑面积
(a)平面图;(b)1—1剖面图

2)利用坡屋顶内空间(图5-5)时净高超过2.10m的部位应计算全面积。

(2)单层建筑物内设有局部楼层者(图5-6),局部楼层的二层及以上楼层,有围护结构的应按其围护结构外围水平面积计算,无围护结

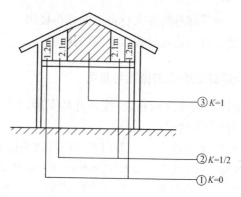

图 5-5 坡屋顶可以利用的空间

构的应按其结构底板水平面积计算,层高在 2.20m 及以上者应计算全面积。

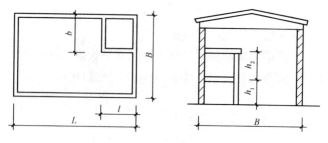

图 5-6 有局部楼层的单层建筑物图

(3)多层建筑物首层应按其外墙勒脚以上结构外围水平面积计算;二层及以上楼层应按其外墙结构外围水平面积计算。层高在 2.20m 及以上者应计算全面积。

注意:多层建筑物的层高是指上、下两层楼面结构标高之间的垂直距离。建筑物最底层的层高,有基础底板的按基础底板上表面结构标高至上层楼面的结构标高之间的垂直距离;没有基础底板的指地面标高至上层楼面结构标高之间的垂直距离,最上一层的层高是其楼面结构标高至屋面板板面结构标高之间的垂直距离。遇有以屋面板找坡的屋面,层高是指楼面结构标高至屋面板最低处板面结构标高之间的垂直距离。

(4)多层建筑坡屋顶内和场馆看台下,当设计加以利用时净高超过 2.10m 的部位应计算全面积,如图 5-7 所示。

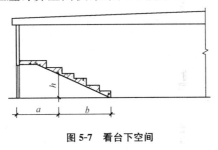

图 5-7　看台下空间

(5)地下室(图 5-8)、半地下室(车间、商店、车站、车库、仓库等),包括相应的有永久性顶盖的出入口,应按其外墙上口(不包括采光井、外墙防潮层及其保护墙)外边线所围水平面积计算。层高在 2.20m 及以上者应计算全面积。

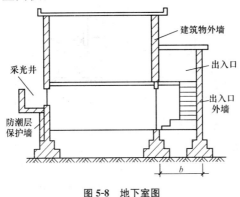

图 5-8　地下室图

(6)坡地的建筑物吊脚架空层、深基础架空层,设计加以利用并有围护结构的,层高在 2.20m 及以上的部位应计算全面积。

坡地吊脚架空层一般是指沿山坡、河坡采用打桩筑柱的方法来支撑建筑物底层板的一种结构,有时室内阶梯教室、文体场馆的看台等处亦可形成类似吊脚的结构,如图 5-9 所示。

(7)建筑物的门厅、大厅按一层计算建筑面积。门厅、大厅内设有回廊时,应按其结构底板水平面积计算。层高在 2.20m 及以上者应计

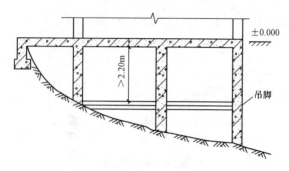

图 5-9 有吊脚空间的坡地建筑物图

算全面积。

注意:"门厅、大厅内设有回廊"是指建筑物大厅、门厅的上部(一般该大厅、门厅占两个或两个以上建筑物层高)四周向大厅、门厅、中间挑出的走廊称为回廊,如图 5-10 所示。

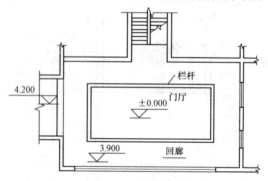

图 5-10 门厅、大厅内设有回廊示意图

(8)建筑物间有围护结构的架空走廊,应按其围护结构外围水平面积计算。层高在 2.20m 及以上者应计算全面积,如图 5-11 所示。

(9)立体书库(图 5-12)、立体仓库、立体车库,无结构层的应按一层计算,有结构层的应按其结构层面积分别计算,层高在 2.20m 及以上者应计算全面积。

(10)有围护结构的舞台灯光控制室,应按其围护结构外围水平面积计算。层高在 2.20m 及以上者应计算全面积,如图 5-13 所示。

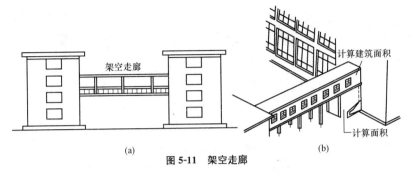

图 5-11 架空走廊
(a)无围护结构的架空走廊立面图;(b)有围护结构的架空走廊轴测图

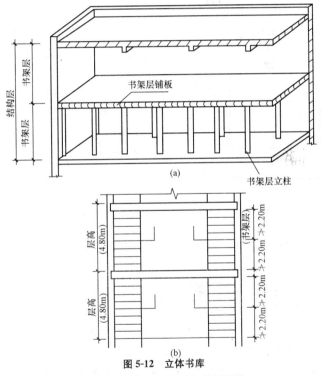

图 5-12 立体书库
(a)书架层轴测图;(b)书架层剖面图

(11)建筑物外有围护结构的落地橱窗、门斗、挑廊、走廊、檐廊（图 5-14），应按其围护结构外围水平面积计算。层高在 2.20m 及以

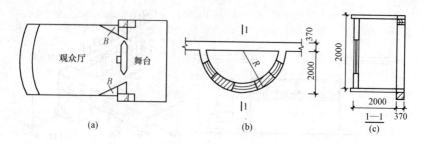

图 5-13 舞台灯光控制室
(a)舞台平面图;(b)灯光控制室平面图;(c)灯光控制室平面图
A—夹层;B—耳光室

上者应计算全面积。

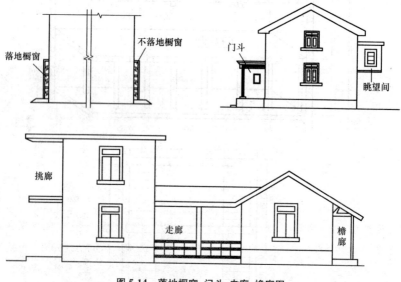

图 5-14 落地橱窗、门斗、走廊、檐廊图

(12)建筑物顶部有围护结构的楼梯间、水箱间、电梯机房等,层高在 2.20m 及以上者应计算全面积。

(13)设有围护结构不垂直于水平面而超出底板外沿的建筑物,应按其底板面的外围水平面积计算。层高在 2.20m 及以上者应计算全面积。

注意：设有围护结构的不垂直于水平面而超出底板外沿的建筑物是指向建筑物外倾斜的墙体，若遇有向建筑物内倾斜的墙体，应视为坡层顶，如图 5-15 所示。

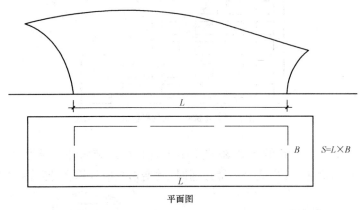

图 5-15　设有围护结构不垂直于水平面而超出底板外沿的建筑物

（14）建筑物内的室内楼梯间（图 5-16）、电梯井、观光电梯井、提物井、管道井、通风排气竖井、垃圾道、附墙烟囱应按建筑物的自然层计算。

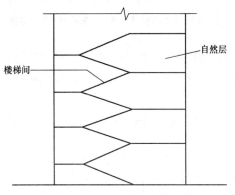

图 5-16　建筑物内的室内楼梯间

注意：室内楼梯间的面积计算，应按楼梯依附的建筑物的自然层数计算并在建筑面积内。遇跃层建筑，其共用的室内楼梯应按自然层计算面积；上下两错层户室共用的室内楼梯，应选上一层的自然层计算面积，如图 5-17 所示。

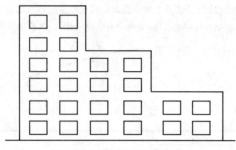

图 5-17　建筑物各部位层数不同

(15) 高低联跨的建筑物(图 5-18),应以高跨结构外边线为界分别计算建筑面积;其高低跨内部连通时,其变形缝应计算在低跨面积内。

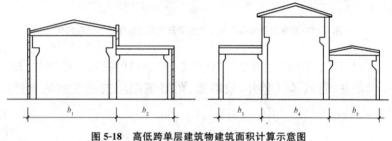

图 5-18　高低跨单层建筑物建筑面积计算示意图

(16) 以幕墙作为围护结构的建筑物,应按幕墙外边线计算建筑面积。

(17) 建筑物外墙外侧有保温隔热层的,应按保温隔热层外边线计算建筑面积。

(18) 建筑物内的变形缝(图 5-19),应按其自然层合并在建筑物面积内计算。

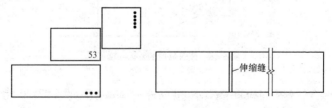

图 5-19　变形缝图

三、计算 1/2 建筑面积的范围与规定

(1)单层建筑物的建筑面积,应按其外墙勒脚以上结构外围水平面积计算,并应符合下列规定：

1)单层建筑物高度不足 2.20m 者应计算 1/2 面积。

2)利用坡屋顶内空间时净高在 1.20m 至 2.10m 的部位应计算 1/2 面积。

(2)单层建筑物内设有局部楼层者,局部楼层的二层及以上楼层,有围护结构的应按其围护结构外围水平面积计算,无围护结构的应按其结构底板水平面积计算,层高不足 2.20m 者应计算 1/2 面积。

(3)多层建筑物首层应按其外墙勒脚以上结构外围水平面积计算；二层及以上楼层应按其外墙结构外围水平面积计算,层高不足 2.20m 者应计算 1/2 面积。

(4)多层建筑坡屋顶内和场馆看台下,当设计加以利用时净高在 1.20m 至 2.10m 的部位应计算 1/2 面积。

(5)地下室、半地下室(车间、商店、车站、车库、仓库等),包括相应的有永久性顶盖的出入口,应按其外墙上口(不包括采光井、外墙防潮层及其保护墙)外边线所围水平面积计算,层高不足 2.20m 者应计算 1/2 面积。

(6)坡地的建筑物吊脚架空层、深基础架空层,设计加以利用并有围护结构的,层高不足 2.20m 的部位应计算 1/2 面积。设计加以利用、无围护结构的建筑吊脚架空层,应按其利用部位水平面积的 1/2 计算。

(7)建筑物的门厅、大厅按一层计算建筑面积。门厅、大厅内设有回廊时,应按其结构底板水平面积计算,层高不足 2.20m 者应计算 1/2 面积。

(8)建筑物间有围护结构的架空走廊,应按其围护结构外围水平面积计算,层高不足 2.20m 者应计算 1/2 面积。

(9)立体书库、立体仓库、立体车库,无结构层的应按一层计算,有

结构层的应按其结构层面积分别计算,层高不足 2.20m 者应计算 1/2 面积。

(10)有围护结构的舞台灯光控制室,应按其围护结构外围水平面积计算,层高不足 2.20m 者应计算 1/2 面积。

(11)建筑物外有围护结构的落地橱窗、门斗、挑廊、走廊、檐廊,应按其围护结构外围水平面积计算,层高不足 2.20m 者应计算 1/2 面积。有永久性顶盖无围护结构的应按其结构底板水平面积的 1/2 计算。

(12)有永久性顶盖无围护结构的场馆看台(图 5-20)应按其顶盖水平投影面积的 1/2 计算。

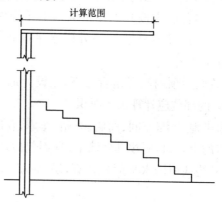

图 5-20 场馆看台剖面示意图

注:场馆实际上是指"场"(如足球场所、网球场)的看台上有永久性顶盖部分。馆应是有永久性顶盖和围护结构的,应按单层或多层建筑相关规定计算面积。

(13)建筑物顶部有围护结构的楼梯间、水箱间、电梯机房等,层高不足 2.20m 者应计算 1/2 面积。

如图 5-21 所示为屋面上的楼梯间,其建筑面积的计算公式为:
$$S = a \times b$$
式中 S——屋面上部有围护结构的楼梯间、水箱间、电梯机房等的建筑面积(m^2);

　　　a,b——分别为屋面上结构的外墙外围水平长和宽(m)。

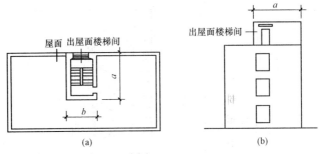

图 5-21 屋面上部楼梯间

(14) 设有围护结构不垂直于水平面而超出底板外沿的建筑物,应按其底板面的外围水平面积计算,层高不足 2.20m 者应计算 1/2 面积。

(15) 雨篷结构(图 5-22)的外边线至外墙结构外边线的宽度超过 2.10m 者,应按雨篷结构板的水平投影面积的 1/2 计算。

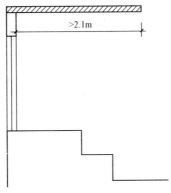

图 5-22 雨篷图

(16) 有永久性顶盖的室外楼梯,应按建筑物自然层的水平投影面积的 1/2 计算。

室外楼梯一般为二跑梯式,梯井宽一般不超过 500mm,故按各层水平投影面积计算建筑面积,不扣减梯井面积。图 5-23 中的室外楼梯建筑面积为:

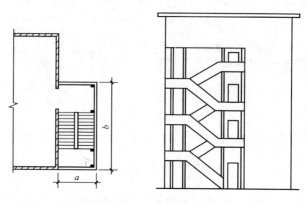

图 5-23 室外楼梯示意图

$$S=1/2\times 4ab$$

注：若最上层室外楼梯无永久性顶盖，或雨篷不能完全遮盖室外楼梯，上层楼梯不计算面积，上层楼梯可视为下层楼梯的永久性顶盖，下层楼梯应计算面积。

(17) 建筑物的阳台均应按其水平投影面积的 1/2 计算，如图 5-24 所示。

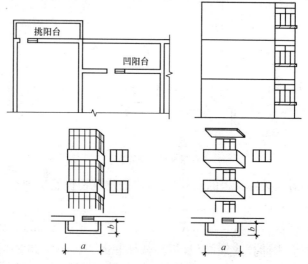

图 5-24 阳台示意图

注：建筑物的阳台、凹阳台、挑阳台、封闭阳台和不封闭阳台均按其水平投影面积的1/2计算。

(18)有永久性顶盖无围护结构的车棚、货棚（图 5-25）、站台（图 5-26）、加油站、收费站等，应按其顶盖水平投影面积的 1/2 计算。

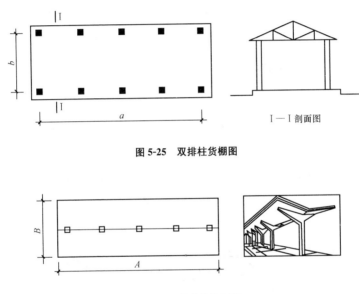

图 5-25　双排柱货棚图

图 5-26　单排柱站台图

四、不应计算建筑面积的范围与规定

(1)单层建筑物的建筑面积，应按其外墙勒脚以上结构外围水平面积计算，利用坡屋顶内空间时净高不足 1.20m 的部位不应计算面积。

(2)多层建筑坡屋顶内和场馆看台下，当设计不利用或室内净高不足 1.20m 时不应计算面积。

(3)设计不利用的深基础架空层、坡地吊脚架空层、多层建筑坡屋顶内、场馆看台下的空间不应计算面积。

(4)除上述项目外,下列项目也不应计算面积:

1)建筑物通道(骑楼、过街楼的底层),如图 5-27、图 5-28 所示。

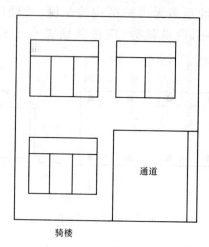

骑楼

图 5-27 骑楼示意图

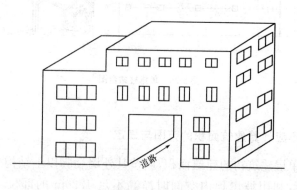

图 5-28 过街楼示意图

2)建筑物内的设备管道夹层,如图 5-29 所示。

3)建筑物内分隔的单层房间,舞台及后台悬挂幕布、布景的天桥、挑台(图 5-30)等。

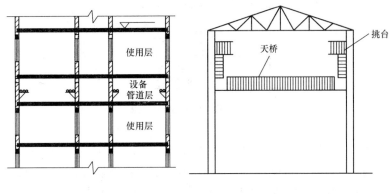

图 5-29 设备管道层示意图　　图 5-30 天桥、挑台图

4)屋顶水箱(图 5-31)、花架、凉棚、露台、露天游泳池。

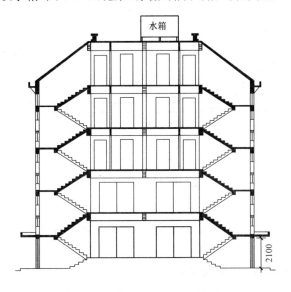

图 5-31 屋顶水箱示意图

5)建筑物内的操作平台、上料平台(图 5-32)、安装箱和罐体的平台。

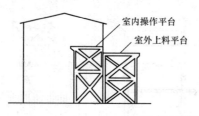

图 5-32 操作平台、上料平台图

6) 勒脚、附墙柱、垛、台阶、墙面抹灰、装饰面、镶贴块料面层、装饰性幕墙、空调机外机搁板（箱）、飘窗、构件、配件、宽度在 2.10m 及以内的雨篷以及与建筑物内不相连通的装饰性阳台、挑廊，如图 5-33 所示。

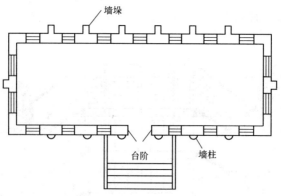

图 5-33 附墙柱、垛、台阶

7) 无永久性顶盖的架空走廊、室外楼梯和用于检修、消防等的室外钢楼梯、爬梯。

8) 自动扶梯、自动人行道。

9) 独立烟囱、烟道、地沟、油（水）罐、气柜、水塔、贮油（水）池、贮仓、栈桥、地下人防通道、地铁隧道。

第六章 楼地面装饰工程工程量计算

第一节 概 述

一、楼地面构造与组成

楼地面是指房屋建筑物底层地面(即地面)和楼层地面(即楼面)的总称。它是构成房屋建筑各层的水平结构层,即水平方向的承重构件,是建筑物中使用最频繁的部位,因而,也是室内装饰工程中的重要部位。

楼层地面按使用要求把建筑物水平方向分割成若干楼层数,各自承受本楼层的荷载,底层地面则承受底层的荷载。楼地面主要由基层和面层两大基本构造层组成(图6-1)。

基层部分包括结构层和垫层。底层地面的结构层是基土,楼层地面的结构层则是楼板;而结构层和垫层往往结合在一起又统称为垫层(通常是指混凝土垫层,砂石人工级配垫层,天然级配砂石垫层,灰、土垫层,碎石、碎砖垫层,三合土垫层,炉渣垫层等材料垫层),它起着承受和传递来自面层的荷载作用,因此,基层应具有一定的强度和刚度。

面层部分即地面与楼面的表面层,将根据生产、工作、生活特点和不同的使用要求做成整体面层(水泥砂浆、现浇水磨石、细石混凝土、菱苦土等面层)、块料面层(石材、陶瓷地砖、橡胶、塑料、竹、木地板)等各种面层,它直接承受表面层的各种荷载,因此,面层不仅具有一定的强度,还要满足各种功能性要求,如耐磨、耐酸、耐碱、防潮等。

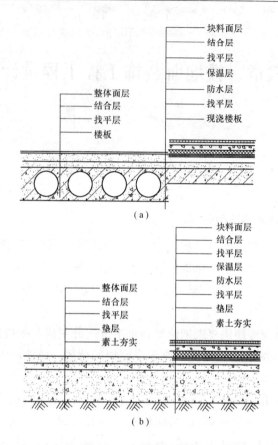

图 6-1 楼地面的构造

(a)楼面；(b)地面

必要时,楼地面还可增设填充层、隔离层、找平层和结合层等。

(1)填充层是指轻质的松散(炉渣、膨胀蛭石、膨胀珍珠岩等)或块体材料(加气混凝土、泡沫混凝土、泡沫塑料、矿棉、膨胀珍珠岩、膨胀蛭石块和板材等)以及整体材料(沥青膨胀珍珠岩、沥青膨胀蛭石、水泥膨胀珍珠岩、膨胀蛭石等)填充层。它是当面层、垫层和基土(或结构层)尚不能满足使用要求或因构造上需要,而增设的构造层。主要在建筑地面上起隔声、保温、找坡或敷设管线等作用的构造层。

(2) 隔离层是指卷材、防水砂浆、沥青砂浆或防水涂料等形成的隔离层。它是防止建筑地面面层上各种液体(主要指水、油、非腐蚀性和腐蚀性液体)侵蚀作用,以及防止地下水和潮气渗透地面而增设的构造层。仅防止地下潮气透过地面时,可作为防潮层。

(3) 找平层是指水泥砂浆找平层,有比较特殊要求的可采用细石混凝土、沥青砂浆、沥青混凝土找平层等材料铺设。它是在垫层上、钢筋混凝土板(含空心板)上或填充层(轻质或松散材料)上起整平、找坡或加强作用的构造层。

(4) 结合层是面层与下一层相连接的中间层,有时亦作为面层的弹性基层。主要指整体面层和板块面层铺设在垫层、找平层上时,用胶凝材料予以连接牢固,以保证建筑地面工程的整体质量,防止面层起壳、空鼓等施工质量造成的缺陷。

二、消耗量定额[①]关于楼地面工程的说明

按《消耗量定额》执行的楼地面工程项目,执行时应注意下列事项:

(1) 同一铺贴上有不同种类、材质的材料,应分别执行相应定额子目。

(2) 扶手、栏杆、栏板适用于楼梯、走廊、回廊及其他装饰性栏杆、栏板。栏杆、栏板、扶手造型,如图 6-2 所示。

(3) 零星项目面层适用于楼梯侧面、台阶的牵边、小便池、蹲便台、池槽在 $1m^2$ 以内且定额未列项目的工程。

(4) 木地板填充材料,按照《全国统一建筑工程基础定额》相应子目执行。

(5) 大理石、花岗岩楼地面拼花按成品考虑。

(6) 镶贴面积小于 $0.015m^2$ 的石材执行点缀定额。

---

① 注:本书所指消耗量定额如无特殊说明,均指《全国统一建筑装饰装修工程消耗量定额》(GYD-901-2002)。

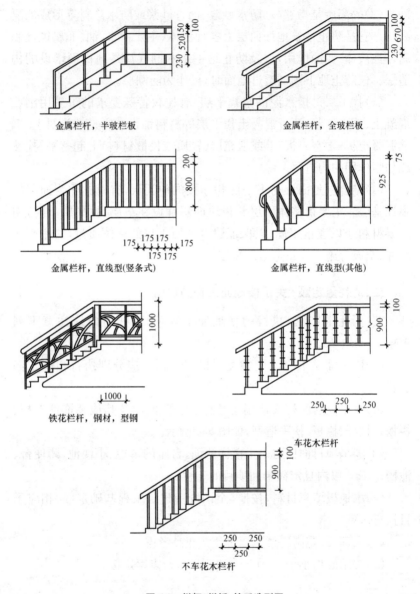

图 6-2 栏杆、栏板、扶手造型图

第二节　整体面层及找平层工程量计算

面层是指直接承受各种物理和化学作用的地面与楼面的表层,而整体面层是指使用的面层材料在凝结后成为一整块无痕的表面,整体面层包括水磨石面层、水泥砂浆面层、混凝土面层,具体指在一定面积范围内,一次浇筑同一种材料的楼地面面层。

一、水泥砂浆楼地面

1. 水泥砂浆楼地面构造做法

在水泥砂浆或细石混凝土面层施工中,为提高面层光滑平整度通常会铺设一层水泥砂浆面层,并随即用铁抹子压实赶光,一般水泥砂浆配合比为1:1,厚度为5mm。水泥砂浆楼地面构造做法,见表6-1。

表6-1　水泥砂浆楼地面构造做法

名称	厚度及重量	简图	构造做法	
			地　面	楼　面
水泥砂浆面层（燃烧性能等级A）	080 L20 0.4kN/m²	地面　楼面	1. 20厚1:2.5水泥砂浆 2. 水泥浆一道(内掺建筑胶) 3. 60厚C15混凝土垫层 4. 素土夯实	3. 现浇钢筋混凝土楼板或预制楼板现浇叠合层
	D230 L80 1.25kN/m²	地面　楼面	1. 20厚1:2.5水泥砂浆 2. 水泥浆一道(内掺建筑胶) 3. 60厚C15混凝土垫层 4. 150厚碎石夯入土中	3. 60厚LC7.5轻骨料混凝土 4. 现浇钢筋混凝土楼板或预制楼板现浇叠合层
	D230 L80 1.25kN/m²	地面　楼面	1. 20厚1:2.5水泥砂浆 2. 水泥浆一道(内掺建筑胶) 3. 60厚C15混凝土垫层 4. 150厚粒径5~32卵石(碎石)灌M2.5混合砂浆振捣密实或3:7灰土 5. 素土夯实	3. 60厚1:6水泥焦渣 4. 现浇钢筋混凝土楼板或预制楼板现浇叠合层

续表

名称	厚度及重量	简图	构造做法	
			地面	楼面
水泥砂浆面层（有防水层）（燃烧性能等级A）	D140 L80 ≥2.20kN/m²	地面 楼面	1. 15厚1∶2.5水泥砂浆 2. 35厚C15细石混凝土 3. 1.5厚聚氨酯防水层或2厚聚合物水泥基防水涂料 4. 1∶3水泥砂浆或最薄处30厚C20细石混凝土找坡层抹平 5. 水泥浆一道（内掺建筑胶）	
			6. 60厚C15混凝土垫层 7. 素土夯实	6. 现浇钢筋混凝土楼板或预制楼板现浇叠合层
	D290 L140 ≥3.05kN/m²	地面 楼面	1. 15厚1∶2.5水泥砂浆 2. 35厚C15细石混凝土 3. 1.5厚聚氨酯防水层或2厚聚合物水泥基防水涂料 4. 1∶3水泥砂浆或最薄处30厚C20细石混凝土找坡层抹平	
			5. 水泥浆一道（内掺建筑胶） 6. 60厚C15混凝土垫层 7. 150厚碎石夯入土中	5. 60厚LC7.5轻骨料混凝土 6. 现浇钢筋混凝土楼板或预制楼板现浇叠合层
	D290 L10 ≥3.05kN/m²	地面 楼面	1. 15厚1∶2.5水泥砂浆 2. 35厚C15细石混凝土 3. 1.5厚聚氨酯防水层或2厚聚合物水泥基防水涂料 4. 1∶3水泥砂浆或最薄处30厚C20细石混凝土找坡层抹平	
			5. 水泥浆一道（内掺建筑胶） 6. 60厚C15混凝土垫层 7. 150厚粒径5～32卵石（碎石）灌M2.5混合砂浆振捣密实或3∶7灰土 8. 素土夯实	5. 60厚1∶6水泥焦渣 6. 现浇钢筋混凝土楼板或预制楼板现浇叠合层

注：表中 D 为地面总厚度；d 为垫层、填充层厚度；L 为楼面建筑构造总厚度（结构层以上总厚度）。

2. 清单项目设置及工程量计算规则

清单项目设置及工程量计算规则见表6-2。

第六章 楼地面装饰工程工程量计算

表 6-2　　　　　　　　　　水泥砂浆楼地面

项目编码	项目名称	项目特征	计量单位	工程量计算规则	工作内容
011101001	水泥砂浆楼地面	1. 找平层厚度、砂浆配合比 2. 素水泥浆遍数 3. 面层厚度、砂浆配合比 4. 面层做法要求	m²	按设计图示尺寸以面积计算。扣除凸出地面构筑物、设备基础、室内铁道、地沟等所占面积,不扣除间壁墙及≤0.3m²柱、垛、附墙烟囱及孔洞所占面积。门洞、空圈、暖气包槽、壁龛的开口部分不增加面积	1. 基层清理 2. 抹找平层 3. 抹面层 4. 材料运输

注:1. 水泥砂浆面层处理是拉毛还是提浆压光应在面层做法要求中描述。
　2. 间壁墙是指墙厚≤120mm 的墙。
　3. 楼地面混凝土垫层另按《房屋建筑与装饰工程工程量计算规范》(GB 50854—2013)附录 E.1 现浇混凝土基础中垫层项目编码列项,除混凝土外的其他材料垫层按《房屋建筑与装饰工程工程量计算规范》(GB 50854—2013)附录 D.4 垫层项目编码列项。

由表 6-2 可知水泥砂浆楼地面工程的工程量计算规则,现解释说明如下:

(1)"按设计图示尺寸以面积计算"意思为:室内按净面积计算;室外按图示尺寸计算。

(2)"扣除凸出地面构筑物、设备基础、室内铁道、地沟等所占面积,不扣除间壁墙及≤0.3m² 柱、垛、附墙烟囱及孔洞所占面积"意思为:构筑物、设备基础、室内铁道、地沟等处不需要做整体面层,并且面积较大,必须扣除;间壁墙及≤0.3m² 柱、垛、附墙烟囱及孔洞面积较小,其费用已考虑在单价中,因此不必扣除。

(3)"门洞、空圈、暖气包槽、壁龛的开口部分不增加面积",为了简化计算,这些费用也可在综合单价中考虑。

1)暖气包槽:为安全起见而为暖气管设置的凹在建筑物墙壁内的沟槽,也有用凸出墙壁的构筑物以遮掩暖气管达到安全目的的,如图 6-3 所示。

2)壁龛:是指地墙壁上空缺一块用分好格的木框安在其内方便放置物件的一种简单的构件,如图 6-4 所示。

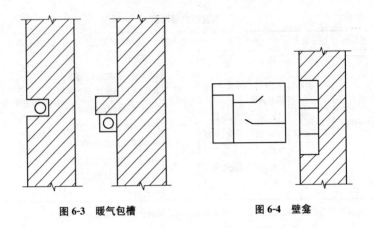

图 6-3 暖气包槽　　　图 6-4 壁龛

3. 水泥砂浆楼地面工程量计算公式

根据水泥砂浆楼地面工程量计算规则,其计算公式可简化为:

水泥砂浆楼地面工程量=房间净长×房间净宽—0.3m² 以上的孔洞所占的面积

4. 计算实例

【例 6-1】试计算图 6-5 所示住宅室内水泥砂浆(厚 20mm)地面的工程量。

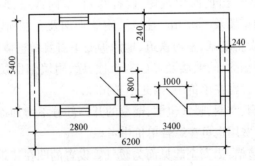

图 6-5　水泥砂浆地面平面图

【解】水泥砂浆楼地面工程量=(5.4—0.24)×(6.2—0.24×2)
　　　　　　　　　　　　=29.52m²

二、现浇水磨石楼地面

1. 现浇水磨石楼地面构造做法

在基层上做水泥砂浆找平层后,按设计分格镶嵌嵌条,抹水泥砂浆面层,硬化后磨光露出石渣并经补浆、细磨、酸洗、打蜡,即成水磨石面层。现浇水磨石面层构造做法见表 6-3。

表 6-3　　　　　　　现浇水磨石楼地面构造做法

名称	厚度及重量	简图	构造做法	
			地 面	楼 面
现浇水磨石面层(燃烧性能等级A)	D90 L30 0.65kN/m²	地面　楼面	1. 10 厚 1:2.5 水泥彩石子(中小八厘石子)地面,表面磨光打蜡 2. 20 厚 1:3 水泥砂浆结合层,干后卧铜条分格(铜条打眼穿 22 号镀锌低碳钢丝卧牢,每米 4 眼) 3. 水泥浆一道(内掺建筑胶)	
			4. 60 厚 C15 混凝土垫层 5. 素土夯实	4. 现浇钢筋混凝土楼板或预制楼板现浇叠合层
	D240 L90 1.50kN/m²	地面　楼面	1. 10 厚 1:2.5 水泥彩石子(中小八厘石子)地面,表面磨光打蜡 2. 20 厚 1:3 水泥砂浆结合层,干后卧铜条分格(铜条打眼穿 22 号镀锌低碳钢丝卧牢,每米 4 眼)	
			3. 水泥浆一道(内掺建筑胶) 4. 60 厚 C15 混凝土垫层 5. 150 厚碎石夯入土中	3. 60 厚 LC7.5 轻骨料混凝土 4. 现浇钢筋混凝土楼板或预制楼板现浇叠合层
	D240 L90 1.50kN/m²	地面　楼面	1. 10 厚 1:2.5 水泥彩石子(中小八厘石子)地面,表面磨光打蜡 2. 20 厚 1:3 水泥砂浆结合层,干后卧铜条分格(铜条打眼穿 22 号镀锌低碳钢丝卧牢,每米 4 眼)	
			3. 水泥浆一道(内掺建筑胶) 4. 60 厚 C15 混凝土垫层 5. 150 厚粒径 5～32 卵石(碎石)灌 M2.5 混合砂浆振捣密实或 3:7 灰土 6. 素土夯实	3. 60 厚 1:6 水泥焦渣 4. 现浇钢筋混凝土楼板或预制楼板现浇叠合层

续表

名称	厚度及重量	简图	构造做法 地面	构造做法 楼面
现浇水磨石面层（有防水层）（燃烧性能等级A）	D120 L60 ≥1.85kN/m²	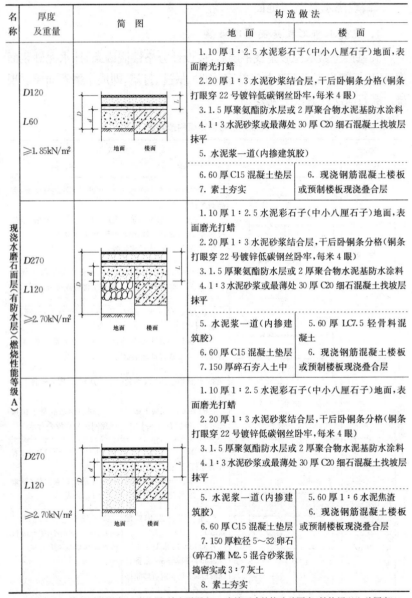	1.10厚1:2.5水泥彩石子（中小八厘石子）地面，表面磨光打蜡 2.20厚1:3水泥砂浆结合层，干后卧铜条分格（铜条打眼穿22号镀锌低碳钢丝卧牢，每米4眼） 3.1.5厚聚氨酯防水层或2厚聚合物水泥基防水涂料 4.1:3水泥砂浆或最薄处30厚C20细石混凝土找坡层抹平 5.水泥浆一道（内掺建筑胶） 6.60厚C15混凝土垫层 7.素土夯实	6.现浇钢筋混凝土楼板或预制楼板现浇叠合层
	D270 L120 ≥2.70kN/m²		1.10厚1:2.5水泥彩石子（中小八厘石子）地面，表面磨光打蜡 2.20厚1:3水泥砂浆结合层，干后卧铜条分格（铜条打眼穿22号镀锌低碳钢丝卧牢，每米4眼） 3.1.5厚聚氨酯防水层或2厚聚合物水泥基防水涂料 4.1:3水泥砂浆或最薄处30厚C20细石混凝土找坡层抹平 5.水泥浆一道（内掺建筑胶） 6.60厚C15混凝土垫层 7.150厚碎石夯入土中	5.60厚LC7.5轻骨料混凝土 6.现浇钢筋混凝土楼板或预制楼板现浇叠合层
	D270 L120 ≥2.70kN/m²		1.10厚1:2.5水泥彩石子（中小八厘石子）地面，表面磨光打蜡 2.20厚1:3水泥砂浆结合层，干后卧铜条分格（铜条打眼穿22号镀锌低碳钢丝卧牢，每米4眼） 3.1.5厚聚氨酯防水层或2厚聚合物水泥基防水涂料 4.1:3水泥砂浆或最薄处30厚C20细石混凝土找坡层抹平 5.水泥浆一道（内掺建筑胶） 6.60厚C15混凝土垫层 7.150厚粒径5～32卵石（碎石）灌M2.5混合砂浆振捣密实或3:7灰土 8.素土夯实	5.60厚1:6水泥焦渣 6.现浇钢筋混凝土楼板或预制楼板现浇叠合层

注：表中 D 为地面总厚度；d 为垫层、填充层厚度；L 为楼面建筑构造总厚度（结构层以上总厚度）。

2. 清单项目设置及工程量计算规则

清单项目设置及工程量计算规则见表 6-4。

表 6-4　　　　　　　　　　现浇水磨石楼地面

项目编码	项目名称	项目特征	计量单位	工程量计算规则	工作内容
011101002	现浇水磨石楼地面	1. 找平层厚度、砂浆配合比 2. 面层厚度、水泥石子浆配合比 3. 嵌条材料种类、规格 4. 石子种类、规格、颜色 5. 颜料种类、颜色 6. 图案要求 7. 磨光、酸洗、打蜡要求	m^2	按设计图示尺寸以面积计算。扣除凸出地面构筑物、设备基础、室内管道、地沟等所占面积,不扣除间壁墙及$\leqslant 0.3m^2$柱、垛、附墙烟囱及孔洞所占面积。门洞、空圈、暖气包槽、壁龛的开口部分不增加面积	1. 基层清理 2. 抹找平层 3. 面层铺设 4. 嵌缝条安装 5. 磨光、酸洗、打蜡 6. 材料运输

注:1. 间壁墙是指墙厚$\leqslant 120mm$的墙。
　　2. 楼地面混凝土垫层另按《房屋建筑与装饰工程工程量计算规范》(GB 50854—2013)附录 E.1 现浇混凝土基础中垫层项目编码列项,除混凝土外的其他材料垫层按《房屋建筑与装饰工程工程量计算规范》(GB 50854—2013)附录 D.4 垫层项目编码列项。

对于现浇水磨石楼地面清单工程量计算规则的解释说明,请参见前述"水泥砂浆楼地面"。

3. 现浇水磨石楼地面工程量计算公式

根据现浇水磨石楼地面工程量计算规则,其计算公式可简化为:

现浇水磨石楼地面工程量=房间净长×房间净宽$-0.3m^2$以上的孔洞所占的面积

4. 计算实例

【例 6-2】如图 6-6 所示,某办公楼一楼杂物间为现浇 30mm 厚水磨石楼地面玻璃嵌条,60mm 厚混凝土垫层,10mm 厚 1∶2.5 水泥砂浆找平层,试计算其工程量。

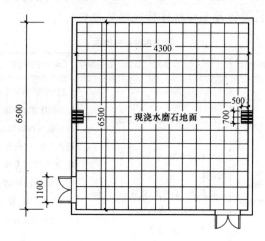

图 6-6　楼地面装饰图

【解】现浇水磨石楼地面工程量 $=6.5\times4.3-0.7\times0.5\times2$
$$=27.25\text{m}^2$$

三、细石混凝土楼地面

1. 细石混凝土楼地面构造做法

细石混凝土地面是指在结构层上做细石混凝土,浇好后随即用木板拍表浆或用铁滚滚压,待水泥浆液到表面时,再撒上水泥浆,最后用铁板压光(这种做法也称随打随抹)的地面,其构造做法见表 6-5。

表 6-5　　　　　　　　　　细石混凝土楼地面构造做法

名称	厚度及重量	简图	构造做法 地面	构造做法 楼面
细石混凝土面层(燃烧性能等级A)	D100 L40 1.0kN/m²		1.40厚C20细石混凝土,表面撒1:1水泥砂子随打随抹光 2.水泥浆一道(内掺建筑胶) 3.60厚C15混凝土垫层 4.素土夯实	3.现浇钢筋混凝土楼板或预制楼板现浇叠合层
	D250 L100 1.85kN/m²		1.40厚C20细石混凝土,表面撒1:1水泥砂子随打随抹光 2.水泥浆一道(内掺建筑胶) 3.60厚C15混凝土垫层 4.150厚碎石夯入土中	3.60厚LC7.5轻骨料混凝土 4.现浇钢筋混凝土楼板或预制楼板现浇叠合层
	D240 L10 1.85kN/m²		1.40厚C20细石混凝土,表面撒1:1水泥砂子随打随抹光 2.水泥浆一道(内掺建筑胶) 3.60厚C15混凝土垫层 4.150厚粒径5~32卵石(碎石)灌M2.5混合砂浆振捣密实或3:7灰土 5.素土夯实	3.60厚1:6水泥焦渣 4.现浇钢筋混凝土楼板或预制楼板现浇叠合层
细石混凝土面层(有防水层)(燃烧性能等级A)	D130 L70 ≥2.0kN/m²		1.40厚C20细石混凝土,表面撒1:1水泥砂子随打随抹光 2.1.5厚聚氨酯防水层或2厚聚合物水泥基防水涂料 3.1:3水泥砂浆或最薄处30厚C20细石混凝土找坡层抹平 4.水泥浆一道(内掺建筑胶) 5.60厚C15混凝土垫层 6.素土夯实	5.现浇钢筋混凝土楼板或预制楼板现浇叠合层
	D280 L130 ≥2.85kN/m²		1.40厚C20细石混凝土,表面撒1:1水泥砂子随打随抹光 2.1.5厚聚氨酯防水层或2厚聚合物水泥基防水涂料 3.1:3水泥砂浆或最薄处30厚C20细石混凝土找坡层抹平 4.水泥浆一道(内掺建筑胶) 5.60厚C15混凝土垫层 6.150厚碎石夯入土中	4.60厚LC7.5轻骨料混凝土 5.现浇钢筋混凝土楼板或预制楼板现浇叠合层

续表

名称	厚度及重量	简图	构造做法	
			地面	楼面
细石混凝土面层(有防水层)(燃烧性能等级A)	D280 L130 ≥2.85kN/m²	地面 楼面	1. 40厚C20细石混凝土,表面撒1:1水泥砂子随打随抹光 2. 1.5厚聚氨酯防水层或2厚聚合物水泥基防水涂料 3. 1:3水泥砂浆或最薄处30厚C20细石混凝土找坡层抹平 4. 水泥浆一道(内掺建筑胶) 5. 60厚C15混凝土垫层 6. 150厚粒径5~32卵石(碎石)灌M2.5混合砂浆振捣密实或3:7灰土 7. 素土夯实	4. 60厚1:6水泥焦渣 5. 现浇钢筋混凝土楼板或预制楼板现浇叠合层

注:表中 D 为地面总厚度;d 为垫层、填充层厚度;L 为楼面建筑构造总厚度(结构层以上总厚度)。

2. 清单项目设置及工程量计算规则

清单项目设置及工程量计算规则见表6-6。

表6-6　　　　　　细石混凝土楼地面

项目编码	项目名称	项目特征	计量单位	工程量计算规则	工作内容
011101003	细石混凝土楼地面	1. 找平层厚度、砂浆配合比 2. 面层厚度、混凝土强度等级	m²	按设计图示尺寸以面积计算。扣除凸出地面构筑物、设备基础、室内铁道、地沟等所占面积,不扣除间壁墙及≤0.3m²柱、垛、附墙烟囱及孔洞所占面积。门洞、空圈、暖气包槽、壁龛的开口部分不增加面积	1. 基层清理 2. 抹找平层 3. 面层铺设 4. 材料运输

注:1. 间壁墙是指墙厚≤120mm的墙。
　　2. 楼地面混凝土垫层另按《房屋建筑与装饰工程工程量计算规范》(GB 50854—2013)附录E.1现浇混凝土基础中垫层项目编码列项,除混凝土外的其他材料垫层按《房屋建筑与装饰工程工程量计算规范》(GB 50854—2013)附录D.4垫层项目编码列项。

对于细石混凝土楼地面清单工程计算规则的解释说明,请参见前述"水泥砂浆楼地面"。

3. 细石混凝土楼地面工程量计算公式

根据细石混凝土楼地面工程量计算规则,其计算公式可简化为:

细石混凝土楼地面工程量＝房间净长×房间净宽－0.3m² 以上的孔洞所占的面积

4. 计算实例

【例 6-3】某工程底层平面图如图 6-7 所示,已知地面为 35mm 厚 1∶2 细石混凝土面层,求地面工程量。

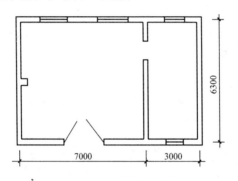

图 6-7 底层平面图

【解】细石混凝土面层工程量＝(7.0－0.12×2)×(6.3－0.12×2)＋
(3.0－0.12×2)×(6.3－0.12×2)
＝57.69m²

四、菱苦土、自流坪楼地面

1. 菱苦土楼地面构造做法

菱苦土楼地面是以菱苦土为胶结料,锯木屑(锯末)为主要填充料,加入适量具有一定浓度的氯化镁溶液,调制成可塑性胶泥铺设而成的一种整体楼地面工程。为使其表面光滑、色泽美观,调制时可加入少量滑石粉和矿物颜料；有时为了耐磨，还掺入一些砂粒或石屑。菱苦土面层具有耐火、保温、隔声、隔热及绝缘等特点，而且质地坚硬并可具有一定的弹性，适用于住宅、办公楼、教学楼、医院、俱乐部、托儿所及纺织车间等的楼地面。

2. 清单项目设置及工程量计算规则

清单项目设置及工程量计算规则见表 6-7。

表 6-7　　　　菱苦土、自流坪楼地面

项目编码	项目名称	项目特征	计量单位	工程量计算规则	工作内容
011101004	菱苦土楼地面	1. 找平层厚度、砂浆配合比 2. 面层厚度 3. 打蜡要求	m^2	按设计图示尺寸以面积计算。扣除凸出地面构筑物、设备基础、室内铁道、地沟等所占面积，不扣除间壁墙及≤$0.3m^2$ 柱、垛、附墙烟囱及孔洞所占面积。门洞、空圈、暖气包槽、壁龛的开口部分不增加面积	1. 基层清理 2. 抹找平层 3. 面层铺设 4. 打蜡 5. 材料运输
011101005	自流坪楼地面	1. 找平层砂浆配合比、厚度 2. 界面剂材料种类 3. 中层漆材料种类、厚度 4. 面漆材料种类、厚度 5. 面层材料种类	m^2		1. 基层处理 2. 抹找平层 3. 涂界面剂 4. 涂刷中层漆 5. 打磨、吸尘 6. 镘自流平面漆（浆） 7. 拌合自流平浆料 8. 铺面层

注：1. 间壁墙是指墙厚≤120mm 的墙。
2. 楼地面混凝土垫层另按《房屋建筑与装饰工程工程量计算规范》（GB 50854—2013）附录 E.1 现浇混凝土基础中垫层项目编码列项，除混凝土外的其他材料垫层按《房屋建筑与装饰工程工程量计算规范》（GB 50854—2013）附录 D.4 垫层项目编码列项。

对于菱苦土楼地面清单工程量计算规则的解释说明，请参见前述"水泥砂浆楼地面"。

3. 菱苦土、自流坪楼地面工程量计算公式

根据菱苦土、自流坪楼地面工程量计算规则，其计算公式可简化为：

菱苦土、自流坪楼地面工程量=房间净长×房间净宽-0.3m² 以上的孔洞所占的面积

4. 计算实例

【例6-4】如图6-8所示,设计要求做水泥砂浆找平层和菱苦土整体面层,试计算其工程量。

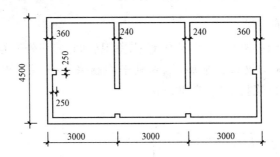

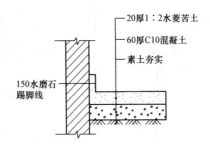

图6-8 菱苦土地面示意图

【解】菱苦土面层工程量=4.5×9.0-[(4.5+9.0)×2-4×0.36]×
　　　　　　　　　　　0.36-(4.5-2×0.36)×2×0.24
　　　　　　　　　　=29.48m²

五、平面砂浆找平层

1. 清单项目设置及工程量计算规则

清单项目设置及工程量计算规则见表6-8。

表 6-8　　　　　　　　平面砂浆找平层

项目编码	项目名称	项目特征	计量单位	工程量计算规则	工作内容
011101006	平面砂浆找平层	找平层厚度、砂浆配合比	m²	按设计图示尺寸以面积计算	1. 基层清理 2. 抹找平层 3. 材料运输

注：平面砂浆找平层只适用于仅做找平层的平面抹灰。

2. 计算实例

【例 6-5】如图 6-9 所示某住宅，若除卫生间、厨房外所有房间地面的平面抹灰均仅做找平层，试求其平面砂浆找平层工程量（做法：M5.0 水泥砂浆找平层，厚 30mm）。

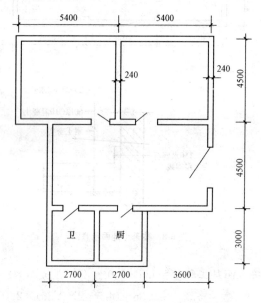

图 6-9　某住宅楼示意图

【解】平面砂浆找平层工程量 = (4.5 − 0.24) × (5.4 − 0.24) × 2 +
(9 − 0.24) × (4.5 − 0.24)
= 81.28m²

第三节 块料面层工程量计算

块料楼地面包括天然大理石、花岗石、陶瓷锦砖、地面砖以及预制水磨石、碎拼大理石等板块面层。

一、石材、碎石材楼地面

1. 石材、碎石材楼地面构造做法

石材楼地面包括大理石楼地面和花岗石楼地面等。

(1)大理石面层。大理石具有斑驳纹理,色泽鲜艳美丽。大理石的硬度比花岗石稍差,所以,它比花岗石易于雕琢磨光。

大理石可根据不同色泽、纹理等组成各种图案。通常在工厂加工成20～30mm厚的板材,每块大小一般为300mm×300mm～500mm×500mm。方整的大理石地面,多采用紧拼对缝,接缝不大于1mm,铺贴后用纯水泥扫缝;不规则形的大理石铺地接缝较大,可用水泥砂浆或水磨石嵌缝。大理石铺砌后,表面应粘贴纸张或覆盖麻袋加以保护,待结合层水泥强度达到60%～70%后,方可进行细磨和打蜡。

(2)花岗石面层。花岗石是天然石材,一般具有抗拉性能差、密度大、传热快、易产生冲击噪声、开采加工困难、运输不便、价格昂贵等缺点,但是由于它们具有良好的抗压性能和硬度、质地坚实、耐磨、耐久、外观大方稳重等优点,所以,至今仍被许多重大工程所使用。花岗石属于高档建筑装饰材料。

花岗石常加工成条形或块状,厚度较大,约50～150mm,其面积尺寸是根据设计分块后进行订货加工的。花岗石在铺设时,相邻两行应错缝,错缝为条石长度的1/3～1/2。

石材楼地面构造做法见表6-9。

表 6-9　　石材楼地面构造做法

名称	厚度及重量	简图	构造做法	
			地面	楼面
石材面层（燃烧性能等级A）	D110 L50 1.20kN/m²	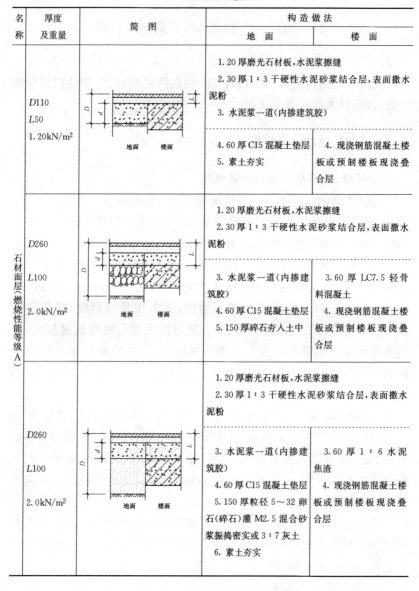	1.20厚磨光石材板,水泥浆擦缝 2.30厚1：3干硬性水泥砂浆结合层,表面撒水泥粉 3.水泥浆一道(内掺建筑胶) 4.60厚C15混凝土垫层 5.素土夯实	4.现浇钢筋混凝土楼板或预制楼板现浇叠合层
	D260 L100 2.0kN/m²		1.20厚磨光石材板,水泥浆擦缝 2.30厚1：3干硬性水泥砂浆结合层,表面撒水泥粉 3.水泥浆一道(内掺建筑胶) 4.60厚C15混凝土垫层 5.150厚碎石夯入土中	3.60厚LC7.5轻骨料混凝土 4.现浇钢筋混凝土楼板或预制楼板现浇叠合层
	D260 L100 2.0kN/m²		1.20厚磨光石材板,水泥浆擦缝 2.30厚1：3干硬性水泥砂浆结合层,表面撒水泥粉 3.水泥浆一道(内掺建筑胶) 4.60厚C15混凝土垫层 5.150厚粒径5～32卵石(碎石)灌M2.5混合砂浆振捣密实或3：7灰土 6.素土夯实	3.60厚1：6水泥焦渣 4.现浇钢筋混凝土楼板或预制楼板现浇叠合层

续表

名称	厚度及重量	简图	构造做法	
			地面	楼面
石材面层（有防水层）（燃烧性能等级A）	D140 L80 ≥2.20kN/m²	地面 楼面	1.20厚磨光石材板，水泥浆擦缝 2.30厚1:3干硬性水泥砂浆结合层，表面撒水泥粉 3.1.5厚聚氨酯防水层或2厚聚合物水泥基防水涂料 4.1:3水泥砂浆或最薄处30厚C20细石混凝土找坡层抹平 5.水泥浆一道（内掺建筑胶）	
			6.60厚C15混凝土垫层 7.素土夯实	6.现浇钢筋混凝土楼板或预制楼板现浇叠合层
	D290 L140 ≥3.0kN/m²	地面 楼面	1.20厚磨光石材板，水泥浆擦缝 2.30厚1:3干硬性水泥砂浆结合层，表面撒水泥粉 3.1.5厚聚氨酯防水层或2厚聚合物水泥基防水涂料 4.1:3水泥砂浆或最薄处30厚C20细石混凝土找坡层抹平 5.水泥浆一道（内掺建筑胶）	5.60厚LC7.5轻骨料混凝土
			6.60厚C15混凝土垫层 7.150厚碎石夯入土中	6.现浇钢筋混凝土楼板或预制楼板现浇叠合层
	D290 L140 ≥3.0kN/m²	地面 楼面	1.20厚磨光石材板，水泥浆擦缝 2.30厚1:3干硬性水泥砂浆结合层，表面撒水泥粉 3.1.5厚聚氨酯防水层或2厚聚合物水泥基防水涂料 4.1:3水泥砂浆或最薄处30厚C20细石混凝土找坡层抹平 5.水泥浆一道（内掺建筑胶）	5.60厚1:6水泥焦渣
			6.60厚C15混凝土垫层 7.150厚粒径5~32卵石（碎石）灌M2.5混合砂浆振捣密实或3:7灰土 8.素土夯实	6.现浇钢筋混凝土楼板或预制楼板现浇叠合层

注：1.表中 D 为地面总厚度；d 为垫层、填充层厚度；L 为楼面建筑构造总厚度（结构层以上总厚度）。

2.防水层在墙柱交接处翻起高度不小于150。

碎石材楼地面构造做法见表 6-10。

表 6-10 碎石材楼地面构造做法

名称	厚度及重量	简图	构造做法 地面	构造做法 楼面
碎拼石板面层（燃烧性能等级 A）	D110 L50 1.20kN/m²	地面 楼面	1.20 厚碎拼石板，水泥砂浆勾缝，较大缝隙用 1：2.5 水泥石子填缝，表面磨光 2.30 厚 1：3 干硬性水泥砂浆结合层，表面撒水泥粉 3.水泥浆一道（内掺建筑胶） 4.60 厚 C15 混凝土垫层 5.素土夯实	4.现浇钢筋混凝土楼板或预制楼板现浇叠合层
	D260 L110 2.0kN/m²	地面 楼面	1.20 厚碎拼石板，水泥砂浆勾缝，较大缝隙用 1：2.5 水泥石子填缝，表面磨光 2.30 厚 1：3 干硬性水泥砂浆结合层，表面撒水泥粉 3.水泥浆一道（内掺建筑胶） 4.60 厚 C15 混凝土垫层 5.150 厚碎石夯入土中	3.60 厚 LC7.5 轻骨料混凝土 4.现浇钢筋混凝土楼板或预制楼板现浇叠合层
	D260 L110 2.0kN/m²	地面 楼面	1.20 厚碎拼石板，水泥砂浆勾缝，较大缝隙用 1：2.5 水泥石子填缝，表面磨光 2.30 厚 1：3 干硬性水泥砂浆结合层，表面撒水泥粉 3.水泥浆一道（内掺建筑胶） 4.60 厚 C15 混凝土垫层 5.150 厚粒径 5～32 卵石（碎石）灌 M2.5 混合砂浆振捣密实或 3：7 灰土 6.素土夯实	3.60 厚 1：6 水泥焦渣 4.现浇钢筋混凝土楼板或预制楼板现浇叠合层

续表

名称	厚度及重量	简图	构造做法 地面	构造做法 楼面
碎拼石板面层(有防水层)(燃烧性能等级A)	D140 L80 ≥2.20kN/m²	地面 楼面	1. 20厚碎拼石板,水泥砂浆勾缝,较大缝隙用1:2.5水泥石子填缝,表面磨光 2. 30厚1:3干硬性水泥砂浆结合层,表面撒水泥粉 3. 1.5厚聚氨酯防水层或2厚聚合物水泥基防水涂料 4. 1:3水泥砂浆或最薄处30厚C20细石混凝土找坡层抹平 5. 水泥浆一道(内掺建筑胶) 6. 60厚C15混凝土垫层 7. 素土夯实	6. 现浇钢筋混凝土楼板或预制楼板现浇叠合层
	D290 L140 ≥3.0kN/m²	地面 楼面	1. 20厚碎拼石板,水泥砂浆勾缝,较大缝隙用1:2.5水泥石子填缝,表面磨光 2. 30厚1:3干硬性水泥砂浆结合层,表面撒水泥粉 3. 1.5厚聚氨酯防水层或2厚聚合物水泥基防水涂料 4. 1:3水泥砂浆或最薄处30厚C20细石混凝土找坡层抹平 5. 水泥浆一道(内掺建筑胶) 6. 60厚C15混凝土垫层 7. 150厚碎石夯入土中	5. 60厚LC7.5轻骨料混凝土 6. 现浇钢筋混凝土楼板或预制楼板现浇叠合层
	D290 L140 ≥3.0kN/m²	地面 楼面	1. 20厚碎拼石板,水泥砂浆勾缝,较大缝隙用1:2.5水泥石子填缝,表面磨光 2. 30厚1:3干硬性水泥砂浆结合层,表面撒水泥粉 3. 1.5厚聚氨酯防水层或2厚聚合物水泥基防水涂料 4. 1:3水泥砂浆或最薄处30厚C20细石混凝土找坡层抹平 5. 水泥浆一道(内掺建筑胶) 6. 60厚C15混凝土垫层 7. 150厚粒径5~32卵石(碎石)灌M2.5混合砂浆振捣密实或3:7灰土 8. 素土夯实	5. 60厚1:6水泥焦渣 6. 现浇钢筋混凝土楼板或预制楼板现浇叠合层

注:1. 表中 D 为地面总厚度;d 为垫层、填充层厚度;L 为楼面建筑构造总厚度(结构层以上总厚度)。
2. 防水层在墙柱交接处翻起高度不小于150。

2. 清单项目设置及工程量计算规则

清单项目设置及工程量计算规则见表 6-11。

表 6-11　　　　　　　　石材、碎石材楼地面

项目编码	项目名称	项目特征	计量单位	工程量计算规则	工作内容
011102001	石材楼地面	1. 找平层厚度、砂浆配合比 2. 结合层厚度、砂浆配合比 3. 面层材料品种、规格、颜色 4. 嵌缝材料种类 5. 防护层材料种类 6. 酸洗、打蜡要求	m^2	按设计图示尺寸以面积计算。门洞、空圈、暖气包槽、壁龛的开口部分并入相应的工程量内	1. 基层清理 2. 抹找平层、磨边 3. 面层铺设 4. 嵌缝 5. 刷防护材料 6. 酸洗、打蜡 7. 材料运输
011102002	碎石材楼地面				

注：1. 描述碎石材项目的面层材料特征时可不用描述规格、颜色。
　　2. 石材、块料与粘结材料的结合面刷防渗材料的种类在防护层材料种类中描述。
　　3. 工作内容中的磨边指施工现场磨边。

由表 6-11 可知石材、碎石材楼地面工程的工程量计算规则，现解释说明如下：

(1)"按设计图示尺寸以面积计算"意思为：室内按实贴面积计算；室外按图示尺寸计算。

(2)"门洞、空圈、暖气包槽、壁龛的开口部分并入相应的工程量内"，为了简化计算，这些费用可合并考虑。

3. 石材、碎石材楼地面工程量计算公式

根据石材、碎石材楼地面工程量计算规则，其计算公式可简化为：

石材、碎石材楼地面工程量＝房间净长×房间净宽－间壁墙、柱、垛及孔洞所占的面积＋门洞、空圈、暖气包槽、壁龛的开口部分

4. 计算实例

【例 6-6】 计算图 6-10 所示门厅镶贴大理石地面面层工程量。

【解】 大理石面层工程量＝(4.5－0.24)×6.8＋1.8×0.24
　　　　　　　　　　　＝29.4m^2

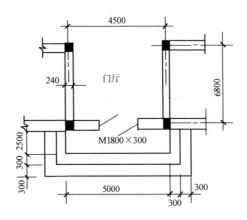

图 6-10　门厅镶贴大理石地面面层示意图

二、块料楼地面

1. 块料楼地面构造做法

块料楼地面包括砖面层、预制板块面层和料石面层等。

(1)砖面层。砖面层应按设计要求采用普通黏土砖、缸砖、陶瓷地砖、水泥花砖或陶瓷锦砖等板块材在砂、水泥砂浆、沥青胶结料或胶粘剂结合层上铺设而成。

砂结合层厚度为 20～30mm；水泥砂浆结合层厚度为 10～15mm；沥青胶结料结合层厚度为 2～5mm；胶粘剂结合层厚度为 2～3mm。

(2)预制板块面层。预制板块面层是采用混凝土板块、水磨石板块等在结合层上铺设而成。

砂结合层的厚度应为 20～30mm；当采用砂垫层兼做结合层时，其厚度不宜小于 60mm；水泥砂浆结合层的厚度应为 10～15mm；宜采用 1∶4 干硬性水泥砂浆。

(3)料石面层。料石面层应采用天然石料铺设。料石面层的石料宜为条石或块石两类。

采用条石做面层应铺设在砂、水泥砂浆或沥青胶结料结合层上；

采用块石做面层应铺设在基土或砂垫层上。

条石面层下结合层厚度为:砂结合层为 15～20mm;水泥砂浆结合层为 10～15mm;沥青胶结料结合层为 2～5mm。块石面层下砂垫层厚度,在夯实后不应小于 6mm;块石面层下基土层应均匀密实,填土或土层结构被挠动的基土,应予分层压(夯)实。

地砖面层构造做法见表 6-12。

表 6-12　　　　　　　　　地砖面层构造做法

名称	厚度及重量	简图	构造做法	
			地 面	楼 面
地砖面层（燃烧性能等级A）	D90～95 L30～35 0.60～ 0.80kN/m²	地面　楼面	1. 8～10(10～15)厚地砖,干水泥擦缝 2. 20 厚 1:3 干硬性水泥砂浆结合层,表面撒水泥粉 3. 水泥浆一道(内掺建筑胶) 4. 60 厚 C15 混凝土垫层 5. 素土夯实	4. 现浇钢筋混凝土楼板或预制楼板现浇叠合层
	D240～245 L90～95 1.45～ 1.65kN/m²	地面　楼面	1. 8～10(10～15)厚地砖,干水泥擦缝 2. 20 厚 1:3 干硬性水泥砂浆结合层,表面撒水泥粉 3. 水泥浆一道(内掺建筑胶) 4. 60 厚 C15 混凝土垫层 5. 150 厚碎石夯入土中	3. 60 厚 LC7.5 轻骨料混凝土 4. 现浇钢筋混凝土楼板或预制楼板现浇叠合层
	D240～245 L90～95 1.45～ 1.65kN/m²	地面　楼面	1. 8～10(10～15)厚地砖,干水泥擦缝 2. 20 厚 1:3 干硬性水泥砂浆结合层,表面撒水泥粉 3. 水泥浆一道(内掺建筑胶) 4. 60 厚 C15 混凝土垫层 5. 150 厚粒径 5～32 卵石(碎石)灌 M2.5 混合砂浆振捣密实或 3:7 灰土 6. 素土夯实	3. 60 厚 1:6 水泥焦渣 4. 现浇钢筋混凝土楼板或预制楼板现浇叠合层

续表

名称	厚度及重量	简图	构造做法	
			地面	楼面
石材面层（有防水层）（燃烧性能等级A）	D120、D125 L60、L65 ≥1.8kN/m² ≥2.0kN/m²	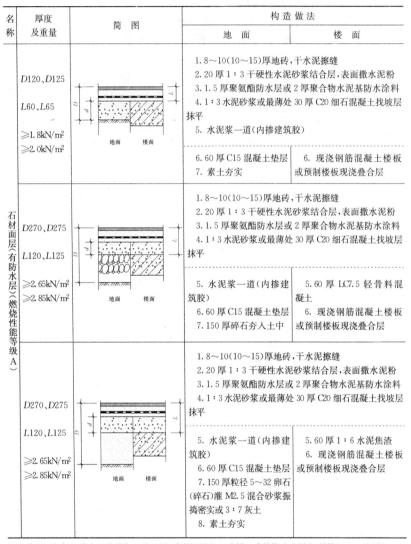	1. 8～10(10～15)厚地砖,干水泥擦缝 2. 20厚1:3干硬性水泥砂浆结合层,表面撒水泥粉 3. 1.5厚聚氨酯防水层或2厚聚合物水泥基防水涂料 4. 1:3水泥砂浆或最薄处30厚C20细石混凝土找坡层抹平 5. 水泥浆一道（内掺建筑胶）	
			6. 60厚C15混凝土垫层 7. 素土夯实	6. 现浇钢筋混凝土楼板或预制楼板现浇叠合层
	D270、D275 L120、L125 ≥2.65kN/m² ≥2.85kN/m²		1. 8～10(10～15)厚地砖,干水泥擦缝 2. 20厚1:3干硬性水泥砂浆结合层,表面撒水泥粉 3. 1.5厚聚氨酯防水层或2厚聚合物水泥基防水涂料 4. 1:3水泥砂浆或最薄处30厚C20细石混凝土找坡层抹平	
			5. 水泥浆一道（内掺建筑胶） 6. 60厚C15混凝土垫层 7. 150厚碎石夯入土中	5. 60厚LC7.5轻骨料混凝土 6. 现浇钢筋混凝土楼板或预制楼板现浇叠合层
	D270、D275 L120、L125 ≥2.65kN/m² ≥2.85kN/m²		1. 8～10(10～15)厚地砖,干水泥擦缝 2. 20厚1:3干硬性水泥砂浆结合层,表面撒水泥粉 3. 1.5厚聚氨酯防水层或2厚聚合物水泥基防水涂料 4. 1:3水泥砂浆或最薄处30厚C20细石混凝土找坡层抹平	
			5. 水泥浆一道（内掺建筑胶） 6. 60厚C15混凝土垫层 7. 150厚粒径5～32卵石（碎石）灌M2.5混合砂浆振捣密实或3:7灰土 8. 素土夯实	5. 60厚1:6水泥焦渣 6. 现浇钢筋混凝土楼板或预制楼板现浇叠合层

注：1. 表中 D 为地面总厚度；d 为垫层、填充层厚度；L 为楼面建筑构造总厚度（结构层以上总厚度）。
    2. 聚氨酯防水层表面宜撒粘适量细砂,以增加结合层与防水层的粘结力。
    3. 防水层在墙柱交接处翻起高度不小于150。
    4. 地砖的品种规格及颜色见工程设计。
    5. 地砖要求宽缝时用1:1水泥砂浆勾平缝。

2. 块材面层材料用量计算

块料饰面工程中的主要材料就是指表面装饰块料,一般都有特定规格,因此,可以根据装饰面积和规格块料的单块面积,计算出块料数量。

当缺少某种块料的定额资料时,它的用量确定可以按照实物计算法计算。即根据设计图纸计算出装饰面的面积,除以一块规格块料(包括拼缝)的面积,求得块料净用量,再考虑一定的损耗量,即可得出该种装饰块料的总用量。每 $100m^2$ 块料面层的材料用量按下式计算:

$$Q_t = q(1+\eta) = \frac{100}{(l+\delta)(b+\delta)}(1+\eta)$$

式中　q——规格块料净用量;
　　　l——规格块料长度(m);
　　　b——规格块料宽度(m);
　　　δ——拼缝宽(m);
　　　η——损耗率。

3. 清单项目设置及工程量计算规则

清单项目设置及工程量计算规则见表 6-13。

表 6-13　　　　　块料楼地面

项目编码	项目名称	项目特征	计量单位	工程量计算规则	工作内容
011102003	块料楼地面	1. 找平层厚度、砂浆配合比 2. 结合层厚度、砂浆配合比 3. 面层材料品种、规格、颜色 4. 嵌缝材料种类 5. 防护层材料种类 6. 酸洗、打蜡要求	m^2	按设计图示尺寸以面积计算。门洞、空圈、暖气包槽、壁龛的开口部分并入相应的工程量内	1. 基层清理 2. 抹找平层 3. 面层铺设、磨边 4. 嵌缝 5. 刷防护材料 6. 酸洗、打蜡 7. 材料运输

注:工作内容中的磨边指施工现场磨边。

对于块料楼地面工程量计算规则的解释说明,请参见前述"石材、碎石材楼地面"。

4. 块料楼地面工程量计算公式

根据块料楼地面工程量计算规则,其计算公式可简化为:

块料楼地面工程量＝房间净长×房间净宽－间壁墙、柱、垛、及孔洞所占的面积＋门洞、空圈、暖气包槽、壁龛开口部分

5. 计算实例

【例 6-7】某展览厅,地面用 1∶2.5 水泥砂浆铺全瓷抛光地板砖,地板砖规格为 1000mm×1000mm,地面实铺长度为 40m,实铺宽度为 30m,展览厅内有 6 个 600mm×600mm 的方柱,计算铺全瓷抛光地板砖工程量。

【解】块料楼地面工程量＝40×30－0.6×0.6×6
　　　　　　　　　　　＝1197.84m²

【例 6-8】如图 6-11 所示,求某卫生间地面镶贴马赛克面层工程量。

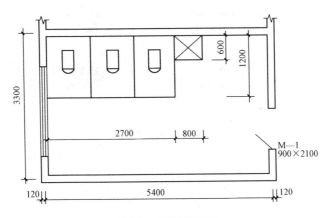

图 6-11　卫生间示意图

【解】马赛克面层工程量＝(5.4－0.24)×(3.3－0.24)－2.7×
　　　　　　　　　　　1.2－0.8×0.6＋0.9×0.24
　　　　　　　　　　＝12.29m²

第四节　橡塑面层工程量计算

一、橡胶板、橡胶板卷材楼地面

1. 橡胶板、橡胶板卷材楼地面构造做法

橡胶板楼地面多用于有电绝缘或清洁、耐磨要求的场所，其构造如图 6-12 所示，橡胶板卷材楼地面构造做法可参见表 6-14。

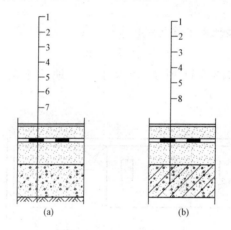

图 6-12　橡胶板楼地面

(a)橡胶板地面；(b)橡胶板楼地面

1—橡胶板 3 厚，用专用胶粘剂粘贴；

2—1∶2.5 水泥砂浆 20 厚，压实抹光；

3—聚氨酯防水层 1.5 厚(两道)；

4—1∶3 水泥砂浆或细石混凝土找坡层最薄处 20 厚抹平；

5—水泥浆一道(内掺建筑胶)；6—C10 混凝土垫层 60 厚；

7—夯实土；8—现浇楼板或预制楼板上之现浇叠合层

第六章 楼地面装饰工程工程量计算

表 6-14　　　　　橡塑合成材料面层构造做法

名称	厚度及重量	简图	构造做法	
			地　面	楼　面
橡塑合成材料板面层（燃烧性能等级B1）	$D85$ $L25$ $0.45kN/m^2$	地面　楼面	1. 1.5~3 厚橡塑合成材料板，用专用胶粘剂粘贴 2. 20 厚 1：2.5 水泥砂浆，压实抹光 3. 水泥浆一道（内掺建筑胶） 4. 60 厚 C15 混凝土垫层 5. 素土夯实	4. 现浇钢筋混凝土楼板或预制楼板现浇叠合层
	$D235$ $L85$ $1.30kN/m^2$	地面　楼面	1. 1.5~3 厚橡塑合成材料板，用专用胶粘剂粘贴 2. 20 厚 1：2.5 水泥砂浆，压实抹光 3. 水泥浆一道（内掺建筑胶） 4. 60 厚 C15 混凝土垫层 5. 150 厚碎石夯入土中	3. 60 厚 LC7.5 轻骨料混凝土 4. 现浇钢筋混凝土楼板或预制楼板现浇叠合层
	$D235$ $L85$ $1.30kN/m^2$	地面　楼面	1. 1.5~3 厚橡塑合成材料板，用专用胶粘剂粘贴 2. 20 厚 1：2.5 水泥砂浆，压实抹光 3. 水泥浆一道（内掺建筑胶） 4. 60 厚 C15 混凝土垫层 5. 150 厚粒径 5~32 卵石（碎石）灌 M2.5 混合砂浆振捣密实或 3：7 灰土 6. 素土夯实	3. 60 厚 1：6 水泥焦渣 4. 现浇钢筋混凝土楼板或预制楼板现浇叠合层

注：1. 表中 D 为地面总厚度；d 为垫层、填充层厚度；L 为楼面建筑构造总厚度（结构层以上总厚度）。
　　2. 橡塑合成材料地板适用于住宅、办公室、商场、学校、健身房、实验室及轻工厂房等场所。
　　3. 橡塑合成材料板的品种、规格及颜色见工程设计。
　　4. 橡塑合成材料板的品种有彩色石英板、橡胶板、聚氯乙烯树脂板、环保亚麻地板、塑料板等。

2. 清单项目设置及工程量计算规则

清单项目设置及工程量计算规则见表 6-15。

表 6-15　　　　　橡胶板、橡胶板卷材楼地面

项目编码	项目名称	项目特征	计量单位	工程量计算规则	工作内容
011103001	橡胶板楼地面	1. 粘结层厚度、材料种类 2. 面层材料品种、规格、颜色 3. 压线条种类	m^2	按设计图示尺寸以面积计算。门洞、空圈、暖气包槽、壁龛的开口部分并入相应的工程量内	1. 基层清理 2. 面层铺贴 3. 压缝条装钉 4. 材料运输
011103002	橡胶板卷材楼地面				

注：表中项目如涉及找平层，另按表 6-8 找平层项目编码列项。

由表 6-15 可知橡胶板、橡胶板卷材楼地面工程的工程量计算规则,现解释说明如下:

(1)"按设计图示尺寸以面积计算"意思为:室内按实铺面积计算;室外按图示尺寸计算。

(2)"门洞、空圈、暖气包槽、壁龛的开口部分并入相应的工程量内",若门洞、空圈、暖气包槽、壁龛的开口部分所用材料相同,并入相应材料的地面工程量内计算,不同则分开计算。

3. 橡胶板、橡胶板卷材楼地面工程量计算公式

根据橡胶板、橡胶板卷材楼地面工程量计算规则,其计算公式可简化为:

橡胶板、橡胶板卷材楼地面工程量=房间净长×房间净宽-间壁墙、柱、垛及孔洞所占的面积+门洞、空圈、暖气包槽、壁龛的开口部分

4. 计算实例

【例 6-9】地面贴橡胶板面层如图 6-13 所示,求其工程量。

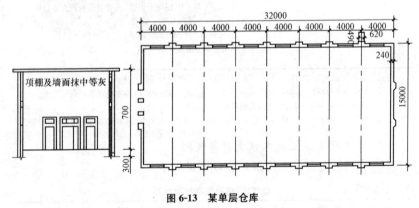

图 6-13 某单层仓库

【解】橡胶板面层工程量=(32-0.24)×(15-0.24)
=468.78m²

二、塑料板、塑料卷材楼地面

1. 塑料板、塑料卷材楼地面构造做法

(1) 塑料板面层应采用塑料板块、卷材并以粘贴、干铺或采用现浇整体式在水泥类基层上铺设而成。板块、卷材可采用聚氯乙烯树脂、聚氯乙烯-聚乙烯共聚地板、聚乙烯树脂、聚丙烯树脂和石棉塑料板等。现浇整体式面层可采用环氧树脂涂布面层、不饱和聚酯涂布面层和聚醋酸乙烯塑料面层等，构造如图6-14所示。

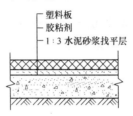

图6-14 塑料板面层

(2) 聚氯乙烯 PVC 铺地卷材，分为单色、印花和印花发泡卷材，常用规格为幅宽 900~1900mm，每卷长度 9~20m，厚度 1.5~3.0mm。基底材料一般为化纤无纺布或玻璃纤维交织布，中间层为彩色印花（或单色）或发泡涂层，表面为耐磨涂敷层，具有柔软丰满的脚感及隔声、保温、耐腐、耐磨、耐折、耐刷洗和绝缘等性能。氯化聚乙烯 CPE 铺地卷材是聚乙烯与氯经取代反应制成的无规则氯化聚合物，具有橡胶的弹性，由于 CPE 分子结构的饱和性以及氯原子的存在，使之具有优良的耐候性、耐臭氧和耐热老化性，以及耐油、耐化学药品性等，作为铺地材料，其耐磨耗性能和延伸率明显优于普通聚氯乙烯卷材。塑料卷材铺贴于楼地面的做法，可采用活铺、粘贴，由使用要求及设计确定，卷材的接缝如采用焊接，即可成为无缝地面。

塑料板、塑料卷材楼地面构造做法可参见表6-14。

2. 清单项目设置及工程量计算规则

清单项目设置及工程量计算规则见表6-16。

表 6-16　　　　　塑料板、塑料卷材楼地面

项目编码	项目名称	项目特征	计量单位	工程量计算规则	工作内容
011103003	塑料板楼地面	1. 粘结层厚度、材料种类 2. 面层材料品种、规格、颜色 3. 压线条种类	m^2	按设计图示尺寸以面积计算。门洞、空圈、暖气包槽、壁龛的开口部分并入相应的工程量内	1. 基层清理 2. 面层铺贴 3. 压缝条装钉 4. 材料运输
011103004	塑料卷材楼地面				

注：表中项目如涉及找平层，另按表 6-8 找平层项目编码列项。

对于塑料板、塑料板卷材楼地面工程量计算规则的解释说明，请参见前述"橡胶板、橡胶板卷材楼地面"。

3. 塑料板、塑料卷材楼地面工程量计算公式

根据塑料板、塑料卷材楼地面工程量计算规则，其计算公式可简化为：

塑料板、塑料卷材楼地面工程量＝房间净长×房间净宽－间壁墙、柱、垛及孔洞所占的面积＋门洞、空圈、暖气包槽、壁龛的开口部分

4. 计算实例

【例 6-10】如图 6-15 所示，楼地面用橡胶卷材铺贴，试求其工程量。

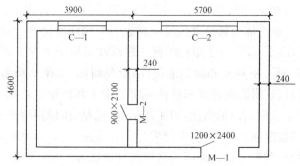

图 6-15　橡胶卷材楼地面

【解】橡胶卷材楼地面工程量＝(5.7－0.24)×(4.6－0.24)＋(3.9－0.24)×(4.6－0.24)＋1.2×0.24＋0.9×0.24
＝40.27m²

第五节 其他材料面层工程量计算

一、地毯楼地面

1. 地毯楼地面构造做法

地毯可分为天然纤维和合成纤维两类，由面层、防松涂层和背衬构成，如图 6-16 所示，其构造做法见表 6-17。

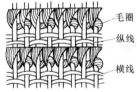

缎通（波斯结）
　　以经线与纬线编织而成基布，再用手工在其上编织毛圈。以中国的缎通为代表，波斯结缎通、土耳其毛毯等是有名的

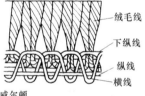

威尔顿
　　一种机械编织，以经线与纬线编织成基布的同时，织入绒毛线而成的。可以使用 2～6 种色彩线

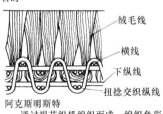

阿克斯明斯特
　　通过提花织机编织而成。编织色彩可达 30 种颜色，其特点是具有绘画图案

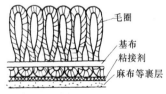

簇绒
　　在基布上针入绒毛线而成的一种制造方法。可以大量、快速且便宜地生产地毯

图 6-16 地毯的构造

表 6-17　　　　　　　　　地毯楼地面构造做法

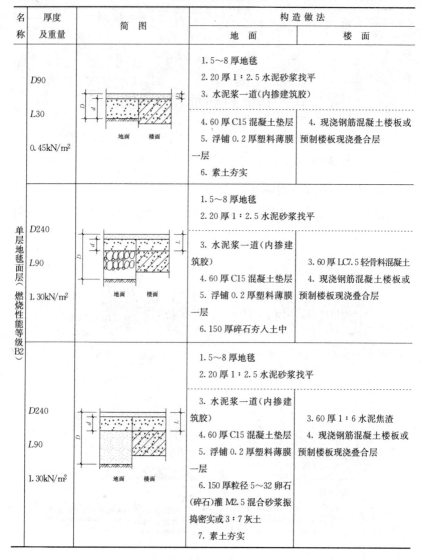

名称	厚度及重量	简图	构造做法	
			地　面	楼　面
单层地毯面层（燃烧性能等级B2）	D90 L30 0.45kN/m²		1. 5～8 厚地毯 2. 20 厚 1∶2.5 水泥砂浆找平 3. 水泥浆一道（内掺建筑胶）	
			4. 60 厚 C15 混凝土垫层 5. 浮铺 0.2 厚塑料薄膜一层 6. 素土夯实	4. 现浇钢筋混凝土楼板或预制楼板现浇叠合层
	D240 L90 1.30kN/m²		1. 5～8 厚地毯 2. 20 厚 1∶2.5 水泥砂浆找平	
			3. 水泥浆一道（内掺建筑胶）	3. 60 厚 LC7.5 轻骨料混凝土
			4. 60 厚 C15 混凝土垫层 5. 浮铺 0.2 厚塑料薄膜一层 6. 150 厚碎石夯入土中	4. 现浇钢筋混凝土楼板或预制楼板现浇叠合层
	D240 L90 1.30kN/m²		1. 5～8 厚地毯 2. 20 厚 1∶2.5 水泥砂浆找平	
			3. 水泥浆一道（内掺建筑胶）	3. 60 厚 1∶6 水泥焦渣
			4. 60 厚 C15 混凝土垫层 5. 浮铺 0.2 厚塑料薄膜一层 6. 150 厚粒径 5～32 卵石（碎石）灌 M2.5 混合砂浆振捣密实或 3∶7 灰土 7. 素土夯实	4. 现浇钢筋混凝土楼板或预制楼板现浇叠合层

续表

名称	厚度及重量	简图	构造做法 地面	构造做法 楼面
双层地毯面层（带衬垫）（燃烧性能等级B2）	D95 L35 0.50kN/m²		1.8～10厚地毯 2.5厚橡胶海绵衬垫 3.20厚1:2.5水泥砂浆找平 4.水泥浆一道（内掺建筑胶） 5.60厚C15混凝土垫层 6.浮铺0.2厚塑料薄膜一层 7.素土夯实	5.现浇钢筋混凝土楼板或预制楼板现浇叠合层
	D245 L95 1.35kN/m²		1.8～10厚地毯 2.5厚橡胶海绵衬垫 3.20厚1:2.5水泥砂浆找平 4.水泥浆一道（内掺建筑胶） 5.60厚C15混凝土垫层 6.浮铺0.2厚塑料薄膜一层 7.150厚碎石夯入土中	4.60厚LC7.5轻骨料混凝土 5.现浇钢筋混凝土楼板或预制楼板现浇叠合层
	D245 L95 1.35kN/m²		1.8～10厚地毯 2.5厚橡胶海绵衬垫 3.20厚1:2.5水泥砂浆找平 4.水泥浆一道（内掺建筑胶） 5.60厚C15混凝土垫层 6.浮铺0.2厚塑料薄膜一层 7.150厚粒径5～32卵石（碎石）灌M2.5混合砂浆振捣密实或3:7灰土 8.素土夯实	4.60厚1:6水泥焦渣 5.现浇钢筋混凝土楼板或预制楼板现浇叠合层

注：1. 表中 D 为地面总厚度；d 为垫层、填充层厚度；L 为楼面建筑构造总厚度（结构层以上总厚度）。
2. 地毯花色品种、规格见工程设计。
3. 地毯铺装分浮铺、粘铺两种，见工程设计。

2. 清单项目设置及工程量计算规则

清单项目设置及工程量计算规则见表6-18。

表 6-18　　　　　　　　　楼地面地毯

项目编码	项目名称	项目特征	计量单位	工程量计算规则	工作内容
011104001	地毯楼地面	1. 面层材料品种、规格、颜色 2. 防护材料种类 3. 粘结材料种类 4. 压线条种类	m²	按设计图示尺寸以面积计算。门洞、空圈、暖气包槽、壁龛的开口部分并入相应的工程量内	1. 基层清理 2. 铺贴面层 3. 刷防护材料 4. 装钉压条 5. 材料运输

由表 6-18 可知地毯楼地面的工程量计算规则，现解释说明如下：

(1)"按设计图示尺寸以面积计算"意思为：室内按实铺面积计算；室外按图示尺寸计算。

(2)"门洞、空圈、暖气包槽、壁龛的开口部分并入相应的工程量内"，若门洞、空圈、暖气包槽、壁龛的开口部分所用材料相同，并入相应材料的地面工程量内计算，不同则分开计算。

3. 地毯楼地面工程量计算公式

根据地毯楼地面工程量计算规则，其计算公式可简化为：

地毯楼地面工程量＝房间净长×房间净宽－间壁墙、柱、垛及孔洞所占的面积＋门洞、空圈、暖气包槽、壁龛的开口部分

4. 计算实例

【例 6-11】如图 6-17 所示，某房屋客房地面为 20mm 厚 1：3 水泥砂浆找平层，上铺双层地毯，木压条固定，施工至门洞处，计算工程量。

【解】双层地毯工程量＝(2.6－0.24)×(5.4－0.24)×3

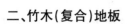

$=36.53\text{m}^2$

二、竹木(复合)地板

1. 竹木地板构造做法

竹木地板包括竹地板和木地板。

(1)竹地板面层。竹地板按加工形式(或结构)可分为三种类型：平压型、侧压型和平侧

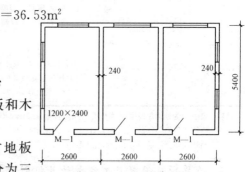

图 6-17　客房地面地毯布置图

压型(工字型);按表面颜色可分为三种类型:本色型、漂白型和碳化色型(竹片再次进行高温高压碳化处理后所形成);按表面有无涂饰可分为三种类型:亮光型、亚光型和素板。架空竹木地板构造做法见表 6-19;竹地板面层构造如图 6-18 所示。

表 6-19　　　　　　　　架空竹木地板构造做法

名称	厚度及重量	简图	构造做法	
			地　面	楼　面
架空竹木地板面层（燃烧性能等级B2）	D140~150 L80~90 0.6kN/m²	地面　楼面	1. 200μm 厚聚酯漆或聚氨酯漆 2. 10~20 厚竹木地板(背面满刷氟化钠防腐剂) 3. 专业防潮垫层 4. 50×50 木龙骨@400 架空,表面刷防腐剂 5. 20 厚 1:2.5 水泥砂浆找平 6. 60 厚 C15 混凝土垫层 7. 素土夯实	6. 现浇钢筋混凝土楼板或预制楼板现浇叠合层
	D290~300 L140~150 1.7kN/m²	地面　楼面	1. 200μm 厚聚酯漆或聚氨酯漆 2. 10~20 厚竹木地板(背面满刷氟化钠防腐剂) 3. 专业防潮垫层 4. 50×50 木龙骨@400 架空,表面刷防腐剂 5. 20 厚 1:2.5 水泥砂浆找平 6. 60 厚 C15 混凝土垫层 7. 150 厚碎石夯入土中	6. 60 厚 LC7.5 轻骨料混凝土 7. 现浇钢筋混凝土楼板或预制楼板现浇叠合层
	D290~300 L140~150 1.7kN/m²	地面　楼面	1. 200μm 厚聚酯漆或聚氨酯漆 2. 10~20 厚竹木地板(背面满刷氟化钠防腐剂) 3. 专业防潮垫层 4. 50×50 木龙骨@400 架空,表面刷防腐剂 5. 20 厚 1:2.5 水泥砂浆找平 6. 60 厚 C15 混凝土垫层 7. 150 厚粒径 5~32 卵石(碎石)灌 M2.5 混合砂浆振捣密实或 3:7 灰土 8. 素土夯实	6. 60 厚 1:6 水泥焦渣 7. 现浇钢筋混凝土楼板或预制楼板现浇叠合层

注:1. 表中 D 为地面总厚度;d 为垫层、填充层厚度;L 为楼面建筑构造总厚度(结构层以上总厚度)。
　　2. 竹木地板错缝拼接的要求用胶粘结,与四周墙体留缝均应按铺复合木地板的要求实施。
　　3. 设计要求燃烧性能为 B1 级时,应另做防火处理。

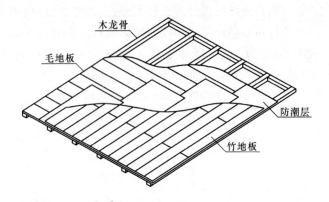

图 6-18 竹地板面层构造

(2)木地板。木地板以材质分为硬木地板、复合木地板、强化复合地板、硬木拼花地板和硬木地板砖。硬木质地板常称实木地板,复合地板亦称铭木地板,强化复合地板简称强化地板。

1)搁栅空铺式构造。搁栅空铺式木地板基层采用梯形或矩形截面木搁栅(俗称龙骨),木搁栅的间距一般为 400mm,中间可填一些轻质材料,以减低人行走时的空鼓声,并改善保温隔热效果。又分单层铺设和双层铺设两种方式,双层铺设是指为增强整体性,木搁栅之上铺钉毛地板,最后在毛地板上面钉接或粘接木地板。

2)高架空铺式构造。高架架空式木地板是在地面先砌地垄墙,四周基础墙上敷设通长的沿缘木,然后安装木搁栅、毛地板、面层地板。因家庭居室高度较低,这种架空式木地板一般是在建筑底层室内使用,很少在家庭装饰中使用。

3)实铺式构造。实铺式是指采用胶粘剂或沥青胶结料将木地板直接粘贴于建筑物楼地面混凝土基层上的构造做法。

硬木地板构造做法见表 6-20。

表 6-20　　　　　　　　　硬木地板构造做法

名称	厚度及重量	简图	构造做法 地面	构造做法 楼面
硬木地板面层（燃烧性能等级B2）	D95 L35 0.5kN/m^2	地面　楼面	1. 200μm 厚聚氨酯漆或聚氨酯漆 2. 8~15 厚硬木地板，用专用胶粘贴 3. 20 厚 1：2.5 水泥砂浆找平 4. 水泥浆一道（内掺建筑胶） ———————— 5. 60 厚 C15 混凝土垫层 6. 浮铺 0.2 厚塑料薄膜一层 7. 素土夯实	5. 现浇钢筋混凝土楼板或预制楼板现浇叠合层
	D245 L95 1.35kN/m^2	地面　楼面	1. 200μm 厚聚氨酯漆或聚氨酯漆 2. 8~15 厚硬木地板，用专用胶粘贴 3. 20 厚 1：2.5 水泥砂浆找平 4. 水泥浆一道（内掺建筑胶） ———————— 5. 60 厚 C15 混凝土垫层 6. 浮铺 0.2 厚塑料薄膜一层 7. 150 厚碎石夯入土中	5. 60 厚 LC7.5 轻骨料混凝土 6. 现浇钢筋混凝土楼板或预制楼板现浇叠合层
	D245 L95 1.35kN/m^2	地面　楼面	1. 200μm 厚聚氨酯漆或聚氨酯漆 2. 8~15 厚硬木地板，用专用胶粘贴 3. 20 厚 1：2.5 水泥砂浆找平 4. 水泥浆一道（内掺建筑胶） ———————— 5. 60 厚 C15 混凝土垫层 6. 浮铺 0.2 厚塑料薄膜一层 7. 150 厚 3：7 灰土 8. 素土夯实	5. 60 厚 1：6 水泥焦渣 6. 现浇钢筋混凝土楼板或预制楼板现浇叠合层

注：1. 表中 D 为地面总厚度；d 为垫层、填充层厚度；L 为楼面建筑构造总厚度（结构层以上总厚度）。
　　2. 设计要求燃烧性能为 B1 级时，应另做防火处理。
　　3. 硬木地板的品种由设计人选定。

2. 清单项目设置及工程量计算规则

清单项目设置及工程量计算规则见表 6-21。

表 6-21　　　　　　　　　竹木地板

项目编码	项目名称	项目特征	计量单位	工程量计算规则	工作内容
011104002	竹、木（复合）地板	1. 龙骨材料种类、规格、铺设间距 2. 基层材料种类、规格 3. 面层材料品种、规格、颜色 4. 防护材料种类	m^2	按设计图示尺寸以面积计算。门洞、空圈、暖气包槽、壁龛的开口部分并入相应的工程量内	1. 基层清理 2. 龙骨铺设 3. 基层铺设 4. 面层铺贴 5. 刷防护材料 6. 材料运输

对于竹、木（复合）地板工程量计算规则的解释说明，请参见前述"地毯楼地面"。

3. 竹、木（复合）地板工程量计算公式

根据竹、木（复合）地板工程量计算规则，其计算公式可简化为：

竹、木（复合）地板工程量＝房间净长×房间净宽－间壁墙、柱、垛及孔洞所占的面积＋门洞、空圈、暖气包槽、壁龛的开口部分

4. 计算实例

【例 6-12】某体操练功用房，地面铺木地板，其做法是：30mm×40mm 木龙骨中距（双向）450mm×450mm；20mm×80mm 松木毛地板 45°斜铺，板间留 2mm 缝宽；上铺 50mm×20mm 企口地板，房间面积为 30m×50m，门洞开口部分 1.5m×0.12m 两处，计算木地板工程量。

【解】木地板工程量＝30×50＋1.5×0.12×2
　　　　　　　　＝1500.36m²

【例 6-13】某办公室的地面铺贴竹木地板平面图如图 6-19 所示，其中面层为 18mm 厚的企口木地板，找平层为 30mm 厚 1∶3 的水泥砂浆，龙骨为 40mm×50mm 的木枋，施工至门内侧，计算工程量。

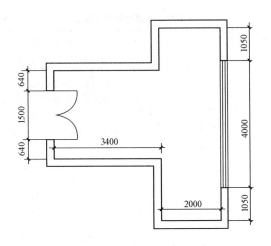

图6-19 竹木地板平面布置图

【解】依题意门洞处不需铺设竹木地板,洞口面积不需并入工程量计算。

木地板工程量 $= 3.4 \times (0.64 \times 2 + 1.5) + 2.0 \times (1.05 \times 2 + 4)$
$= 21.65 m^2$

三、金属复合地板

1. 金属复合地板构造做法

金属复合地板多用于一些特殊场所,如金属弹簧地板可用于舞厅中舞池地面;镭射钢化夹层玻璃地砖,因其抗冲击、耐磨、装饰效果美观,多用于酒店、宾馆、酒吧等娱乐、休闲场所的地面。钢屑水泥耐磨面层构造做法见表6-22;金属骨料耐磨面层构造做法见表6-23。

表 6-22　　　　　　　　钢屑水泥耐磨面层构造做法

名称	编号	厚度及重量	简图	构造做法		附注
				地面	楼面	
钢屑水泥耐磨面层（燃烧性能等级A）	地44A 楼44A	D130 L30 0.85kN/m²	（地面 楼面）	1.30厚1:1水泥钢屑面层 2.水泥浆一道（内掺建筑胶） 3.100厚C15混凝土垫层 4.素土夯实	3.现浇钢筋混凝土楼板或预制楼板现浇叠合层	1.适用于有较强磨损作业和有耐冲击性要求的地面。 2.耐磨地面也可掺入矿物骨料，相关技术参数见生产厂家说明书。
	地44A 楼44B	D280 L90 1.70kN/m²	（地面 楼面）	1.30厚1:1水泥钢屑面层 2.水泥浆一道（内掺建筑胶） 3.60厚C15混凝土垫层 4.150厚碎石夯入土中	2.60厚LC7.5轻骨料混凝土 3.现浇钢筋混凝土楼板或预制楼板现浇叠合层	
	地44C 楼44C	D280 L90 1.70kN/m²	（地面 楼面）	1.30厚1:1水泥钢屑面层 2.水泥浆一道（内掺建筑胶） 3.60厚C15混凝土垫层 4.150厚粒径5~32卵石（碎石）灌M2.5混合砂浆振捣密实或3:7灰土 5.素土夯实	2.60厚1:6水泥焦渣 3.现浇钢筋混凝土楼板或预制楼板现浇叠合层	

注：表中 D 为地面总厚度；d 为垫层、填充层厚度；L 为楼面建筑构造总厚度（结构层以上总厚度）。

表 6-23　　金属骨料耐磨面层构造做法

名称	编号	厚度及重量	简图	构造做法 地面	构造做法 楼面	附注
金属骨料耐磨面层（燃烧性能等级 A）	地 45A 楼 45A	D110 L50 1.2kN/m²		1. 50 厚 C25 细石混凝土，强度达标后表面撒布金属骨料，2~3 厚金属骨料耐磨面层，随打随抹光 2. 水泥浆一道（内掺建筑胶） 3. 60 厚 C15 混凝土垫层 4. 素土夯实	1. 50 厚 C25 细石混凝土，强度达标后表面撒布金属骨料，2~3 厚金属骨料耐磨面层，随打随抹光 2. 水泥浆一道（内掺建筑胶） 3. 现浇钢筋混凝土楼板或预制楼板现浇叠合层	1. 适用于有较强磨损作业和有耐冲击性要求的地面，此种地面具有耐油、抗压、不起尘等特点。 2. 金属骨料耐磨地面也称为金属硬化地坪，相关技术参见生产厂家说明书
	地 45B	D260		1. 50 厚 C25 细石混凝土，强度达标后表面撒布金属骨料，2~3 厚金属骨料耐磨面层，随打随抹光 2. 水泥浆一道（内掺建筑胶） 3. 60 厚 C15 混凝土垫层 4. 150 厚碎石夯入土中		
	地 45C	D260		1. 50 厚 C25 细石混凝土，强度达标后表面撒布金属骨料，2~3 厚金属骨料耐磨面层，随打随抹光 2. 水泥浆一道（内掺建筑胶） 3. 60 厚 C15 混凝土垫层 4. 150 厚粒径 5~32 卵石（碎石）灌 M2.5 混合砂浆振捣密实或 3：7 灰土 5. 素土夯实		

注：表中 D 为地面总厚度；d 为垫层、填充层厚度；L 为楼面建筑构造总厚度（结构层以上总厚度）。

2. 清单项目设置及工程量计算规则

清单项目设置及工程量计算规则见表 6-24。

表 6-24　　　　　　　　金属复合地板

项目编码	项目名称	项目特征	计量单位	工程量计算规则	工作内容
011104003	金属复合地板	1. 龙骨材料种类、规格、铺设间距 2. 基层材料种类、规格 3. 面层材料品种、规格、颜色 4. 防护材料种类	m²	按设计图示尺寸以面积计算。门洞、空圈、暖气包槽、壁龛的开口部分并入相应的工程量内	1. 清理基层 2. 龙骨铺设 3. 基层铺设 4. 面层铺贴 5. 刷防护材料 6. 材料运输

对于金属复合地板工程量计算规则的解释说明，请参见前述"地毯楼地面"。

3. 金属复合地板工程量计算公式

根据金属复合地板工程量计算规则，其计算公式可简化为：

金属复合地板工程量＝房间净长×房间净宽－间壁墙、柱、垛及孔洞所占的面积＋门洞、空圈、暖气包槽、壁龛的开口部分

四、防静电活动地板

1. 防静电活动地板构造做法

防静电活动地板是一种以金属材料或木质材料为基材，表面覆以耐高压装饰板（如三聚氰胺优质装饰板），经高分子合成胶粘剂胶合而成的特制地板，再配以专制钢梁、橡胶垫条和可调金属支架装配成活动地板。防静电活动地板构造如图 6-20 所示，防静电水磨石面层构造做法见表 6-25。

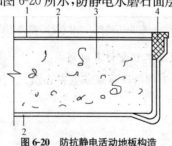

图 6-20　防抗静电活动地板构造

1—柔光高压三聚氰胺贴面板；2—镀锌铁板；3—刨花板基材；4—橡胶密封条

第六章 楼地面装饰工程工程量计算

表 6-25 防静电水磨石面层构造做法

名称	编号	厚度及重量	简图	构造做法 地面	构造做法 楼面	附注
防静电水磨石(水泥)面层(燃烧性能等级A)	地54A 楼54A	D100 L40 1.00kN/m²	地面 楼面	1. 10厚1：2.5防静电水磨石(或20厚1：2防静电水泥砂浆或NFJ金属骨料砂浆) 2. 防静电水泥浆一道 3. 30厚1：3防静电水泥砂浆找平层，内配防静电接地金属网表面抹平 4. 水泥浆一道(内掺建筑胶) 5. 60厚C15混凝土垫层 6. 素土夯实	5. 现浇钢筋混凝土楼板或预制楼板现浇叠合层	1. 适用于有防静电要求的房间。 2. 防静电水泥浆和防静电水泥砂浆的掺加剂及防静电接地金属网，由专业施工队施工。
	地54B 楼54B	D250 L100 1.85kN/m²	地面 楼面	1. 10厚1：2.5防静电水磨石(或20厚1：2防静电水泥砂浆或NFJ金属骨料砂浆) 2. 防静电水泥浆一道 3. 30厚1：3防静电水泥砂浆找平层，内配防静电接地金属网表面抹平 4. 水泥浆一道(内掺建筑胶) 5. 60厚C15混凝土垫层 6. 150厚碎石夯入土中	4. 60厚LC7.5轻骨料混凝土 5. 现浇钢筋混凝土楼板或预制楼板现浇叠合层	
	地54C 楼54C	D250 L100 1.85kN/m²	地面 楼面	1. 10厚1：2.5防静电水磨石(或20厚1：2防静电水泥砂浆或NFJ金属骨料砂浆) 2. 防静电水泥浆一道 3. 30厚1：3防静电水泥砂浆找平层，内配防静电接地金属网表面抹平 4. 水泥浆一道(内掺建筑胶) 5. 60厚C15混凝土垫层 6. 150厚粒径5～32卵石(碎石)灌M2.5混合砂浆振捣密实或3：7灰土 7. 素土夯实	4. 60厚1：6水泥焦渣 5. 现浇钢筋混凝土楼板或预制楼板现浇叠合层	

续表

名称	编号	厚度及重量	简图	构造做法		附注
				地面	楼面	
防静电水磨石（水泥）面层（有防水层）（燃烧性能等级A）	地55A 楼55A	D120 L60 1.30kN/m²	地面　楼面	1.10厚1∶2.5防静电水磨石（或20厚1∶2防静电水泥砂浆或NFJ金属骨料砂浆） 2.防静电水泥浆一道 3.30厚1∶3防静电水泥砂浆找平层，内配防静电接地金属网表面抹平 4.1.5厚聚氨酯防水层或2厚聚合物水泥基防水涂料 5.20厚1∶3水泥砂浆 6.水泥浆一道（内掺建筑胶）		
				7.60厚C15混凝土垫层 8.素土夯实	7.现浇钢筋混凝土楼板或预制楼板现浇叠合层	1.适用于有防静电要求的房间。 2.防静电水泥浆和防静电水泥砂浆的掺加剂及防静电接地金属网，由专业施工队施工。
	地55B 楼55B	D270 L120 2.10kN/m²	地面　楼面	1.10厚1∶2.5防静电水磨石（或20厚1∶2防静电水泥砂浆或NFJ金属骨料砂浆） 2.防静电水泥浆一道 3.30厚1∶3防静电水泥砂浆找平层，内配防静电接地金属网表面抹平 4.1.5厚聚氨酯防水层或2厚聚合物水泥基防水涂料 5.20厚1∶3水泥砂浆 6.水泥浆一道（内掺建筑胶） 7.60厚C15混凝土垫层 8.150厚碎石夯入土中	6.60厚LC7.5轻骨料混凝土 7.现浇钢筋混凝土楼板或预制楼板现浇叠合层	
	地55C 楼55C	D270 L120 2.10kN/m²	地面　楼面	1.10厚1∶2.5防静电水磨石（或20厚1∶2防静电水泥砂浆或NFJ金属骨料砂浆） 2.防静电水泥浆一道 3.30厚1∶3防静电水泥砂浆找平层，内配防静电接地金属网表面抹平 4.1.5厚聚氨酯防水层或2厚聚合物水泥基防水涂料 5.20厚1∶3水泥砂浆 6.水泥浆一道（内掺建筑胶） 7.60厚C15混凝土垫层 8.150厚粒径5～32卵石（碎石）灌M2.5混合砂浆振捣密实或3∶7灰土 9.素土夯实	6.60厚1∶6水泥焦渣 7.现浇钢筋混凝土楼板或预制楼板现浇叠合层	

注：表中 D 为地面总厚度；d 为垫层、填充层厚度；L 为楼面建筑构造总厚度（结构层以上总厚度）。

第六章　楼地面装饰工程工程量计算

一般来说，抗静电活动地板面板平面尺寸有 500mm×500mm、600mm×700mm、762mm×762mm 等。从分类来说有三种类型：防火抗静电木质地板；铝合金抗静电活动地板；抗静电全钢活动地板。

2. 清单项目设置及工程量计算规则

清单项目设置及工程量计算规则见表 6-26。

表 6-26　　　　　防静电活动地板、金属复合地板

项目编码	项目名称	项目特征	计量单位	工程量计算规则	工作内容
020104004	金属复合地板	1. 找平层厚度、砂浆配合比 2. 填充材料种类、厚度 3. 龙骨材料种类、规格、铺设间距 4. 基层材料品种、规格 5. 面层材料品种、规格、品牌 6. 防护材料种类	m²	按设计图示尺寸以面积计算。门洞、空圈、暖气包槽、壁龛的开口部分并入相应的工程量内	1. 清理基层、抹找平层 2. 铺设填充层 3. 固定支架安装 4. 活动面层安装 5. 刷防护材料 6. 材料运输

对于防静电活动地板、金属复合地板工程量计算规则的解释说明，请参见前述"地毯楼地面"。

3. 防静电活动地板、金属复合地板工程量计算公式

根据防静电活动地板、金属复合地板工程量计算规则，其计算公式可简化为：

防静电活动地板、金属复合地板工程量＝房间净长×房间净宽－间壁墙、柱、垛及孔洞所占的面积＋门洞、空圈、暖气包槽、壁龛的开口部分

4. 计算实例

【例 6-14】某工程平面如图 6-21 所示，附墙垛为 240mm×240mm，

门洞宽为1000mm,地面用防静电活动地板,边界到门扇下面,试计算防静电活动地板工程量。

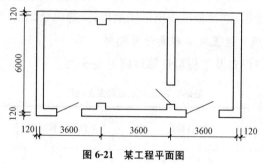

图6-21 某工程平面图

【解】防静电活动地板工程量=(3.6×3-0.12×4)×(6-0.24)-
0.24×0.24×2+1×0.24+1×
0.12×2
=59.81m²

【例6-15】如图6-22所示,求某电脑房室内铺防静电活动地板工程量。

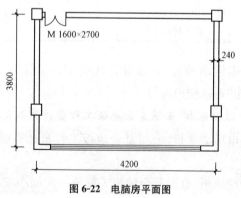

图6-22 电脑房平面图

【解】按图示尺寸,以实铺面积计算。
防静电活动地板工程量=(3.8-0.24)×(4.2-0.24)
=14.10m²

第六节 踢脚线工程量计算

一、水泥砂浆踢脚线

1. 水泥砂浆踢脚线构造做法

踢脚线是地面与墙面交接处的构造处理,起遮盖墙面与地面之间接缝的作用,并可防止碰撞墙面或擦洗地面时弄脏墙面。水泥砂浆踢脚线构造做法见表 6-27。

表 6-27　　　　　　水泥砂浆踢脚线构造做法

名称	厚度	简图	构造做法
水泥砂浆踢脚（燃烧性能等级A）	12	ⓐ	1. 6 厚 1:2.5 水泥砂浆抹面压实赶光 2. 素水泥浆一道 3. 6 厚 1:3 水泥砂浆打底划出纹道
	14		1. 6 厚 1:2.5 水泥砂浆抹面压实赶光 2. 素水泥浆一道 3. 8 厚 1:3 水泥砂浆打底划出纹道 4. 素水泥浆一道（内掺建筑胶）
	14~16		1. 6 厚 1:2.5 水泥砂浆抹面压实赶光 2. 素水泥浆一道 3. 5~7 厚 1:1:6 水泥石灰膏砂浆打底划出纹道 4. 3 厚外加剂专用砂浆抹基底刮糙（抹前用水喷湿墙面）
	12	ⓑ	1. 5 厚 1:2.5 水泥砂浆抹面压实赶光 2. 7 厚 1:3 水泥砂浆打底划出纹道 3. 素水泥浆一道（内掺建筑胶）
	11		1. 6 厚 1:2.5 水泥砂浆抹面压实赶光 2. 素水泥浆一道 3. 5 厚 1:1:6 水泥石灰膏砂浆打底划出纹道 4. 界面剂一道（抹前用水喷湿墙面） 5. 聚合物水泥砂浆修补墙基面

续表

名称	厚度	简图	构造做法
水泥砂浆踢脚（燃烧性能等级A）	12		1. 5厚1：2.5水泥砂浆抹面压实赶光 2. 7厚1：3水泥砂浆打底划出纹道（用于麻面板） 3. 界面剂一道
	12	墙体 ⓐ	1. 6厚1：2.5水泥砂浆抹面压实赶光 2. 素水泥浆一道 3. 6厚1：3水泥砂浆打底划出纹道 4. 满贴涂塑中玻璃纤维网格布一层，用石膏粘结剂横向粘贴（此道工序用于石膏条板）
	12	墙体	1. 6厚1：2.5水泥砂浆抹面压实赶光 2. 素水泥浆一道 3. 6厚1：3水泥砂浆打底划出纹道 4. 满刷防潮涂料双向各一道（用防水石膏板时无此道工序）
	12	ⓑ	1. 6厚1：2.5水泥砂浆抹面压实赶光 2. 素水泥浆一道 3. 6厚1：3水泥砂浆打底划出纹道 4. 素水泥浆一道 5. 内保温薄抹灰完成面

注：1. 表中踢脚高度 H：1.100mm。

2. 防潮涂料可选用1.5厚单组分聚氨酯防水涂料或2厚聚合物水泥基防水涂料。

3. 封平板可选用纸面石膏板、纤维增强水泥板等。

2. 清单项目设置及工程量计算规则

清单项目设置及工程量计算规则见表6-28。

表6-28 水泥砂浆踢脚线

项目编码	项目名称	项目特征	计量单位	工程量计算规则	工作内容
011105001	水泥砂浆踢脚线	1. 踢脚线高度 2. 底层厚度、砂浆配合比 3. 面层厚度、砂浆配合比	1. m² 2. m	1. 以平方米计量，按设计图示长度乘高度以面积计算； 2. 以米计量按延长米计算	1. 基层清理 2. 底层和面层抹灰 3. 材料运输

3. 水泥砂浆踢脚线工程量计算公式

根据水泥砂浆踢脚线工程量计算规则，其计算公式可简化为：

水泥砂浆踢脚线工程量＝设计图示长度×设计高度

或

水泥砂浆踢脚线工程量＝设计图示长度

4. 计算实例

【例 6-16】 如图 6-9 所示，求某住宅楼房间（不包括厨房、卫生间）水泥砂浆踢脚线工程量（做法：水泥砂浆踢脚线，踢脚线高＝150mm）。

【解】 水泥砂浆踢脚线工程量＝[(4.5－0.24＋5.4－0.24)×
2×2＋(4.5－0.24＋3.6＋
2.7×2－0.24)×2]×0.15
＝9.56m²

二、石材、块料踢脚线

1. 石材、块料踢脚线构造做法

石材踢脚线的相关知识可参见石材楼地面中的相关内容；块料类踢脚线包括大理石、花岗岩、预制水磨石、彩釉砖、缸砖、陶瓷锦砖等材料所做的踢脚线。石材、块料踢脚构造做法见表 6-29。

表 6-29　　　　　　石材、块料踢脚线构造做法

名称	厚度	简图	构　造　做　法
地砖踢脚（燃烧性能等级A）	8～13	墙体 H	1. 5～10 厚地砖踢脚，建筑胶粘剂粘贴稀水泥浆（或彩色水泥浆）擦缝 2. 满刮 3 厚底基防裂耐水腻子分遍找平 3. 满刷防潮涂料（用防水石膏板时无此道工序），横纵向各一道
	15～20	墙体 H	1. 5～10 厚地砖踢脚，稀水泥浆（或彩色水泥浆）擦缝 2. 10 厚 1∶2 水泥砂浆（内掺建筑胶）粘结层 3. 素水泥浆一道 4. 内保温薄抹灰完成面

续表

名称	厚度	简图	构造做法
石材踢脚（燃烧性能等级A）	25～30		1. 10～15厚石材板(板材满涂防污剂)，稀水泥浆擦缝 2. 10厚1∶2水泥砂浆粘结层(内掺建筑胶) 3. 5厚1∶3水泥砂浆打底划出纹道
	22～27		1. 10～15厚石材板(板材满涂防污剂)，稀水泥浆擦缝 2. 12厚1∶2水泥砂浆粘结层(内掺建筑胶) 3. 素水泥浆一道(内掺建筑胶)
	10～15		1. 10～15厚石材板(板材满涂防污剂)，建筑胶粘结剂粘贴，稀水泥浆擦缝 2. 素水泥浆一道(内掺建筑胶) 3. 墙缝原浆抹平(大模混凝土墙、混凝土墙无此道工序)
	20～25	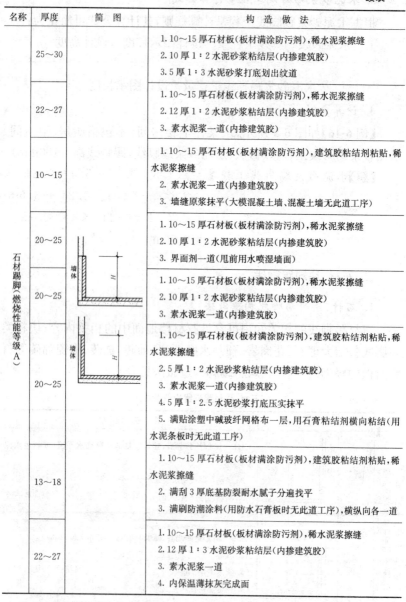	1. 10～15厚石材板(板材满涂防污剂)，稀水泥浆擦缝 2. 10厚1∶2水泥砂浆粘结层(内掺建筑胶) 3. 界面剂一道(甩前用水喷湿墙面)
	20～25		1. 10～15厚石材板(板材满涂防污剂)，稀水泥浆擦缝 2. 10厚1∶2水泥砂浆粘结层(内掺建筑胶) 3. 素水泥浆一道(内掺建筑胶)
	20～25		1. 10～15厚石材板(板材满涂防污剂)，建筑胶粘结剂粘贴，稀水泥浆擦缝 2. 5厚1∶2水泥砂浆粘结层(内掺建筑胶) 3. 素水泥浆一道(内掺建筑胶) 4. 5厚1∶2.5水泥砂浆打底压实抹平 5. 满贴涂塑中碱玻纤网格布一层，用石膏粘结剂横向粘结(用水泥条板时无此道工序)
	13～18		1. 10～15厚石材板(板材满涂防污剂)，建筑胶粘结剂粘贴，稀水泥浆擦缝 2. 满刮3厚底基防裂耐水腻子分遍找平 3. 满刷防潮涂料(用防水石膏板时无此道工序)，横纵向各一道
	22～27		1. 10～15厚石材板(板材满涂防污剂)，稀水泥浆擦缝 2. 12厚1∶3水泥砂浆粘结层(内掺建筑胶) 3. 素水泥浆一道 4. 内保温薄抹灰完成面

注：表中踢脚高度 H：1.100mm；2.120mm。

2. 清单项目设置及工程量计算规则

清单项目设置及工程量计算规则见表 6-30。

表 6-30　　　　　　　　　石材、块料踢脚线

项目编码	项目名称	项目特征	计量单位	工程量计算规则	工作内容
011105002	石材踢脚线	1. 踢脚线高度 2. 粘贴层厚度、材料种类 3. 面层材料品种、规格、颜色 4. 防护材料种类	1. m² 2. m	1. 以平方米计量,按设计图示长度乘以高度以面积计算 2. 以米计量,按延长米计算	1. 基层清理 2. 底层抹灰 3. 面层铺贴、磨边 4. 擦缝 5. 磨光、酸洗、打蜡 6. 刷防护材料 7. 材料运输
011105003	块料踢脚线				

注:石材、块料与粘结材料的结合面刷防渗材料的种类在防护材料种类中描述。

3. 石材、块料踢脚线工程量计算公式

根据石材、块料踢脚线工程量计算规则,其计算公式可简化为:

石材、块料踢脚线工程量＝设计图示长度×设计高度

或

石材、块料踢脚线工程量＝延长米

4. 计算实例

【例 6-17】计算图 6-23 所示客厅直线形大理石踢脚线工程量,水泥砂浆粘贴,踢脚线的高度按 150mm 考虑。

【解】大理石踢脚线工程量＝$\{[(6.8-1.2-0.24)+(1.5+2.36-0.24)]\times 2-(2.2-0.24)+1.2+0.24\times 4+(0.24+0.06\times 2)+2\times(2.74-1.79+0.12)-0.7-0.8\times 2\}\times 0.15$

＝2.75m²

【例 6-18】某房屋平面图如图 6-24 所示,室内水泥砂浆粘结

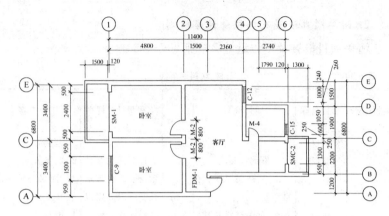

图 6-23 中套居室设计平面图

200mm 高全瓷地板砖块料踢脚线,试计算块料踢脚线工程量。

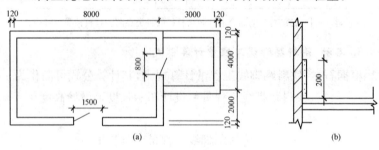

图 6-24 某房屋平面图

【解】块料踢脚线工程量=[(8-0.24+6-0.24)×2+(3-0.24+4-
0.24)×2-1.5-0.8×2+0.12×6]×0.2
=7.54m²

三、其他各类踢脚线

1. 其他各类踢脚线构造做法

(1)塑料板踢脚线。塑料踢脚线可分为软质塑料踢脚线和硬质塑料踢脚线,其构造做法见表 6-31。

表 6-31　　　　　　　　　塑料板踢脚线构造做法

名称	厚度	简图	构 造 做 法
塑料或橡胶板（卷材）踢脚（燃烧性能等级B2）	16～20	墙体 ⓐ	1. 2～6厚塑料或橡胶踢脚，胶粘剂粘贴，板面打蜡上光 2. 6厚1：0.5：2.5水泥石灰膏砂浆找平 3. 8厚1：3水泥砂浆打底划出纹道
	16～20		1. 2～6厚塑料或橡胶踢脚，胶粘剂粘贴，板面打蜡上光 2. 6厚1：0.5：2.5水泥石灰膏砂浆找平 3. 8厚1：3水泥砂浆打底划出纹道 4. 素水泥浆一道（内掺建筑胶）
	15～20		1. 2～6厚塑料或橡胶踢脚，胶粘剂粘贴，板面打蜡上光 2. 6厚1：0.5：2.5水泥石灰膏砂浆找平 3. 5厚1：1：6水泥砂浆打底划出纹道 4. 3厚外加剂专用砂浆抹基底刮糙（抹前用水喷湿墙面）
	11～15		1. 2～6厚塑料或橡胶踢脚，胶粘剂粘贴，板面打蜡上光 2. 9厚1：3水泥砂浆压实找平 3. 素水泥浆一道（内掺建筑胶）
	13～17	墙体 ⓑ	1. 2～6厚塑料或橡胶踢脚，胶粘剂粘贴，板面打蜡上光 2. 6厚1：0.5：2.5水泥石灰膏砂浆找平 3. 5厚1：1：6水泥砂浆打底划出纹道 4. 界面剂一道（抹前用水喷湿墙面） 5. 聚合物水泥砂浆修补墙基面
	14～18		1. 2～6厚塑料或橡胶踢脚，胶粘剂粘贴，板面打蜡上光 2. 5厚1：2.5水泥砂浆抹面压实赶光 3. 7厚1：3水泥砂浆打底扫毛或划出纹道（用于麻面板） 4. 界面剂一道
	5～9		1. 2～6厚塑料或橡胶踢脚，胶粘剂粘贴，板面打蜡上光 2. 满刮3厚基底防裂耐水腻子分遍找平 3. 满贴涂塑中碱玻纤网格布一层，用石膏粘结剂横向粘结（用水泥条板时无此道工序）
	12～16		1. 2～6厚塑料或橡胶踢脚，胶粘剂粘贴，板面打蜡上光 2. 5厚1：0.5：2.5水泥石灰膏砂浆罩面压实赶光 3. 5厚1：1：6水泥砂浆打底划出纹道 4. 素水泥浆一道 5. 内保温薄抹灰完成面
	7～11	墙体 封平板墙支撑	1. 2～6厚塑料或橡胶踢脚，胶粘剂粘贴，板面打蜡上光 2. 满刮2厚面层耐水腻子找平 3. 满刮3厚底基防裂腻子分遍找平 4. 满刷防潮涂料（用防水石膏板时无此道工序），横纵向各一道

注：1. 表中踢脚高度 H：1.100mm，2.120mm。
　　2. 踢脚厚度宜与墙面平，不相同时可调整底层抹灰厚度。
　　3. 建筑胶粘剂品种应与踢脚板配套使用。
　　4. 简图ⓑ示意地材与踢脚为一体或L型踢脚，适用于医院、办公楼、幼儿园等公共场所及台阶踏步转角处（阴角），防止积灰。

(2)木质踢脚线。木踢脚线所用木材最好与木地板面层所用材料相同。木质踢脚线的构造做法见表6-32。

表 6-32 木质踢脚线构造做法

名称	厚度	简图	构造做法
硬木、软木踢脚（燃烧性能等级B2）	18		1. 200μm厚聚酯漆或聚氨酯漆 2. 18厚硬木（软木）踢脚板（背面满刷氟化钠防腐剂） 3. 墙内预埋防腐木砖中距400
	18	(a) φ6通气孔@800 防腐木砖 60×120×120	1. 200μm厚聚酯漆或聚氨酯漆 2. 18厚硬木（软木）踢脚板（背面满刷氟化钠防腐剂）用尼龙膨胀螺栓固定 3. 素水泥浆一道（内掺建筑胶）
	18		1. 200μm厚聚酯漆或聚氨酯漆 2. 18厚硬木（软木）踢脚板（背面满刷氟化钠防腐剂）用尼龙膨胀螺栓固定 3. 墙缝原浆抹平，聚合物水泥砂浆修补素面
	27	φ6通气孔@800	1. 200μm厚聚酯漆或聚氨酯漆 2. 18厚硬木（软木）踢脚板（背面满刷氟化钠防腐剂）用尼龙膨胀螺栓固定在混凝土柱或现浇混凝土块上 3. 9厚1∶2.5水泥砂浆打底压实找平 4. 素水泥浆一道（内掺建筑胶）
	23	(b) 膨胀螺栓	1. 200μm厚聚酯漆或聚氨酯漆 2. 18厚硬木（软木）踢脚板（背面满刷氟化钠防腐剂）用尼龙膨胀螺栓固定 3. 5厚1∶2.5水泥砂浆打底压实抹平 4. 满贴涂塑中碱玻纤网格布一层，用石膏粘结剂横向粘结（用水泥条板时无此道工序）
	18	粘结剂	1. 200μm厚聚酯漆或聚氨酯漆 2. 18厚硬木（软木）踢脚板（背面满刷氟化钠防腐剂）用建筑专用胶粘贴 3. 界面剂一道
	18	封平板墙支撑	1. 200μm厚聚酯漆或聚氨酯漆 2. 18厚硬木（软木）踢脚板（背面满刷氟化钠防腐剂）用建筑专用胶粘贴 3. 素水泥浆一道 4. 内保温薄抹灰完成面

续表

名称	厚度	简图	构造做法
硬木、软木踢脚（燃烧性能等级B2）（适用于弹性、地毯地面）	40	适用于弹性地面、地毯地面 φ6通气孔 @800 防腐木砖 60×120×120	1. 200μm 厚聚酯漆或聚氨酯漆 2. 18 厚硬木（软木）踢脚板与上下木条及木砖钉牢（踢脚中部留 φ6 透气孔，中距 800 或按设计） 3. 沿踢脚上沿高度钉 16×40 通长木条，沿下沿高度钉16×40×100 木砖，中距 500 4. 聚氨酯涂膜防潮层（或按工程设计），高度至踢脚板上沿 5. 6 厚 1∶2.5 水泥砂浆压实抹平（大模混凝土墙无此道工序） 6. 素水泥浆一道，内掺建筑胶（砖墙无此道工序） 7. 砖墙内预埋防腐木砖，中距 400
硬木、软木踢脚（适用于弹性、地毯地面）	40	适用于弹性地面、地毯地面 φ6通气孔 @800 膨胀螺栓	1. 200μm 厚聚酯漆或聚氨酯漆 2. 18 厚硬木（软木）踢脚板与上下木条及木砖钉牢（踢脚中部留 φ6 透气孔，中距 800 或按设计） 3. 沿踢脚上沿高度钉 16×40 通长木条，沿下沿高度钉16×40×100 木砖，中距 500 4. 聚氨酯涂膜防潮层（或按工程设计），高度至踢脚板上沿 5. 6 厚 1∶2.5 水泥砂浆压实抹平 6. 界面剂一道
硬木、软木踢脚（适用于弹性、地毯地面）（燃烧性能等级B2）	40		1. 200μm 厚聚酯漆或聚氨酯漆 2. 18 厚硬木（软木）踢脚板与上下木条及木砖钉牢（踢脚中部留 φ6 透气孔，中距 800 或按设计） 3. 沿踢脚上沿高度钉 16×40 通长木条，沿下沿高度钉16×40×100 木砖，中距 500 4. 聚氨酯涂膜防潮层（或按工程设计），高度至踢脚板上沿 5. 6 厚 1∶2.5 水泥砂浆压实抹平 6. 素水泥浆一道 7. 内保温薄抹灰完成面

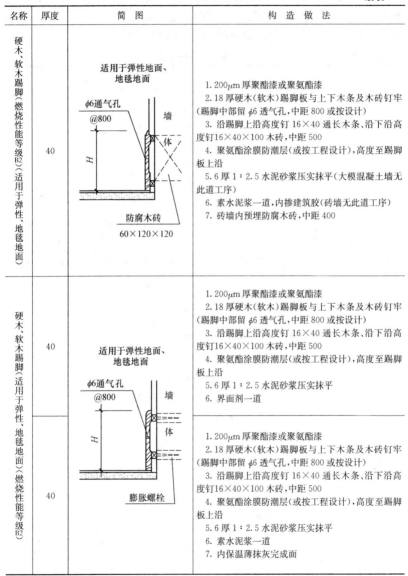

注：1. 表中踢脚高度 H：1.100mm，2.120mm。
　　2. 设计要求燃烧性能为 B1 级时，应按消防部门有关要求加做相应的防火处理。
　　3. 踢 7、踢 9 为硬木踢脚，踢 8、踢 10 为软木踢脚。

(3)金属踢脚线。金属踢脚线的构造与木质踢脚线基本相同。金属踢脚线一般高100~200mm,安装时应与墙贴紧且上口平直。表面涂漆可按设计要求进行。金属踢脚线构造做法见表6-33。

表6-33 金属踢脚线构造做法

名称	厚度	简图	构造做法
金属板踢脚（燃烧性能等级A）	10	墙体 H	1. 金属踢脚板,下端用水泥钉钉入地面垫层,中距300 2. 10厚1:3水泥砂浆压实抹平 3. 水泥钉固定踢脚上端,中距300
	10		1. 金属踢脚板,下端用水泥钉钉入地面垫层,中距300 2. 10厚1:3水泥砂浆压实抹平 3. 素水泥浆一道（内掺建筑胶） 4. 水泥钉固定踢脚上端,中距300
	10		1. 金属踢脚板,下端用水泥钉钉入地面垫层,中距300 2. 10厚1:3水泥砂浆压实抹平 3. 界面剂一道（甩前用水喷湿墙面）（用于加气混凝土条板墙）,3厚外加剂专用砂浆抹基底刮糙（抹前用水喷湿墙面）（用于蒸压加气混凝土砌块墙） 4. 水泥钉固定踢脚上端,中距300
	—		1. 金属踢脚板,下端用水泥钉钉入地面垫层,中距300 2. 内保温薄抹灰完成面

注:1. 表中踢脚高度 H：1.100mm,2.120mm。
2. 选用成品踢脚时,也可采用先固定金属卡具,待地面及墙面施工后再安装踢脚板。

(4)防静电踢脚线应与防静电地板配合使用,其构造要求与木质踢脚线基本相同,只是踢脚线所使用的材料不同。

2. 清单项目设置及工程量计算规则

清单项目设置及工程量计算规则见表6-34。

表6-34 各类卷材及板材踢脚线

项目编码	项目名称	项目特征	计量单位	工程量计算规则	工作内容
011105004	塑料板踢脚线	1. 踢脚线高度 2. 粘结层厚度、材料种类 3. 面层材料种类、规格、颜色	1. m² 2. m	1. 以平方米计量,按设计图示长度乘以高度以面积计算 2. 以米计量按延长米计算	1. 基层清理 2. 基层铺贴 3. 面层铺贴 4. 材料运输
011105005	木质踢脚线	1. 踢脚线高度 2. 基层材料种类、规格 3. 面层材料品种、规格、颜色			
011105006	金属踢脚线				
011105007	防静电踢脚线				

3. 其他各类踢脚线工程量计算公式

根据其他各类踢脚线工程量计算规则,其计算公式可简化为:

其他各类踢脚线工程量＝设计图示长度×设计高度

或

其他各类踢脚线工程量＝延长米

4. 计算实例

【例6-19】计算图6-23所示卧室榉木夹板踢脚线工程量,踢脚线的高度按150mm考虑。

【解】榉木夹板踢脚线工程量＝{[(3.4－0.24)＋(4.8－0.24)]×4－2.40－0.8×2＋0.24×2}×0.15

＝4.10m²

第七节　楼梯面层工程量计算

一、石材、块料、碎拼块料楼梯面层

1. 石材、块料楼梯面层构造做法

石材楼梯面层常采用大理石、花岗石块、水泥、砂、白水泥等材料,如图6-25所示;块料楼梯面包括各种人造和天然的块材和板材,其花色品种多样,经久耐用,易于保持清洁,强度高,刚度大,应用非常广泛。

 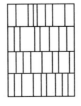 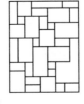 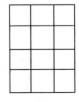

(a)

图6-25　石材地面(一)

(a)平面形式

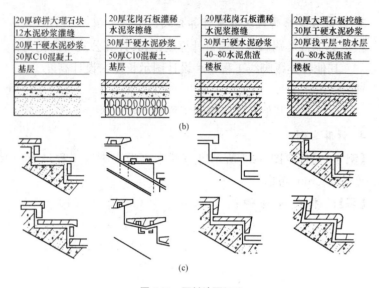

图 6-25　石材地面(二)
(b)构造层次；(c)踏步结构

2. 清单项目设置及工程量计算规则

清单项目设置及工程量计算规则见表 6-35。

表 6-35　　　　　石材、块料、碎拼块料楼梯面层

项目编码	项目名称	项目特征	计量单位	工程量计算规则	工作内容
011106001	石材楼梯面层	1. 找平层厚度、砂浆配合比 2. 粘结层厚度、材料种类 3. 面层材料品种、规格、颜色 4. 防滑条材料种类、规格 5. 勾缝材料种类 6. 防护材料种类 7. 酸洗、打蜡要求	m^2	按设计图示尺寸以楼梯(包括踏步、休息平台及≤500mm的楼梯井)水平投影面积计算。楼梯与楼地面相连时，算至梯口梁内侧边沿；无梯口梁者，算至最上一层踏步沿加 300mm	1. 基层清理 2. 抹找平层 3. 面层铺贴、磨边 4. 贴嵌防滑条 5. 勾缝 6. 刷防护材料 7. 酸洗、打蜡 8. 材料运输
011106002	块料楼梯面层				
011106003	碎拼块料面层				

注1. 在描述碎石料项目的面层材料特征时可不用描述规格、颜色。
　2. 石材、块料与粘结材料的结合面刷防渗材料的种类在防护材料种类中描述。

由表 6-35 可知石材、块料、碎拼块料楼梯面层的工程量计算规则,现解释说明如下:

(1)为简化计算,楼梯工程量按休息平台与梯段水平投影面积计算,扣除宽度大于 500mm 的梯井水平投影面积。

(2)楼梯与走道相连时,以梯口梁为界,有梯口梁的则算至楼口梁内侧边沿,无梯口梁的则算至上一层踏步边沿加 300mm,有梯间墙者算至梯间墙边。

(3)单跑楼梯不论其中间是否有休息平台,其工程量与双跑楼梯同样计算。楼梯侧面装饰应按"零星装饰项目"编码列项。

3. 石材、块料、碎拼块料楼梯面层工程量计算公式

根据石材、块料、碎拼块料楼梯面层工程量计算规则,其计算公式可简化为:

石材、块料、碎拼块料楼梯面层工程量＝楼梯水平投影净长×楼梯水平投影净宽梯井水平投影面积(宽度大于 500mm 的梯井)

如图 6-26 所示,即:

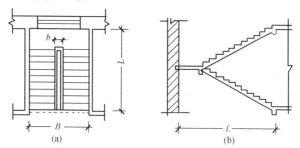

图 6-26 楼梯示意图
(a)水平图;(b)剖面图

当 $b>500$mm 时　　$S=\sum L\times B-\sum l\times b$

当 $b\leqslant 500$mm 时　　$S=\sum L\times B$

式中　S——楼梯面层的工程量(m^2);

L——楼梯的水平投影长度(m);

B——楼梯的水平投影宽度(m);
l——楼梯井的水平投影长度(m);
b——楼梯井的水平投影宽度(m)。

4. 计算实例

【例 6-20】 某 6 层建筑物,平台梁宽 250mm,欲铺贴大理石楼梯面,试根据图 6-27 所示平面图计算其工程量。

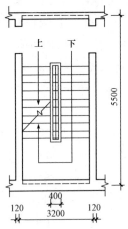

图 6-27 某石材楼梯平面图

【解】 石材楼梯面层工程量 $= (3.2-0.24) \times (5.5-0.24) \times (6-1)$
$= 77.85 \text{m}^2$

二、水泥砂浆楼梯面层

1. 水泥砂浆楼梯面层构造做法

采用水泥砂浆制作的楼梯面,其构造和做法可参见本章第二节中"一、水泥砂浆楼地面"的相关做法。

2. 清单项目设置及工程量计算规则

清单项目设置及工程量计算规则见表 6-36。

表 6-36　　　　　　　　　　水泥砂浆楼梯面层

项目编码	项目名称	项目特征	计量单位	工程量计算规则	工作内容
011106004	水泥砂浆楼梯面层	1. 找平层厚度、砂浆配合比 2. 面层厚度、砂浆配合比 3. 防滑条材料种类、规格	m²	按设计图示尺寸以楼梯（包括踏步、休息平台及≤500mm 的楼梯井）水平投影面积计算。楼梯与楼地面相连时，算至楼口梁内侧边沿；无梯口梁者，算至最上一层踏步边沿加 300mm	1. 基层清理 2. 抹找平层 3. 抹面层 4. 抹防滑条 5. 材料运输

对于水泥砂浆楼梯面层工程量计算规则的解释说明，请参见前述"石材、块料、碎拼块料楼梯面层"。

3. 水泥砂浆楼梯面工程量计算公式

根据水泥砂浆楼梯面工程量计算规则，其计算公式可简化为：

水泥砂浆楼梯面工程量＝楼梯水平投影净长×楼梯水平投影净宽－梯井水平投影面积（宽度大于 500mm 的梯井）

4. 计算实例

【例 6-21】 假设图 6-28 所示混凝土楼梯为 1∶3 水泥砂浆抹面，求其工程量。

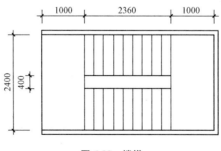

图 6-28　楼梯

【解】 楼梯按水平投影面积计算，只包括踏步板和休息平台，且楼梯井在400mm宽以内，故不扣除面积。

楼梯抹水泥砂浆工程量＝(2.36＋1.00×2)×2.4＝10.46m²

三、现浇水磨石楼梯面层

1. 现浇水磨石楼梯面层构造做法

采用水磨石现浇而成的楼梯面，其构造和做法可参见第二节"二、现浇水磨石楼地面"的相关做法。

2. 清单项目设置及工程量计算规则

清单项目设置及工程量计算规则见表6-37。

表6-37　　　　　　　　现浇水磨石楼梯面层

项目编码	项目名称	项目特征	计量单位	工程量计算规则	工作内容
011106005	现浇水磨石楼梯面层	1. 找平层厚度、砂浆配合比 2. 面层厚度、水泥石子浆配合比 3. 防滑条材料种类、规格 4. 石子种类、规格、颜色 5. 颜料种类、颜色 6. 磨光、酸洗、打蜡要求	m²	按设计图示尺寸以楼梯（包括踏步、休息平台及≤500mm的楼梯井）水平投影面积计算。楼梯与楼地面相连时，算至楼口梁内侧边沿；无梯口梁者，算至最上一层踏步边沿加300mm	1. 基层清理 2. 抹找平层 3. 抹面层 4. 贴嵌防滑条 5. 磨光、酸洗、打蜡 6. 材料运输

对于现浇水磨石楼梯面工程量计算规则的解释说明，请参见前述"石材楼梯面层"。

3. 现浇水磨石楼梯面层工程量计算公式

根据现浇水磨石楼梯面层工程量计算规则，其计算公式可简化为：

现浇水磨石楼梯面层工程量＝楼梯水平投影净长×楼梯水平投影净宽－梯井水平投影面积（宽度大于500mm的梯井）

4. 计算实例

【例6-22】如图6-29所示，计算某现浇钢筋混凝土楼梯水磨石面层工程量。

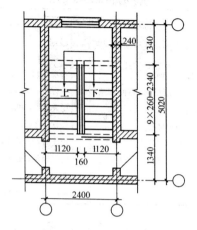

图 6-29 某办公楼示意图

【解】楼梯现浇水磨石面层工程量 $=(2.4-0.24)\times(5.02-0.24)$
$=10.32\mathrm{m}^2$

四、地毯楼梯面层

1. 地毯楼梯面层构造做法

铺设在楼梯、走廊上的地毯常有纯毛地毯、化纤地毯等,尤其化纤地毯用得较多。表 6-38 为化纤地毯的品种规格。采用地毯铺设的楼梯面,其构造和做法可参见本章第六节中"一、楼地面地毯"的相关做法。

表 6-38 化纤地毯的品种规格

品 名	规 格	材 质 及 色 泽
聚丙烯切绒地毯	幅宽:3m、3.6m、4m	丙纶长丝、桂圆色
聚丙烯切绒地毯	针距:2.5mm	丙纶长丝、酱红色
聚丙烯圈绒地毯		尼龙长丝、胡桃色

2. 清单项目设置及工程量计算规则

清单项目设置及工程量计算规则见表 6-39。

表 6-39　　　　　　　　　　地毯楼梯面层

项目编码	项目名称	项目特征	计量单位	工程量计算规则	工作内容
011106006	地毯楼梯面层	1. 基层种类 2. 面层材料品种、规格、颜色 3. 防护材料种类 4. 粘结材料种类 5. 固定配件材料种类、规格	m²	按设计图示尺寸以楼梯（包括踏步、休息平台及≤500mm的楼梯井）水平投影面积计算。楼梯与楼地面相连时，算至楼口梁内侧边沿；无楼口梁者，算至最上一层踏步边沿加300mm	1. 基层清理 2. 铺贴面层 3. 固定配件安装 4. 刷防护材料 5. 材料运输

对于地毯楼梯面工程量计算规则的解释说明，请参见前述"石材、块料、碎拼块料楼梯面层"。

3. 地毯楼梯面层工程量计算公式

根据地毯楼梯面层工程量计算规则，其计算公式可简化为：

地毯楼梯面层工程量＝楼梯水平投影净长×楼梯水平投影净宽－梯井水平投影面积（宽度大于 500mm 的梯井）

4. 计算实例

【例 6-23】如图 6-30 所示为某住宅地毯楼梯面，求其工程量。

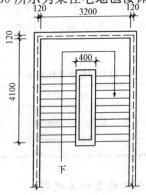

图 6-30　楼梯平面图

【解】楼梯井宽400mm,不必扣除楼梯井面积,则

地毯楼梯面层工程量＝(3.2－0.24)×(4.1－0.24)
$$= 11.43 m^2$$

五、木板、橡胶板、塑料板楼梯面层

1. 木板楼梯面层构造做法

采用木板制作的楼梯面,其构造和做法可参见本章第五节中"二、竹、木(复合)地板"的相关做法。

2. 清单项目设置及工程量计算规则

清单项目设置及工程量计算规则见表6-40。

表6-40　　　　　木板、橡胶板、塑料板楼梯面层

项目编码	项目名称	项目特征	计量单位	工程量计算规则	工作内容
011106007	木板楼梯面层	1. 基层材料种类、规格 2. 面层材料品种、规格、颜色 3. 粘结材料种类 4. 防护材料种类	m²	按设计图示尺寸以楼梯(包括踏步、休息平台及≤500mm的楼梯井)水平投影面积计算。楼梯与楼地面相连时,算至楼口梁内侧边沿;无梯口梁者,算至最上一层踏步边沿加300mm	1. 基层清理 2. 基层铺贴 3. 面层铺贴 4. 刷防护材料 5. 材料运输
011106008	橡胶板楼梯面层	1. 粘结层厚度、材料种类 2. 面层材料品种、规格、颜色 3. 压线条种类			1. 基层清理 2. 面层铺贴 3. 压缝条装钉 4. 材料运输
011106009	塑料板楼梯面层				

对于木板楼梯面层工程量计算规则的解释说明,请参见前述"石材、块料、碎拼块料楼梯面层"。

3. 木板、橡胶板、塑料板楼梯面层工程量计算公式

根据木板、橡胶板、塑料板楼梯面层工程量计算规则,其计算公式可简化为:

木板、橡胶板、塑料板楼梯面层工程量＝楼梯水平投影净长×楼梯水平投影净宽－梯井水平投影面积(宽度大于500mm的梯井)

4. 计算实例

【例 6-24】 如图 6-31 所示为某二层建筑楼梯设计图,设计为木板楼梯面层,求木板楼梯面层工程量(不包括楼梯踢脚线)。

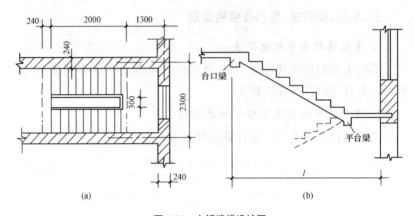

图 6-31 木板楼梯设计图
(a)平面图;(b)剖面图

【解】 木板楼梯面层工程量 $=(2.3-0.24)\times(0.24+2.0+1.3-0.12)$

$=7.05\text{m}^2$

第八节 台阶及零星装饰项目工程量计算

一、石材、块料、拼碎块料台阶面

1. 石材、块料、拼碎块料台阶面构造做法

石材台阶面现在较为常用的材料是大理石和花岗石,其具有强度高,使用时间长,对各种腐蚀有良好的抗腐蚀作用等优点。块料台阶面是指用块砖做地面、台阶的面层,常需做耐腐蚀加工,用沥青砂浆铺砌而成。石材、块料台阶面构造做法见表 6-41。

第六章 楼地面装饰工程工程量计算

表 6-41　　　　　　石材、块料台阶面构造做法

名称	厚度	简图	构造做法 A	B
地砖面层台阶	388～392		1. 8～12 厚铺地砖面层，1∶1 水泥砂浆勾缝（宽缝）；或水泥浆擦缝（密缝） 2. 撒素水泥面（洒适量清水） 3. 20 厚 1∶3 干硬性水泥砂浆结合层 4. 素水泥浆一道（内掺建筑胶） 5. 60 厚 C15 混凝土，台阶面向外坡 1% 6. 300 厚粒径 5～32 卵石（砾石）灌 M2.5 混合砂浆，宽出面层 100 7. 素土夯实	6. 300 厚 3∶7 灰土分两步夯实宽出面层 100
薄板石材面层台阶	410		1. 30 厚花岗石板铺面，背面及四周边满除防污剂，灌水泥浆擦缝，合口双层加厚处用环氧或硅酮胶粘贴与面板相同的石条 2. 撒素水泥面（洒适量清水） 3. 20 厚 1∶3 干硬性水泥砂浆结合层 4. 素水泥浆一道（内掺建筑胶） 5. 60 厚 C15 混凝土，台阶面向外坡 1% 6. 300 厚粒径 5～32 卵石（砾石）灌 M2.5 混合砂浆，宽出面层 100 7. 素土夯实	6. 300 厚 3∶7 灰土分两步夯实宽出面层 100
碎拼大理石板面层台阶	400～410		1. 20～30 厚花岗石板铺面，1∶2 水泥砂浆（或彩色水泥浆）勾缝 2. 撒素水泥面（洒适量清水） 3. 20 厚 1∶3 干硬性水泥砂浆结合层 4. 素水泥浆一道（内掺建筑胶） 5. 60 厚 C15 混凝土，台阶面向外坡 1% 6. 300 厚粒径 5～32 卵石（砾石）灌 M2.5 混合砂浆，宽出面层 100 7. 素土夯实	6. 300 厚 3∶7 灰土分两步夯实宽出面层 100

续表

名称	厚度	简图	构造做法 A	构造做法 B
碎拼青石板面层台阶	395~400	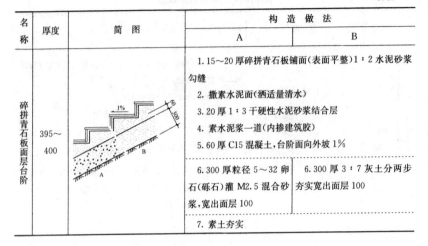	1. 15~20厚碎拼青石板铺面(表面平整)1:2水泥砂浆勾缝 2. 撒素水泥面(洒适量清水) 3. 20厚1:3干硬性水泥砂浆结合层 4. 素水泥浆一道(内掺建筑胶) 5. 60厚C15混凝土,台阶面向外坡1% 6. 300厚粒径5~32卵石(砾石)灌M2.5混合砂浆,宽出面层100 7. 素土夯实	6. 300厚3:7灰土分两步夯实宽出面层100

2. 清单项目设置及工程量计算规则

清单项目设置及工程量计算规则见表6-42。

表6-42　　石材、块料、碎拼块料台阶面

项目编码	项目名称	项目特征	计量单位	工程量计算规则	工作内容
011107001	石材台阶面	1. 找平层厚度、砂浆配合比 2. 粘结材料种类 3. 面层材料品种、规格、颜色 4. 勾缝材料种类 5. 防滑条材料种类、规格 6. 防护材料种类	m²	按设计图示尺寸以台阶(包括最上层踏步边沿加300mm)水平投影面积计算	1. 基层清理 2. 抹找平层 3. 面层铺贴 4. 贴嵌防滑条 5. 勾缝 6. 刷防护材料 7. 材料运输
011107002	块料台阶面				
011107003	拼碎块料台阶面				

注:1. 在描述碎石材项目的面层材料特征时可不用描述规格、颜色。
　　2. 石材、块料与粘结材料的结合面刷防渗材料的种类在防护材料种类中描述。

由表6-41可知石材、块料、拼碎块料台阶面的工程量计算规则,现解释说明如下:

(1) 为简化计算,台阶的踢面不另行计算。

(2)台阶面层与平台面层是同一种材料时,平台计算面层后,台阶不再计算至上一层踏步面积,如台阶计算最上一层踏步加 300mm,平台面层中必须扣除该面积。

(3)台阶侧面装饰不包括在台阶面层项目内,应按"零星装饰项目"编码列项。

3. 石材、块料台阶面工程量计算公式

根据石材、块料台阶面工程量计算规则,其计算公式可简化为:

石材、块料台阶面工程量=图示台阶长度×(图示台阶宽度+300mm)

如图 6-32 所示,台阶块料面层,其工程量按台阶水平投影面积计算,但不包括翼墙、侧面装饰,当台阶与平台相连时,台阶与平台的分界线,应以最上层踏步外沿另加 300mm 计算,即:

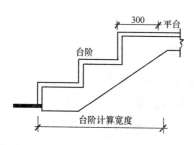

图 6-32 台阶示意图

$$S = L \times B$$

式中 S——台阶块料面层工程量(m^2);

L——台阶计算长度(m);

B——台阶计算宽度(m)。

4. 计算实例

【例 6-25】某建筑物门前台阶如图 6-33 所示,试计算贴大理石面层的工程量。

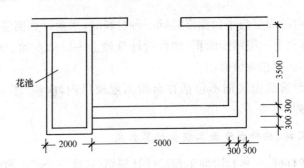

图 6-33 某建筑物门前台阶示意图

【解】台阶贴大理石面层工程量 $=(5.0+0.3\times2)\times0.3\times3+(3.5-0.3)\times0.3\times3$
$=7.92\text{m}^2$

平台贴大理石面层工程量 $=(5.0-0.3)\times(3.5-0.3)$
$=15.04\text{m}^2$

二、水泥砂浆台阶面

1. 水泥砂浆台阶面构造做法

水泥砂浆台阶面构造做法见表 6-43。

表 6-43　　水泥砂浆台阶面构造做法

名称	厚度	简图	构造做法	
			A	B
水泥面层台阶	380		1. 20厚1:2.5水泥砂浆面层	
			2. 素水泥浆一道(内掺建筑胶)	
			3. 60厚C15混凝土,台阶面向外坡1%	
			4. 300厚粒径5~32卵石(砾石)灌M2.5混合砂浆,宽出面层100	4. 300厚3:7灰土分两步夯实宽出面层100
			5. 素土夯实	

2. 清单项目设置及工程量计算规则

清单项目设置及工程量计算规则见表 6-44。

表 6-44　　　　　　　水泥砂浆台阶面

项目编码	项目名称	项目特征	计量单位	工程量计算规则	工作内容
011107004	水泥砂浆台阶面	1. 找平层厚度、砂浆配合比 2. 面层厚度、砂浆配合比 3. 防滑条材料种类	m²	按设计图示尺寸以台阶(包括最上层踏步边沿加 300mm)水平投影面积计算	1. 基层清理 2. 抹找平层 3. 抹面层 4. 抹防滑条 5. 材料运输

对于水泥砂浆台阶面清单工程量计算规则的解释说明,请参见前述"石块、块料台阶面"。

3. 水泥砂浆台阶面工程量计算公式

根据水泥砂浆台阶面工程量计算规则,其计算公式可简化为:

水泥砂浆台阶面工程量=图示台阶长度×(图示台阶宽度+0.3m)

4. 计算实例

【例 6-26】求如图 6-34 所示阳台的工程量。

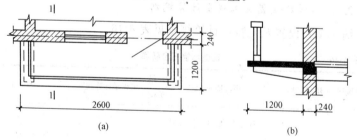

图 6-34　阳台平剖面图
(a)阳台平面图;(b)Ⅰ—Ⅰ剖面图

【解】阳台工程量=2.6×1.2=3.12m²

三、现浇水磨石台阶面

1. 现浇水磨石台阶面构造做法

现浇水磨石台阶面是指用天然石料的石子和水泥浆拌和在一起,

浇抹结硬,再经磨光、打蜡而成的台阶面,其构造做法见表 6-45。

表 6-45　　　　　　　　现浇水磨石台阶面构造做法

名称	厚度	简图	构　造　做　法	
			A	B
现制水磨石面层台阶	392	(防滑条简图)	1. 12 厚 1∶2.5 普通水泥白石子(或白水泥彩色石子)磨石面层磨光 2. 素水泥浆一道(内掺建筑胶) 3. 20 厚 1∶3 水泥砂浆找平层 4. 素水泥浆一道(内掺建筑胶) 5. 60 厚 C15 混凝土,台阶面向外坡 1%	
			6. 300 厚粒径 5～32 卵石(砾石)灌 M2.5 混合砂浆,宽出面层 100	6. 300 厚 3∶7 灰土分两步夯实宽出面层 100
			7. 素土夯实	

2. 清单项目设置及工程量计算规则

清单项目设置及工程量计算规则见表 6-46。

表 6-46　　　　　　　　现浇水磨石台阶面

项目编码	项目名称	项目特征	计量单位	工程量计算规则	工作内容
011107005	现浇水磨石台阶面	1. 找平层厚度、砂浆配合比 2. 面层厚度、水泥石子浆配合比 3. 防滑条材料种类、规格 4. 石子种类、规格、颜色 5. 颜料种类、颜色 6. 磨光、酸洗、打蜡要求	m²	按设计图示尺寸以台阶(包括最上层踏步边沿加 300mm)水平投影面积计算	1. 清理基层 2. 抹找平层 3. 抹面层 4. 贴嵌防滑条 5. 打磨、酸洗、打蜡 6. 材料运输

对于现浇水磨石台阶面工程量计算规则的解释说明,请参见前述"石块、块料、拼碎块料台阶面"。

3. 现浇水磨石台阶面工程量计算公式

根据现浇水磨石台阶面工程量计算规则,其计算公式可简化为:

现浇水磨石台阶面工程量＝图示台阶长度×(图示台阶宽度＋0.3m)

4. 计算实例

【例 6-27】 如图 6-35 所示为某建筑物入口处台阶平面图,台阶做一般水磨石,底层 1∶3 水泥砂浆厚 20mm,面层 1∶3 水泥白石子浆厚 20mm,求其工程量。

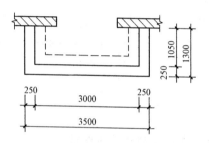

图 6-35　某台阶示意图

【解】 水磨石台阶面工程量为台阶水磨石工程量加平台部分水磨石工程量,按清单工程量计算规则,台阶部分工程量应算至最上层踏步外沿加 300mm 处,即:

$$水磨石台阶面工程量 = 3.5 \times 1.3 - (3.0 - 0.25 \times 2) \times (1.05 - 0.25) + (3.0 - 0.25 \times 2) \times (1.05 - 0.25)$$
$$= 4.55 m^2$$

四、剁假石台阶面

1. 剁假石台阶面构造做法

剁假石是一种人造石料,制作过程是用石粉、水泥等加水拌和抹在建筑物的表面,半凝固后,用斧子剁出经过吸凿的石头那样的纹理,其构造做法见表 6-47。

表 6-47　　　　　　　　剁假石台阶面构造做法

名称	厚度	简图	构造做法 A	B
现制水磨石面层台阶	385		1. 10厚1：2.5水泥砂浆石子，用斧剁毛两遍成活，台阶边沿留20宽不剁 2. 素水泥浆一道（内掺建筑胶） 3. 15厚1：3水泥砂浆找平层 4. 素水泥浆一道（内掺建筑胶） 5. 60厚C15混凝土，台阶面向外坡1%	
			6. 300厚粒径5～32卵石（砾石）灌M2.5混合砂浆，宽出面层100	6. 300厚3：7灰土分两步夯实宽出面层100
			7. 素土夯实	

2. 清单项目设置及工程量计算规则

清单项目设置及工程量计算规则见表 6-48。

表 6-48　　　　　　　　剁假石台阶面

项目编码	项目名称	项目特征	计量单位	工程量计算规则	工作内容
011107006	剁假石台阶面	1. 找平层厚度、砂浆配合比 2. 面层厚度、砂浆配合比 3. 剁假石要求	m²	按设计图示尺寸以台阶（包括最上层踏步边沿加300mm）水平投影面积计算	1. 清理基层 2. 抹找平层 3. 抹面层 4. 剁假石 5. 材料运输

对于剁假石台阶面清单工程量计算规则的解释说明，请参见前述"石块、块料、拼碎块料台阶面"。

3. 剁假石台阶面工程量计算公式

根据剁假石台阶面工程量计算规则,其计算公式可简化为:

剁假石台阶面工程量=图示台阶长度×(图示台阶宽度+0.3m)

4. 计算实例

【例 6-28】求如图 6-36 所示剁假石台阶面工程量(台阶长为 3.5m)。

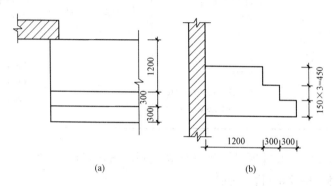

图 6-36 剁假石台阶示意图
(a)台阶平面图;(b)台阶剖面图

【解】剁假石台阶面工程量=$3.5×0.3×3=3.15m^2$

五、零星装饰项目

1. 零星装饰项目构造做法

零星项目主要适用于池槽、蹲位、楼梯侧面、台阶侧面等装饰以及未列项、面积在 $0.5m^2$ 以内的少量分散的楼地面项目。

2. 清单项目设置及工程量计算规则

清单项目设置及工程量计算规则见表 6-49。

表 6-49　　　　　　　　零星装饰项目

项目编码	项目名称	项目特征	计量单位	工程量计算规则	工作内容
011108001	石材零星项目	1. 工程部位 2. 找平层厚度、砂浆配合比 3. 贴结合层厚度、材料种类 4. 面层材料品种、规格、颜色 5. 勾缝材料种类 6. 防护材料种类 7. 酸洗、打蜡要求	m^2	按设计图示尺寸以面积计算	1. 清理基层 2. 抹找平层 3. 面层铺贴、磨边 4. 勾缝 5. 刷防护材料 6. 酸洗、打蜡 7. 材料运输
011108002	拼碎石材零星项目	^			
011108003	块料零星项目	^			
011108004	水泥砂浆零星项目	1. 工程部位 2. 找平层厚度、砂浆配合比 3. 面层厚度、砂浆厚度			1. 清理基层 2. 抹找平层 3. 抹面层 4. 材料运输

对于零星装饰项目工程量计算规则的解释说明,请参见前述"石块、块料、拼碎块料台阶面"。

3. 零星装饰项目工程量计算公式

根据零星装饰项目工程量计算规则,其计算公式可简化为:

零星装饰项目工程量＝设计图示实际展开面积

4. 计算实例

【例 6-29】如图 6-37 所示,某厕所内拖把池面贴面砖(池内外接高 500mm 计),试计算其工程量。

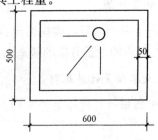

图 6-37　拖把池镶贴面砖示意图

【解】面砖工程量=[(0.5+0.6)×2×0.5](池外侧壁)+[(0.6-0.05×2+0.5-0.05×2)×2×0.5](池内侧壁)+(0.6×0.5)(池边及池底)
=2.3m²

第七章 墙、柱面装饰与隔断、幕墙工程工程量计算

第一节 概 述

一、墙、柱面构造与组成

墙是用砖石等砌成承架房顶或隔开内外的建筑物。墙是建筑物竖直方向的主要构件,起分隔、围护和承重等作用,还有隔热、保温、隔声等功能。墙体的各部分名称如图 7-1 所示。

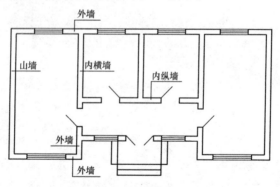

图 7-1 墙体的各部分名称

柱是在工程结构中主要承受压力,有时也同时承受弯矩的竖向杆件,用以支承梁、桁架、楼板等。按截面形式分有方柱、圆柱、矩形柱、工字形柱、H 形柱、T 形柱、L 形柱、十字形柱、双肢柱、格构柱。按材料分有石柱、砖柱、木柱、钢柱、钢筋混凝土柱、钢管混凝土柱和各种组

合柱。短柱在轴心荷载作用下的破坏是材料强度破坏；长柱在同样荷载作用下的破坏是屈曲，丧失稳定。柱是结构中极为重要的部分，柱的破坏将导致整个结构的损坏与倒塌。

墙柱面工程包括一般抹灰、装饰抹灰、镶贴块料面层等。

1. 一般抹灰

一般抹灰工程是指适用于石灰砂浆、水泥砂浆、混合砂浆等材料的抹灰工程。一般抹灰由底层、中层、面层组成；按建筑物使用标准分为普通抹灰、中级抹灰、高级抹灰三个等级。

2. 装饰抹灰

装饰抹灰除具有一般抹灰功能外，还由于使用材料不同和施工方法不同而产生各种形式装饰效果，如水刷石、干粘石、水磨石等。

3. 镶贴块料面层

镶贴块料面层包括大理石、花岗石、釉面砖等面层。一般小规格块料（边长 400mm 以下）采用粘贴法，大规格板材（大理石、花岗石等）采用挂贴法或干挂法施工。

饰面基本构造分为龙骨材料和面层材料。龙骨材料有木龙骨、轻钢龙骨、铝合金龙骨等；面层材料有镜面玻璃、镭射玻璃、铝合金饰面、不锈钢饰面、宝丽板等。

为了使建筑物外形美观和满足采光功能，建筑物外墙常采用幕墙。常用的有全玻璃幕墙和铝合金玻璃幕墙。全玻璃幕墙又分带肋玻璃幕墙和不带肋玻璃幕墙。

二、消耗量定额关于墙、柱面装饰与隔断、幕墙工程的说明

按《全国统一建筑装饰装修工程消耗量定额》（以下简称《消耗量定额》）执行的墙、柱面装饰与隔断、幕墙工程项目，执行时应注意下列事项：

(1) 定额凡注明砂浆种类、配合比、饰面材料及型材的型号规格与设计不同时，可按设计规定调整，但人工、机械消耗量不变。

(2) 内墙抹石灰砂浆分抹二遍、三遍、四遍，其标明如下：

二遍：一遍底层、一遍面层；

三遍:一遍底层、一遍中层、一遍面层;

四遍:一遍底面、一遍中层、二遍面层。

(3)抹灰等级与抹灰遍数、厚度、工序、外观质量的对应关系见表 7-1。

表 7-1 抹灰质量标准

名 称	普通抹灰	中级抹灰	高级抹灰
遍 数	二 遍	三 遍	四 遍
厚度(不大于)	18mm	20mm	25mm
工序	分层赶平、修整表面压光	阳角找方、设置标筋,分层赶平、修整,表面压光	阴阳角找方、设置标筋,分层赶平、修整,表面压光
外观质量	表面光滑、洁净,接槎平整	表面光滑、洁净,接槎平整,灰线清晰顺直	表面光滑、洁净,颜色均匀,无抹纹,灰线平直方正、清晰美观

(4)抹灰砂浆厚度,如设计与定额取定不同时,除定额有注明厚度的项目可以换算外,其他一律不作调整,见表 7-2。

表 7-2 抹灰砂浆定额厚度取定表

定额编号	项目	砂浆	厚度/m
2-001	水刷豆石浆	砖、混合凝土墙面	水泥砂浆 1:3	12
			水泥豆石浆 1:1.25	12
2-002		毛石端面	水泥砂浆 1:3	18
			水泥豆石浆 1:1.25	12
2-005	水刷白石子	砖、混凝土墙面	水泥砂浆 1:3	12
			水泥豆石浆 1:1.25	10
2-006		毛石墙面	水泥砂浆 1:3	20
			水泥豆石浆 1:1.25	10
2-009	水刷玻璃渣	砖、混凝土墙面	水泥砂浆 1:3	12
			水泥玻璃渣浆 1:1.25	12
2-010		毛石墙面	水泥砂浆 1:3	18
			水泥玻璃渣浆 1:1.25	12
2-013	干粘白石子	砖、混凝土墙面	水泥砂浆 1:3	18
2-014		毛石墙面	水泥砂浆 1:3	30

续表

定额编号	项 目		砂 浆	厚度/m
2-017	干粘白石子	砖、混凝土墙面	水泥砂浆 1∶3	18
2-018		毛石墙面	水泥砂浆 1∶3	30
2-021	斩假石	砖、混凝土墙面	水泥砂浆 1∶3	12
			水泥白石子浆 1∶1.5	10
2-022		毛石墙面	水泥砂浆 1∶3	18
			水泥白石子浆 1∶1.5	10
2-025	墙、柱面拉条	砖墙面	混合砂浆 1∶0.5∶2	14
			混合砂浆 1∶0.5∶1	10
2-026	墙、柱面拉条	混凝土墙面	水泥砂浆 1∶3	14
			混合砂浆 1∶0.5∶1	10
2-027	墙、柱面甩毛	砖墙面	混合砂浆 1∶1∶6	12
			混合砂浆 1∶1∶4	6
2-028		混凝土墙面	水泥砂浆 1∶3	10
			水泥砂浆 1∶2.5	6

注：1. 每增减一遍水泥浆或108胶素水泥浆，每平方米增减人工0.01工日，素水泥浆或108胶素水泥$0.0012m^3$。

2. 每增减1mm厚砂浆，每平方米增减砂浆$0.0012m^3$。

(5)抹灰、块料砂浆结合层(灌缝)厚度，如设计与定额取定不同，除定额项目中注明厚度可以按相应项目调整外，未注明厚度的项目均不作调整。

(6)圆弧形、锯齿形等不规则墙面抹灰，镶贴块料按相应项目人工乘以系数1.15；材料乘以系数1.05。

(7)离缝镶贴面砖定额子目，面砖消耗量分别按缝宽5mm、10mm和20mm考虑，如灰缝不同或灰缝缝宽超过20mm以上者，其块料及灰缝材料(水泥砂浆1∶1)用量允许调整，其他不变。

(8)外墙贴块料分灰缝宽10mm以内和20mm以内的项目，其人工材料已综合考虑；如灰缝宽超过20mm以上，其块料、灰缝材料用量允许调整，但人工、机械数量不变。

(9)隔墙(间壁)、隔断、墙面、墙裙等所用的木龙骨与设计图纸规格不同时,可进行换算(木龙骨均以毛料计算)。

(10)在饰面、隔墙(间壁)、隔断定额内,凡未包括在压条、下部收边、装饰线(板)的,如设计要求者,可按"其他工程"相应定额套用。

(11)饰面、隔墙(间壁)、隔断定额内木基层均未含防火油漆,如设计要求者,应按相关定额套用。

(12)幕墙、隔墙(间壁)、隔断所用的轻钢、铝合金龙骨,如设计要求与定额用量不同,允许调整,但人工、机械不变。

(13)块料镶贴和装饰抹灰工程的"零星项目"适用于挑檐、天沟、腰线、窗台线、门窗套、压顶、栏板、栏杆、扶手、遮阳板、池槽、阳台雨篷周边等。

(14)木龙骨基层是按双向计算的,如设计为单向时,材料、人工用量乘以系数0.55。

(15)定额木材种类除注明者外,均以一、二类木种为准,如采用三、四类木种时,人工及机械乘以系数1.3。

(16)玻璃幕墙设计有平开、推拉窗者,仍执行幕墙定额,窗型材、窗五金相应增加,其他不变。

(17)玻璃幕墙中的玻璃按成品玻璃考虑,幕墙中的避雷装置、防火隔离层定额已综合,但幕墙的封边、封顶的费用另行计算。

(18)一般抹灰工程的"零星项目"适用于各种壁柜、过人洞、暖气窝、池槽、花台以及 $1m^2$ 以内的其他各种零星抹灰。抹灰工程的装饰线条适应于门窗套、挑檐、腰线、压顶、遮阳板、楼梯边梁、宣传栏边框等项目的抹灰,以及突出墙面或灰面且展开宽度在300mm以内的竖横线条抹灰。

第二节 墙、柱面抹灰工程量计算

一、一般抹灰

一般抹灰是指以石灰或水泥为胶凝材料的一般墙面抹灰,有石灰砂浆抹灰、混合砂浆抹灰、水泥砂浆抹灰、聚合物水泥砂浆抹灰、麻刀

灰、纸筋灰、石膏浆罩面等。一般抹灰工程按质量要求分为普通抹灰和高级抹灰,主要工序如下:

普通抹灰——分层赶平、修整,表面压光。

高级抹灰——阴、阳角找方,设置标筋,分层赶平、修整,表面压光。

(一)墙面一般抹灰

1. 墙面一般抹灰构造做法

墙面抹灰由底层抹灰、中层抹灰和面层抹灰组成。

(1)底层。底层抹灰主要起与墙体表面粘结和初步找平作用。不同的墙体底层抹灰所用材料及配比也不相同,多选用质量比为1:(2.5~3)水泥砂浆和1:1:6的混合砂浆。

(2)中间层。中层砂浆层主要起进一步找平作用和减小由于材料干缩引起的龟裂缝,它是保证装饰面层质量的关键层。其用料配比与底层抹灰用料基本相同。

(3)面层。面层抹灰首先要满足防水和抗冻的功能要求,一般用质量比为1:(2.5~3)的水泥砂浆。该层也为装饰层,应按设计要求施工,如进行拉毛、扒拉面、拉假面、水刷面、斩假面等。

一般抹灰外墙面构造做法见表7-3,一般抹灰内墙面构造做法见表7-4。

表7-3　　　　　　　　一般抹灰外墙面构造做法

名称	厚度	构造做法
水泥砂浆墙面 (砖墙)	18	1. 6厚1:2.5水泥砂浆面层 2. 12厚1:3水泥砂浆打底扫毛或划出纹道
水泥砂浆墙面 (混凝土墙、混凝土空心砌块墙) (轻骨料混凝土空心砌块墙)	18	1. 6厚1:2.5水泥砂浆面层 2. 12厚1:3水泥砂浆打底扫毛或划出纹道 3. 刷聚合物水泥浆一道
水泥砂浆墙面 (蒸压加气混凝土砌块墙) (轻骨料混凝土空心砌块墙)	22	1. 10厚1:2.5(或1:3)水泥砂浆面层 2. 9厚1:3专用水泥砂浆打底扫毛或划出纹道 3. 3厚专用聚合物砂浆底面刮糙;或专用界面处理剂甩毛 4. 喷湿墙面

表 7-4　　一般抹灰内墙面构造做法

名称	基层类别	厚度	构造做法
水泥石灰砂浆墙面墙裙（1. 耐擦洗涂料　2. 可赛银　3. 大白浆）（燃烧性能等级 A）	各类砖墙	16	1. 面浆饰面 2. 2 厚纸筋灰罩面 3. 14 厚 1：3：9 水泥石灰膏砂浆打底分层抹平
		14	1. 面浆饰面 2. 5 厚 1：0.5：2.5 水泥石灰膏砂浆找平 3. 9 厚 1：0.5：3 水泥石灰膏砂浆打底扫毛或划出纹道
	混凝土墙 混凝土空心砌块墙	14	1. 面浆饰面 2. 2 厚纸筋灰罩面 3. 12 厚 1：3：9 水泥石灰膏砂浆打底分层抹平 4. 刷素水泥浆一道（内掺建筑胶）
		14	1. 面浆饰面 2. 5 厚 1：0.5：2.5 水泥石灰膏砂浆找平 3. 9 厚 1：0.5：3 水泥石灰膏砂浆打底扫毛或划出纹道 4. 刷素水泥浆一道（内掺建筑胶）
	蒸压加气混凝土砌块墙	16	1. 面浆饰面 2. 5 厚 1：0.5：2.5 水泥石灰膏砂浆找平 3. 8 厚 1：1：6 水泥石灰膏砂浆打底扫毛或划出纹道 4. 3 厚外加剂专用砂浆打底刮糙或专用界面剂一道甩毛（甩前喷湿墙面）
	陶粒混凝土砌块墙	14	1. 面浆饰面 2. 5 厚 1：0.5：2.5 水泥石灰膏砂浆找平 3. 9 厚 1：0.5：2.5 水泥石灰膏砂浆打底扫毛或划出纹道 4. 素水泥浆一道（内掺建筑胶）
	加气混凝土条板墙	10	1. 面浆饰面 2. 2 厚纸筋灰罩面 3. 8 厚 1：1：6 水泥石灰膏砂浆分层抹平 4. 涂刷专用界面剂一道甩毛（甩前喷湿墙面）
	陶粒混凝土条板墙（麻面）	10	1. 面浆饰面 2. 5 厚 1：0.5：2.5 水泥石灰膏砂浆找平 3. 5 厚 1：0.5：2.5 水泥石灰膏砂浆打底扫毛或划出纹道 4. 素水泥浆一道（内掺建筑胶）

2. 清单项目设置及工程量计算规则

清单项目设置及工程量计算规则见表7-5。

表7-5 墙面一般抹灰

项目编码	项目名称	项目特征	计量单位	工程量计算规则	工作内容
011201001	墙面一般抹灰	1. 墙体类型 2. 底层厚度、砂浆配合比 3. 面层厚度、砂浆配合比 4. 装饰面材料种类 5. 分格缝宽度、材料种类	m^2	按设计图示尺寸以面积计算。扣除墙裙、门窗洞口及单个>0.3m^2的孔洞面积,不扣除踢脚线、挂镜线和墙与构件交接处的面积,门窗洞口和孔洞的侧壁及顶面不增加面积。附墙柱、梁、垛、烟囱侧壁并入相应的墙面面积内 1. 外墙抹灰面积按外墙垂直投影面积计算 2. 外墙裙抹灰面积按其长度乘以高度计算 3. 内墙抹灰面积按主墙间的净长乘以高度计算 (1)无墙裙的,高度按室内楼地面至天棚底面计算 (2)有墙裙的,高度按墙裙顶至天棚底面计算 (3)有吊顶天棚抹灰,高度算至天棚底 4. 内墙裙抹灰面按内墙净长乘以高度计算	1. 基层清理 2. 砂浆制作、运输 3. 底层抹灰 4. 抹面层 5. 抹装饰面 6. 勾分格缝

注:1. 本表适用于墙面抹石灰砂浆、水泥砂浆、混合砂浆、聚合物水泥砂浆、麻刀石灰浆、石膏灰浆等项目列项。
  2. 飘窗凸出外墙面增加的抹灰并入外墙工程量内。
  3. 有吊顶的内墙面抹灰,抹至吊顶以上部分在综合单价中考虑。

由表7-5可知墙面一般抹灰的工程量计算规则,应注意:
(1)墙面抹灰分内外墙面、墙裙等部位以面积计算。
(2)墙面抹灰不扣除"与构件交接处的面积",是指墙与梁的交接处所占面积,不包括墙面与楼板交接处面积。

3. 墙面一般抹灰工程量计算公式

根据墙面一般抹灰工程量计算规则,其计算公式可简化为:

墙面一般抹灰工程量=墙面净长×墙面净高－墙裙门窗洞口面积－0.3m² 以外孔洞面积＋附墙柱、梁、垛、烟囱侧壁面积

4. 计算实例

【例7-1】某工程如图 7-2 所示,室内墙面抹 1∶2 水泥砂浆底,1∶3 石灰砂浆找平层,麻刀石灰浆面层,共 20mm 厚。室内墙裙采用 1∶3 水泥砂浆打底(19mm 厚),1∶2.5 水泥砂浆面层(6mm 厚),计算室内墙面一般抹灰工程量。

M:1000mm×2700mm　　共 3 个
C:1500mm×1800mm　　共 4 个

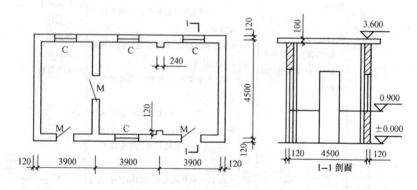

图 7-2　某工程剖面图

【解】墙面一般抹灰工程量=[(3.90×3－0.24×2＋0.12×2)×2＋
(4.50－0.24)×4]×(3.60－0.10－
0.90)－1.00×(2.70－0.90)×4－
1.50×1.80×4
=85.90m²

(二)柱、梁面一般抹灰

1. 柱、梁面一般抹灰构造做法

一般来说,室内柱一般用石灰砂浆或水泥混合砂浆抹底层、中层,麻刀石灰或纸筋石灰抹面层;室外常用水泥砂浆抹灰。

2. 清单项目设置及工程量计算规则

清单项目设置及工程量计算规则见表 7-6。

表 7-6   柱、梁面一般抹灰

项目编码	项目名称	项目特征	计量单位	工程量计算规则	工作内容
011202001	柱、梁面一般抹灰	1. 柱(梁)体类型 2. 底层厚度、砂浆配合比 3. 面层厚度、砂浆配合比 4. 装饰面材料种类 5. 分格缝宽度、材料种类	m²	1. 柱面抹灰:按设计图示柱断面周长乘以高度以面积计算 2. 梁面抹灰:按设计图示梁断面周长乘长度以面积计算	1. 基层清理 2. 砂浆制作、运输 3. 底层抹灰 4. 抹面层 5. 抹装饰面 6. 勾分格缝

注:本表适用于柱(梁)面抹石灰砂浆、水泥砂浆、混合砂浆、聚合物水泥砂浆、麻刀灰浆、石膏灰浆等项目列项。

由表 7-6 可知柱面一般抹灰的工程量计算规则,应注意:
(1)高度为实际抹灰高度。
(2)断面周长为柱(梁)结构断面周长。

3. 柱、梁面一般抹灰工程量计算公式

根据柱、梁面一般抹灰工程量计算规则,其计算公式可简化为:

柱、梁面一般抹灰工程量=结构断面周长×图示抹灰高度

4. 计算实例

【例 7-2】如图 7-3 所示,求柱面抹水泥砂浆工程量。

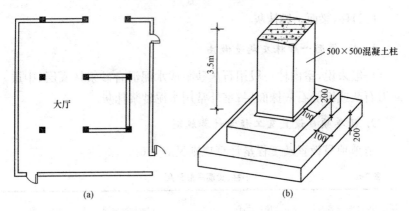

图 7-3 大厅平面示意图

(a)大厅示意图;(b)混凝土柱示意图

【解】水泥砂浆一般抹灰工程量=0.5×4×3.5×6
=42m²

(三)零星项目一般抹灰

1. 零星项目一般抹灰构造做法

零星项目抹灰包括墙裙、里窗台抹灰、阳台抹灰、挑檐抹灰等。

(1)墙裙、里窗台均为室内易受碰撞、易受潮湿部位。一般用1:3水泥砂浆作底层,用1:(2~2.5)的水泥砂浆罩面压光。其水泥强度等级不宜太高,一般选用42.5R级早强性水泥。墙裙、里窗台抹灰是在室内墙面、天棚、地面抹灰完成后进行。其抹面一般凸出墙面抹灰层5~7mm。

(2)阳台抹灰是室外装饰的重要部分,要求各个阳台上下成垂直线,左右成水平线,进出一致,各个细部划一,颜色一致。抹灰前要注意清理基层,把混凝土基层清扫干净并用水冲洗,用钢丝刷子将基层刷到露出混凝土新槎。

(3)挑檐是指天沟、遮阳板、雨篷等挑出墙面用作挡雨、避阳的结构物。挑檐抹灰的构造做法如图7-4所示。

第七章 墙、柱面装饰与隔断、幕墙工程工程量计算

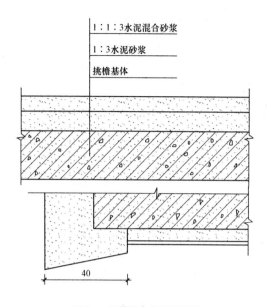

图 7-4 挑檐抹灰构造的做法

2. 清单项目设置及工程量计算规则

清单项目设置及工程量计算规则见表 7-7。

表 7-7　　　　　　零星项目一般抹灰

项目编码	项目名称	项目特征	计量单位	工程量计算规则	工作内容
011203001	零星项目一般抹灰	1. 基层类型、部位 2. 底层厚度、砂浆配合比 3. 面层厚度、砂浆配合比 4. 装饰面材料种类 5. 分格缝宽度、材料种类	m²	按设计图示尺寸以面积计算	1. 基层清理 2. 砂浆制作、运输 3. 底层抹灰 4. 抹面层 5. 抹装饰面 6. 勾分格缝

注：1. 本表适用于零星项目抹石灰砂浆、水泥砂浆、混合砂浆、聚合物水泥砂浆、麻刀石灰浆、石膏灰浆等项目列项。

2. 墙、柱(梁)面≤0.5m² 的少量分散一般抹灰按本表零星项目一般抹灰列项。

3. 零星项目一般抹灰工程量计算公式

根据零星项目一般抹灰工程量计算规则,其计算公式可简化为:

零星项目一般抹灰工程量=实际展开面积

4. 计算实例

【例7-3】求图7-5水泥砂浆抹小便池(长2m)工程量。

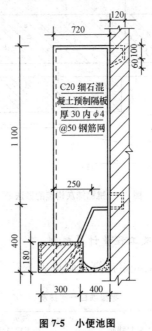

图7-5 小便池图

【解】小便池抹灰工程量$=2\times(0.18+0.3+0.4\times\pi\div2)=2.22m^2$

二、装饰抹灰

(一)墙面装饰抹灰

1. 墙面装饰抹灰构造做法

墙面装饰抹灰包括水刷石抹灰、斩假石抹灰、干粘石抹灰、假面砖墙面抹灰等。

(1)水刷石是石粒类材料饰面的传统做法，其特点是采取适当的艺术处理，如分格分色、线条凹凸等，使饰面达到自然、明快和庄重的艺术效果。水刷石一般多用于建筑物墙面、檐口、腰线、窗楣、窗套、门套、柱子、阳台、雨篷、勒脚、花台等部位。

(2)斩假石又称剁斧石，是仿制天然石料的一种建筑饰面。用不同的骨料或掺入不同的颜料，可以制成仿花岗石、玄武石、青条石等斩假石。斩假石在我国有悠久的历史，其特点是通过细致的加工使其表面石纹逼真、规整，形态丰富，给人一种类似天然岩石的美感效果。

(3)干粘石面层粉刷，也称干撒石或干喷石。它是在水泥纸筋灰或纯水泥浆或水泥白灰砂浆粘结层的表面，用人工或机械喷枪均匀地撒喷一层石子，用钢板拍平板实。此种面层，适用于建筑物外部装饰。这种做法与水刷石比较，既节约水泥、石粒等原材料，减少湿作业，又能明显提高工效。

(4)假面砖饰面是近年来通过反复实践比较成功的新工艺。这种饰面操作简单，美观大方，在经济效果上低于水刷石造价的50%，提高工效达40%。它适用于各种基层墙面。假面砖饰面构造可参见图7-6和图7-7所示。

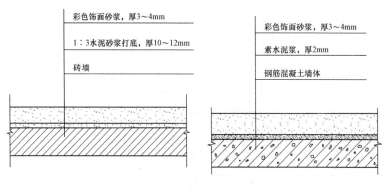

图7-6　假面砖饰面构造(一)　　图7-7　假面砖饰面构造(二)

外墙面装饰抹灰构造做法见表7-8。

表 7-8　　　　　　　　　　外墙面装饰抹灰构造做法

名　称	厚度	构 造 做 法
水刷石墙面 (砖石墙)	21	1. 8厚1∶5水泥石子(小八厘)；或8厚1∶2.5水泥石子(中八厘)面层 2. 刷素水泥浆一道(内掺水重5%的建筑胶) 3. 12厚1∶3水泥砂浆打底扫毛或划出纹道
水刷石墙面(混凝土墙、 混凝土空心砌块墙) (轻骨料混凝土 空心砌块墙)	21	1. 8厚1∶5水泥石子(小八厘)；或8厚1∶2.5水泥石子(中八厘)面层 2. 刷素水泥浆一道(内掺水重5%的建筑胶) 3. 12厚1∶3水泥砂浆打底扫毛或划出纹道 4. 刷聚合物水泥浆一道
水泥石墙面 (蒸压加气混凝土 砌块墙)	21	1. 8厚1∶1.5水泥石子(小八厘)；或8厚1∶2.5水泥石子(中八厘)面层 2. 刷素水泥浆一道(内掺水重5%的建筑胶) 3. 9厚1∶3专用水泥砂浆中层底抹平，表面扫毛或划出纹道 4. 3厚专用聚合物砂浆底面刮糙；或专用界面处理剂甩毛 5. 喷湿墙面
水刷小豆石 墙面(砖石墙)	25	1. 12厚1∶2.5水泥小豆石面层(小豆石粒径以5~8为宜) 2. 刷素水泥浆一道(内掺水重5%的建筑胶) 3. 12厚1∶3水泥砂浆打底扫毛或划出纹道
水刷小豆石墙面 (混凝土墙、 混凝土空心砌块墙) (轻骨料混凝土 空心砌块墙)	25	1. 12厚1∶2.5水泥小豆石面层(小豆石粒径以5~8为宜) 2. 刷素水泥浆一道(内掺水重5%的建筑胶) 3. 12厚1∶3水泥砂浆打底扫毛或划出纹道 4. 刷聚合物水泥浆一道
水刷小豆石墙面 (蒸压加气混凝土 砌块墙)	25	1. 12厚1∶2.5水泥小豆石面层(小豆石粒径以5~8为宜) 2. 刷素水泥浆一道(内掺水重5%的建筑胶) 3. 9厚1∶3专用水泥砂浆中层底抹平，表面扫毛或划出纹道 4. 喷湿墙面
斧剁石墙面 (砖石墙)	23	1. 斧剁斩毛两遍成活 2. 10厚1∶2水泥石子(米粒石内掺30%石屑)面层赶平压实 3. 刷素水泥浆一道(内掺水重5%的建筑胶) 4. 12厚1∶3水泥砂浆打底扫毛或划出纹道
剁斧石墙面 (混凝土墙、 混凝土空心砌块墙) (轻骨料混凝土 空心砌块墙)	23	1. 斧剁斩毛两遍成活 2. 10厚1∶2水泥石子(米粒石内掺30%石屑)面层赶平压实 3. 刷素水泥浆一道(内掺水重5%的建筑胶) 4. 12厚1∶3水泥砂浆打底扫毛或划出纹道 5. 刷聚合物水泥浆一道
剁斧石墙面 (蒸压加气混凝土 砌块墙)	23	1. 斧剁斩毛两遍成活 2. 10厚1∶2水泥石子(米粒石内掺30%石屑)面层赶平压实 3. 9厚1∶3专用水泥砂浆中层底抹平，表面扫毛或划出纹道 4. 3厚专用聚合物砂浆底面刮糙；或专用界面处理剂甩毛 5. 喷湿墙面

2. 清单项目设置及工程量计算规则

清单项目设置及工程量计算规则见表 7-9。

表 7-9　　　　　　　　　　墙面装饰抹灰

项目编码	项目名称	项目特征	计量单位	工程量计算规则	工作内容
011201002	墙面装饰抹灰	1. 墙体类型 2. 底层厚度、砂浆配合比 3. 面层厚度、砂浆配合比 4. 装饰面材料种类 5. 分格缝宽度、材料种类	m^2	按设计图示尺寸以面积计算。扣除墙裙、门窗洞口及单个$>0.3m^2$的孔洞面积，不扣除踢脚线、挂镜线和墙与构件交接处的面积，门窗洞口和孔洞的侧壁及顶面不增加面积。附墙柱、梁、垛、烟囱侧壁并入相应的墙面面积内 　1. 外墙抹灰面积按外墙垂直投影面积计算 　2. 外墙裙抹灰面积按其长度乘以高度计算 　3. 内墙抹灰面积按主墙间的净长乘以高度计算 　（1）无墙裙的，高度按室内楼地面至天棚底面计算 　（2）有墙裙的，高度按墙裙顶至天棚底面计算 　（3）有吊顶天棚抹灰，高度算至天棚底 　4. 内墙裙抹灰面按内墙净长乘以高度计算	1. 基层清理 2. 砂浆制作、运输 3. 底层抹灰 4. 抹面层 5. 抹装饰面 6. 勾分格缝

注：1. 本表适用于墙面水刷石、斩假石、干粘石、假面砖等项目列项。
　　2. 飘窗凸出外墙面增加的抹灰并入外墙工程量内。
　　3. 有吊顶天棚的内墙面抹灰，抹至吊顶以上部分在综合单价中考虑。

由表 7-9 可知墙面装饰抹灰的工程量计算规则，应注意：
（1）墙面抹灰分内外墙墙面，墙裙等部位以面积计算。
（2）墙面抹灰不扣除"与构件交接处的面积"，是指墙与梁的交接处所占面积，不包括墙面与楼板交接处面积。

3. 墙面装饰抹灰工程量计算公式

根据墙面装饰抹灰工程量计算规则,其计算公式可简化为:

墙面装饰抹灰工程量=墙面净长×墙面净高-墙裙门窗洞口面积-0.3m² 以外孔洞面积+附墙柱、梁、垛、烟囱侧壁面积

4. 计算实例

【例 7-4】如图 7-8 所示,求墙面装饰抹灰工程量。

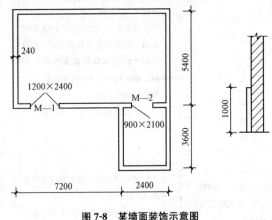

图 7-8 某墙面装饰示意图

【解】墙面装饰抹灰工程量=[(5.4-0.24)+(7.2+2.4-0.24)]×2×1.0+[(3.6-0.24)+(2.4-0.24)]×2×1.0-1.2×1.0×2-0.9×1.0×2

$=35.88m^2$

(二)柱、梁面装饰抹灰

1. 柱、梁面装饰抹灰构造做法

柱、梁面装饰抹灰包括水刷石抹灰、斩假石抹灰、干粘石抹灰、假面砖柱面抹灰等,其构造做法参见墙面装饰抹灰的内容。

2. 清单项目设置及工程量计算规则

清单项目设置及工程量计算规则见表 7-10。

第七章 墙、柱面装饰与隔断、幕墙工程工程量计算

表 7-10 柱、梁面装饰抹灰

项目编码	项目名称	项目特征	计量单位	工程量计算规则	工作内容
011202002	柱、梁面装饰抹灰	1. 柱(梁)体类型 2. 底层厚度、砂浆配合比 3. 面层厚度、砂浆配合比 4. 装饰面材料种类 5. 分格缝宽度、材料种类	m²	1. 柱面抹灰：按设计图示柱断面周长乘以高度以面积计算。 2. 梁面抹灰：按设计图示梁断面周长乘长度以面积计算	1. 基层清理 2. 砂浆制作、运输 3. 底层抹灰 4. 抹面层 5. 抹装饰面 6. 勾分格缝

注：本表适用于柱(梁)面水刷石、斩假石、干粘石、假面砖等项目列项。

由表 7-10 可知柱面装饰抹灰的工程量计算规则,应注意：
(1)高度为实际抹灰高度。
(2)断面周长为柱(梁)结构断面周长。

3. 柱、梁面装饰抹灰工程量计算公式

根据柱、梁面装饰抹灰工程量计算规则,其计算公式可简化为：

柱、梁面装饰抹灰工程量＝结构断面周长×图示抹灰高度

4. 计算实例

【例 7-5】如图 7-9 所示,钢筋混凝土柱面假面砖装饰,装饰后断面为 400mm×400mm,计算其工程量。

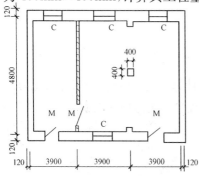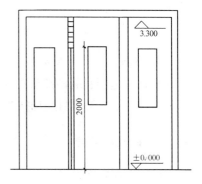

图 7-9 柱面装饰

【解】 柱面装饰板工程量＝柱饰面外围周长×装饰高度＋柱帽、柱墩面积柱面工程量

$$=0.40\times 4\times 3.3$$
$$=5.28m^2$$

(三) 零星项目装饰抹灰

1. 零星项目装饰抹灰构造做法

零星项目装饰抹灰包括墙裙、里窗台、阳台及挑檐等处进行的装饰抹灰项目，其构造做法参见零星项目一般抹灰的内容。

2. 清单项目设置及工程量计算规则

清单项目设置及工程量计算规则见表7-11。

表7-11　　　　　　　　零星项目装饰抹灰

项目编码	项目名称	项目特征	计量单位	工程量计算规则	工作内容
011203002	零星项目装饰抹灰	1. 基层类型、部位 2. 底层厚度、砂浆配合比 3. 面层厚度、砂浆配合比 4. 装饰面材料种类 5. 分格缝宽度、材料种类	m²	按设计图示尺寸以面积计算	1. 基层清理 2. 砂浆制作、运输 3. 底层抹灰 4. 抹面层 5. 抹装饰面 6. 勾分格缝

注：1. 本表适用于零星项目水刷石、斩假石、干粘石、假面砖等项目列项。
　　2. 墙、柱(梁)面≤0.5m²的少量分散装饰抹灰按本表零星项目装饰抹灰列项。

3. 零星项目装饰抹灰工程量计算公式

根据零星项目装饰抹灰工程量计算规则，其计算公式可简化为：

零星项目装饰抹灰工程量＝实际展开面积

三、砂浆找平层

(一) 立面砂浆找平层

立面砂浆找平层清单项目设置及工程量计算规则见表7-12。

表 7-12　　　　　　　　　　　　立面砂浆找平层

项目编码	项目名称	项目特征	计量单位	工程量计算规则	工作内容
011201004	立面砂浆找平层	1. 基层类型 2. 找平层砂浆厚度、配合比	m²	按设计图示尺寸以面积计算。扣除墙裙、门窗洞口及单个>0.3m²的孔洞面积，不扣除踢脚线、挂镜线和墙与构件交接处的面积，门窗洞口和孔洞的侧壁及顶面不增加面积。附墙柱、梁、垛、烟囱侧壁并入相应的墙面面积内 (1)外墙抹灰面积按外墙垂直投影面积计算 (2)外墙裙抹灰面积按其长度乘以高度计算 (3)内墙抹灰面积按主墙间的净长乘以高度计算 1)无墙裙的，高度按室内楼地面至天棚底面计算 2)有墙裙的，高度按墙裙顶至天棚底面计算 3)有吊顶天棚抹灰，高度算至天棚底 (4)内墙裙抹灰面按内墙净长乘以高度计算	1. 基层清理 2. 砂浆制作、运输 3. 抹灰找平

注：立面砂浆找平项目适用于仅做找平层的立面抹灰。

(二)柱、梁面砂浆找平

柱、梁面砂浆找平清单项目设置及工程量计算规则见表 7-13。

表 7-13　　　　　　　　　　　　柱、梁面砂浆找平

项目编码	项目名称	项目特征	计量单位	工程量计算规则	工作内容
011202003	柱、梁面砂浆找平	1. 柱(梁)体类型 2. 找平的砂浆厚度、配合比	m²	1. 柱面抹灰：按设计图示柱断面周长乘高度以面积计算 2. 梁面抹灰：按设计图示梁断面周长乘以长度以面积计算	1. 基层清理 2. 砂浆制作、运输 3. 抹灰找平

注：柱、梁面砂浆找平项目适用于仅做找平层的柱(梁)面抹灰。

(三)零星项目砂浆找平

零星项目砂浆找平清单项目设置及工程量计算规则见表 7-14。

表 7-14　　　　　零星项目砂浆找平

项目编码	项目名称	项目特征	计量单位	工程量计算规则	工作内容
011203003	零星项目砂浆找平	1. 基层类型、部位 2. 找平的砂浆厚度、配合比	m²	按设计图示尺寸以面积计算	1. 基层清理 2. 砂浆制作、运输 3. 抹灰找平

四、勾缝

(一)墙面勾缝

1. 墙面勾缝构造做法

墙面勾缝的形式有平缝、平凹缝、圆凹缝、凸缝、斜缝五种,如图 7-10 所示。

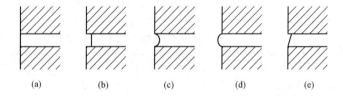

图 7-10　勾缝形式

(a)平缝;(b)平凹缝;(c)圆凹缝;(d)凸缝;(e)斜缝

外墙面勾缝构造做法见表 7-15;内墙面勾缝构造做法见表 7-16。

表 7-15　　　　　外墙面勾缝构造做法

名　称	构　造　做　法
清水砖勾缝墙面	清水砖墙 1∶1 水泥砂浆勾凹缝(缝宽 10～15,凹入 3～5)
石墙勾缝墙面 (石墙)	1∶2 水泥砂浆勾凹缝 　平凸缝,缝宽 20～25,凸入 3～4(适用于虎皮墙) 　凹缝,缝宽 10～25,凹入 5～8(适用于整石墙)
清水混凝土墙面 (大模混凝土墙) 清水模板(光模)	1. 涂刷丙烯酸共聚物基混凝土保护剂两遍 2. 聚合物砂浆局部修补基层 3. 用喷砂或水枪清除混凝土基层表面灰尘、油污、泛碱、油漆、浮浆、松动砂浆及表面残留杂物

表 7-16　　　　　　　　　　　内墙面勾缝构造做法

名　　称	基层类别	构 造 做 法
清水墙勾缝墙面 (燃烧性能等级 A)	各类砖墙	清水砖墙 1∶1 水泥砂浆勾缝
		清水砖墙 1∶1 水泥砂浆勾凹缝,凹缝深 3~5
清水墙喷浆墙面 1. 大白浆 2. 白水泥浆 3. 石灰水 (燃烧性能等级 A)	各类砖墙	1. 面浆饰面(内掺建筑胶) 2. 清水砖墙 1∶1 水泥砂浆勾平缝
		1. 面浆饰面(内掺建筑胶) 2. 清水砖墙 1∶1 水泥砂浆勾凹缝,凹缝深 3~5
	大模混凝土墙	1. 面浆饰面(内掺建筑胶) 2. 原浆修补墙面

2. 清单项目设置及工程量计算规则

清单项目设置及工程量计算规则见表 7-17。

表 7-17　　　　　　　　　　　　　墙面勾缝

项目编码	项目名称	项目特征	计量单位	工程量计算规则	工作内容
011201003	墙面勾缝	1. 勾缝类型 2. 勾缝材料种类	m²	按设计图示尺寸以面积计算。扣除墙裙、门窗洞口及单个 0.3m² 以外的孔洞面积,不扣除踢脚线、挂镜线和墙与构件交接处的面积,门窗洞口和孔洞的侧壁及顶面不增加面积。附墙柱、梁、垛、烟囱侧壁并入相应的墙面面积内 1. 外墙抹灰面积按外墙垂直投影面积计算 2. 外墙裙抹灰面积按其长度乘以高度计算 3. 内墙抹灰面积按主墙间的净长乘以高度计算 (1)无墙裙的,高度按室内楼地面至天棚底面计算 (2)有墙裙的,高度按墙裙顶至天棚底面计算 (3)有吊顶天棚抹灰,高度算至天棚底 4. 内墙裙抹灰面积按内墙净长乘以高度计算	1. 基层清理 2. 砂浆制作、运输 3. 勾缝

3. 墙面勾缝工程量计算公式

根据墙面勾缝工程量计算规则,其计算公式可简化为:

墙面勾缝工程量＝墙面净长×墙面净高－门窗洞口面积－0.3m² 以外孔洞面积＋附墙柱、梁、垛、烟囱侧壁面积

4. 计算实例

【例 7-6】如图 7-11 所示，外墙采用水泥砂浆勾缝，层高 3.6m，墙裙高 1.2m，求外墙勾缝工程量。

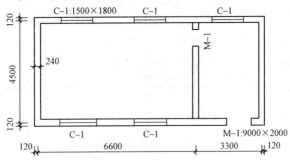

图 7-11 某工程平面示意图

【解】外墙勾缝工程量＝(9.9＋0.24＋4.5＋0.24)×(3.6－1.2)
　　　　　　　　　＝35.71m²

(二)柱面勾缝

1. 柱面勾缝构造做法

柱面勾缝的形式有平缝、平凹缝、圆凹缝、凸缝、斜缝等，具体可参照墙面勾缝的内容。

2. 清单项目设置及工程量计算规则

清单项目设置及工程量计算规则见表 7-18。

表 7-18　　　　　　　　柱面勾缝

项目编码	项目名称	项目特征	计量单位	工程量计算规则	工作内容
011202004	柱面勾缝	1. 勾缝类型 2. 勾缝材料种类	m²	按设计图示柱断面周长乘以高度以面积计算	1. 基层清理 2. 砂浆制作、运输 3. 勾缝

3. 柱面勾缝工程量计算公式

根据柱面勾缝工程量计算规则，其计算公式可简化为：

柱面勾缝工程量＝柱结构断面周长×图示抹灰高度

4. 计算实例

【例7-7】计算如图7-12所示柱面勾缝抹水泥砂浆的工程量。

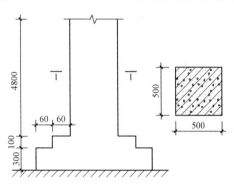

图 7-12　柱示意图

【解】柱面勾缝工程量＝$0.5×4×4.8+[(0.5+0.06×4)^2 - 0.5^2]+[(0.5+0.06×4)×4×0.3+(0.5+0.06×2)×4×0.1]$

$=11.03 m^2$

第三节　墙、柱（梁）面镶贴块料工程量计算

一、石材镶贴

（一）石材镶贴构造做法

石材镶贴块料常用的材料有天然大理石、花岗石、人造石饰面材料等。

（1）大理石饰面板。大理石是一种变质岩，是由石灰岩变质而成，颜色有纯黑、纯白、纯灰等色泽和各种混杂花纹色彩。

(2)花岗石饰面板。花岗石是各类岩浆岩的统称,如花岗岩、安山岩、辉绿岩、辉长岩等。天然花岗石部分产品花色及规格见表 7-19。

表 7-19　　　　　　　　天然花岗石部分产品花色及规格　　　　　　　mm

品种名称	常用规格及说明		
白麻石	长×宽		厚度
黑麻石	300×300	600×1000	
粉红麻石	300×600	800×900	10~20
幻彩绿麻石	400×400	800×1000	
印度红麻石	长×宽		
皇妃红麻石	400×600	800×1200	
芝麻石(密花)	400×600	800×1500	
紫彩麻石	600×600	1500×1000	
啡钻麻石	600×900	2000×1000	
幻彩红麻石	说明: 1. "麻石"为花岗石的俗称。 2. 天然花岗石装饰板的具体产品名称,各生产厂均根据产品表面色泽和自然纹理图案效果自取其名,称谓各异,有的则体现产地特点,如中国红、将军红、济南青、穗州花玉、豫南红、少林红等。 3. 产品规格尺寸可根据工程需要和设计规定与生产厂或经销商进行协商订制		
绿星石			
绿钻麻石			
绿钻红石			
啡钻蓝石			
红钻麻石			
美满红石			
浪涛红石			
紫晶麻石			

(3)人造石饰面板。人造石饰面材料是用天然大理石、花岗石之碎石、石屑、石粉为填充材料,由不饱和聚酯树脂为胶粘剂(也可用水泥为胶粘剂),经搅拌成形、研磨、抛光而制成。其中,常用的是树脂型人造大理石和预制水磨石饰面板。树脂型人造大理石采用不饱和聚酯为胶粘剂,与石英砂、大理石、方解石粉等搅拌混合,浅铸成形固化,经脱模、烘干、抛光等工艺制成。

外墙石材墙面粘贴构造做法见表 7-20;内墙贴薄石材构造做法见表 7-21。

表 7-20　　　　　　　　　　碎拼石材镶贴构造做法

名　称	厚度	构 造 做 法
粘贴石材墙面 （砖石墙）	31～37	1. 1∶1 水泥砂浆（细砂）勾缝 2. 贴 10～16 厚薄型石材,石材背面涂 5 厚胶粘剂 3. 6 厚 1∶2.5 水泥砂浆结合层,内掺水重 5％的建筑胶,表面扫毛或划出纹道 4. 刷聚合物水泥浆一道 5. 10 厚 1∶3 水泥砂浆打底扫毛或划出纹道
粘贴石材墙面 （大模混凝土墙）	26～32	1. 1∶1 水泥砂浆（细砂）勾缝 2. 贴 10～16 厚薄型石材,石材背面涂 5 厚胶粘剂 3. 6 厚 1∶2.5 水泥砂浆结合层,内掺水重 5％的建筑胶 4. 刷聚合物水泥浆一道 5. 5 厚 1∶3 水泥砂浆打底扫毛或划出纹道 6. 聚合物砂浆修补完整
粘贴石材墙面 （混凝土墙、 混凝土空心砌块墙）	26～32	1. 1∶1 水泥砂浆（细砂）勾缝 2. 贴 10～16 厚薄型石材,石材背面涂 5 厚胶粘剂 3. 6 厚 1∶2.5 水泥砂浆结合层,内掺水重 5％的建筑胶 4. 刷聚合物水泥浆一道 5. 5 厚 1∶3 水泥砂浆打底扫毛或划出纹道 6. 刷混凝土界面处理剂一道

注：1. 石材规格、颜色由设计人定。
2. 仅用于局部镶贴：如 3m 以下墙面或首层墙面勒脚部位。
3. 粘贴石材尺寸宜≤400×400。
4. 在南方多雨潮湿地区应采用具有抗渗性的找平材料和勾缝材料。
5. 粘贴工程所用粘结砂浆或高强度多用途胶粘剂及石材粘合专用粘结剂产品均应通过试验方可正式使用。

表 7-21　　　　　　　　　内墙贴薄石材构造做法

名　称	基层类别	厚度	构　造　做　法
贴薄石材墙面墙裙 墙面高度≤5m （燃烧性能等级A）	各类砖墙	23～27	1. 稀水泥浆擦缝 2. 8～12厚天然石板面层，正、背面及四周边满涂防污剂（在粘贴面涂专用强力建筑胶后点燃） 3. 6厚1∶2.5水泥砂浆压实抹平（要求平整） 4. 9厚1∶3水泥砂浆打底扫毛或划出纹道
	大模混凝土墙	8～12	1. 稀水泥浆擦缝 2. 8～12厚天然石板面层，正、背面及四周边满涂防污剂（在粘贴面涂专用强力建筑胶后点燃） 3. 聚合物砂浆修补完整（要求平整）
	混凝土墙 混凝土空心砌块墙	23～27	1. 稀水泥浆擦缝 2. 8～12厚天然石板面层，正、背面及四周边满涂防污剂（在粘贴面涂专用强力建筑胶后点燃） 3. 6厚1∶2.5水泥砂浆压实抹平 4. 9厚1∶3水泥砂浆打底扫毛或划出纹道 5. 素水泥浆一道甩毛（内掺建筑胶）
	蒸压加气混凝土砌块墙	23～27	1. 稀水泥浆擦缝 2. 8～12厚天然石板面层，正、背面及四周边满涂防污剂（在粘贴面涂专用强力建筑胶后点燃） 3. 6厚1∶0.5∶2.5水泥砂浆压实抹平 4. 6厚1∶1∶6水泥石灰膏砂浆打底扫毛或划出纹道 5. 3厚外加剂专用砂浆打底刮糙或专用界面剂一道甩毛（甩前先喷湿墙面）
	陶粒混凝土砌块墙	24～28	1. 稀水泥浆擦缝 2. 8～12厚天然石板面层，正、背面及四周边满涂防污剂（在粘贴面涂专用强力建筑胶后点燃） 3. 6厚1∶2.5水泥砂浆压实抹平（要求平整） 4. 刷素水泥浆一道 5. 10厚1∶3水泥砂浆分层压实抹平 6. 素水泥浆一道（内掺建筑胶）

注：1. 粘贴薄石材做法适用于高度≤5m墙面，石材的尺寸不大于400×400，品种、花色由设计人定并在施工图中注明。
　　2. 粘贴石材专用胶需选用经过技术鉴定的产品，并要严格按照生产厂家提供的使用说明施工。
　　3. 墙裙高度由设计人定，并在施工图中注明。
　　4. 建筑胶由设计人定。

(二)石材墙面

1. 清单项目设置及工程量计算规则

清单项目设置及工程量计算规则见表 7-22。

表 7-22　　　　　　　　　石材墙面

项目编码	项目名称	项目特征	计量单位	工程量计算规则	工作内容
011204001	石材墙面	1. 墙体类型 2. 安装方式 3. 面层材料品种、规格、颜色 4. 缝宽、嵌缝材料种类 5. 防护材料种类 6. 磨光、酸洗、打蜡要求	m²	按镶贴表面积计算	1. 基层清理 2. 砂浆制作、运输 3. 粘结层铺贴 4. 面层安装 5. 嵌缝 6. 刷防护材料 7. 磨光、酸洗、打蜡

注：1. 石材与粘结材料的结合面刷防渗材料的种类在防护层材料种类中描述。
　　2. 安装方式可描述为砂浆或粘结剂粘贴、挂贴、干挂等，不论哪种安装方式，都要详细描述与组价相关的内容。

2. 石材墙面工程量计算公式

根据石材墙面工程量计算规则，其计算公式可简化为：

石材墙面工程量＝图示设计净长×图示设计净高

3. 计算实例

【例 7-8】如图 7-13 所示为某单位大厅墙面示意图，墙面长度为 4m，高度为 3m，试计算不同面层材料镶贴工程量。

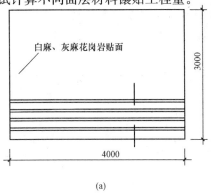

(a)

图 7-13　某单位大厅墙面示意图(一)
(a)平面图

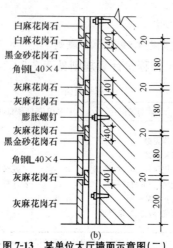

图 7-13 某单位大厅墙面示意图(二)
(b)剖面图

【解】墙面镶贴块料面层工程量＝图示设计净长×图示设计净高

(1)白麻花岗岩工程量＝$(3-0.18×3-0.2-0.02×3)×4$
　　　　　　　　　　＝$8.8m^2$

(2)灰麻花岗岩工程量＝$(0.2+0.18×2+0.04×3)×4=2.72m^2$

(3)黑金砂石材墙面工程量＝$0.18×2×4=1.44m^2$

(三)石材柱面

1. 清单项目设置及工程量计算规则

清单项目设置及工程量计算规则见表 7-23。

表 7-23　　　　　　　　石材柱面

项目编码	项目名称	项目特征	计量单位	工程量计算规则	工作内容
011205001	石材柱面	1. 柱截面类型、尺寸 2. 安装方式 3. 面层材料品种、规格、颜色 4. 缝宽、嵌缝材料种类 5. 防护材料种类 6. 磨光、酸洗、打蜡要求	m²	按镶贴表面积计算	1. 基层清理 2. 砂浆制作、运输 3. 粘结层铺贴 4. 面层安装 5. 嵌缝 6. 刷防护材料 7. 磨光、酸洗、打蜡

注：1. 石材与粘结材料的结合面刷防渗材料的种类在防护层材料种类中描述。
　　2. 柱面干挂石材的钢骨架按干挂石材钢骨架编码列项(参见表 7-35)。

2. 石材柱面工程量计算公式

根据石材柱面工程量计算规则,其计算公式可简化为:

石材柱面工程量＝图示设计柱面周长×图示设计柱高

3. 计算实例

【例7-9】 某建筑物钢筋混凝土柱8根,构造如图7-14所示,柱面挂贴花岗石面层,求其工程量。

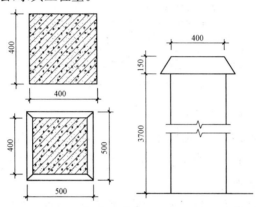

图7-14 钢筋混凝土柱示意图

【解】 柱面挂贴花岗石工程量＝柱身挂贴花岗石工程量＋柱帽挂贴花岗石工程量

柱身挂贴花岗石工程量＝$0.40×4×3.7×8=47.36m^2$

花岗石柱帽工程量按图示尺寸展开面积计算,本例柱帽为四棱台,即应计算四棱台的斜表面积,公式为:

四棱台全斜表面积＝斜高×(上面的周边长＋下面的周边长)÷2

已知斜高为0.158m,按图示数据代入,柱帽展开面积为:

$0.158×(0.5×4+0.4×4)÷2×8=2.28m^2$

柱面、柱帽工程量合并工程量＝$47.36+2.28=49.64m^2$

(四)石材梁面

1. 清单项目设置及工程量计算规则

清单项目设置及工程量计算规则见表7-24。

表 7-24　　石材梁面

项目编码	项目名称	项目特征	计量单位	工程量计算规则	工作内容
011205004	石材梁面	1. 安装方式 2. 面层材料品种、规格、颜色 3. 缝宽、嵌缝材料种类 4. 防护材料种类 5. 磨光、酸洗、打蜡要求	m²	按镶贴表面积计算	1. 基层清理 2. 砂浆制作、运输 3. 粘结层铺贴 4. 面层安装 5. 嵌缝 6. 刷防护材料 6. 磨光、酸洗、打蜡

注：1. 石材与粘结材料的结合面刷防渗材料的种类在防护层材料种类中描述。
　　2. 梁面干挂石材的钢骨架按干挂石材钢骨架编码列项（参见表 7-35）。

2. 石材梁面工程量计算公式

根据石材梁面工程量计算规则，其计算公式可简化为：

石材梁面工程量＝图示梁面镶贴石材外围尺寸×图示设计梁长

3. 计算实例

【例 7-10】 如图 7-15 所示为某建筑结构示意图，其梁(L)表面镶贴石材，试计算石材梁面工程量。

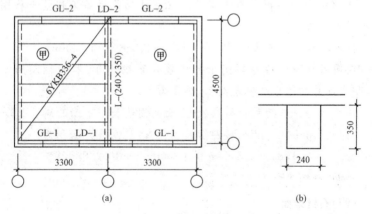

图 7-15　建筑结构示意图
(a)平面图；(b)截面图

【解】石材梁面工程量$=(0.24+0.35\times 2)\times (4.5-0.24)$
$\qquad\qquad\qquad =4.00\mathrm{m}^2$

(五)石材零星项目

1. 清单项目设置及工程量计算规则

清单项目设置及工程量计算规则见表 7-25。

表 7-25　　　　　　　　　石材零星项目

项目编码	项目名称	项目特征	计量单位	工程量计算规则	工作内容
011206001	石材零星项目	1. 基层类型、部位 2. 安装方式 3. 面层材料品种、规格、颜色 4. 缝宽、嵌缝材料种类 5. 防护材料种类 6. 磨光、酸洗、打蜡要求	m^2	按镶贴表面积计算	1. 基层清理 2. 砂浆制作、运输 3. 面层安装 4. 嵌缝 5. 刷防护材料 6. 磨光、酸洗、打蜡

注：1. 石材与粘结材料的结合面刷防渗材料的种类在防护层材料种类中描述。
　　2. 零星项目干挂石材的钢骨架按干挂石材钢骨架编码列项(参见表 7-35)。
　　3. 墙、柱(梁)面$\leqslant 0.5\mathrm{m}^2$ 的少量分散镶贴石材面层按本表执行。

2. 石材零星项目工程量计算公式

根据石材零星项目工程量计算规则,其计算公式可简化为:

$$\text{石材零星项目工程量}=\text{实际铺贴面积}$$

3. 计算实例

【例 7-11】如图 7-16 所示为某橱窗大板玻璃下面墙垛装饰,试计算其工程量。

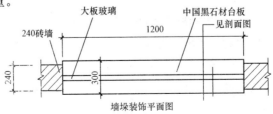

图 7-16　墙垛装饰大样图(一)

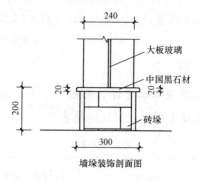

墙垛装饰剖面图

图7-16 墙垛装饰大样图(二)

【解】墙垛中国黑石材饰面工程量=[(0.2-0.02)×2(两侧)+
0.3(台面)]×1.2
=0.792m²

二、拼碎块镶贴

(一)拼碎块镶贴构造做法

拼碎块镶贴是指使用裁切石材剩下的边角余料经过分类加工作为填充材料,由不饱和酯树脂(或水泥)为胶粘剂,经搅拌成型、研磨、抛光等工序组合而成的装饰项目。常见拼碎块镶贴一般为拼碎大理石镶贴。

在生产大理石光面和镜面饰面板材时,裁剪的边角余料经过适当的分类加工后可用以制作碎拼大理石墙面、地面和柱面等,使建筑饰面丰富多彩。

大理石边角余料按其形状不同可分为三种:

(1)非规格块料:长方形或正方形,尺寸不一,每边均切割整齐。使用时大小搭配,镶拼粘贴于墙面。

(2)水裂状块料:成几何形状多边形,大小不一,每边均切割整齐。使用时搭配成图案,镶拼粘贴于墙面。

(3)毛边碎块料:不定形的碎块,使用时大小搭配,颜色搭配,镶拼粘贴于墙面。

以上三种类型的大理石碎块的板面均应是光面或镜面的,其厚度不超过 20mm。最大边长≤30cm。

如图 7-17 所示为硬面层上拼碎大理石做法。

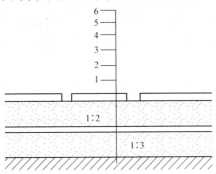

图 7-17　硬面层上拼碎大理石做法

1—砖墙或混凝土基层;2—1∶3 水泥砂浆找平层;3—刷素水泥砂浆一道;
4—1∶2 水泥砂浆掺 108 胶水;5—碎大理石面层;6—1∶1 水泥砂浆嵌缝净打蜡

(二)拼碎石材墙面

1. 清单项目设置及工程量计算规则

清单项目设置及工程量计算规则见表 7-26。

表 7-26　　　　　　　拼碎石材墙面

项目编码	项目名称	项目特征	计量单位	工程量计算规则	工作内容
011204002	拼碎石材墙面	1. 墙体类型 2. 安装方式 3. 面层材料品种、规格、颜色 4. 缝宽、嵌缝材料种类 5. 防护材料种类 6. 磨光、酸洗、打蜡要求	m²	按镶贴表面积计算	1. 基层清理 2. 砂浆制作、运输 3. 粘结层铺贴 4. 面层安装 5. 嵌缝 6. 刷防护材料 7. 磨光、酸洗、打蜡

注:1. 在描述碎石材项目的面层材料特征时可不用描述规格、颜色。
　　2. 碎石材与粘结材料的结合面刷防渗材料的种类在防护层材料种类中描述。

2. 拼碎石材墙面工程量计算公式

根据拼碎石材墙面工程量计算规则,其计算公式可简化为:

拼碎石材墙面工程量=图示设计净长×图示设计净高

3. 计算实例

【例 7-12】某建筑物平面图如图 7-18 所示,墙厚 240mm,层高 3.3m,有 120mm 高的木质踢脚板。试求图示墙面拼碎大理石工程量。

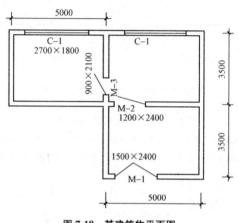

图 7-18 某建筑物平面图

【解】图中可看出,拼碎大理石墙面工程量为墙面的表面积减去门及窗所占的面积,得

拼碎大理石墙面工程量=[(5.0-0.24)+(3.5-0.24)]×2×
(3.3-0.12)×3-1.5×(2.4-0.12)-
1.2×(2.4-0.12)×2-0.9×(2.1-
0.12)×2-2.7×1.8×2
=130.85m²

(三)拼碎块柱面

1. 清单项目设置及工程量计算规则

清单项目设置及工程量计算规则见表 7-27。

表 7-27　　　　　　　　　　　　拼碎块柱面

项目编码	项目名称	项目特征	计量单位	工程量计算规则	工作内容
011205003	拼碎块柱面	1. 柱截面类型、尺寸 2. 安装方式 3. 面层材料品种、规格、颜色 4. 缝宽、嵌缝材料种类 5. 防护材料种类 6. 磨光、酸洗、打蜡要求	m²	按镶贴表面积计算	1. 基层清理 2. 砂浆制作、运输 3. 粘结层铺贴 4. 面层安装 5. 嵌缝 6. 刷防护材料 7. 磨光、酸洗、打蜡

注：1. 在描述碎块项目的面层材料特征时可不用描述规格、颜色。
　　2. 碎块与粘结材料的结合面刷防渗材料的种类在防护层材料种类中描述。

2. 拼碎块柱面工程量计算公式

根据拼碎块柱面工程量计算规则，其计算公式可简化为：

拼碎块柱面工程量＝图示设计柱面周长×图示设计柱高

3. 计算实例

【例 7-13】如图 7-19 所示，6 根混凝土柱四面拼碎大理石，求其工程量。

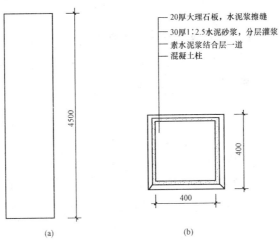

图 7-19　大理石柱示意图
(a)大理石柱立面图；(b)大理石柱平面图

【解】拼碎块柱面工程量＝0.4×4×4.5×6＝43.2m²

(四)拼碎块零星项目

1. 清单项目设置及工程量计算规则

清单项目设置及工程量计算规则见表 7-28。

表 7-28　　　　　　　　　拼碎块零星项目

项目编码	项目名称	项目特征	计量单位	工程量计算规则	工作内容
011206003	拼碎块零星项目	1. 基层类型、部位 2. 安装方式 3. 面层材料品种、规格、颜色 4. 缝宽、嵌缝材料种类 5. 防护材料种类 6. 磨光、酸洗、打蜡要求	m²	按镶贴表面积计算	1. 基层清理 2. 砂浆制作、运输 3. 面层安装 4. 嵌缝 5. 刷防护材料 6. 磨光、酸洗、打蜡

注：1. 在描述碎拼项目的面层材料特征时可不用描述规格、颜色。
　　2. 碎块与粘结材料的结合面刷防渗材料的种类在防护层材料种类中描述。
　　3. 墙、柱面≤0.5m² 的少量分散拼碎块面层按本表执行。

2. 碎拼石材零星项目工程量计算公式

根据拼碎块零星项目工程量计算规则，其计算公式可简化为：
　　　　拼碎块零星项目工程量＝实际铺贴面积

三、块料镶贴

(一)块料镶贴构造做法

块料镶贴一般采用釉面砖和陶瓷锦砖。釉面砖又可称为瓷砖、瓷片，是一种薄型精陶制品，多用于建筑内墙面装饰。瓷砖贴面做法如图 7-20 所示。

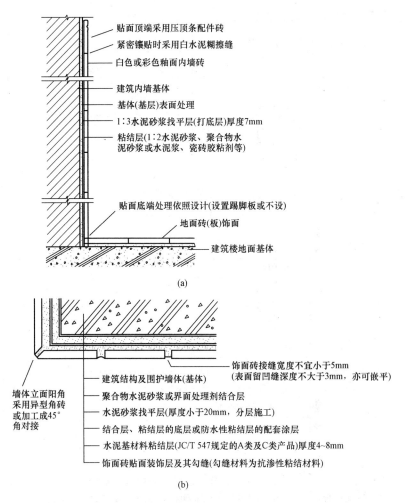

图 7-20 瓷砖镶贴饰面构造

陶瓷马赛克又称"陶瓷锦砖",是用于装饰与保护建筑物地面及墙面的由多块小砖拼贴成联的陶瓷砖,一般尺寸 305mm×305mm 为一联(张)。施工时,以整联镶贴,其饰面构造如图 7-21 所示。

块料镶贴构造做法见表 7-29。

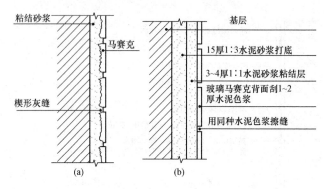

图 7-21 马赛克饰面构造
(a)粘结状况;(b)构造示意图

表 7-29　　　　　　　　　块料镶贴构造做法

名　　称	厚度	构　造　做　法
陶瓷饰面砖墙面 劈离砖墙面 彩色釉面砖墙面 (蒸压加气混凝土砌块墙)	27～29	1. 1∶1水泥(或白水泥掺泥)砂浆(细砂)勾缝 2. 贴8～10厚外墙饰面砖,在砖粘贴面上随贴随涂刷一遍混凝土界面处理剂,增强粘结力 3. 6厚1∶2.5水泥砂浆(掺建筑胶) 4. 刷素水泥浆一道 5. 9厚1∶3水泥砂浆中层刮平扫毛或划出纹道 6. 3厚外加剂专用砂浆打底刮糙;或专用界面剂一道甩毛 7. 喷湿墙面
陶瓷饰面砖墙面 劈离砖墙面 彩色釉面砖墙面 (轻骨料混凝土空心砌块墙)	26～28	1. 1∶1水泥(或白水泥掺泥)砂浆(细砂)勾缝 2. 贴8～10厚外墙饰面砖(粘贴前先将墙砖用水浸湿) 3. 8厚1∶2建筑胶水泥砂浆(或专用胶)粘结层 4. 刷素水泥浆一道(用专用胶粘贴时无此道工序) 5. 9厚1∶3水泥砂浆打底压实抹平,专用胶粘贴要求平整 6. 刷聚合物水泥浆一道
陶瓷饰面砖墙面 劈离砖墙面 彩色釉面砖墙面 (外保温系统抹面层完成面)	17～19	1. 1∶1水泥(或白水泥掺泥)砂浆(细砂)勾缝 2. 贴8～10厚外墙饰面砖(粘贴前先将墙砖用水浸湿) 3. 8厚1∶2建筑胶水泥砂浆(或专用胶)粘结层 4. 刷素水泥浆一道(用专用胶粘贴时无此道工序) 5. 外保温系统抹面完成面

续表

名　称	厚度	构　造　做　法
陶瓷饰面砖墙面 玻璃马赛克墙面 （砖墙）	18	1. 白水泥擦缝或1∶1彩色水泥细砂砂浆勾缝 2. 贴5厚陶瓷（玻璃）锦砖（粘贴锦砖前先用水浸湿） 3. 3厚建筑胶水泥砂浆（或专用胶）粘结层 4. 素水泥浆一道（用专用胶粘贴时无此道工序） 5. 9厚1∶3水泥砂浆打底压实抹平（用专用胶粘结时要求平整）
陶瓷锦砖墙面 玻璃马赛克墙面 （大模混凝土墙）	9	1. 白水泥擦缝或1∶1彩色水泥细砂砂浆勾缝 2. 贴5厚陶瓷（玻璃）锦砖（粘贴锦砖前先用水浸湿） 3. 3厚建筑胶水泥砂浆（或专用胶）粘结层 4. 素水泥浆一道甩毛（内掺建筑胶） 5. 聚合物水泥浆修补平整
陶瓷锦砖墙面 玻璃马赛克墙面 （混凝土墙、 混凝土空心砌块墙）	18	1. 白水泥擦缝或1∶1彩色水泥细砂砂浆勾缝 2. 贴5厚陶瓷（玻璃）锦砖（粘贴锦砖前先用水浸湿） 3. 3厚建筑胶水泥砂浆（或专用胶）粘结层 4. 刷素水泥浆一道（用专用胶粘贴时无此道工序） 5. 9厚1∶3水泥砂浆打底压实抹平（用专用胶粘结时要求平整） 6. 刷一道混凝土界面处理剂（随刷随抹底灰）

(二) 块料墙面

1. 清单项目设置及工程量计算规则

清单项目设置及工程量计算规则见表7-30。

表7-30　　　　　　　　　块料墙面

项目编码	项目名称	项目特征	计量单位	工程量计算规则	工作内容
011204003	块料墙面	1. 墙体类型 2. 安装方式 3. 面层材料品种、规格、颜色 4. 缝宽、嵌缝材料种类 5. 防护材料种类 6. 磨光、酸洗、打蜡要求	m^2	按镶贴表面积计算	1. 基层清理 2. 砂浆制作、运输 3. 粘结层铺贴 4. 面层安装 5. 嵌缝 6. 刷防护材料 7. 磨光、酸洗、打蜡

注：1. 块料与粘结材料的结合面刷防渗材料的种类在防护层材料种类中描述。
　　2. 安装方式可描述为砂浆或粘结剂粘贴、挂贴、干挂等，不论哪种安装方式，都要详细描述与组价相关的内容。

2. 块料墙面工程量计算公式

根据块料墙面工程量计算规则,其计算公式可简化为:

块料墙面工程量=图示设计净长×图示设计净高

3. 计算实例

【例 7-14】某变电室,外墙面尺寸如图 7-22 所示,M:1500mm×2000mm;C—1:1500mm×1500mm;C—2:1200mm×800mm;门窗侧面宽度 100mm,外墙水泥砂浆粘贴规格 194mm×94mm 瓷质外墙砖,灰缝 5mm,计算工程量。

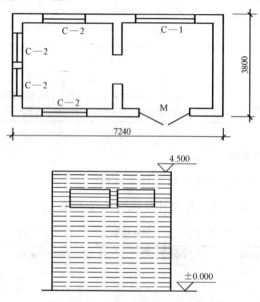

图 7-22 某变电室外墙面尺寸

【解】外墙面砖工程量=(7.24+3.80)×2×4.50-(1.50×2.00)-
　　　　　　　　　　(1.50×1.50)-(1.20×0.80)×4+[2.00×
　　　　　　　　　　2+1.50×3+(1.2+0.8×2)×4]×0.10
　　　　　　　　=92.24m^2

(三)块料柱面

1. 清单项目设置及工程量计算规则

清单项目设置及工程量计算规则见表 7-31。

表 7-31　　　　　块料柱面

项目编码	项目名称	项目特征	计量单位	工程量计算规则	工作内容
011205002	块料柱面	1. 柱截面类型、尺寸 2. 安装方式 3. 面层材料品种、规格、颜色 4. 缝宽、嵌缝材料种类 5. 防护材料种类 6. 磨光、酸洗、打蜡要求	m²	按镶贴表面积计算	1. 基层清理 2. 砂浆制作、运输 3. 粘结层铺贴 4. 面层安装 5. 嵌缝 6. 刷防护材料 7. 磨光、酸洗、打蜡

注：块料与粘结材料的结合面刷防渗材料的种类在防护层材料种类中描述。

2. 块料柱面工程量计算公式

根据块料柱面工程量计算规则，其计算公式可简化为：

块料柱面工程量＝图示设计柱面周长×图示设计柱高

3. 计算实例

【例 7-15】某单位大门砖柱 4 根，砖柱块料面层设计尺寸如图 7-23 所示，面层水泥砂浆贴玻璃马赛克，计算柱面块料工程量。

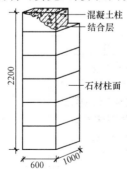

图 7-23　柱面镶贴玻璃马赛克

【解】 柱面块料工程量 $=(0.6+1.0)\times 2\times 2.2\times 4=28.16\text{m}^2$

(四)块料梁面

1. 清单项目设置及工程量计算规则

清单项目设置及工程量计算规则见表 7-32。

表 7-32　　　　　　　　　块料梁面

项目编码	项目名称	项目特征	计量单位	工程量计算规则	工作内容
011205005	块料梁面	1. 安装方式 2. 面层材料品种、规格、颜色 3. 缝宽、嵌缝材料种类 4. 防护材料种类 5. 磨光、酸洗、打蜡要求	m²	按镶贴表面积计算	1. 基层清理 2. 砂浆制作、运输 3. 粘结层铺贴 4. 面层安装 5. 嵌缝 6. 刷防护材料 7. 磨光、酸洗、打蜡

注:块料与粘结材料的结合面刷防渗材料的种类在防护层材料种类中描述。

2. 块料梁面工程量计算公式

根据块料梁面工程量计算规则,其计算公式可简化为:

　　块料梁面工程量=图示梁面外围饰面尺寸×图示设计梁长

(五)块料零星项目

1. 清单项目设置及工程量计算规则

清单项目设置及工程量计算规则见表 7-33。

表 7-33　　　　　　　　　块料零星项目

项目编码	项目名称	项目特征	计量单位	工程量计算规则	工作内容
011206002	块料零星项目	1. 基层类型、部位 2. 安装方式 3. 面层材料品种、规格、颜色 4. 缝宽、嵌缝材料种类 5. 防护材料种类 6. 磨光、酸洗、打蜡要求	m²	按镶贴表面积计算	1. 基层清理 2. 砂浆制作、运输 3. 面层安装 4. 嵌缝 5. 刷防护材料 6. 磨光、酸洗、打蜡

注:1. 块料与粘结材料的结合面刷防渗材料的种类在防护层材料种类中描述。
　　2. 墙、柱(梁)面≤0.5m² 的少量分散镶贴块料面层按本表执行。

2. 块料零星项目工程量计算公式

根据块料零星项目工程量计算规则,其计算公式可简化为:

块料零星项目工程量=实际铺贴面积

四、干挂石材钢骨架

1. 干挂石材钢骨架构造做法

干挂石材是采用金属挂件将石材饰面直接悬挂在主体结构上,形成一种完整的围护结构体系。钢骨架常采用型钢龙骨、轻钢龙骨、铝合金龙骨等材料。常用干挂石材钢骨架的连接方式有两种,第一种是角钢在槽钢的外侧,这种连接方式成本较高,占用空间较大,适合室外使用;第二种是角钢在槽钢的内侧,这种连接方式成本较低,占用空间小,适合室内使用。

干挂石材钢骨架构造做法见表 7-34。

表 7-34　　　　　　干挂石材钢骨架构造做法

名　称	厚度	构　造　做　法
干挂天然石材墙面(各类墙)	135	(1)25 厚石材板,上下边钻销孔,长方形板横排时钻 2 个孔,竖排时钻 1 个孔,孔径 $\phi5$,安装时孔内先镇云石胶,再插入 $\phi4$ 不锈钢销钉,固定于 4 厚不锈钢板石板托件上,石板两侧开 4 宽 80 高凹槽,填胶后,用 4 厚 50 宽燕尾不锈钢板勾住石板(燕尾钢板各勾住一块石板),石板四周接缝宽 6~8,用弹性密封膏封严钢板托和燕尾钢板,M5 螺栓固定于竖向角钢龙骨上 (2)∟50×50×5 横向角钢龙骨(根据石板大小调整角钢尺寸)中距为石板高度+缝宽 (3)∟60×60×6(或由设计人定)竖向角钢龙骨(根据石板大小调整角钢尺寸)中距为石板宽度+缝宽 (4)角钢龙骨焊在墙内预埋伸出的角钢头上或在墙内预埋钢板,然后用角钢焊连竖向角钢龙骨(砌块类墙体应有构造柱及水平加强梁,由结构专业设计)
干挂金属条形扣板墙面(各类墙)	90	(1)金属条形扣板长度方向的一个延伸边用抽芯铆钉或螺栓固定在龙骨上,下一扣板的扣接延伸边卡入前一扣板的延伸边凹口内,再用螺栓固定该扣板的另一延伸边,按此顺序逐条安装 (2)60×60×4 铝方型材龙骨,布置方向与条形扣板的长度方向相垂直,间距 600,用螺栓与角钢连接,角钢用膨胀螺栓固定于墙体上(砌块类墙体应有构造柱及水平加强梁,由结构专业设计)

2. 清单项目设置及工程量计算规则

清单项目设置及工程量计算规则见表 7-35。

表 7-35　　　　　　　　干挂石材钢骨架

项目编码	项目名称	项目特征	计量单位	工程量计算规则	工作内容
011204004	干挂石材钢骨架	1. 骨架种类、规格 2. 防锈漆品种、遍数	t	按设计图示尺寸以质量计算	1. 骨架制作、运输、安装 2. 刷漆

3. 干挂石材钢骨架工程量计算公式

根据干挂石材钢骨架工程量计算规则，其计算公式可简化为：

干挂石材钢骨架工程量＝图示设计规格的型材×相应型材线重量

4. 计算实例

【例 7-16】如图 7-13 所示为某单位大厅墙面示意图，墙面长度为 4m，高度为 3m，其中，角钢为 L40×4，高度方向布置 8 根，试计算干挂石材钢骨架工程量。

【解】查角钢重量为 2.422×10^{-3} t/m，根据公式：

干挂石材钢骨架工程量＝图示设计规格的型材×相应型材线重量

干挂石材钢骨架工程量＝$(4\times 8+3\times 8)\times 2.422\times 10^{-3}=0.136$ t

第四节　墙饰面工程量计算

一、墙面装饰板

1. 常用墙面装饰板

常用的墙面装饰板有金属饰面板、塑料饰面板、镜面玻璃装饰板等。

(1)金属饰面板。常用金属饰面板的产品、规格可参见表7-36。

表7-36　　　　　　　　　　　金属饰面板

名　称	说　　　明
彩色涂层钢板	多以热轧钢板和镀锌钢板为原板,表面层压聚氯乙烯或聚丙烯酸酯、环氧树脂、醇酸树脂等薄膜,亦可涂覆有机、无机或复合涂料。可用于墙面、屋面板等。厚度有0.35mm、0.4mm、0.5mm、0.6mm、0.7mm、0.8mm、0.9mm、1.0mm、1.5mm和2.0mm,长度有1800mm、2000mm,宽度有450mm、500mm和1000mm
彩色不锈钢板	在不锈钢板上进行技术和艺术加工,使其具有多种色彩,其特点:能耐200℃的温度;耐盐雾腐蚀性优于一般不锈钢板;弯曲90°彩色层不损坏;彩色层经久不褪色。适用于高级建筑墙面装饰。厚度有0.2mm、0.3mm、0.4mm、0.5mm、0.6mm、0.7mm和0.8mm;长度有1000～2000mm;宽度有500～1000mm
镜面不锈钢板	用不锈钢板经特殊抛光处理而成。用于高级公用建筑墙面、柱面及门厅装饰。其规格尺寸(mm×mm):400×400、500×500、600×600、600×1200,厚度为0.3×0.6(mm)
铝合金板	产品有:铝合金花纹板、铝质浅花纹板、铝及铝合金波纹板、铝及铝合金压型板、铝合金装饰板等
塑铝板	塑铝板是以铝合金片与聚乙烯复合材复合加工而成。可分为镜面塑铝板、镜纹塑铝板和非镜面塑铝板三种

(2)塑料饰面板。常用塑料饰面板的产品、规格可参见表7-37。

表7-37　　　　　　塑料装饰板的产品品种及规格、特性

产品名称	说　　明	特　　性	规格/mm×mm×mm
塑料镜面板	塑料镜面板系由聚丙烯树脂,以大型塑料注射机、真空成型设备等加工而成。表面经特殊工艺,喷镀成金、银镜面效果	该板无毒无味,可弯曲,质轻、耐化学腐蚀,有金、银等色。表面光亮如镜潋滟明快,富丽堂皇	(1～2)×1000×1830
塑料岗纹板	塑料镜面板系由聚丙烯树脂,以大型塑料注射机、真空成型设备等加工而成。表面经特殊工艺,喷镀成金、银镜面效果。但表面系以特殊工艺,印刷成高级花岗石花纹效果	该板无毒、无味,可弯曲,质轻、耐化学腐蚀,表面呈花岗石纹,可以假乱真	(1～3)×980×1830

续表

产品名称	说明	特性	规格/mm×mm×mm
塑料彩绘板	塑料彩绘板系以PS（聚苯乙烯）或SAN（苯乙烯-丙烯腈）经加工压制而成。表面特殊工艺印刷成各种彩绘图案	该板无毒无味，图案美观，颜色鲜艳，强度高，韧性好，耐化学腐蚀，有镭射效果	3×1000×1830
塑料晶晶板	塑料晶晶板系以PS或SAN树脂通过设备压制加工而成	该板无毒、无味，强度高，硬度高，韧性好，透光不透影，有镭射效果，耐化学腐蚀	(3~8)×1200×1830
塑料晶晶彩绘板	以PS或SAN树脂通过高级设备压制加工而成，表面经特殊工艺，印有各种彩绘图案	图案美观，色彩鲜艳，无毒无味，强度高，硬度高，韧性好，透光不透影，有镭射效果，耐化学腐蚀	3×1000×1830

(3) 镜面玻璃装饰板。建筑内墙装修所用的镜面玻璃，在构造上、材质上，与一般玻璃镜均有所不同，它是以高级浮法平板玻璃，经镀银、镀铜、镀漆等特殊工艺加工而成，与一般镀银玻璃镜、真空镀铝玻璃镜相比，具有镜面尺寸大、成像清晰逼真、抗盐雾及抗热性能好、使用寿命长等特点，有白色与茶色两种。

2. 清单项目设置及工程量计算规则

清单项目设置及工程量计算规则见表7-38。

表7-38　　　　　　　　　墙饰面

项目编码	项目名称	项目特征	计量单位	工程量计算规则	工作内容
011207001	墙面装饰板	1. 龙骨材料种类、规格、中距 2. 隔离层材料种类、规格 3. 基层材料种类、规格 4. 面层材料品种、规格、颜色 5. 压条材料种类、规格	m²	按设计图示墙净长乘以净高以面积计算。扣除门窗洞口及单个>0.3m²的孔洞所占面积	1. 基层清理 2. 龙骨制作、运输、安装 3. 钉隔离层 4. 基层铺钉 5. 面层铺贴

3. 墙面装饰板工程量计算公式

根据墙面装饰板工程量计算规则，其计算公式可简化为：

墙面装饰板工程量＝图示墙净长×图示净高－门窗洞口－单个面积 $0.3m^2$ 以上的孔洞

4. 计算实例

【例 7-17】 如图 7-24 所示，房间净高为 2.9m，墙厚为 240mm，门高 2100mm，墙面为硬木条吸声墙面，求其工程量。

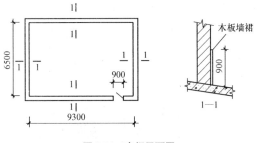

图 7-24 房间平面图

【解】 硬木条吸声墙面工程量＝$(6.5－0.24＋9.3－0.24)×2×2.9－0.9×2.1$

＝$86.97m^2$

二、墙面装饰浮雕

1. 清单项目设置及工程量计算规则

清单项目设置及工程量计算规则见表 7-39。

表 7-39　　　　　　　　墙面装饰浮雕

项目编码	项目名称	项目特征	计量单位	工程量计算规则	工作内容
011207002	墙面装饰浮雕	1. 基层类型 2. 浮雕材料种类 3. 浮雕样式	m^2	按设计图示尺寸以面积计算	1. 基层清理 2. 材料制作、运输 3. 安装成型

2. 墙面装饰浮雕工程量计算公式

根据墙面装饰浮雕工程量计算规则,其计算公式可简化为:

墙面装饰浮雕工程量=图示尺寸(长×宽)

3. 计算实例

【例 7-18】如图 7-25 所示,其办公室墙面采用砂岩浮雕,以现代抽象型浮雕样式定制,浮雕尺寸为 1500mm×3500mm,试计算其工程量。

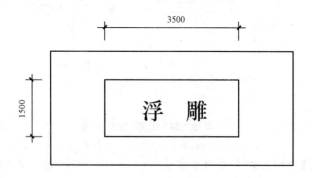

图 7-25　某办公楼会议厅墙面

【解】墙面装饰浮雕工程量=1.5×3.5=5.25m^2

第五节　柱(梁)饰面工程量计算

一、柱(梁)面装饰

1. 清单项目设置及工程量计算规则

清单项目设置及工程量计算规则见表 7-40。

表 7-40　　　　　　　　　柱(梁)面装饰

项目编码	项目名称	项目特征	计量单位	工程量计算规则	工作内容
011208001	柱(梁)面装饰	1. 龙骨材料种类、规格、中距 2. 隔离层材料种类 3. 基层材料种类、规格 4. 面层材料品种、规格、颜色 5. 压条材料种类、规格	m²	按设计图示饰面外围尺寸以面积计算。柱帽、柱墩并入相应柱饰面工程量内	1. 清理基层 2. 龙骨制作、运输、安装 3. 钉隔离层 4. 基层铺钉 5. 面层铺贴

2. 柱(梁)饰面工程量计算公式

根据柱(梁)饰面工程量计算规则，其计算公式可简化为：

柱饰面工程量＝图示柱外围周长尺寸×图示设计柱高度

梁饰面工程量＝图示梁外围周长尺寸×图示设计梁长度

3. 计算实例

【例 7-19】木龙骨，五合板基层，不锈钢柱面尺寸如图 7-26 所示，共6根，龙骨断面 30mm×40mm，间距 250mm，计算其工程量。

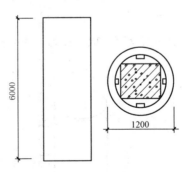

图 7-26　不锈钢柱面尺寸

【解】柱面装饰工程量＝1.20×3.14×6.00×6
　　　　　　　　　＝135.65m²

二、成品装饰柱

1. 清单项目设置及工程量计算规则

清单项目设置及工程量计算规则见表 7-41。

表 7-41　　　　成品装饰柱

项目编码	项目名称	项目特征	计量单位	工程量计算规则	工作内容
011208002	成品装饰柱	1. 柱截面、高度尺寸 2. 柱材质	1. 根 2. m	1. 以根计量，按设计数量计算 2. 以 m 计量，按设计长度计算	柱运输、固定、安装

2. 成品装饰柱工程量计算公式

根据成品装饰柱工程量计算规则，其计算公式可简化为：

$$成品装饰柱工程量 = 设计柱数量$$

或

$$成品装饰柱工程量 = 设计长度$$

3. 计算实例

【例 7-20】某商场一层立有 5 根直径为 1.3m、柱高 3.2m 的装饰柱（图 7-27），试计算工程量。

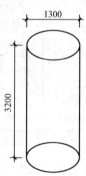

图 7-27　某商场装饰柱示意图

【解】根据工程量计算规则,成品装饰柱的工程量以数量或长度计算,则:

$$成品装饰柱工程量=5 根$$

或

$$成品装饰柱工程量=3.2×5=16m$$

第六节 幕墙工程工程量计算

一、带骨架幕墙

1. 带骨架幕墙构造

带骨架幕墙主要由三部分构成:饰面玻璃,固定玻璃的骨架以及结构与骨架之间的连接和预埋材料。由于骨架形式的不同,又可分为全框、半隐框、隐框玻璃幕墙。

(1)全隐框玻璃幕墙。全隐框玻璃幕墙的构造是在铝合金构件组成的框格上固定玻璃框,玻璃框的上框挂在铝合金整个框格体系的横梁上,其余三边分别用不同方法固定在立柱及横梁上(图7-28)。

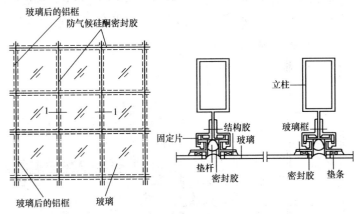

图 7-28 全隐框玻璃幕墙

(2)半隐框玻璃幕墙。

1)竖隐横不隐玻璃幕墙。这种玻璃幕墙只有立柱隐在玻璃后面,玻璃安放在横梁的玻璃镶嵌槽内,镶嵌槽外加盖铝合金压板,盖在玻璃外面(图 7-29)。

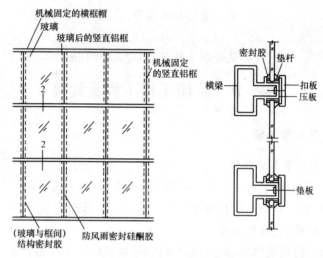

图 7-29　竖隐横不隐幕墙构造

2)横隐竖不隐玻璃幕墙。竖边用铝合金压板固定在立柱的玻璃镶嵌槽内,形成从上到下整片玻璃由立柱压板分隔成长条形画面(图 7-30)。

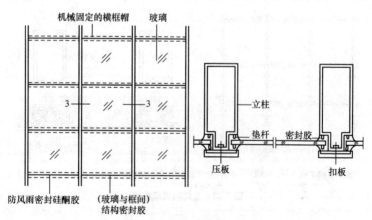

图 7-30　横隐竖不隐幕墙构造

第七章 墙、柱面装饰与隔断、幕墙工程工程量计算

2. 清单项目设置及工程量计算规则

清单项目设置及工程量计算规则见表 7-42。

表 7-42　　　　　　　　　带骨架幕墙

项目编码	项目名称	项目特征	计量单位	工程量计算规则	工作内容
011209001	带骨架幕墙	1. 骨架材料种类、规格、中距 2. 面层材料品种、规格、颜色 3. 面层固定方式 4. 隔离带、框边封闭材料品种、规格 5. 嵌缝、塞口材料种类	m²	按设计图示框外围尺寸以面积计算。与幕墙同种材质的窗所占面积不扣除	1. 骨架制作、运输、安装 2. 面层安装 3. 隔离带、框边封闭 4. 嵌缝、塞口 5. 清洗

注：幕墙钢骨架按表 7-35 干挂石材钢骨架编码列项。

3. 带骨架幕墙工程量计算公式

根据带骨架幕墙工程量计算规则，其计算公式可简化为：

带骨架幕墙工程量＝图示长度×图示高度

4. 计算实例

【例 7-21】如图 7-31 所示，某大厅外立面为铝板幕墙，高 12m，计算幕墙工程量。

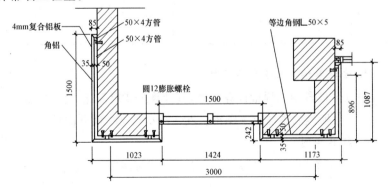

图 7-31　大厅外立面铝板幕墙剖面图

【解】幕墙工程量 = (1.5+1.023+0.242×2+1.173+1.087+
　　　　　　　0.085×2)×12
　　　　　　= 65.24 m²

二、全玻(无框玻璃)幕墙

1. 全玻幕墙构造做法

全玻璃幕墙是指面板和肋板均为玻璃的幕墙。面板和肋板之间用透明硅酮胶粘结,幕墙完全透明,能创造出一种独特的通透视觉装饰效果。当玻璃高度小于 4m 时,可以不加玻璃肋;当玻璃高度大于 4m 时,就应用玻璃肋来加强,玻璃肋的厚度不应小于 19mm。全玻璃幕墙可分为座地式和悬挂式两种。

2. 清单项目设置及工程量计算规则

清单项目设置及工程量计算规则见表 7-43。

表 7-43　　　　　　全玻(无框玻璃)幕墙

项目编码	项目名称	项目特征	计量单位	工程量计算规则	工作内容
011209002	全玻(无框玻璃)幕墙	1. 玻璃品种、规格、颜色 2. 粘结塞口材料种类 3. 固定方式	m²	按设计图示尺寸以面积计算。带肋全玻幕墙按展开面积计算	1. 幕墙安装 2. 嵌缝、塞口 3. 清洗

3. 全玻幕墙工程量计算公式

根据全玻幕墙工程量计算规则,其计算公式可简化为:
　　全玻幕墙工程量 = 图示长度 × 图示高度 = 展开面积

4. 计算实例

【例 7-22】如图 7-32 所示,某办公楼外立面玻璃幕墙,计算玻璃幕墙工程量。

第七章 墙、柱面装饰与隔断、幕墙工程工程量计算

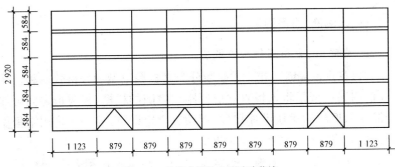

图 7-32 某办公楼外立面玻璃幕墙

【解】玻璃幕墙工程量 $= 2.92 \times (1.123 \times 2 + 0.879 \times 7) = 24.53 \text{m}^2$

第七节 隔断工程量计算

隔断是指专门作为分隔室内空间的立面,其应用灵活,主要起遮挡作用,一般不做到板下,有的甚至可以移动。按外部形式和构造方式,可以将隔断划分为花格式、屏风式、移动式、帷幕式和家具式等。其中花格式隔断有木制、金属、混凝土等制品,其形式多种多样,如图 7-33 所示。

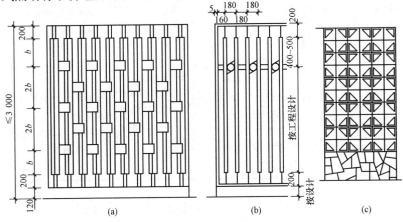

图 7-33 花格式隔断示意图
(a)木花格隔断;(b)金属花格隔断;(c)混凝土制品隔断

一、木隔断、金属隔断

1. 木隔断、金属隔断构造做法

(1)花式木隔断。花式木隔断分为直栅漏空型和井格式两种。其中,直栅漏空型是将木板直立成等距离空隙的栅栏,板与板之间可加设带几何形状的木块做连接件,用铁钉固定即可;井格式是用木板做成方格或博古架形式的透空隔断。

(2)铝合金条板隔断。铝合金条板隔断是采用铝合金型材做骨架,用铝合金槽做边轨,将宽 100mm 的铝合金板插入槽内,用螺钉加固而成。

2. 清单项目设置及工程量计算规则

清单项目设置及工程量计算规则见表 7-44。

表 7-44　　　　　　　　　　木隔断、金属隔断

项目编码	项目名称	项目特征	计量单位	工程量计算规则	工作内容
011210001	木隔断	1. 骨架、边框材料种类、规格 2. 隔板材料品种、规格、颜色 3. 嵌缝、塞口材料品种 4. 压条材料种类	m^2	按设计图示框外围尺寸以面积计算。不扣除单个 $\leqslant 0.3m^2$ 的孔洞所占面积;浴厕门的材质与隔断相同时,门的面积并入隔断面积内	1. 骨架及边框制作、运输、安装 2. 隔板制作、运输、安装 3. 嵌缝、塞口 4. 装钉压条
011210002	金属隔断	1. 骨架、边框材料种类、规格 2. 隔板材料品种、规格、颜色 3. 嵌缝、塞口材料品种	m^2		1. 骨架及边框制作、运输、安装 2. 隔板制作、运输、安装 3. 嵌缝、塞口

由表 7-44 可知木隔断、金属隔断的工程量计算规则,应注意:为简化计算,单个孔洞面积在 $0.3m^2$ 以下时,不予扣除,当浴厕门材质与隔断相同时,并入隔断面积内,不同可另外计算。

3. 木隔断、金属隔断工程量计算公式

根据木隔断、金属隔断工程量计算规则，其计算公式可简化为：

木隔断、金属隔断工程量＝图示框外围长×图示框高－门面积（材质不同时）－单个 $0.3m^2$ 以上孔洞面积

4. 计算实例

【例7-23】根据图7-34所示计算厕所木隔断工程量。

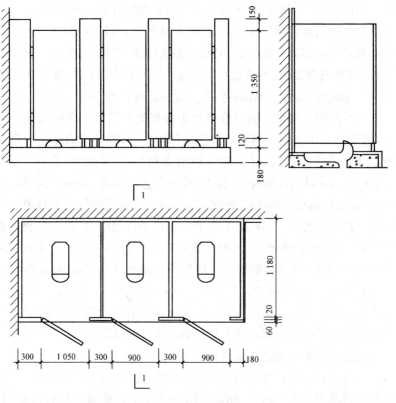

图7-34 厕所木隔断图

【解】厕所木隔断工程量＝$(1.35+0.15)×(0.30×3+0.18+1.18×3)+1.35×0.90×2+1.35×1.05$
　　　　　　　　＝$10.78m^2$

二、成品隔断

1. 成品隔断介绍

成品隔断是一种特殊的隔断产品，其主要材料和附件是在工厂预加工，现场可以便捷组装、即装即用的安全隔断产品。

成品隔断是一种可拆装式办公隔断，其主框架是以成型配套模具生产出的，在工厂预制，在现场可以快速装配的自助餐式的隔墙产品。成品办公隔断通常应用于室内分隔，主框架一般需要和吊顶、地面，以及固有墙体做牢固连接，以达到抗侧撞击要求、长期使用要求、抗震级要求、高雅美观要求、可重新拆装要求、室内环保要求等，加上各种墙面材料相映衬，起到艺术、隔音、防火、隐蔽，壁挂等作用，彰显个性。

成品隔断主要是由高强度铝合金做框架和艺术板体做墙面相结合，附属高分子密封材料和五金连接件组成的，使整个墙体结合更紧密、牢固。隔断铝合金材料是一种组合材料，接点结构成 H 型，由 1.2～2.0mm 厚的镁铝合金，按 H 型挤压组合成型，经阳极氧化或表面电镀处理，制成高精级铝合金隔断型材。处理后的隔断型材表面具有很强的漆膜硬度、抗冲击力，也具有很高的漆膜附着力，不易脱落老化，具有极强的光泽效果，其耐久性远超一般的铝材喷涂。成品隔断墙框架和面板连接处，根据需要均配装半圆形密封胶条，可有效阻隔声音和灰尘，也使两者的结合更严密，缓冲侧面撞击，也可适当弥补建筑完成面收边的效果。同样由高分子材料制造的门用密封条的预装，使办公隔断墙的整体隔音系数更达到相应高的标准。

成品隔断的主要运用场合有以下几种：

(1) 会议室、洽谈室、设计室等类似区域。可选用带横档类型，双面钢化玻璃组成为 6mm+8mm。因为这样组合的隔音系数很高，符合以上场所的安静和免干扰要求。横档设计能体现大气、稳重的效果。

(2) 大型办公区域等类似区域。宽敞明亮的工作环境体现了现代氛围与管理的风格，员工之间便于相互交流，从而将大大改进其工作效率及满意度。因此,可选用单面玻璃边置和双面玻璃的类型。

(3)汽车展示厅等区域。展示和销售越来越紧密地联系起来。因为,工作人员既要及时了解展厅内情况和多个客户沟通,但又需要和单个客户进行私下的洽谈。因此,无横档类型的选用是适合的。

(4)工业企业内的一些区域。该类区域通常兼有生产、研究和办公的诸多功能。所以需要使用到玻璃隔断(墙)和实体隔断(墙)的合理结合,使得设计虚实有度,更为实用。

2. 清单项目设置及工程量计算规则

清单项目设置及工程量计算规则见表 7-45。

表 7-45　　　　　　　成品隔断

项目编码	项目名称	项目特征	计量单位	工程量计算规则	工作内容
011210005	成品隔断	1. 隔断材料品种、规格、颜色 2. 配件品种、规格	1. m² 2. 间	1. 以平方米计量,按设计图示框外围尺寸以面积计算 2. 以间计量,按设计间的数量计算	1. 隔断运输、安装 2. 嵌缝、塞口

由表 7-45 可知成品隔断的工程量计算规则,应注意:成品隔断的工程量有两种计算方式,一种是按面积计算,一种是按数量计算,具体可参见下述内容。

3. 成品隔断工程量计算公式

根据成品隔断工程量计算规则,其计算公式可简化为:

　　　　成品隔断工程量=图示框外围长×图示框高

或

　　　　　　成品隔断工程量=设计间数量

4. 计算实例

【例 7-24】某餐厅设有 12 个木质雕花成品隔断,每间隔断都是以长方形的样式安放,规格尺寸为 3000mm×2400mm×1800mm,试计算其工程量。

【解】根据成品隔断工程量计算规则,得

成品隔断工程量=(3+2.4)×2×1.8×12=233.28m²

或

成品隔断工程量=12 间

三、玻璃隔断、塑料隔断及其他隔断

1. 玻璃隔断、塑料隔断及其他隔断构造做法

(1)木骨架玻璃隔断。木骨架玻璃隔断分为全玻和半玻。其中,全玻是采用断面规格为 45mm×60mm、间距 800mm×500mm 的双向木龙骨;半玻是采用断面规格为 45mm×32mm,相同间距的双向木龙骨,并在其上单面镶嵌 5mm 平板玻璃。

(2)全玻璃隔断。全玻璃隔断是用角钢做骨架,然后嵌贴普通玻璃或钢化玻璃而成。

(3)不锈钢柱嵌防弹玻璃隔断。不锈钢柱嵌防弹玻璃,是采用ø76×2 不锈钢管做立柱,用 10mm×20mm×1mm 不锈钢槽钢做边框,嵌 19mm 厚防弹玻璃制成。

(4)铝合金玻璃隔断。铝合金玻璃隔断是用铝合金型材做框架,然后镶嵌 5mm 厚平板玻璃制成。

(5)玻璃砖隔断。玻璃砖隔断分为分格嵌缝式和全砖式。其中,分格嵌缝式采用槽钢(65mm×40mm×4.8mm)做立柱,按每间隔 800mm 布置。用扁钢(65mm×5mm)做横撑和边框,将玻璃砖(190mm×190mm×80mm)用 1∶2 白水泥石子浆夹砌在槽钢的槽口内,在砖缝中用直径 3mm 的冷拔钢丝进行拉结,最后用白水泥擦缝即可。

2. 清单项目设置及工程量计算规则

清单项目设置及工程量计算规则见表 7-46。

表 7-46　　　　玻璃隔断、塑料隔断及其他隔断

项目编码	项目名称	项目特征	计量单位	工程量计算规则	工作内容
011210003	玻璃隔断	1. 边框材料种类、规格 2. 玻璃品种、规格、颜色 3. 嵌缝、塞口材料品种	m²	按设计图示框外围尺寸以面积计算。不扣除单个≤0.3m²的孔洞所占面积	1. 边框制作、运输、安装 2. 玻璃制作、运输、安装 3. 嵌缝、塞口
011210004	塑料隔断	1. 边框材料种类、规格 2. 隔板材料品种、规格、颜色 3. 嵌缝、塞口材料品种	m²		1. 骨架及边框制作、运输、安装 2. 隔板制作、运输、安装 3. 嵌缝、塞口
011210006	其他隔断	1. 骨架、边框材料种类、规格 2. 隔板材料品种、规格、颜色 3. 嵌缝、塞口材料品种			1. 骨架及边框安装 2. 隔板安装 3. 嵌缝、塞口

由表 7-46 可知玻璃隔断、塑料隔断及其他隔断的工程量计算规则,应注意:为简化计算,单个孔洞面积在 0.3m² 以下时,不予扣除。

3. 玻璃隔断、塑料隔断及其他隔断工程量计算公式

根据玻璃隔断、塑料隔断及其他隔断工程量计算规则,其计算公式可简化为:

玻璃隔断、塑料隔断及其他隔断工程量＝图示框外围长×图示框高－门面积(材质不同时)－单个 0.3m² 以上孔洞面积

4. 计算实例

【**例 7-25**】求如图 7-35 所示卫生间塑料轻质隔断工程量。

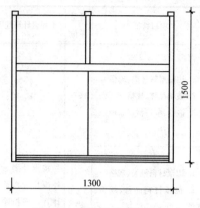

图 7-35 塑料轻质隔断示意图

【解】塑料轻质隔断工程量 $=1.3\times1.5=1.95\mathrm{m}^2$

第八章 天棚工程工程量计算

第一节 概 述

一、天棚类型与构造形式

天棚在室内是占有人们较大视域的一个空间界面,其装饰处理对于整个室内装饰效果有相当大的影响,同时,对于改善室内物理环境也有显著作用。常用的做法有喷浆、抹灰、涂料吊顶等,具体根据房屋的功能要求、外观形式、饰面材料等选定装修方法。

吊顶的基本构造包括吊筋、龙骨和面层三部分。吊筋通常用圆钢制作。龙骨可用木、钢和铝合金制作。面层常用纸面石膏板、夹板、铝合金板、塑料扣板等。

1. 天棚类型

天棚的造型是多种多样的,除平面型外有多种起伏型。起伏型吊顶即上凸或下凹的形式,它可有两个或更多的高低层次,其剖面有梯形、圆拱形、折线形等。水平面上有方、圆、菱、三角、多边形等几何形状。天棚类型可参见图 8-1 所示。

2. 天棚的构造形式

天棚按构造的不同方式一般有两种:一种是直接式天棚,一种是悬吊式天棚。

(1)直接式天棚。直接式天棚是指直接在钢筋混凝土楼板下喷、刷、粘贴装修材料的一种构造方式。此天棚构造简单,施工方便,造价较低,大量的工业与民用建筑中广泛采用,直接式天棚装修常见的有以下几种处理方式:

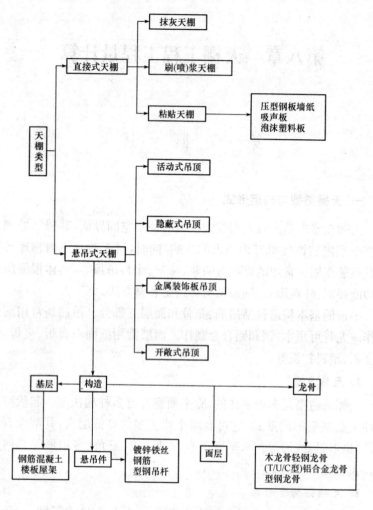

图 8-1 天棚类型

1)直接喷刷涂料：当楼板底面夹带时，直接在楼板底面喷或刷大白浆涂料或耐擦洗涂料或乳胶漆，以增加天棚的光反射作用。

2)抹灰装修：当楼板底面不够平整，或室内装修要求较高，可在板底进行抹灰装修，如图 8-2 所示。

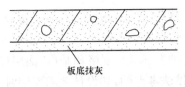

图 8-2 抹灰装修

3)贴面式装修:对某些装修要求较高,或有保温、隔热、吸声要求的建筑物,可于楼板底面直接粘贴用于天棚装饰的墙纸、装饰吸声,以及泡沫塑胶板等。

(2)悬吊式天棚。悬吊式天棚又称吊天花,简称吊顶。此天棚结构复杂,施工麻烦,造价较高。一般用于装饰标准较高或楼板底部需隐蔽敷设管线,以及有隔声等特殊要求的房间。

1)木龙骨吊顶:木龙骨吊顶主要是借预埋于楼板内的金属吊件或锚栓,将吊筋固定在楼板下部,吊筋下固定主龙骨又称吊档,主龙骨下钉次龙骨。

2)金属龙骨吊顶:金属吊顶主要由金属龙骨基层与装饰面板所构成。一般将吊筋固定在楼板下。先在吊筋的下端吊主龙骨,再在主龙骨下悬吊吊顶次龙骨。在龙骨之间增设横撑。最后在吊顶次龙骨和横撑上铺、钉装饰面板。

3)装饰面板:装饰面板有各种人造板和金属板之分。

二、消耗量定额关于天棚工程的说明

按《消耗量定额》执行的天棚工程项目,执行时应注意下列事项:

(1)定额除部分项目为龙骨、基层、面层合并列项外,其余均为天棚龙骨、基层、面层分别列项编制。

(2)定额对龙骨已列有几种常用材料组合的项目,如实际采用不同时,可以换算。木质龙骨损耗率为6%,轻钢龙骨损耗率为6%,铝合金龙骨损耗率为7%。

(3)定额中除注明了规格、尺寸的材料在实际使用不同时可以换算外,其他材料均不予换算。在木龙骨天棚中,大龙骨规格为50mm

×70mm,中、小龙骨规格为 50mm×50mm,吊木筋为 50mm×50mm,实际使用不同时,允许换算。

(4)定额龙骨的种类、间距、规格和基层、面层材料的型号、规格是按常用材料和常用做法考虑的,如设计要求不同时,材料可以调整,但人工、机械不变。

(5)天棚面层在同一标高者为平面天棚,天棚面层不在同一标高者为跌级天棚(跌级天棚的面层人工乘以系数 1.1)。

(6)轻钢龙骨、铝合金龙骨在定额中为双层结构(即中小龙骨紧贴大龙骨底面吊挂),如使用单层结构(大中龙骨底面在同一水平上),材料用量应扣除定额中小龙骨及相应配件数量,人工乘以系数 0.85。

(7)天棚抹石灰砂浆的平均总厚度:板条、现浇混凝土为 15mm;预制混凝土为 18mm;金属网为 20mm。

(8)木质骨架及面层的防火处理套油漆、涂料部分相应项目。

(9)定额中平面天棚和跌级天棚是指一般直线型天棚,不包括灯光槽的制作安装。灯光槽制作安装应按定额相应子目执行。艺术造型天棚项目中包括灯光槽的制作安装。

(10)龙骨架、基层、面层的防火处理,应按本定额相应子目执行。

(11)天棚检查孔的工料已包括在定额项目内,不另行计算。

(12)定额项目划分。通过研究定额项目表,可以弄清楚定额的分项因素或分项方法。

1)天棚龙骨按材料分为天棚木龙骨、天棚轻钢龙骨、天棚铝合金龙骨。

2)天棚按结构形式分为上人型和不上人型。

3)天棚面层按标高分为平面天棚、跌级天棚。

4)天棚面层按规格分为 600mm×600mm 以内、600mm×600mm 以上。

5)天棚面层按基层材料分为有三合板基层和无三合板基层的面层。

6）天棚面层按材料分为木质面层、铝合金板面层、不锈钢板面层、塑料板面层、复合板面层磨砂玻璃、镜面玻璃等。

7）天棚面层按施工工艺分为螺在龙骨上、搁在龙骨上、钉在龙骨上、贴在龙骨上。

8）送（回）风口按材料分为柚木、铝合金、镀锌薄钢板、不锈钢、木制风口。

9）龙骨架保温按所用材料分为玻璃纤维棉、岩棉、矿棉、聚苯乙烯泡沫板等。

第二节　天棚抹灰、吊顶工程量计算

一、天棚抹灰

1. 天棚抹灰构造做法

天棚抹灰：是指在楼板底部抹一般水泥砂浆和混合砂浆。从抹灰级别上可分普、中、高三个等级；从抹灰材料上可分石灰麻刀灰浆、水泥麻刀砂浆、涂刷涂料等；从天棚基层上可分混凝土基层、板条基层、钢丝网基层抹灰、密肋井字梁天棚抹灰等。

板条天棚抹灰：在板条天棚基层上按设计要求的抹灰材料进行的施工叫板条天棚抹灰。

混凝土天棚抹灰：在混凝土基层上按设计要求的抹灰材料进行的施工叫混凝土天棚抹灰。

钢丝网天棚抹灰：在钢丝网天棚基层上按设计要求的抹灰材料进行的施工叫钢丝网天棚抹灰。

密肋井字梁天棚抹灰：指小梁的混凝土天棚，平面面积上，梁的间距离肋断面小的天棚抹灰。

常见天棚抹灰分层做法见表8-1。

表 8-1　　　　　常见天棚抹灰分层做法

名称	分层做法	厚度/mm	施工要点	注意事项
现浇混凝土楼板天棚抹灰	①1:0.5:1 水泥石灰砂浆抹底层。 ②1:3:9 水泥石灰砂浆抹中层。 ③纸筋石灰或麻刀灰抹面层	2 6 2或3	纸筋石灰配合比是，白灰膏:纸筋=100:1.2（质量比）；麻刀灰配合比是，白灰膏:细麻刀=100:1.7（质量比）	①现浇混凝土楼板天棚抹头道灰时，必须与模板木纹的方向垂直，并用钢皮抹子用力抹实，越薄越好，底子灰抹完后紧跟抹第二遍找平，待六七成干时，即应罩面。 ②无论现浇或预制楼板天棚，如用人工抹灰，都应进行基体处理，即混凝土表面先刮水泥浆或洒水泥砂浆
	①1:0.2:4 水泥纸筋砂浆抹底层。 ②1:0.2:4 水泥纸筋砂浆抹中层找平。 ③纸筋灰罩面	2~3 10 2		
预制混凝土楼板天棚抹灰	①1:0.5:1 水泥石灰混合砂浆抹底层。 ②1:3:9 水泥石灰砂浆抹中层。 ③纸筋石灰或麻刀灰抹面层	2 6 2或3	抹前，要先将预制板缝勾实勾平	
	①1:0.5:4 水泥石灰砂浆抹底层。 ②1:0.5:4 水泥石灰砂浆抹中层。 ③纸筋灰罩面	4 4 2	①基体板缝处理。 ②底层与中层抹灰要连续操作	
	①1:0.3:6 水泥纸筋灰砂浆抹底层、中层。 ②1:0.2:6 水泥细纸筋灰罩面压光	7 5	适用机械喷涂抹灰	
	①1:1 水泥砂浆（加水泥重量2%的聚醋酸乙烯乳液）抹底层。 ②1:3:9 水泥石灰砂浆抹中层。 ③纸筋灰罩面	2 6 2	①适用于高级装修工程。 ②底层抹灰需养护2~3d后，再做找平层	
板条、苇箔金属网天棚抹灰	①纸筋石灰或麻刀石灰砂浆抹底层。 ②纸筋石灰或麻刀石灰砂浆抹中层。 ③1:2.5 石灰砂浆（略掺麻刀）找平。 ④纸筋石灰或麻刀石灰砂浆罩面	3~6 3~6 2~3 2或3	底层砂浆应压入板条缝或网眼内，形成转脚结合牢固	天棚的高级抹灰，应加钉长350~450mm的麻束，间距为400mm并交错布置；分遍按放射状梳理抹进中层砂浆内

续表

名称	分层做法	厚度/mm	施工要点	注意事项
钢板网天棚抹灰	①1：0.2：2石灰水泥砂浆(略掺麻刀)抹底层，灰浆要挤入网眼中。 ②挂麻丁，将小束麻丝每隔30cm左右挂在钢板网网眼上，两端纤维垂下，长25cm。 ③1：2石灰砂浆抹中层，分两遍成活，每遍将悬挂的麻丁向四周散开1/2，抹入灰浆中。 ④纸筋灰罩面	3 3 2	①钢板网吊顶龙骨以40cm×40cm方格为宜。 ②为避免木龙骨收缩变形使抹灰层开裂，可使用$\phi 6$钢筋，拉直钉在木龙骨上，然后用铅丝把钢板网撑紧，绑扎在钢筋上。 ③适用于大面积厅室等高级装修工程	

注：1. 本表所列配合比无注明者均为体积比。
  2. 水泥强度等级32.5级以上，石灰为含水率50%的石灰膏。

2. 清单项目设置及工程量计算规则

清单项目设置及工程量计算规则见表8-2。

表8-2   天棚抹灰

项目编码	项目名称	项目特征	计量单位	工程量计算规则	工作内容
011301001	天棚抹灰	1. 基层类型 2. 抹灰厚度、材料种类 3. 砂浆配合比	m²	按设计图示尺寸以水平投影面积计算。不扣除间壁墙、垛、柱、附墙烟囱、检查口和管道所占的面积，带梁天棚的梁两侧抹灰面积并入天棚面积内，板式楼梯底面抹灰按斜面积计算，锯齿形楼梯底板抹灰按展开面积计算	1. 基层清理 2. 底层抹灰 3. 抹面层

由表8-2可知天棚抹灰的工程量计算规则，应注意：

(1)其抹灰面积指天棚抹灰面积，相对天棚装饰面积，所指的范围要小一些，装饰面积还包括天棚上粘贴装饰材料。

(2)间壁墙、柱、附墙烟囱、检查口和管道所占的面积较小，所需人工、材料、机械消耗量也较少,因此,计算时不用扣除。

3. 天棚抹灰工程量计算公式

根据天棚抹灰工程量计算规则,其计算公式可简化为:

天棚抹灰工程量＝房间净长×房间净宽＋梁侧等展开面积

4. 计算实例

【例 8-1】求如图 8-3 所示天棚抹石灰砂浆的工程量。

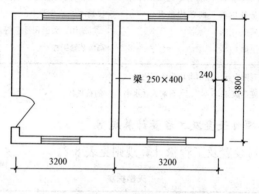

图 8-3　天棚示意图

【解】天棚抹灰工程量＝(6.4－0.24)×(3.8－0.24)＋0.4×2×
(3.8－0.24)
＝24.78m²

二、吊顶天棚

1. 吊顶天棚构造做法

吊顶是室内装饰工程的一个重要组成部分。吊顶从它的形式来分有直接式和悬吊式两种,目前,以悬吊式吊顶的应用最为广泛。悬吊式吊顶的构造主要由基层、悬吊件、龙骨和面层组成,如图 8-4 所示。

第八章 天棚工程工程量计算

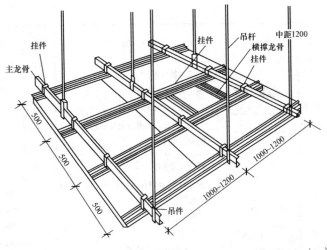

图 8-4 吊顶构造

常见吊顶做法见表 8-3。

表 8-3 常见吊顶做法

编号	名称	图示	做法说明	厚度/mm	附注
1	板底喷涂		钢筋混凝土楼板(预制) 板底勾缝 板底刮腻子 喷涂料		
2	板底抹灰喷涂(一)		钢筋混凝土楼板(现浇) 板底刷素水泥浆一道 1:0.5:1水泥石灰膏砂浆 1:3:9水泥石灰膏砂浆 纸筋灰罩面 喷涂料	2 6 2	
3	板底抹灰喷涂(二)		钢筋混凝土楼板 板底刷水泥浆一道 1:3水泥砂浆打底 1:2.5水泥砂浆罩面 喷涂料	5 5	

续一

编号	名称	图示	做法说明	厚度/mm	附注
4	板底油漆		钢筋混凝土板 板底刷水泥浆一道 1:0.3:3 水泥石灰膏砂浆 1:0.3:2.5 水泥石灰膏砂浆 刷无光油漆	 5 5 	
5	纸面石膏板吊顶喷涂	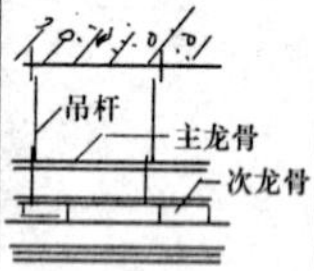	钢筋混凝土板 φ8 钢筋吊杆、双向吊点、中距900～1200 轻钢主龙骨 轻钢次龙骨 纸面石膏板或埃特板 刷防潮涂料(氯偏乳液或乳化光油—道) 刮腻子找平 天棚喷涂	9～12	轻钢龙骨分上人和不上人两种,上人龙骨壁厚为1.5mm,不上人龙骨壁厚为0.63mm
6	纸面石膏板吊顶贴壁纸	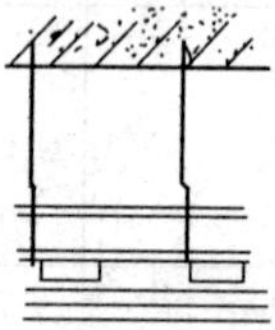	钢筋混凝土板 φ8 钢筋吊杆、双向吊点、中距900～1200 轻钢主龙骨 轻钢次龙骨 纸面石膏板或埃特板 棚面刷一道108胶水溶液 配合比:108胶:水=3:7	9～12	轻钢龙骨分上人和不上人两种,上人龙骨壁厚为1.5mm,不上人龙骨壁厚为0.63mm
			贴壁纸,纸背面和棚顶面均刷胶,配比: 108胶:纤维素=1:0.3 (纤维素水溶液浓度为4%)并稍加水		也可用壁纸胶粘贴
7	纸面石膏板吊顶粘贴铝塑板或矿棉板	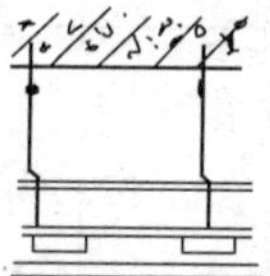	钢筋混凝土板 φ8 钢筋吊杆、双向吊点、中距900～1200 轻钢主龙骨 轻钢次龙骨 纸面石膏板或埃特板 铝塑板、用 XY401胶粘剂直接粘贴	 9～12 6	

第八章 天棚工程工程量计算

续二

编号	名称	图示	做法说明	厚度/mm	附注
8	穿孔石膏吸声板吊顶	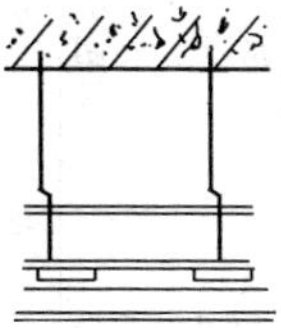	钢筋混凝土板 φ8 钢筋吊杆、双向吊点、中距 900～1200 轻钢主龙骨 轻钢次龙骨 穿孔石膏吸声板 刷无光油漆	9	在穿孔石膏吸声板上放50厚超细玻璃棉,用玻璃布包好
9	水泥石棉板吊顶	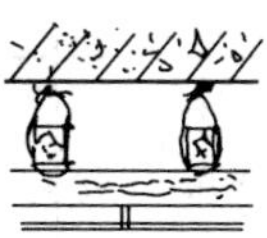	钢筋混凝土板 50×70 大木龙骨,中距 900～1200 50×50 小木龙骨,中距 450～600 水泥石棉板 刷无光油漆	5	穿孔水泥石棉板吸声顶,做法相同,在龙骨内填50厚超细玻璃棉用玻璃布包好
10	矿棉板吊顶	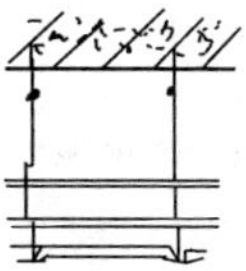	钢筋混凝土板 φ8 钢筋吊杆、双向吊点、中距 900～1200 轻钢主龙骨 铝合金中龙骨∟32×22×1.3,中距等于板材宽度(边龙骨∟35×11×0.75) 铝合金横撑∟25×22×1.3,中距等于板材宽度 矿棉板	18	矿棉板规格:600×600×18,500×500×18
11	胶合板吊顶		钢筋混凝土板 50×70 大木龙骨、中距900～1200(用8号镀锌铁丝吊牢) 50×50 小木龙骨、中距 450～600 胶合板 油漆	5	混凝土板与吊杆铁丝连接用膨胀螺栓或射钉
12	穿孔胶合板吸声板吊顶	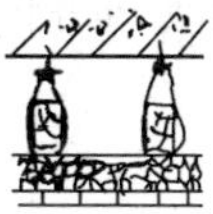	钢筋混凝土板 50×70 大木龙骨、中距900～1200(用8号镀锌铁丝吊牢) 50×50 小木龙骨、中距 450～600 胶合板穿孔(在胶合板上面放50厚超细玻璃丝棉,用玻璃布包好) 油漆	5	混凝土板与吊杆铁丝连接用膨胀螺栓或射钉

续三

编号	名称	图示	做法说明	厚度/mm	附注
13	穿孔铝板吸声天棚	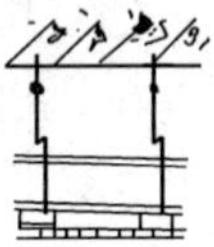	钢筋混凝土板 $\phi 8$ 钢筋吊杆、双向吊点、中距900～1200 轻钢主龙骨 轻钢次龙骨 穿孔铝板（在穿孔铝板上面和龙骨中间填50厚超细玻璃棉，用玻璃布包好） 喷漆或本色		混凝土板与吊杆铁丝连接用膨胀螺栓或射钉
14	铝合金条板吊顶（又称铝合金扣板）	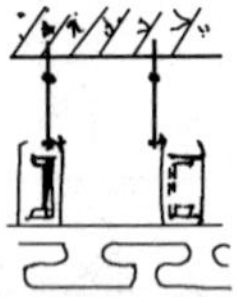	钢筋混凝土板 $\phi 8$ 钢筋吊杆、双向吊点、中距900～1200 轻钢主龙骨（60×30×1.5） 中龙骨 铝合金条板	0.8～1	铝合金条板有本色，古铜色、金色、烤漆
15	铝合金条板挂板吊顶	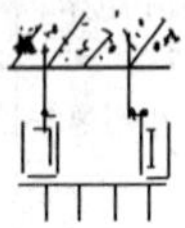	钢筋混凝土板 $\phi 8$ 钢筋吊杆、双向吊点、中距900～1200 轻钢主龙骨（60×30×1.5） 中龙骨 铝合金条板挂板		铝合金条板烤漆各种颜色（白、蓝、红为多）
16	木格栅吊顶	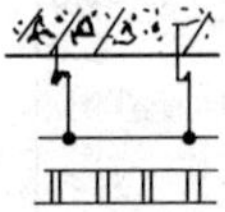	钢筋混凝土板 $\phi 8$ 钢筋吊杆、双向吊点、中距900～1200 龙骨 木格栅200×200,150×150等见方	80～150	木格栅用九层夹板制作成型
17	铝合金格栅吊顶		钢筋混凝土板 $\phi 6$ 钢筋吊杆、双向吊点、中距900～1200 龙骨 铝格栅（80×80×40、100×100×45、125×125×45、150×150×5等）		M6膨胀螺栓，∟25×25×3,角钢 $l=30$,吊杆$\phi 6.5$钢筋

续四

编号	名称	图示	做法说明	厚度/mm	附注
18	不锈钢镜面吊顶		钢筋混凝土板 $\phi 8$ 钢筋吊杆、双向吊点、中距 900～1200 轻钢主龙骨 轻钢次龙骨 不锈钢镜面		
19	玻璃镜面吊顶		钢筋混凝土板 $\phi 8$ 钢筋吊杆、双向吊点、中距 900～1200 轻钢主龙骨 轻钢次龙骨 胶合板 双面弹力胶带粘贴 玻璃镜面	5 3 5～6	胶合板与玻璃镜面先用双面胶黏结,再用不锈钢螺丝钉牢固

2. 清单项目设置及工程量计算规则

清单项目设置及工程量计算规则见表 8-4。

表 8-4　　　　　　　　　天棚吊顶

项目编码	项目名称	项目特征	计量单位	工程量计算规则	工作内容
011302001	吊顶天棚	1. 吊顶形式、吊杆规格、高度 2. 龙骨材料种类、规格、中距 3. 基层材料种类、规格 4. 面层材料品种、规格 5. 压条材料种类、规格 6. 嵌缝材料种类 7. 防护材料种类	m^2	按设计图示尺寸以水平投影面积计算。天棚面中的灯槽及跌级、锯齿形、吊挂式、藻井式天棚面积不展开计算。不扣除间壁墙、检查口、附墙烟囱、柱垛和管道所占面积,扣除单个>$0.3m^2$ 的孔洞、独立柱及与天棚相连的窗帘盒所占的面积	1. 基层清理、吊杆安装 2. 龙骨安装 3. 基层板铺贴 4. 面层铺贴 5. 嵌缝 6. 刷防护材料

由表 8-4 可知吊顶天棚的工程量计算规则,应注意:

(1)"按设计图示尺寸以水平投影面积计算",室内按净面积计算;室外按图示尺寸计算。

(2)"间壁墙、0.3m² 以内的柱、垛、附墙烟囱及孔洞"面积较小,已考虑在单价中不必扣除,天棚面中的灯槽、跌级、锯齿形、吊挂式、藻井式展开增加的面积在报价中考虑方案工程量,清单中展开增加的面积不另行计算。

3. 吊顶天棚工程量计算公式

根据吊顶天棚工程量计算规则,其计算公式可简化为:

吊顶天棚工程量＝房间净长×房间净宽－0.3m² 以上的孔洞所占的面积、独立柱及天棚相连的窗帘盒所占的面积

4. 计算实例

【例 8-2】试计算图 8-5 所示吊顶天棚工程量。

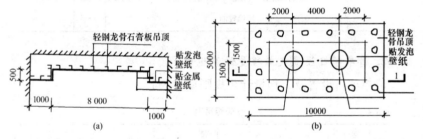

图 8-5 某天棚吊顶工程
(a)1—1 剖面图;(b)天棚平面图

【解】吊顶天棚工程量＝10×5＝50m²

三、其他形式天棚

1. 其他形式天棚构造做法

其他形式天棚,还有格栅吊顶、吊筒吊顶、藤条造型悬挂吊顶、织物软雕吊顶和网架(装饰)吊顶等。

(1)格栅吊顶。格栅吊顶包括木格栅吊顶和金属格栅吊顶等。

1) 木格栅吊顶。吊顶木格栅的造型形式、平面布局图案、与天棚灯具的配合,以及所使用的木质材料品种等,均取决于装饰设计。它可以利用板块及造型体的尺寸和形状变化,组成各种图案的格栅,如均匀的方格形格栅,纵横疏密或大小尺寸规律布置的叶片形格栅(图 8-6),大小方盒子或圆盒子(或方圆结合)形单元体组成的格栅(图 8-7),以及单板与盒子体相配合组装的格栅(图 8-8)等。

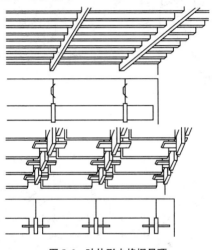

图 8-6 叶片形木格栅吊顶

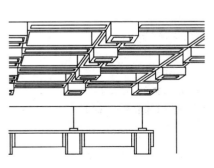

图 8-7 大小方(或圆)盒子式木格栅吊顶

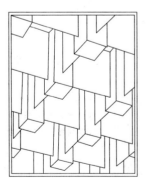

图 8-8 单板与盒子形相结合的木格栅吊顶

2)金属格栅吊顶。金属格栅吊顶可分为空腹型和花片型,其中花片型金属格栅采用 1mm 厚度的金属板,以其不同形状及组成的图案分为不同系列,如图 8-9 所示。

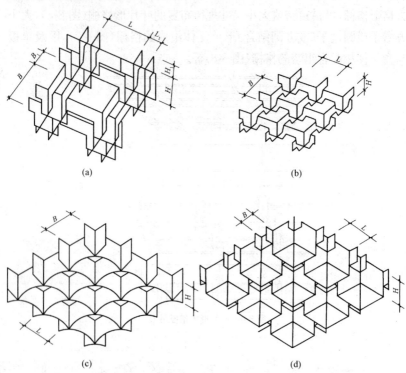

图 8-9 金属花片格栅的不同系列图形
(a)$L=170, L_1=80, B=170, B_1=80, H=50, H_1=25$;
(b)$L=100, B=100, H=50$;
(c)$L=100, B=100, H=50$;(d)$L=150, B=150, H=50$
(本图规格尺寸主要参照北京市建筑轻钢结构厂产品)

常见金属格栅吊顶构造做法见表 8-5。

第八章 天棚工程工程量计算

表 8-5　　　　　　　　　　常见金属格栅吊顶构造做法

名　称	构　造　做　法
方形格栅 吊　顶 （燃烧性能等级 A 级）	1. 金属方型格栅 2. T 型轻钢次龙骨 TB24×28，间距 1000，与主龙骨插接 3. T 型轻钢次龙骨 TB24×38（或 TB24×28），间距 1000，用挂件与承载龙骨固定 4. U 型轻钢承载龙骨 CB38×12，间距≤1500 用吊件与钢筋吊杆联结后找平 5. 10 号镀锌低碳钢丝（或 $\phi 8$ 钢筋）吊杆，双向中距≤1500，吊件上部与板底预留吊环（勾）固定 6. 现浇混凝土板底预留 $\phi 10$ 钢筋吊环（勾），双向中距≤1500，预制混凝土板可在板缝内预留吊环
铝方格栅 吊　顶 （燃烧性能等级 A 级）	1. 由主副骨条、上下层骨条组成的铝方格栅 600×1200（1200×1200）用 $\phi 2$ 钢丝挂钩与承载龙骨联结 2. U 型轻钢承载龙骨 CS38×12，间距≤1500，用吊件与钢筋吊杆联结后找平 3. 10 号镀锌低碳钢丝（或 $\phi 8$ 钢筋）吊杆，中距横向≤1200，纵向≤1500，吊件上部与板底预留吊环（勾）固定 4. 现浇混凝土板底预留 $\phi 10$ 钢筋吊环（勾），双向中距≤1200，预制混凝土板可在板缝内预留吊环
金属花格栅 吊　顶 三角形及六边形格栅 吊　顶 （燃烧性能等级 A 级）	1. 钢或铝格栅预制成 1000×1000（600×1200）或根据需要 2. T 型轻钢次龙骨 TB23×26，间距 1000，与主龙骨插接 3. T 型轻钢次龙骨 TB23×32，间距 1000，用挂件与承载龙骨固定 4. U 型轻钢承载龙骨 CS38×12，间距≤1500，用吊件与钢筋吊杆联结后找平 5. 10 号镀锌低碳钢丝（或 $\phi 4$ 钢筋）吊杆，双向中距≤1500，吊件上部预留吊环勾固定 6. 现浇混凝土板底预留 $\phi 10$ 钢筋吊环（勾），双向中距≤1200，预制混凝土板可在板缝内预留吊环
大型吸声格栅组合 吊　顶 （燃烧性能等级 A 级）	1. 0.5 厚铝板制复合吸声板，厚 30 高 200～300，板面钻微孔率 15% 内填超细玻璃（或岩棉毡），固定于铝合金吸声体支架上 2. $\phi 100$ 铝合金吸声体支架，支架上端与吊杆联结 3. $\phi 8$ 钢筋套丝吊杆，双向中距由设计人定，吊杆上部与 $\phi 20$ 钢管固定 4. 钢筋混凝土板底预埋钢板 100×100×6 焊接钢管 $\phi 20$，双向中距由设计人定

（2）吊筒吊顶：圆筒是以 Q235 钢板加工而成，表面喷塑，有多种颜色，该天棚具有新颖别致、艺术性好、稳定性强、可以任意组合等特点，如图 8-10 所示。

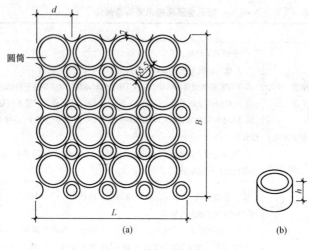

图 8-10 筒形天棚示意图
(a)平面图;(b)立面图

(3)网架(装饰)吊顶:是指采用不锈钢管、铜合金管等材料制作的成空间网架结构状的吊顶。这类吊顶具有造型简洁新颖、结构韵律美、通透感强等特点。如图 8-11 所示为某装饰网架大样及连接节点构造。

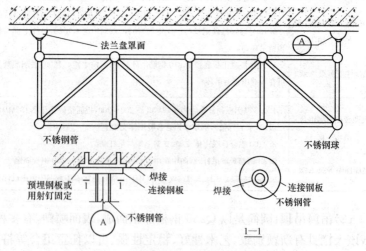

图 8-11 装饰网架大样及连接节点构造

2. 清单项目设置及工程量计算规则

清单项目设置及工程量计算规则见表 8-6。

表 8-6　　　　　　　　　　其他形式天棚吊顶

项目编码	项目名称	项目特征	计量单位	工程量计算规则	工作内容
011302002	格栅吊顶	1. 龙骨材料种类、规格、中距 2. 基层材料种类、规格 3. 面层材料品种、规格 4. 防护材料种类	m²	按设计图示尺寸以水平投影面积计算	1. 基层清理 2. 安装龙骨 3. 基层板铺贴 4. 面层铺贴 5. 刷防护材料
011302003	吊筒吊顶	1. 吊筒形状、规格 2. 吊筒材料种类 3. 防护材料种类			1. 基层清理 2. 吊筒制作安装 3. 刷防护材料
011302004	藤条造型悬挂吊顶	1. 骨架材料种类、规格 2. 面层材料品种、规格			1. 基层清理 2. 龙骨安装 3. 铺贴面层
011302005	织物软雕吊顶				
011302006	装饰网架吊顶	网架材料品种、规格			1. 基层清理 2. 网架制作安装

由表 8-6 可知其他形式天棚吊顶的工程量计算规则可解释说明为:"按设计图示尺寸以水平投影面积计算",室内按净面积计算,室外按图示尺寸计算。

3. 其他形式天棚吊顶工程量计算公式

根据其他形式天棚吊顶工程量计算规则,其计算公式可简化为:

其他形式天棚吊顶工程量=房间净长×房间净宽

4. 计算实例

【例 8-3】某建筑客房天棚图如图 8-12 所示,与天棚相连的窗帘盒断面如图 8-13 所示,试计算铝合金天棚工程量。

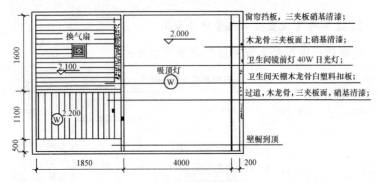

图 8-12 某建筑客房天棚图

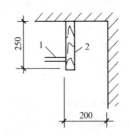

图 8-13 标准客房窗帘盒断面
1—天棚；2—窗帘盒

【解】由于客房各部位天棚做法不同，吊顶工程量应为房间天棚工程量与走道天棚工程及卫生间天棚工程量之和。

吊顶工程量 $=(4-0.2-0.12)\times 3.2+(1.85-0.24)\times(1.1-0.12)+(1.6-0.24)\times(1.85-0.12)$

$=15.71\mathrm{m}^2$

四、采光天棚

1. 采光天棚介绍

采光天棚选用的玻璃应符合现行的国家标准及合同要求，并必须选用安全玻璃(钢化夹胶玻璃)。各类紧固件、固定连接件及其他附件应与设计相符，定型产品应有出厂合格证，如钢质件其表面应热镀锌。

2. 清单项目设置及工程量计算规则

清单项目设置及工程量计算规则见表 8-7。

表 8-7　　　　　采光天棚

项目编码	项目名称	项目特征	计量单位	工程量计算规则	工作内容
011303001	采光天棚	1. 骨架类型 2. 固定类型、固定材料品种、规格 3. 面层材料品种、规格 4. 嵌缝、塞口材料种类	m²	按框外围展开面积计算	1. 清理基层 2. 面层制安 3. 嵌缝、塞口 4. 清洗

注：采光天棚骨架不包括在本表中，应单独按《房屋建筑与装饰工程工程量计算规范》(GB 50854—2013)附录 F 金属结构工程相关项目编码列项。

3. 计算实例

【例 8-4】如图 8-14 所示，某商场吊顶时，运用采光天棚达到光效应，玻璃镜面采用不锈钢螺丝钉牢固，试计算其工程量。

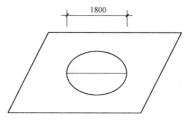

图 8-14　某商场采光天棚

【解】根据采光天棚工程量计算规则，得：

采光天棚工程量 $= 3.14 \times (1.8/2)^2 = 2.54 \mathrm{m}^2$

第三节　天棚其他装饰工程量计算

一、灯带(槽)

1. 灯带构造做法

灯带是指把 LED 灯用特殊的加工工艺焊接在铜线或者带状柔性

线路板上面,再连接上电源发光,因其发光时形状如一条光带而得名。

2. 清单项目设置及工程量计算规则

清单项目设置及工程量计算规则见表8-8。

表8-8　　　　　　　　　灯带(槽)

项目编码	项目名称	项目特征	计量单位	工程量计算规则	工作内容
011304001	灯带(槽)	1. 灯带形式、尺寸 2. 格栅片材料品种、规格 3. 安装固定方式	m^2	按设计图示尺寸以框外围面积计算	安装、固定

3. 灯带工程量计算公式

根据灯带工程量计算规则,其计算公式可简化为:

灯带工程量=灯带图示长度×灯带图示宽度

4. 计算实例

【例8-5】如图8-15所示为某工程房间天花板布置图,计算格栅灯带的工程量。

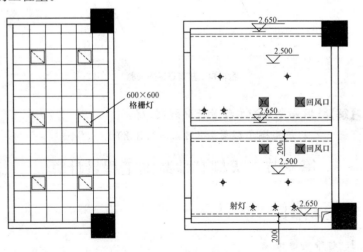

图8-15　房间天花板布置图

【解】灯带工程量＝灯带图示长度×图示宽度，
$$=0.6×0.6×6$$
$$=2.16m^2$$

二、送风口、回风口

1. 送风口、回风口构造做法

送风口的布置应根据室内温湿度精度、允许风速并结合建筑物的特点、内部装修、工艺布置及设备散热等因素综合考虑。具体来说：对于一般的空调房间，就是要均匀布置，保证不留死角。一般一个柱网布置四个风口。

回风口是将室内污浊空气抽回，一部分通过空调过滤送回室内，一部分通过排风口排出室外。

2. 清单项目设置及工程量计算规则

清单项目设置及工程量计算规则见表 8-9。

表 8-9　　　　　　　　送风口、回风口

项目编码	项目名称	项目特征	计量单位	工程量计算规则	工作内容
011304002	送风口、回风口	1. 风口材料品种、规格 2. 安装固定方式 3. 防护材料种类	个	按设计图示数量计算	1. 安装、固定 2. 刷防护材料

3. 送风口、回风口工程量计算公式

根据送风口、回风口工程量计算规则，其计算公式可简化为：
$$送风口、回风口工程量＝图示数量$$

4. 计算实例

【例 8-6】 计算【例 8-5】中铝合金送（回）风口的工程量。

【解】 送风口、回风口的工程量按设计图示数量计算，依据图 8-15 可知，送（回）风口的工程量为 4 个。

第九章 门窗工程工程量计算

第一节 概述

一、门窗组成与类型

1. 门窗的作用

门窗是建筑物的重要组成部分,也是主要围护构件。

门在房屋建筑中的作用主要是交通联系,并兼采光和通风作用;窗的作用主要是采光、通风及眺望。在某些情况下,门窗还有分隔空间、保温、隔热、隔声、防风沙等作用。

门窗在建筑立面图中的影响也较大,它的尺度、比例、形状、组合、透光材料的类型等,都影响着建筑的艺术效果。

2. 门窗的组成

(1)门一般由门框、门扇、亮子、五金零件及附件组成,如图 9-1 所示。

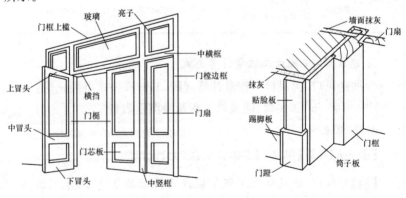

图 9-1 门的组成

(2)窗一般由窗框、窗扇和五金零件三部分组成,如图 9-2 所示。

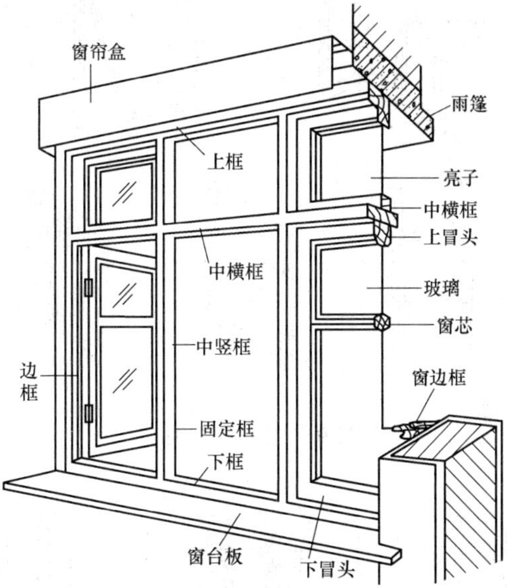

图 9-2 木窗的组成

3. 门窗的类型

(1)窗的类型。

1)按使用材料分。按使用材料不同,可分为木窗、钢窗、塑钢窗、铝合金窗等类型。

2)按开启方式分。按开启方式不同,可分为平开窗、推拉窗、固定窗、悬窗、立转窗、百叶窗等类型,如图 9-3 所示。

(2)门的类型。

1)按使用材料分。按使用材料不同,可分为木门、钢门、塑钢门、铝合金窗门、玻璃钢门、无框玻璃门等类型。

2)按开启方式分。按开启方式不同,可分为平开门、推拉门、弹簧门、折叠门、转门等类型,如图 9-4 所示。

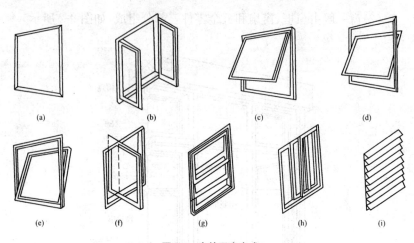

图 9-3 窗的开启方式

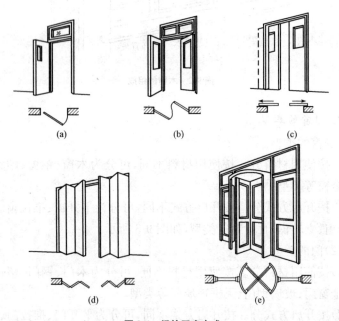

图 9-4 门的开启方式

二、消耗量定额关于门窗工程的说明

按《消耗量定额》执行的门窗工程项目,执行时应注意下列事项:

(1)定额中的铝合金窗、塑料窗、彩板组角钢窗等适用于平开式、推拉式、中转式,以及上、中、下悬式。

(2)铝合金地弹门制作(框料)型材是按 101.6mm×44.5mm,厚 1.5mm 方管编制的,单扇平开门、双扇平开门是按 38 系列编制的,推拉窗是按 90 系列编制的。如设计型材料面尺寸及厚度与定额规定不同时,可按图示尺寸乘以线密度加 6% 施工损耗计算型材质量。

(3)装饰板门扇制作安装按木龙骨、基层、饰面板面层分别计算。

(4)成品门窗安装项目中,门窗附件按包含在成品门窗单价内考虑;铝合金门窗制作、安装项目中未含五金配件,五金配件按相关规定选用。

(5)铝合金卷闸门(包括卷筒、导轨)、彩板组角钢门窗、塑料门窗、钢门窗安装以成品制定。

第二节 木门窗工程量计算

一、木门

1. 木门的基本构造与形式

木门基本构造是由门框(门樘)和门扇两部分组成。当门的高超过 2.1m 时,上部要增设亮子。门的各部分名称如图 9-5 所示;常见木门的形式见表 9-1。

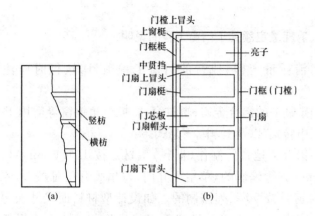

图 9-5　木门的构造组成
(a)包板式木门；(b)镶板式木门

表 9-1　常见木门(及钢木门)形式

名称	图形	名称	图形
夹板门		木板门	
夹板门		镶板(胶合板式纤维板)门	
夹板门		镶板(胶合板式纤维板)门	
夹板门		半截玻璃门	

续表

名 称	图 形	名 称	图 形
半截玻璃门	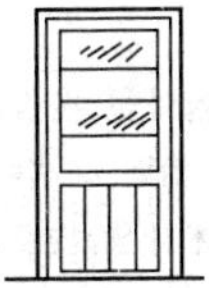	联窗门	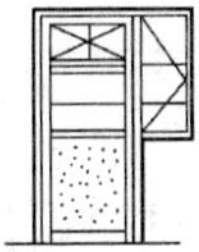
双扇门		钢木大门	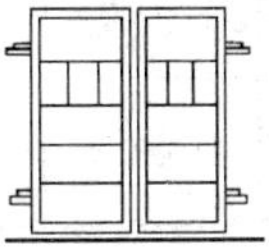
拼板门	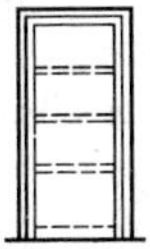	推拉门	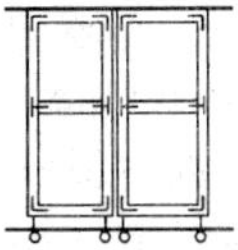
弹簧门	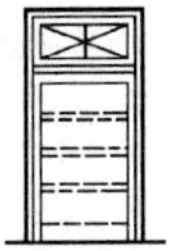 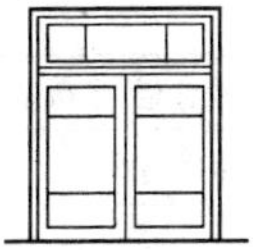	平开木大门	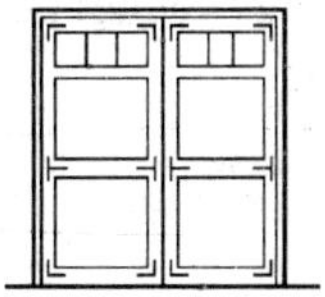

2. 清单项目设置及工程量计算规则

清单项目设置及工程量计算规则见表 9-2。

表 9-2 木门

项目编码	项目名称	项目特征	计量单位	工程量计算规则	工作内容
010801001	木质门	1. 门代号及洞口尺寸 2. 镶嵌玻璃品种、厚度	1. 樘 2. m^2	1. 以樘计量，按设计图示数量计算 2. 以平方米计量，按设计图示洞口尺寸以面积计算	1. 门安装 2. 玻璃安装 3. 五金安装
010801002	木质门带套				
010801003	木质连窗门				
010801004	木质防火门				

续表

项目编码	项目名称	项目特征	计量单位	工程量计算规则	工作内容
010801005	木门框	1. 门代号及洞口尺寸 2. 框截面尺寸 3. 防护材料种类	1. 樘 2. m	1. 以樘计量，按设计图示数量计算 2. 以米计量，按设计图示框的中心线以延长米计算	1. 木门框制作、安装 2. 运输 3. 刷防护材料
010801006	门锁安装	1. 锁品种 2. 锁规格	个(套)	按设计图示数量计算	安装

注：1. 木质门应区分镶板木门、企口木板门、实木装饰门、胶合板门、夹板装饰门、木纱门、全玻门(带木质扇框)、木质半玻门(带木质扇框)等项目，分别编码列项。

2. 木门五金应包括：折页、插销、门碰珠、弓背拉手、搭机、木螺丝、弹簧折页(自动门)、管子拉手(自由门、地弹门)、地弹簧(地弹门)、角铁、门轧头(地弹门、自由门)等。

3. 木质门带套计量按洞口尺寸以面积计算，不包括门套的面积，但门套应计算在综合单价中。

4. 以樘计量，项目特征必须描述洞口尺寸；以平方米计量，项目特征可不描述洞口尺寸。

5. 单独制作安装木门框按木门框项目编码列项。

木门五金配件可参考表 9-3。

表 9-3　　　　　　　　　　木门五金配件表　　　　　　　　　　　　　　　樘

	项　目	单位	镶板、胶合板、半截玻璃门不带纱门			
			单扇有亮	双扇有亮	单扇无亮	双扇无亮
人工	综合工日	工日	—	—	—	—
材料	折页 100mm	个	2.00	4.00	2.00	4.00
	折页 63mm	个	4.00	4.00	—	—
	插销 100mm	个	2.00	2.00	1.00	1.00
	插销 150mm	个	—	1.00	—	1.00
	插销 300mm	个	—	1.00	—	1.00
	风钩 200mm	个	2.00	2.00	—	—
	拉手 150mm	个	1.00	2.00	1.00	2.00
	铁塔扣 100mm	个	1.00	1.00	1.00	1.00
	木螺丝 38mm	个	16.00	32.00	16.00	32.00
	木螺丝 32mm	个	24.00	24.00	—	—
	木螺丝 25mm	个	4.00	8.00	4.00	8.00
	木螺丝 19mm	个	19.00	37.00	13.00	31.00
	折页 100mm	个	2.00	4.00	2.00	4.00

第九章 门窗工程工程量计算

续表

	项 目	单位	镶板、胶合板、半截玻璃门不带纱门			
			单扇有亮	双扇有亮	单扇无亮	双扇无亮
人工	综合工日	工日	—	—	—	—
材料	折页 63mm	个	8.00	8.00	—	—
	蝶式折页 100mm	个	2.00	4.00	2.00	4.00
	插销 100mm	个	4.00	3.00	2.00	1.00
	插销 150mm	个	—	1.00	—	1.00
	插销 300mm	个	—	1.00	—	1.00
	风钩 200mm	个	2.00	2.00	—	—
	拉手 150mm	个	2.00	4.00	2.00	4.00
	铁塔扣 100mm	个	1.00	1.00	1.00	1.00
	木螺丝 38mm	个	16.00	32.00	16.00	32.00
	木螺丝 32mm	个	60.00	72.00	12.00	24.00
	木螺丝 25mm	个	8.00	16.00	8.00	16.00
	木螺丝 19mm	个	31.00	43.00	19.00	31.00

	项 目	单位	自由门带固定亮子、无亮子		镶板门带一块百叶	
			半玻门	全玻门	单扇有亮	单扇无亮
人工	综合工日	工日	—	—	—	—
材料	折页 100mm	个	—	—	2.00	2.00
	折页 75mm	个	—	—	2.00	—
	弹簧折页 200mm	个	4.00	—	—	—
	插销 100mm	个	—	—	2.00	1.00
	风钩 200mm	个	—	—	1.00	—
	拉手 150mm	个	—	—	1.00	1.00
	管子拉手 400mm	个	4.00	—	—	—
	管子拉手 600mm	个	—	4.00	—	—
	铁塔扣 100mm	个	—	—	1.00	1.00
	门轧头 mm	个	—	2.00	—	—
	铁角 150mm	个	12.00	12.00	—	—
	地弹簧 mm	套	—	2.00	—	—
	木螺丝 38mm	个	132.00	132.00	16.00	16.00
	木螺丝 32mm	个	—	—	12.00	—
	木螺丝 25mm	个	—	—	4.00	4.00
	木螺丝 19mm	个	—	—	19.00	13.00

续表

项目		单位	平开木板大门		推拉木板大门	
			无小门	有小门	无小门	有小门
人工	综合工日	工日	—	—	—	—
材料	五金铁件	kg	67.72	67.62	143.96	143.96
	折页 100mm	个	—	2.00	—	2.00
	弓背拉手 125mm	个	—	2.00	—	2.00
	插销 125mm	个	—	1.00	—	1.00
	木螺丝 38mm	个	32.00	58.00	—	26.00
	大滑轮 $d=100$mm	个	—	—	4.00	4.00
	小滑轮 $d=56$mm	个	—	—	4.00	4.00
	轴承 203	个	—	—	8.00	8.00

项目		单位	平开钢木大门		
			无小门一般型	有小门防风型	有小门防严寒
人工	综合工日	工日	—	—	—
材料	五金铁件	kg	52.97	57.90	57.90
	钢丝弹簧 $L=95$	个	1.00	1.00	1.00
	钢珠 32.5	个	4.00	4.00	4.00

3. 计算实例

【例 9-1】求如图 9-6 所示镶板门工程量。

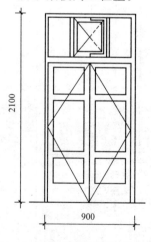

图 9-6 双扇无纱带亮镶板门示意图

【解】镶板门工程量＝0.9×2.1＝1.89m² 或＝1 樘

二、木窗

1. 木窗的基本构造与形式

木窗主要是由窗框与窗扇两部分组成。窗框由梃、上冒头和下冒头组成，有上亮时需设中贯横挡；窗扇由上冒头、下冒头、扇梃、窗棂等组成。窗扇玻璃装于冒头、扇梃和窗棂之间，如图9-7所示；常见木窗的形式见表9-4。

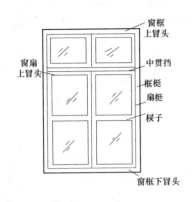

图9-7 木窗的构造形式

表9-4 常见木窗形式

名称	图形	名称	图形
平开窗		推拉窗	
立转窗		百叶窗	
提拉窗		中悬窗	

2. 清单项目设置及工程量计算规则

清单项目设置及工程量计算规则见表9-5。

表 9-5　　　　　　　　　　　木窗

项目编码	项目名称	项目特征	计量单位	工程量计算规则	工作内容
010806001	木质窗	1. 窗代号及洞口尺寸 2. 玻璃品种、厚度	1 樘 2. m²	1. 以樘计量,按设计图示数量计算 2. 以平方米计量,按设计图示洞口尺寸以面积计算	1. 窗安装 2. 五金、玻璃安装
010806002	木飘(凸)窗				
010806003	木橱窗	1. 窗代号 2. 框截面及外围展开面积 3. 玻璃品种、厚度 4. 防护材料种类		1. 以樘计量,按设计图示数量计算 2. 以平方米计量,按设计图示尺寸以框外围展开面积计算	1. 窗制作、运输、安装 2. 五金、玻璃安装 3. 刷防护材料
010806004	木纱窗	1. 窗代号及框的外围尺寸 2. 窗纱材料品种、规格		1. 以樘计量,按设计图示数量计算 2. 以平方米计量,按框的外围尺寸以面积计算	1. 窗安装 2. 五金安装

注:1. 木质窗应区分木百叶窗、木组合窗、木天窗、木固定窗、木装饰空花窗等项目,分别编码列项。
　　2. 以樘计量,项目特征必须描述洞口尺寸,没有洞口尺寸必须描述窗框外围尺寸;以平方米计量,项目特征可不描述洞口尺寸及框的外围尺寸。
　　3. 以平方米计量,无设计图示洞口尺寸,按窗框外围以面积计算。
　　4. 木橱窗、木飘(凸)窗以樘计量,项目特征必须描述框截面及外围展开面积。
　　5. 木窗五金包括:折页、插销、风钩、木螺丝、滑轮滑轨(推拉窗)等。

木窗五金配件可参考表 9-6。

表 9-6　　　　　　　　木窗五金配件表(樘)

项	目	单位	普通木窗不带纱窗			
			单扇无亮	双扇带亮	三扇带亮	四扇带亮
人工	综合工日	工日	—			
材料	折页 75mm	个	2.00	4.00	6.00	8.00
	折页 50mm	个		4.00	6.00	8.00
	插销 150mm	个	1.00	1.00	2.00	2.00
	插销 100mm	个	—	1.00	2.00	2.00
	风钩 200mm	个	1.00	4.00	6.00	8.00
	木螺丝 32mm	个	12.00	48.00	72.00	96.00
	木螺丝 19mm	个	6.00	12.00	24.00	24.00

第九章 门窗工程工程量计算

续表

项目		单位	普通木窗带纱窗			
			单扇无亮	双扇带亮	三扇带亮	四扇带亮
人工	综合工日	工日	—	—	—	—
材料	折页 75mm	个	4.00	8.00	12.00	16.00
	折页 63mm	个	—	8.00	12.00	16.00
	插销 150mm	个	2.00	2.00	4.00	4.00
	插销 100mm	个	—	2.00	4.00	4.00
	风钩 200mm	个	1.00	4.00	6.00	8.00
	木螺丝 32mm	个	24.00	96.00	144.00	192.00
	木螺丝 19mm	个	12.00	24.00	48.00	48.00

项目		单位	普通双层木窗带纱窗			
			单扇无亮	双扇带亮	三扇带亮	四扇带亮
人工	综合工日	工日	—	—	—	—
材料	折页 75mm	个	6.00	12.00	18.00	24.00
	折页 50mm	个	—	12.00	18.00	24.00
	插销 150mm	个	3.00	3.00	6.00	6.00
	插销 100mm	个	—	3.00	6.00	6.00
	风钩 200mm	个	2.00	8.00	12.00	16.00
	木螺丝 32mm	个	36.00	144.00	216.00	288.00
	木螺丝 19mm	个	18.00	36.00	72.00	72.00

注：双层玻璃窗小五金按普通木窗不带纱窗乘以2计算。

3. 计算实例

【例 9-2】求如图 9-8 所示木制推拉窗工程量。

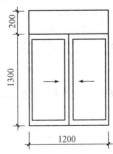

图 9-8 木制推拉窗示意图

【解】木制推拉窗工程量$=1.2\times(1.3+0.2)=1.8m^2$ 或$=1$樘

第三节 金属门窗工程量计算

一、金属门

1. 金属门基本构造

金属门也是常见的居室门类型,一般采用铝合金型材或在钢板内填充发泡剂,所用配件选用不锈钢或镀锌材质,表面贴 PVC。这种门给人的感觉过于冰冷,多用于卫生间的装修。如防火门、防盗门、平开门、推拉门、伸缩门、实腹门、空腹门等。如图 9-9 所示为钢质防火门。

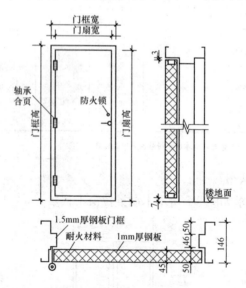

图 9-9 钢质防火门构造示意图

2. 清单项目设置及工程量计算规则

清单项目设置及工程量计算规则见表 9-7。

表 9-7　　　　　　　　　　　　　金属门

项目编码	项目名称	项目特征	计量单位	工程量计算规则	工作内容
010802001	金属(塑钢)门	1. 门代号及洞口尺寸 2. 门框或扇外围尺寸 3. 门框、扇材质 4. 玻璃品种、厚度	1. 樘 2. m²	1. 以樘计量，按设计图示数量计算 2. 以平方米计量，按设计图示洞口尺寸以面积计算	1. 门安装 2. 五金安装 3. 玻璃安装
010802002	彩板门	1. 门代号及洞口尺寸 2. 门框或扇外围尺寸			
010802003	钢质防火门	1. 门代号及洞口尺寸 2. 门框或扇外围尺寸 3. 门框、扇材质			1. 门安装 2. 五金安装
010802004	防盗门				

注：1. 金属门应区分金属平开门、金属推拉门、金属地弹门、全玻门(带金属扇框)、金属半玻门(带扇框)等项目,分别编码列项。
2. 铝合金门五金包括：地弹簧、门锁、拉手、门插、门铰、螺丝等。
3. 金属门五金包括 L 型执手插锁(双舌)、执手锁(单舌)、门轨头、地锁、防盗门机、门眼(猫眼)、门碰珠、电子锁(磁卡锁)、闭门器、装饰拉手等。
4. 以樘计量,项目特征必须描述洞口尺寸,没有洞口尺寸必须描述门框或扇外围尺寸,以平方米计量,项目特征可不描述洞口尺寸及框、扇的外围尺寸。
5. 以平方米计量,无设计图示洞口尺寸,按门框、扇外围以面积计算。

铝合金门五金配件见表 9-8。

表 9-8　　　　　　　　铝合金门五金配件表　　　　　　　　[套(樘)]

项目	单位	单价/元	单扇地弹门	双扇地弹门	四扇地弹门	单扇平开门
国产地弹簧	个	128.73	1	2	4	—
门锁	把	11.03	1	1	3	—
铝合金拉手	对	36.00	1	2	4	—
门插	套	6.00	—	2	2	—
门铰	个	6.96	—	—	—	2
螺钉	元	—	—	—	—	1.04
门锁	把	9.88	—	—	—	1
合计	元	—	175.76	352.76	704.01	24.84

3. 计算实例

【例 9-3】求如图 9-10 所示为某商店铝合金双扇地弹门工程量。

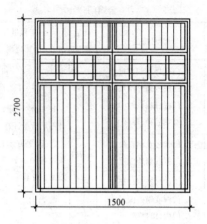

图 9-10　某商店铝合金双扇地弹门示意图

【解】某商店铝合金双扇地弹门工程量＝$1.5 \times 2.7 = 4.05 m^2$ 或＝1樘

二、金属窗

1. 金属窗基本构造

顾名思义,金属窗就是窗的结构由各类金属组成,或者是有金属作为护栏等用途。如图 9-11 所示为金属固定窗示意图。

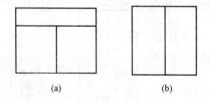

图 9-11　金属固定窗示意图
(a)三孔；(b)双孔

2. 清单项目设置及工程量计算规则

清单项目设置及工程量计算规则见表 9-9。

第九章 门窗工程工程量计算

表 9-9　　　　　　　　　金属窗

项目编码	项目名称	项目特征	计量单位	工程量计算规则	工作内容
010807001	金属(塑钢、断桥)窗	1. 窗代号及洞口尺寸 2. 框、扇材质 3. 玻璃品种、厚度		1. 以樘计量,按设计图示数量计算 2. 以平方米计量,按设计图示洞口尺寸以面积计算	1. 窗安装 2. 五金、玻璃安装
010807002	金属防火窗				
010807003	金属百叶窗				
010807004	金属纱窗	1. 窗代号及框的外围尺寸 2. 框材质 3. 窗纱材料品种、规格		1. 以樘计量,按设计图示数量计算 2. 以平方米计量,按框外围尺寸以面积计算	1. 窗安装 2. 五金安装
010807005	金属格栅窗	1. 窗代号及洞口尺寸 2. 框外围尺寸 3. 框、扇材质	1. 樘 2. m²	1. 以樘计量,按设计图示数量计算 2. 以平方米计量,按设计图示洞口尺寸以面积计算	
010807006	金属(塑钢、断桥)橱窗	1. 窗代号 2. 框外围展开面积 3. 框、扇材质 4. 玻璃品种、厚度 5. 防护材料种类		1. 以樘计量,按设计图示数量计算 2. 以平方米计量,按设计图示以框外围展开面积计算	1. 窗制作、运输、安装 2. 五金、玻璃安装 3. 刷防护材料
010807007	金属(塑钢、断桥)飘(凸)窗	1. 窗代号 2. 框外围展开面积 3. 框、扇材质 4. 玻璃品种、厚度			1. 窗安装 2. 五金、玻璃安装
010807008	彩板窗	1. 窗代号及洞口尺寸 2. 框外围尺寸 3. 框、扇材质 4. 玻璃品种、厚度		1. 以樘计量,按设计图示数量计算 2. 以平方米计量,按设计图示洞口尺寸或框外围以面积计算	
010807009	复合材料窗				

注:1. 金属窗应区分金属组合窗、防盗窗等项目,分别编码列项。
　　2. 以樘计量,项目特征必须描述洞口尺寸,没有洞口尺寸必须描述窗框外围尺寸;以平方米计量,项目特征可不描述洞口尺寸及框的外围尺寸。
　　3. 以平方米计量,无设计图示洞口尺寸,按窗框外围以面积计算。
　　4. 金属橱窗、飘(凸)窗以樘计量,项目特征必须描述框外围展开面积。
　　5. 金属窗五金包括:折页、螺丝、执手、卡锁、铰拉、风撑、滑轮、滑轨、拉把、角码、牛角制等。

铝合金窗五金配件见表 9-10。

表 9-10　　　　　铝合金窗五金配件表

项目	单位	单价(元)	推拉窗			单扇平开窗		双扇平开窗	
			双扇	三扇	四扇	不带顶窗	带顶窗	不带顶窗	带顶窗
锁	把	3.55	2	2	4	—	—	—	—
滑轮	套	3.11	4	6	8	—	—	—	—
铰拉	套	1.20	1	1	1	—	—	—	—
执手	套	3.60	—	—	—	1	1	2	2
拉手	个	0.30	—	—	—	1	1	2	2
风撑 90°	支	5.08	—	—	—	2	2	4	4
风撑 60°	支	4.74	—	—	—	—	2	—	2
拉巴	支	1.80	—	—	—	1	1	2	2
白钢勾	元	—	—	—	—	0.16	0.16	0.32	0.32
白码	个	0.50	—	—	—	4	8	8	12
牛角制	套	4.65	—	—	—	—	1	—	1
合计	元	—	20.76	26.98	40.32	18.02	34.15	36.04	52.17

3. 计算实例

【例 9-4】某工程采用铝合金推拉窗,如图 9-12 所示,共 35 樘,计算铝合金窗工程量。

【解】 金属推拉窗工程量＝设计图示数量或设计图示洞口尺寸面积

铝合金窗工程量＝35 樘或＝$1.2 \times 1.5 \times 35 = 63 m^2$

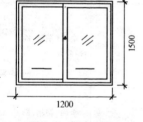

图 9-12　铝合金窗

第四节　其他类型门工程量计算

一、金属卷帘(闸)门

1. 卷帘门的组成

卷帘门由铝合金材料组成,门顶有以水平线为轴线进行转动,可以将全部门扇转包到门顶上。卷帘门由帘板、卷筒体、导轨、电气传动等部分组成。防火卷帘门另配有温感、烟感、光感报警系统,水幕喷淋系统,遇有火情自动报警,自动喷淋,门体自控下降,定点延时关闭。

2. 清单项目设置及工程量计算规则

清单项目设置及工程量计算规则见表 9-11。

表 9-11　　　　　　　　金属卷帘(闸)门

项目编码	项目名称	项目特征	计量单位	工程量计算规则	工作内容
010803001	金属卷帘(闸)门	1. 门代号及洞口尺寸 2. 门材质 3. 启动装置品种、规格	1. 樘 2. m²	1. 以樘计量,按设计图示数量计算 2. 以平方米计量,按设计图示洞口尺寸以面积计算	1. 门运输、安装 2. 启动装置、活动小门、五金安装
010803002	防火卷帘门				

注:以樘计量时项目特征必须描述洞口尺寸;以平方米计量时,可不描述。

由表 9-11 可知金属卷帘(闸)门的工程量计算规则,应注意:

(1)金属卷帘(闸)门按面积计算(门高度按洞口高度加 600mm,宽度按卷闸门实际宽度计算)。电动装置安装以套计算,小门安装以个计算。

(2)防火卷帘(闸)门以楼地面算至端板顶点乘以设计宽度计算。

二、厂库房大门、特种门

1. 厂库房大门、特种门的概念

(1)木板大门是指用木材做门扇的骨架,再镶拼木板而成,木板门是厂房或仓库常用的大门,没有门框,采用预埋在门洞旁墙体内的钢铰轴与门扇连接。

(2)钢木大门的门框一般由混凝土制成,门扇由骨架和面板构成,门扇的骨架常用型钢制成,门芯板一般用 15mm 厚的木板,用螺栓与钢骨架相连接。

(3)全钢板大门的门框和门扇一般全由钢板制成,用螺栓相连接。

(4)特种门包括冷藏库门、防射线门、密闭门、保温门、隔声门等。

(5) 围墙铁丝门是以钢管、角钢、木为骨架而制成的铁丝门。

2. 清单项目设置及工程量计算规则

清单项目设置及工程量计算规则见表 9-12。

表 9-12　　　　　　　　　厂库房大门、特种门

项目编码	项目名称	项目特征	计量单位	工程量计算规则	工作内容
010804001	木板大门	1. 门代号及洞口尺寸 2. 门框或扇外围尺寸 3. 门框、扇材质 4. 五金种类、规格 5. 防护材料种类		1. 以樘计量,按设计图示数量计算 2. 以平方米计量,按设计图示洞口尺寸以面积计算 1. 以樘计量,按设计图示数量计算 2. 以平方米计量,按设计图示门框或扇以面积计算	1. 门(骨架)制作、运输 2. 门、五金配件安装 3. 刷防护材料
010804002	钢木大门	^		^	^
010804003	全钢板大门	^		^	^
010804004	防护铁丝门	^		^	^
010804005	金属格栅门	1. 门代号及洞口尺寸 2. 门框或扇外围尺寸 3. 门框、扇材质 4. 启动装置的品种、规格	1. 樘 2. m²	1. 以樘计量,按设计图示数量计算 2. 以平方米计量,按设计图示洞口尺寸以面积计算	1. 门安装 2. 启动装置、五金配件安装
010804006	钢质花饰大门	1. 门代号及洞口尺寸 2. 门框或扇外围尺寸 3. 门框、扇材质		1. 以樘计量,按设计图示数量计算 2. 以平方米计量,按设计图示门框或扇以面积计算 1. 以樘计量,按设计图示数量计算 2. 以平方米计量,按设计图示洞口尺寸以面积计算	1. 门安装 2. 五金配件安装
010804007	特种门	^		^	^

注:1. 特种门应区分冷藏门、冷冻间门、保温门、变电室门、隔音门、防射线门、人防门、金库门等项目,分别编码列项。

　　2. 以樘计量,项目特征必须描述洞口尺寸,没有洞口尺寸必须描述门框或扇外围尺寸;以平方米计量,项目特征可不描述洞口尺寸及框、扇的外围尺寸。

　　3. 以平方米计量,无设计图示洞口尺寸,按门框、扇外围以面积计算。

3. 计算实例

【例 9-5】如图 9-13 所示，某厂房有平开全钢板大门（带探望孔），共 5 樘，刷防锈漆。试计算其工程量。

【解】根据工程量计算规则，得

木板大门工程量 $=3.30 \times 3.30 \times 5$
$=54.45 m^2$

或　　　$=5$ 樘

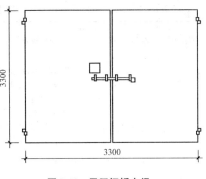

图 9-13　平开钢板大门

三、其他门

1. 其他门的构造与组成

其他门包括电子感应门、转门、电子对讲门、电动伸缩门、全玻门等。电子感应门多以铝合金型材制作而成，其感应系统是采用电磁感应的方式，具有外观新颖、结构精巧、运行噪声小、功耗低、启动灵活、可靠、节能等特点，适用于高级宾馆、饭店、医院、候机楼、车间、贸易楼、办公大楼的自动门安装设备。金属转门主要用于宾馆、机场、商店、银行等中高级公共建筑中。转门能达到节省能源、防尘、防风、隔声的效果，对控制人流量也有一定作用。电子对讲门多安装于住宅、楼寓及要求安全防卫场所的入口，具有选呼、对讲、控制等功能，一般由门框、门扇、门铰链、闭门器、电控锁等部门组成。电动伸缩门多用在小区、公园、学校、建筑工地等大门，一般分为有轨和无轨两种，通常采用铝型材或不锈钢。全玻门是指门窗冒头之间全部镶嵌玻璃的门，有带亮子和不带亮子之分。

2. 清单项目设置及工程量计算规则

清单项目设置及工程量计算规则见表 9-13。

表 9-13   其他门

项目编码	项目名称	项目特征	计量单位	工程量计算规则	工作内容
010805001	电子感应门	1. 门代号及洞口尺寸 2. 门框或扇外围尺寸 3. 门框、扇材质 4. 玻璃品种、厚度 5. 启动装置的品种、规格 6. 电子配件品种、规格	1. 樘 2. m²	1. 以樘计量,按设计图示数量计算 2. 以平方米计量,按设计图示洞口尺寸以面积计算	1. 门安装 2. 启动装置、五金、电子配件安装
010805002	旋转门				
010805003	电子对讲门	1. 门代号及洞口尺寸 2. 门框或扇外围尺寸 3. 门材质 4. 玻璃品种、厚度 5. 启动装置的品种、规格 6. 电子配件品种、规格			
010805004	电动伸缩门				
010805005	全玻自由门	1. 门代号及洞口尺寸 2. 门框或扇外围尺寸 3. 框材质 4. 玻璃品种、厚度			1. 门安装 2. 五金配件安装
010805006	镜面不锈钢饰面门	1. 门代号及洞口尺寸 2. 门框或扇外围尺寸 3. 框、扇材质 4. 玻璃品种、厚度			
010805007	复合材料门				

注:1. 以樘计量,项目特征必须描述洞口尺寸,没有洞口尺寸必须描述门框或扇外围尺寸;以平方米计量,项目特征可不描述洞口尺寸及框、扇的外围尺寸。
   2. 以平方米计量,无设计图示洞口尺寸,按门框、扇外围以面积计算。

3. 计算实例

【例 9-6】某底层商店采用全玻自由门,不带纱扇,如图 9-14 所示,木材采用水曲柳,不刷底油,共计 8 樘,试计算全玻自由门工程量。

【解】按全玻璃自由门工程量计算规则,得

全玻自由门工程量=2.7×1.5×8=32.4m² 或=8 樘

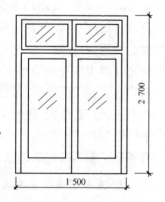

图 9-14 全玻璃自由门

第五节 门窗细部工程工程量计算

一、门窗套

1. 门窗套构造做法

在门窗洞的两个立边垂直面,可突出外墙形成边框也可与外墙平齐,既要立边垂直平整又要满足与墙面平整,故此质量要求很高。门窗套可起保护墙体边线的功能,门套还起着固定门扇的作用,而窗套则可在装饰过程中修补窗框密封不实、通风漏气的毛病。门套、窗套、门扇构造做法如图 9-15、图 9-16 所示。

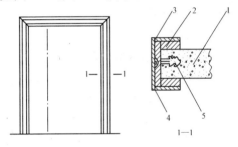

图 9-15 装饰门套构造

1—门洞墙体;2—衬里大芯板;3—市售装饰门线条;
4—装饰面层;5—塑料膨胀螺栓

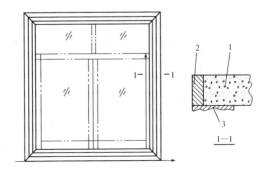

图 9-16 装饰窗套构造

1—窗洞墙体;2—窗框竖梃;3—市售装饰窗线条

2. 清单项目设置及工程量计算规则

清单项目设置及工程量计算规则见表 9-14。

表 9-14 门窗套

项目编码	项目名称	项目特征	计量单位	工程量计算规则	工作内容
010808001	木门窗套	1. 窗代号及洞口尺寸 2. 门窗套展开宽度 3. 基层材料种类 4. 面层材料品种、规格 5. 线条品种、规格 6. 防护材料种类	1. 樘 2. m² 3. m	1. 以樘计量,按设计图示数量计算 2. 以平方米计量,按设计图示尺寸以展开面积计算 3. 以米计量,按设计图示中心以延长米计算	1. 清理基层 2. 立筋制作、安装 3. 基层板安装 4. 面层铺贴 5. 线条安装 6. 刷防护材料
010808002	木筒子板	1. 筒子板宽度 2. 基层材料种类 3. 面层材料品种、规格 4. 线条品种、规格 5. 防护材料种类			
010808003	饰面夹板筒子板				
010808004	金属门窗套	1. 窗代号及洞口尺寸 2. 门窗套展开宽度 3. 基层材料种类 4. 面层材料品种、规格 5. 防护材料种类			1. 清理基层 2. 立筋制作、安装 3. 基层板安装 4. 面层铺贴 5. 刷防护材料
010808005	石材门窗套	1. 窗代号及洞口尺寸 2. 门窗套展开宽度 3. 粘结层厚度、砂浆配合比 4. 面层材料品种、规格 5. 线条品种、规格			1. 清理基层 2. 立筋制作、安装 3. 基层抹灰 4. 面层铺贴 5. 线条安装
010808006	门窗木贴脸	1. 门窗代号及洞口尺寸 2. 贴脸板宽度 3. 防护材料种类	1. 樘 2. m	1. 以樘计量,按设计图示数量计算 2. 以米计量,按设计图示尺寸以延长米计算	安装

第九章 门窗工程工程量计算

续表

项目编码	项目名称	项目特征	计量单位	工程量计算规则	工作内容
010808007	成品木门窗套	1. 窗代号及洞口尺寸 2. 门窗套展开宽度 3. 门窗套材料品种、规格	1. 樘 2. m² 3. m	1. 以樘计量,按设计图示数量计算 2. 以平方米计量,按设计图示尺寸以展开面积计算 3. 以米计量,按设计图示中心以延长米计算	1. 清理基层 2. 立筋制作、安装 3. 板安装

注:1. 以樘计量,项目特征必须描述洞口尺寸、门窗套展开宽度。
2. 以平方米计量,项目特征可不描述洞口尺寸、门窗套展开宽度。
3. 以米计量,项目特征必须描述门窗套展开宽度、筒子板及贴脸宽度。
4. 木门窗适用于单独门窗套的制作、安装。

3. 计算实例

【例 9-7】某宾馆有 900mm×2100mm 的门洞 66 樘,内外钉贴细木工板门套、贴脸(不带龙骨),榉木夹板贴面,尺寸如图 9-17 所示,计算其工程量。

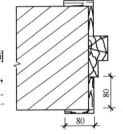

图 9-17 榉木夹板贴面尺寸

【解】(1)门窗木贴脸工程量=门洞宽+贴脸宽×2+门洞高×2
=(0.90+0.08×2+2.10×2)×2×66
=694.32m²

(2)榉木筒子板工程量=(门洞宽+门洞高×2)×筒子板宽
=(0.90+2.10×2)×0.08×2×66
=53.86m²

二、窗台板

1. 窗台板构造做法

窗台板一般设置在窗内侧沿处,用于临时摆设台历、杂志、报纸、钟表等物件,以增加室内装饰效果。窗台板宽度一般为 100~200mm,厚度为 20~50mm。窗台板常用木材、水泥、水磨石、大理石、塑钢、铝合金等制作。如图 9-18 所示为窗台板构造示意图。

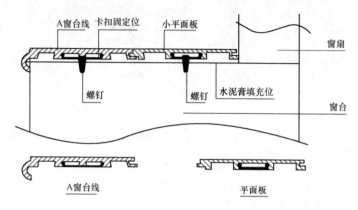

图 9-18 窗台板构造示意图

2. 清单项目设置及工程量计算规则

清单项目设置及工程量计算规则见表 9-15。

表 9-15　　　　　　　　　　窗台板

项目编码	项目名称	项目特征	计量单位	工程量计算规则	工作内容
010809001	木窗台板	1. 基层材料种类 2. 窗台板材质、规格、颜色 3. 防护材料种类	m^2	按设计图示尺寸以展开面积计算	1. 基层清理 2. 基层制作、安装 3. 窗台板制作、安装 4. 刷防护材料
010809002	铝塑窗台板				
010809003	金属窗台板				
010809004	石材窗台板	1. 粘结层厚度、砂浆配合比 2. 窗台板材质、规格、颜色			1. 基层清理 2. 抹找平层 3. 窗台板制作、安装

三、窗帘、窗帘盒、轨

1. 窗帘、窗帘盒、轨的分类与构造

(1)窗帘。窗帘是用布、竹、苇、麻、纱、塑料、金属材料等制作的遮蔽或调节室内光照的挂在窗上的帘子。随着窗帘的发展,它已成为居室不可缺少的、功能性和装饰性完美结合的室内装饰品。窗帘种类繁多,常用的品种有:布窗帘、纱窗帘、无缝纱窗帘、遮光窗帘、隔音窗帘、直立帘、罗马帘、木竹帘、铝百叶、卷帘、窗纱、立式移帘。窗帘种类繁多,但大体可归为成品帘和布艺帘两大类。

1)成品帘。根据其外形及功能不同可分为:卷帘、折帘、垂直帘和百叶帘。

①卷帘收放自如。它可分为:人造纤维卷帘、木质卷帘、竹质卷帘。其中人造纤维卷帘以特殊工艺编织而成,可以过滤强日光辐射,改造室内光线品质,有防静电防火等功效。

②折帘根据其功能不同可以分为:百叶帘、日夜帘、蜂房帘、百折帘。其中蜂房帘有吸音效果,日夜帘可在透光与不透光之间任意调节。

③垂直帘根据其面料不同,可分为铝质帘及人造纤维帘等。

④百叶帘一般分为木百页、铝百页、竹百页等。百叶帘的最大特点在于光线不同角度得到任意调节,使室内的自然光富有变化。

2)布艺帘。用装饰布经设计缝纫而做成的窗帘。

①布艺窗帘根据其面料、工艺不同可分为:印花布、染色布、色织布、提花布等。

印花布:在素色胚布上用转移或园网的方式印上色彩、图案称其为印花布,其特点为色彩艳丽,图案丰富、细腻。

染色布:在白色胚布上染上单一色泽的颜色称为染色布,其特点为素雅、自然。

色织布:根据图案需要,先把纱布分类染色,再经交织而构成色彩图案称为色织布,其特点为色牢度强,色织纹路鲜明,立体感强。

提花布：把提花和印花两种工艺结合在一起称其为提花布。

②布艺窗帘色面料质地有纯棉、麻、涤纶、真丝，也可集中原料混织而成。棉质面料质地柔软、手感好；麻质面料垂感好，肌理感强；真丝面料高贵、华丽，它是100%天然蚕丝构成，具有自然、粗犷、飘逸、层次感强的特点；涤纶面料挺括、色泽鲜明、不褪色、不缩水。

(2) 窗帘盒是用木材或塑料等材料制成安装于窗子上方，用以遮挡、支撑窗帘杆(轨)、滑轮和拉线等的盒形体。所用材料有：木板、金属板、PVC塑料板等。窗帘盒包括木窗帘盒、饰面夹板窗帘盒、塑料窗帘盒、铝合金窗帘盒等，如图9-19所示。

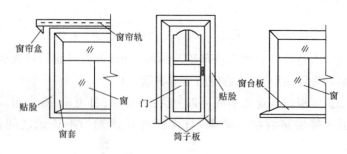

图9-19　门窗套、窗帘轨示意图

(3) 窗帘轨的滑轨通常采用铝镁合金辊压制品及轨制型材，或着色镀锌铁板、镀锌钢板及钢带、不锈钢钢板及钢带、聚氯乙烯金属层积板等材料制成，是各类高级建筑和民用住宅的铝合金窗、塑料窗、钢窗、木窗等理想的配套设备。滑轨是商品化成品，有单向、双向拉开等，在建筑工程中往往只安装窗帘滑轨。

2. 清单项目设置及工程量计算规则

清单项目设置及工程量计算规则见表9-16。

表 9-16　　　　　　　　窗帘、窗帘盒、窗帘轨

项目编码	项目名称	项目特征	计量单位	工程量计算规则	工作内容
010810001	窗帘	1. 窗帘材质 2. 窗帘高度、宽度 3. 窗帘层数 4. 带幔要求	1. m 2. m²	1. 以米计量，按设计图示尺寸以成活后长度计算 2. 以平方米计量，按图示尺寸以成活后展开面积计算	1. 制作、运输 2. 安装
010810002	木窗帘盒	1. 窗帘盒材质、规格 2. 防护材料种类	m	按设计图示尺寸以长度计算	1. 制作、运输、安装 2. 刷防护材料
010810003	饰面夹板、塑料窗帘盒				
010810004	铝合金窗帘盒				
010810005	窗帘轨	1. 窗帘轨材质、规格 2. 轨的数量 3. 防护材料种类			

注：1. 窗帘若是双层，项目特征必须描述每层材质。
　　2. 窗帘以米计量，项目特征必须描述窗帘高度和宽度。

第十章 油漆、涂料、裱糊工程工程量计算

第一节 概　　述

一、油漆、涂料、裱糊工程概述

油漆是一种呈流动状态或可液化固体粉末状态的物质，它可以采用不同的施工工艺涂覆于物体表面，经过物理或化学反应，能在物体表面形成一层连续、均匀的涂膜，并对被涂物体起保护、装饰等作用。

建筑工程常用油漆种类有：调和漆，大量应用于室内外装饰；清漆，多用于室内装饰；厚漆（铅油），常用作底油；清油，常用作木门窗、木装饰的面漆或底漆；磁漆，多用于室内木制品、金属物件上；防锈漆，主要用于钢结构表面防锈打底用。建筑常用油漆见表 10-1。

表 10-1　　　　　　　　　建筑常用油漆

类别	主要成膜物质	装修档次 普	中	高	清油	清漆	厚漆	调和漆	磁漆	底漆	防锈漆	粉末	防腐漆	透明漆	木器漆	其他	备注
油脂漆类	天然植物油、动物油（脂）、合成油等	√	—	—	√	—	√	√	—	—	—	—	—	—	—	√	用于木构件、装饰性不高构件
天然树脂漆类	松香、虫胶、乳酪素、动物胶及其衍生物	√	—	—	—	√	—	√	√	√	—	—	—	—	—	√	用于木构件、装饰性不高构件的底层漆
酚醛树脂漆类	酚醛树脂、改性酚醛树脂	√	√	—	—	√	—	√	√	√	√	—	—	—	—	√	普通油漆

第十章 油漆、涂料、裱糊工程工程量计算

续表

类别	主要成膜物质	装修档次			产品名称												备注
		普	中	高	清油	清漆	厚漆	调和漆	磁漆	底漆	防锈漆	粉末	防腐漆	透明漆	木器漆	其他	
醇酸树脂漆类	甘油醇酸树脂、季戊四醇酸树脂、其他醇酸树脂、改性醇酸树脂	—	√	√	—	√	—	√	√	√	√	—	—	√	√		常用的普通油漆
丙烯酸树脂漆类	热塑性丙烯酸酯类树脂	—	—	√	—	√	—	—	√	—	√	—	—	√	—	√	用于高级装修
聚酯树脂漆类	不饱和热聚酯树脂	—	—	√	—	—	—	—	√	—	—	√	—	—	√	√	用于高级木器及其他高级装修
聚氨酯树脂漆类	聚氨(基甲酸)酯树脂	—	—	√	—	√	—	—	√	—	√	—	—	—	√	√	用于高级木器、钢琴,双组分用于地面涂料
硝基漆类	硝基纤维素(酯)、改性硝基漆	—	√	√	—	√	—	—	√	—	—	—	—	√	√	√	硝基漆必须多遍做法、装饰性能好
过氯乙烯树脂漆类	过氯乙烯树脂等	—	—	—	—	√	—	—	√	—	√	—	—	√	—	√	耐腐、光泽高须多遍做法,可用于耐腐蚀地面涂料
环氧树脂漆类	环氧树脂、改性环氧树脂、环氧酯(单组分漆用)	—	—	—	—	—	—	—	—	—	—	—	√	—	—	√	地面涂料应双组分,不起尘、耐腐耐油、耐重压及冲击,另有划线漆
元素有机漆类	有机硅、氟碳树脂等	—	—	—	—	—	—	—	—	—	—	—	√	—	—	√	有机硅防水性好,氟碳漆超耐候性
橡胶漆类	氯化橡胶、氯丁橡胶等	—	—	—	—	—	—	—	√	—	√	—	√	—	—	√	有防火漆、划线漆、防腐漆

注:1. 主要成膜物质中的树脂类型包括水性、溶剂型、无溶剂型、固体、粉末等。
2. 过氯乙烯树脂漆、环氧树脂漆、元素有机漆、橡胶漆属于有特殊要求的漆类,不按普、中、高档次划分。
3. 天然树脂漆现主要用于仿古家具及工艺品。
4. 溶剂型漆内含有机溶剂,有害物(VOC)含量高,但涂层质量好。

涂料主要由主要成膜物质、次要成膜物质及辅助成膜物质组成。根据建筑物涂刷部位的不同，建筑涂料可划分为外墙涂料、内墙涂料、地面涂料、天棚涂料和屋面涂料等。根据状态的不同，建筑涂料可划分为溶剂型涂料、水溶性涂料、乳液型涂料和粉末涂料等。建筑常用内、外墙涂料见表 10-2。

表 10-2　　　　　　　　建筑常用内、外墙涂料

类型	涂料名称	外墙	内墙	档次 普	档次 中	档次 高	性质
无机类涂料	碱金属硅酸盐涂料	√	√	√	—	—	水玻璃系（硅酸钠、硅酸钾）
	改性硅溶胶无机涂料	√	√	—	√	—	—
	有机-无机复合涂料	√	√	—	√	—	有机为合成树脂涂料
合成树脂乳液类涂料（薄型）	乙酸乙烯涂料	—	√	√	—	—	—
	乙酸乙烯-乙烯涂料	—	√	—	√	—	—
	苯乙烯-丙烯酸酯涂料	√	√	—	√	—	—
	乙酸乙烯-丙烯酸酯涂料	√	√	—	√	√	—
	有机硅-丙烯酸酯涂料	√	—	—	√	—	—
	纯丙烯酸酯涂料	√	—	—	—	√	—
	碳酸乙烯酯-乙酸乙酯涂料	√	—	—	√	—	—
	碳酸乙烯酯-丙烯酸酯涂料	√	—	—	√	—	—
	氟碳树脂涂料	√	—	—	—	√	—
合成树脂乳液类涂料（厚型）	乙酸乙烯-丙烯酸酯涂料	√	√	√	—	—	—
	砂壁状涂料	√	—	—	√	—	—
	复合涂料	√	√	√	√	—	—
	多彩花纹涂料 W/W（水包水型）	√	√	—	√	√	无毒、水溶、不燃、华丽
	弹性涂料	√	—	—	—	√	多采用丙烯酸系列
溶剂型涂料	聚氨酯涂料	√	—	—	—	√	—
	丙烯酸酯涂料	√	—	—	—	√	包括有机硅、丙烯酸类
	氟碳树脂涂料	√	—	—	—	√	—

注：1. 氟碳涂料除金属面为基底外。

　　2. 内墙中无机类涂料、合成树脂乳液类涂料（薄型、厚型），属于水性耐擦洗涂料的范畴，溶剂型涂料属于耐擦洗涂料的范畴。

裱糊类饰面是指用墙纸墙布、丝绒锦缎、微薄木等材料，通过裱糊

方式覆盖在外表面作为饰面层的墙面，裱糊类装饰一般只用于室内，可以是室内墙面、天棚或其他构配件表面。

二、消耗量定额关于油漆、涂料、裱糊工程的说明

按《消耗量定额》执行的油漆、涂料、裱糊工程项目，执行时应注意下列事项：

(1)定额刷涂、刷油采用手工操作，喷塑、喷涂、喷油采用机械操作，如操作方法不同时，均按定额执行。

(2)定额在同一平面上的分色及门窗内外分色已综合考虑。如需做美术图案者，另行计算。

(3)定额内规定的喷、涂、刷遍数与要求不同时，可按每增加一遍定额项目进行调整。

(4)喷塑(一塑三油)、底油、装饰漆、面油，其规格划分如下：

1)大压花：喷点压平、点面积在 $1.2cm^2$ 以上。

2)中压花：喷点压平、点面积在 $1\sim1.2cm^2$。

3)喷中点、幼点：喷点面积在 $1cm^2$ 以下。

(5)定额中的双层木门窗(单裁口)是指双层框扇。三层二玻一纱窗是指双层框三层扇。

(6)定额中的单层木门刷油是按双面刷油考虑的，如采用单面刷油，其定额含量乘以 0.49 系数计算。

(7)由于涂料品种繁多，如采用品种不同，材料可以换算，人工、机械不变。

(8)定额中的木扶手油漆为不带托板考虑。

第二节　油漆工程工程量计算

一、门油漆

1. 清单项目设置及工程量计算规则

清单项目设置及工程量计算规则见表 10-3。

表10-3 门油漆

项目编码	项目名称	项目特征	计量单位	工程量计算规则	工作内容
011401001	木门油漆	1. 门类型 2. 门代号及洞口尺寸 3. 腻子种类 4. 刮腻子遍数 5. 防护材料种类 6. 油漆品种、刷漆遍数	1. 樘 2. m²	1. 以樘计量，按设计图示数量计算 2. 以平方米计量，按设计图示洞口尺寸以面积计算	1. 基层清理 2. 刮腻子 3. 刷防护材料、油漆
011401002	金属门油漆				1. 除锈、基层清理 2. 刮腻子 3. 刷防护材料、油漆

注:1. 木门油漆应区分木大门、单层木门、双层(一玻一纱)木门、双层(单裁口)木门、全玻自由门、半玻自由门、装饰门及有框门或无框门等项目，分别编码列项。
  2. 金属门油漆应区分平开门、推拉门、钢制防火门等项目，分别编码列项。
  3. 以平方米计量，项目特征可不必描述洞口尺寸。

2. 计算实例

【例10-1】求如图10-1所示房屋木门润滑粉、刮腻子、聚氨酯漆三遍的工程量。

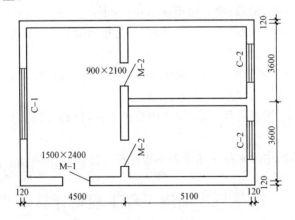

图10-1 房屋平面示意图

【解】木门油漆工程量$=1.5\times2.4+0.9\times2.1\times2$
$=7.38m^2$

二、窗油漆

1. 清单项目设置及工程量计算规则

清单项目设置及工程量计算规则见表10-4。

表10-4　　　　　　　　　　　　　窗油漆

项目编码	项目名称	项目特征	计量单位	工程量计算规则	工作内容
011402001	木窗油漆	1. 窗类型 2. 窗代号及洞口尺寸 3. 腻子种类 4. 刮腻子遍数 5. 防护材料种类 6. 油漆品种、刷漆遍数	1. 樘 2. m²	1. 以樘计量,按设计图示数量计算 2. 以平方米计量,按设计图示洞口尺寸以面积计算	1. 基层清理 2. 刮腻子 3. 刷防护材料、油漆
011402002	金属窗油漆				1. 除锈、基层清理 2. 刮腻子 3. 刷防护材料、油漆

注:1. 木窗油漆应区分单层木门、双层(一玻一纱)木窗、双层框扇(单裁口)木窗、双层框三层(二玻一纱)木窗、单层组合窗、双层组合窗、木百叶窗、木推拉窗等项目,分别编码列项。
  2. 金属窗油漆应区分平开窗、推拉窗、固定窗、组合窗、金属隔栅窗等项目,分别编码列项。
  3. 以平方米计量,项目特征可不必描述洞口尺寸。

2. 计算实例

【例10-2】如图10-2所示为某办公室窗油漆示意图,计算其工程量。

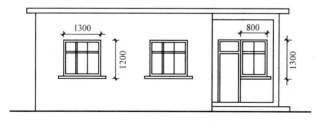

图 10-2　某办公室门窗油漆示意图

【解】窗油漆工程量=3樘或=$1.3 \times 1.2 \times 2 + 1.3 \times 0.8 = 4.16 \text{m}^2$

三、木扶手及其他板条、线条油漆

1. 清单项目设置及工程量计算规则

清单项目设置及工程量计算规则见表 10-5。

表 10-5　　　　　　木扶手及其他板条、线条油漆

项目编码	项目名称	项目特征	计量单位	工程量计算规则	工作内容
011403001	木扶手油漆	1. 断面尺寸 2. 腻子种类 3. 刮腻子遍数 4. 防护材料种类 5. 油漆品种、刷漆遍数	m	按设计图示尺寸以长度计算	1. 基层清理 2. 刮腻子 3. 刷防护材料、油漆
011403002	窗帘盒油漆	^	^	^	^
011403003	封檐板、顺水板油漆	^	^	^	^
011403004	挂衣板、黑板框油漆	^	^	^	^
011403005	挂镜线、窗帘棍、单独木线油漆	^	^	^	^

注：木扶手区别带托板（图 10-3）与不带托板分别编码（第五级编码）列项，若是木栏杆带扶手，木扶手不应单独列项，应包含在木栏杆油漆中。

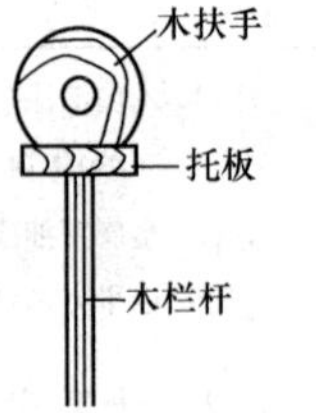

2. 计算实例

【例 10-3】如图 10-4 所示挂衣板有 3 条，采用刷底油一遍，调和漆三遍，求其工程量。

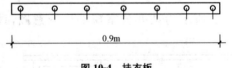

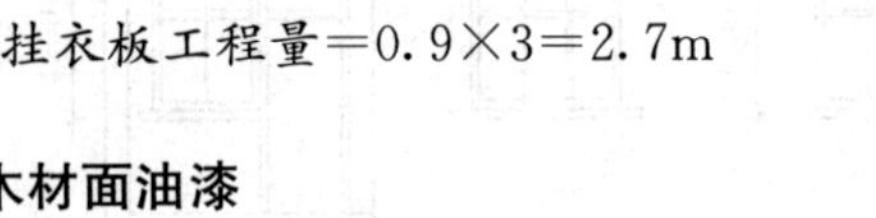

图 10-3　带托板木扶手示意图

图 10-4　挂衣板

【解】挂衣板工程量 = $0.9 \times 3 = 2.7$ m

四、木材面油漆

1. 木材面油漆构造做法

木材面主要有门窗、家具、木装修（如木墙裙、隔断、天棚等）。根据装饰标准，可分为普通油漆、中级油漆和高级油漆三种，根据漆膜性质可分成混色油漆和清色油漆。木材面油漆构造做法见表 10-6。

表 10-6　　　　　　　　　　木材面油漆构造做法

名　称	构　造　做　法	附　注
硝基清漆	1. 清理基层 2. 润油粉 3. 满刮二遍色腻子、磨平(颜色由设计人选定) 4. 二遍漆片、磨平、拼色 5. 擦硝基清漆多遍 6. 打砂蜡、上光蜡	1. 硝基清漆(清喷漆,腊克-Lacqver) 2. 多遍做法用于高级木装修 3. 遍数应满足使用厚度要求
聚氨酯清漆 (单组分)	1. 清理基层 2. 润油粉 3. 满刮二遍色腻子、磨平(颜色由设计人选定) 4. 二遍漆片、磨平、拼色 5. 涂饰聚氨酯清漆三遍至多遍 6. 打砂蜡、上光蜡	1. 属于高档漆类 2. 多遍做法用于高级木装修 3. 遍数应满足使用厚度要求
聚氨酯清漆 (双组分)	1. 清理基层 2. 润油粉 3. 满刮二遍色腻子、磨平(颜色由设计人选定) 4. 二遍漆片、磨平、拼色 5. 涂饰双组分聚氨酯清漆二遍至多遍	1. 双组分聚氨酯漆(水晶水器漆) 2. 耐磨性、硬度优良,优先用于木地板 3. 遍数应满足使用厚度要求
聚酯清漆	1. 清理基层 2. 润油粉 3. 满刮二遍色腻子、磨平(颜色由设计人选定) 4. 二遍漆片、磨平、拼色 5. 涂饰聚酯清漆二遍	属于高档漆类,用于高级装修
丙烯酸清漆	1. 清理基层 2. 润油粉 3. 满刮二遍色腻子、磨平 4. 刷三遍醇酸清漆、复补腻子、磨平 5. 刷第四遍醇酸清漆、磨平 6. 涂饰二遍丙烯酸清漆 7. 打砂蜡、上光蜡	属于高档漆类,用于高级装修
厚漆	1. 清理基层 2. 局部腻子、磨平 3. 满刮腻子、磨平 4. 厚漆一至两遍	厚漆(铅油)使用配比为: 厚漆:清油=(80～60):(20～40) 用于木构件,颜色为白色
天然树脂调和漆 a. 酯胶调和漆 b. 钙酯调和漆	1. 清理基层 2. 局部腻子、磨平 3. 满刮腻子、磨平 4. 涂底油一遍 5. 涂饰调和漆、磨平 6. 涂饰第二遍调和漆	1. 酯胶树脂漆、钙酯树脂漆用于普通装修做法,目前较少使用 2. 不同种类油漆各层材料应配套使用 3. 设计人应在图纸中注明颜色

续表

名 称	构 造 做 法	附 注
天然树脂磁漆 a. 酯胶磁漆 b. 钙酯磁漆	1. 清理基层 2. 局部腻子、磨平 3. 满刮腻子、磨平 4. 满刮第二遍腻子 5. 刷底油一遍 6. 涂饰磁漆、磨平 7. 涂饰第二遍磁漆	1. 酯胶树脂漆、钙酯树脂漆用于普通、中级装修做法,目前较少使用 2. 不同种类油漆各层材料应配套使用 3. 设计人应在图纸中注明颜色
合成树脂调和漆 a. 酚醛调和漆 b. 醇酸调和漆	1. 清理基层 2. 局部腻子、磨平 3. 满刮腻子、磨平 4. 满刮第二遍腻子 5. 涂底油一遍 6. 涂饰调和漆、磨平 7. 涂饰第二遍调和漆 8. (中级做法第三遍调和漆) (高级做法第四遍调和漆)	1. 酚醛调和漆、醇酸调和漆用于普通、中级装修和高级装修做法 2. 遍数多的中、高级装修做法,前道漆可采用铅油 3. 不同种类油漆各层材料应配套使用 4. 设计人应在图纸中注明颜色
合成树脂磁漆 a. 酚醛磁漆 b. 醇酸磁漆 c. 聚酯磁漆 d. 聚氨酯磁漆	1. 清理基层 2. 局部腻子、磨平 3. 满刮腻子、磨平 4. 满刮第二遍腻子 5. 刷底油一遍 6. 涂饰磁漆、磨平 7. 涂饰第二遍磁漆(聚酯磁漆可两遍成活) 8. (中级做法第三遍磁漆、高级做法第四遍磁漆)	1. 酚醛树脂漆、醇酸树脂漆用于普通、中级和高级装修做法,聚酯树脂漆、聚氨酯漆用于高级做法 2. 遍数多的中、高级装修做法,前道漆可采用配套的低档漆 3. 不同种类油漆各层材料应配套使用 4. 设计人应在图纸中注明颜色
地板漆	1. 清理基层 2. 刮腻子、磨平 3. 满刮腻子、磨平 4. 地板漆二遍至多遍(色漆的颜色由设计人选定)	市场上地板漆有多种,其性能也不同,由设计人选定,有酚醛地板漆、环氧地板漆、聚氨酯地板漆、聚酯地板漆等
木器防火漆	—	市场上木器防火漆有多种,按产品样本有的用于木龙骨,有的用于木材面,由设计人选定

注:1. 硝基清漆成膜极薄,多遍做法可出高级效果,单组分聚氨酯清漆成膜薄,可采用多遍做法。
2. 双组分聚氨酯清漆、聚酯清漆成膜厚,三遍成活可达高级效果。
3. 磁漆优于调和漆、合成树脂漆一般优于天然树脂漆,聚酯树脂用于高级木器色漆。
4. 地板漆有清漆和色漆,本页一般指色漆,由设计人员依据装修质量要求选用。

2. 清单项目设置及工程量计算规则

清单项目设置及工程量计算规则见表 10-7。

表 10-7　　　　　　　　　　木材面油漆

项目编码	项目名称	项目特征	计量单位	工程量计算规则	工作内容
011404001	木护墙、木墙裙油漆			按设计图示尺寸以面积计算	
011404002	窗台板、筒子板、盖板、门窗套、踢脚线油漆				
011404003	清水板条天棚、檐口油漆				
011404004	木方格吊顶天棚油漆				
011404005	吸音板墙面、天棚面油漆	1. 腻子种类 2. 刮腻子遍数 3. 防护材料种类 4. 油漆品种、刷漆遍数	m^2		1. 基层清理 2. 刮腻子 3. 刷防护材料、油漆
011404006	暖气罩油漆				
011404007	其他木材面				
011404008	木间壁、木隔断油漆			按设计图示尺寸以单面外围面积计算	
011404009	玻璃间壁露明墙筋油漆				
011404010	木栅栏、木栏杆（带扶手）油漆				
011404011	衣柜、壁柜油漆			按设计图示尺寸以油漆部分展开面积计算	
011404012	梁柱饰面油漆				
011404013	零星木装修油漆				
011404014	木地板油漆			按设计图示尺寸以面积计算。空洞、空圈、暖气包槽、壁龛的开口部分并入相应的工程量内	
011404015	木地板烫硬蜡面	1. 硬蜡品种 2. 面层处理要求			1. 基层清理 2. 烫蜡

3. 计算实例

【例10-4】如图10-5所示为某房间内墙裙油漆面积示意图,墙裙高为1.5m,窗台高1.0m,窗洞侧油漆宽90mm,计算其工程量。

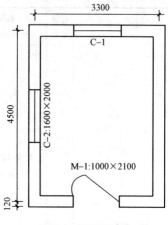

图10-5 房间平面图

【解】墙裙油漆工程量 $=(3.3-0.24+4.5-0.24)\times 2\times 1.5+(1.5-1.0)\times 0.09\times 2+1.5\times 0.09\times 2-(1.5-1.0)\times 1.1-(1.5-1.0)\times 1.6-1.0\times 1.5$

$=19.56m^2$

五、金属面油漆

1. 金属面油漆构造做法

在油漆施工中,金属面一般是指钢门窗、钢屋架和一般金属制品,如楼梯踏步、栏杆、管子及黑白铁皮制品等。金属面油漆涂饰的目的之一是为了美观,更重要的是防锈。防锈的最主要工序为除锈和涂刷防锈漆或底漆。对于中间层漆和面漆的选择,也要根据不同基层,尤其是不同使用条件的情况选择适宜的油漆,才能达到防止锈蚀和保持美观的要求。

金属面油漆构造做法见表10-8。

表 10-8　　　　　　　　　金属面油漆构造做法

名　称	构 造 做 法	附　注
银粉漆 a. 酚醛银粉漆 b. 醇酸银粉漆 c. 环氧银粉漆	1. 清理基层,除锈等级不低于 Sa2 或 St2.5 级 2. 刷防锈漆一至二遍 3. 涂饰银粉漆二遍 4. 依据需要可加涂罩面清漆一遍	银粉、锌粉、铝粉
合成树脂调和漆 a. 酚醛调和漆 b. 醇酸调和漆	1. 清理基层,除锈等级不低于 Sa2 或 St2.5 级 2. 刷防锈漆一至二遍 3. 满刮腻子、磨平 4. 涂饰调和漆二遍	1. 酚醛树脂漆、醇酸树脂漆 2. 不同种类油漆各层材料应配套使用 3. 设计人应在图纸中注明颜色
合成树脂磁漆 a. 酚醛磁漆 b. 醇酸磁漆	1. 清理基层,除锈等级不低于 Sa2 或 St2.5 级 2. 刷防锈漆一至二遍 3. 满刮腻子、磨平 4. 涂饰磁漆二遍	1. 酚醛树脂漆、醇酸树脂漆 2. 不同种类油漆各层材料应配套使用 3. 设计人应在图纸中注明颜色
过氯乙烯漆	1. 清理基层,除锈等级不低于 Sa2.5 或 St3 级 2. 刷防锈漆一至二遍 3. 满刮腻子、磨平 4. 涂过氯乙烯漆二遍 5. 满刮过氯乙烯腻子二遍、磨平 6. 过氯乙烯磁漆四至五遍 7. 过氯乙烯清漆二遍	1. 过氯乙烯漆各层材料均应配套使用 2. 过氯乙烯漆耐化学腐蚀性能较好,用于腐蚀介质环境 3. 有强酸、强碱、盐类等腐蚀介质环境另见国标有关图集 4. 设计人应在图纸中注明颜色
耐酸漆 a. 酚醛耐酸漆 b. 醇酸耐酸漆	1. 清理基层,除锈等级不低于 Sa2.5 或 St3 级 2. 刷防锈漆一至二遍 3. 耐腐蚀腻子二遍、磨平 4. 刷耐酸漆二遍	1. 油漆各层材料应配套使用 2. 用于一般酸性介质环境 3. 设计人应在图纸中注明颜色
薄涂型防火漆	1. 清理基层,除锈等级不低于 Sa2 或 St2.5 级 2. 刷环氧防锈漆 3. 喷底层涂料 2～3 遍,每遍厚度≤2.5,最后一遍抹平 4. 喷面层涂料 1～2 遍	1. 防火涂料耐火极限应按规范计算或查表,决定涂料遍数 2. 应由专业厂家进行施工

续表

名 称	构 造 做 法	附 注
厚涂型防火漆	1. 清理基层,除锈等级不低于 Sa2 或 St2.5 级 2. 刷环氧防锈漆 3. 喷涂厚涂料分遍完成,每遍厚度 5~10	1. 防火涂料耐火极限应按规范计算或查表,决定涂料遍数 2. 应由专业厂家进行施工
水性氟碳树脂漆	1. 清理基层,除锈等级不低于 Sa2 或 St2.5 级 2. 刷专用防锈漆 3. 水性氟碳金属底漆 4. 水性氟碳金属面漆	1. 氟碳涂料有多种,设计人按样本要求选用 2. 应由专业厂家进行施工 3. 设计人应在图纸中注明颜色
溶剂型氟碳树脂漆	1. 清理基层,除锈等级不低于 Sa2 或 St2.5 级 2. 刷专用防锈漆 3. 氟碳金属底漆 4. 氟碳金属面漆	

注:1. 磁漆一般优于调和漆、各色酚醛耐酸漆、沥青耐酸漆。
2. 清理基层、除锈工序为钢材面。
3. 酚醛树脂漆较耐轻腐蚀。醇酸树脂漆硬度、耐厚性能优,适用于室外露明钢结构,室内环境性能也好。

2. 清单项目设置及工程量计算规则

清单项目设置及工程量计算规则见表 10-9。

表 10-9　　　　金属面油漆

项目编码	项目名称	项目特征	计量单位	工程量计算规则	工作内容
011405001	金属面油漆	1. 构件名称 2. 腻子种类 3. 刮腻子要求 4. 防护材料种类 5. 油漆品种、刷漆遍数	t	1. 以吨计量,按设计图示尺寸以质量计算 2. 以平方米计量,按设计展开面积计算	1. 基层清理 2. 刮腻子 3. 刷防护材料、油漆

3. 金属面油漆工程量计算公式

根据金属面油漆工程量计算规则,其计算公式可简化为:

金属面油漆工程量=设计图示长度×金属单位质量

4. 计算实例

【**例 10-5**】某钢直梯如图 10-6 所示,$\phi28$ 光圆钢筋线密度为 4.834kg/m,计算钢直梯油漆工程量。

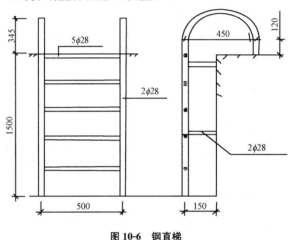

图 10-6 钢直梯

【**解**】钢直梯油漆工程量=[(1.50+0.12×2+0.45×π/2)×2+
(0.50+0.028)×5+(0.15-0.014)×
4]×4.834=39.04kg
=0.039t

六、抹灰面油漆

1. 抹灰面油漆构造做法

抹灰面油漆是指涂饰抹灰面的水溶性漆,是利用有溶于水的树脂作为成膜物质,与颜料混合研磨,再加水稀释而成。它的特点是以水为稀释剂,制作时成膜物质能溶于水,但施工后涂膜又能抗水。抹灰面油漆构造做法见表 10-10。

表 10-10　　　　　　　　　　抹灰面油漆构造做法

名　称	构　造　做　法	附　注
天然树脂调和漆 a. 酯胶调和漆 b. 钙酯调和漆	1. 清理基层 2. 局部腻子、磨平 3. 满刮腻子、磨平 4. 涂底油一遍 5. 涂饰调和漆、磨平 6. 涂饰第二遍调和漆	1. 用于低标准部位,目前较少使用 2. 不同种类油漆各层材料应配套使用 3. 设计人应在图纸中注明颜色
天然树脂磁漆 a. 酯胶磁漆 b. 钙酯磁漆	1. 清理基层 2. 局部腻子、磨平 3. 满刮腻子、磨平 4. 满刮第二遍腻子 5. 刷底油一遍 6. 涂饰磁漆、磨平 7. 涂饰第二遍磁漆	1. 用于普通装修部位,目前较少使用 2. 不同种类油漆各层材料应配套使用 3. 设计人应在图纸中注明颜色
合成树脂调和漆 a. 酚酯调和漆 b. 醇酸调和漆	1. 清理基层 2. 局部腻子、磨平 3. 满刮腻子、磨平 4. 满刮第二遍腻子 5. 涂底油一遍 6. 涂饰调和漆、磨平 7. 涂饰第二遍调和漆 8. (中级做法第三遍调和漆、高级做法第四遍调和漆)	1. 酚醛树脂漆、醇酸树脂漆用于普通、中级和高级装修做法 2. 遍数多的中、高级装修前道漆可采用铅油 3. 不同种类油漆各层材料应配套使用 4. 设计人应在图纸中注明颜色
合成树脂磁漆 a. 酚酯磁漆 b. 醇酸磁漆 c. 丙烯酸磁漆 d. 聚氨酯磁漆	1. 清理基层 2. 局部腻子、磨平 3. 满刮腻子、磨平 4. 满刮第二遍腻子 5. 刷底油一遍 6. 涂饰磁漆、磨平 7. 涂饰第二遍磁漆 8. 涂饰第三遍磁漆 9. (高级做法第四遍磁漆)	1. 酚醛树脂漆、醇酸树脂漆用于普通、中级和高级装修做法 2. 遍数多的中、高级装修前道漆可采用铅油 3. 不同种类油漆各层材料应配套使用
过氯乙烯漆 (普通做法)	1. 清理基层 2. 过氯乙烯局部腻子、磨平 3. 刷配套底料 4. 满刮过氯乙烯腻子二遍、磨平 5. 过氯乙烯磁漆三遍 6. 过氯乙烯清漆二遍	1. 过氯乙烯漆各种材料均配套使用 2. 过氯乙烯漆耐化学腐蚀性能较好,用于有腐蚀介质环境 3. 磁漆颜色一般为白色

续表

名 称	构 造 做 法	附 注
过氯乙烯漆 （高级做法）	1. 清理基层 2. 过氯乙烯局部腻子、磨平 3. 刷配套底料 4. 过氯乙烯磁漆二遍 5. 满刮过氯乙烯腻子二遍、磨平 6. 过氯乙烯磁漆四至五遍 7. 过氯乙烯清漆二遍	1. 过氯乙烯漆各种材料均配套使用 2. 过氯乙烯漆耐化学腐蚀性能较好，用于有腐蚀介质环境 3. 有强酸、强碱、盐类等腐蚀介质环境另见国标有关图集，如：《建筑防腐蚀构造》(J333—1~2) 4. 磁漆颜色一般为白色
耐酸漆 a. 酚醛耐酸漆 b. 沥青耐酸漆	1. 清理基层、局部刮腻子 2. 刷底油一遍 3. 耐酸腻子二遍、磨平 4. 涂饰耐腐漆二至三遍	1. 用于一般酸性介质环境 2. 耐酸漆种类应由设计人确定

注：1. 磁漆优于调和漆，合成树脂漆一般优于天然树脂漆，醇酸漆优于酚醛漆。
  2. 酚醛漆较耐轻腐蚀，醇酸漆光泽、硬度、耐候性优并可用于室外环境。
  3. 耐酸漆一般有各色酚醛耐酸漆、沥青耐酸漆。

2. 清单项目设置及工程量计算规则

清单项目设置及工程量计算规则见表10-11。

表10-11   抹灰面油漆

项目编码	项目名称	项目特征	计量单位	工程量计算规则	工作内容
011406001	抹灰面油漆	1. 基层类型 2. 腻子种类 3. 刮腻子遍数 4. 防护材料种类 5. 油漆品种、刷漆遍数 6. 部位	m^2	按设计图示尺寸以面积计算	1. 基层清理 2. 刮腻子 3. 刷防护材料、油漆
011406002	抹灰线条油漆	1. 线条宽度、道数 2. 腻子种类 3. 刮腻子遍数 4. 防护材料种类 5. 油漆品种、刷漆遍数	m	按设计图示尺寸以长度计算	
011406003	满刮腻子	1. 基层类型 2. 腻子种类 3. 刮腻子遍数	m^2	按设计图示尺寸以面积计算	1. 基层清理 2. 刮腻子

3. 抹灰面油漆、抹灰线条油漆工程量计算公式

根据抹灰面油漆、抹灰线条油漆工程量计算规则，其计算公式可简化为：

$$抹灰面油漆工程量 = 设计图示高度 \times 长度$$
$$抹灰线条油漆工程量 = 设计图示长度$$

注意：抹灰面油漆涂料（包括油质、水质、胶质涂料）的工程量通常等于相应的抹灰工程量。而表10-12中所列项则须按长×宽×系数计算工程量。

表 10-12　　　　　　　抹灰工程量计算系数表

项　目	系　数	说　明
混凝土平板	1.00	长×宽
槽形底板、混凝土拆瓦板	1.30	长×宽
有梁板底	1.10	长×宽
密肋、井字梁底板	1.50	长×宽
混凝土平板式楼梯底	1.30	水平投影面积

4. 计算实例

【例10-6】求如图10-7所示卧室内墙裙油漆的工程量。已知墙裙高1.5m，窗台高1.0m，窗洞侧油漆宽100mm。

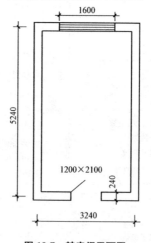

图 10-7　某房间平面图

【解】抹灰面油漆工程量=(5.24-0.24+3.24-0.24)×2×1.5
-1.5×(1.6-1.0)-1.2×1.5+(1.6
-1.0)×0.1×2
=21.42m²

第三节 喷刷涂料工程工程量计算

一、墙面、天棚喷刷涂料

1. 喷刷涂料构造做法

刷喷涂料是利用压缩空气,将涂料从喷枪中喷出并雾化,在气流的带动下涂到被涂件表面上形成涂膜的一种涂装方法。内墙喷刷涂料构造做法见表10-13。

表10-13　　　　　　　　内墙喷刷涂料构造做法

名　称	构　造　做　法	附　注
合成树脂乳液内墙涂料(薄型) a. 乙酸乙烯涂料 b. VAE涂料 c. 苯丙涂料 d. 醋丙涂料 e. 叔酸涂料	1. 清理基层 2. 局部腻子、磨平 3. 满刮腻子、磨平(满刮第二遍腻子、磨平-中级做法有此工序) 4. 涂封底涂料 5. 涂饰面层涂料 6. (复补腻子、磨平-中级、高级做法有此工序) 7. 涂饰第二遍涂漆 8. 涂第三遍、第四遍涂料(中级三遍、高级四遍涂漆)	1. 合成树脂乳液涂料,商品名有各类"乳胶漆",应由设计人注明品种及颜色 2. 装修分为普通、中级、高级做法,应在图纸中注明
复层建筑涂料 (浮雕、凹凸花纹)	1. 清理基层 2. 局部腻子 3. 喷主层涂料,并滚压成花纹或平纹,主层养护 4. 涂抗碱封底涂料 5. 涂饰面层涂料 6. 涂饰第二遍面层涂漆	1. 涂料特点可以遮盖墙体不平缺陷,大多不用腻子找平 2. 主层涂料又称点料,根据设计要求选择不同图案

续表

名 称	构 造 做 法	附 注
多彩花纹涂料 (幻彩涂料、 云彩涂料)	1. 基层抹灰要求高级抹灰 2. 清理基层 3. 找平腻子层、第二遍找平腻子层 4. 耐水腻子层 5. 实色着色填充中层共二遍 6. 实色面层	W/W为水包水型
溶剂型双组分 聚氨酯涂料	1. 基层抹灰要求高级抹灰 2. 清理基层 3. 封底涂料二遍(第一遍为稀释涂料) 4. 找平腻子层二到三遍,每遍均打磨 5. 涂面层涂料二到三遍	1. 双称仿瓷或瓷釉涂料 2. 溶剂型涂料应用于非居住建筑
杀菌防霉涂料	1. 清理基层 2. 局部腻子、磨平 3. 满刮腻子、磨平(满刮第二遍腻子、磨平-中级做法有此工序) 4. 涂封底涂料 5. 涂饰面层涂料 6. (复补腻子、磨平-中级、高级做法有此工序) 7. 涂饰第二遍涂漆 8. 涂第三遍、第四遍涂料(中级三遍、高级四遍涂漆)	1. 杀菌防霉涂料是在各类涂料中加入了纳米材料或防霉剂。市场上有多种杀菌防霉涂料,用于医院、食品厂、酿酒厂、制药厂等 2. 针对工程选用杀菌防霉涂料应提出无毒要求 3. 装修分为普通、中级、高级做法
防静电涂料	1. 清理基层 2. 局部腻子、磨平 3. 满刮腻子、磨平(满刮第二遍腻子、磨平-中级做法有此工序) 4. 涂封底涂料 5. 涂饰面层涂料 6. (复补腻子、磨平-中级、高级做法有此工序) 7. 涂饰第二遍涂漆 8. 涂第三遍、第四遍涂料(中级三遍、高级四遍涂漆)	装修分为普通、中级、高级做法

注:防霉、防静电涂料均属于专用涂料。

2. 清单项目设置及工程量计算规则

清单项目设置及工程量计算规则见表 10-14。

表 10-14　　　　　　　　　喷刷、涂料

项目编码	项目名称	项目特征	计量单位	工程量计算规则	工作内容
011407001	墙面喷刷涂料	1. 基层类型 2. 喷刷涂料部位 3. 腻子种类 4. 刮腻子要求 5. 涂料品种、喷刷遍数	m^2	按设计图示尺寸以面积计算	1. 基层清理 2. 刮腻子 3. 刷、喷涂料
011407002	天棚喷刷涂料				

注：喷刷墙面涂料部位要注明是内墙或是外墙。

3. 刷喷涂料工程量计算公式

根据刷喷涂料工程量计算规则，其计算公式可简化为：

刷喷涂料工程量＝设计图示高度×长度

4. 计算实例

【例 10-7】 某大厅内设有 6 根圆柱，柱高与直径如图 10-8 所示，一塑三油喷射点，试计算柱喷塑的工程量。

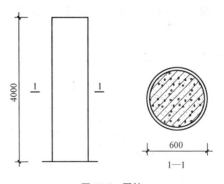

图 10-8　圆柱

【解】 圆柱喷塑工程量＝3.14×0.6×4×6
　　　　　　　　　　　＝45.22m^2

二、花饰、线条刷涂料

1. 清单项目设置及工程量计算规则

清单项目设置及工程量计算规则见表 10-15。

表 10-15　　　　　花饰、线条刷涂料

项目编码	项目名称	项目特征	计量单位	工程量计算规则	工作内容
011407003	空花格、栏杆刷涂料	1. 腻子种类 2. 刮腻子遍数 3. 涂料品种、刷喷遍数	m²	按设计图示尺寸以单面外围面积计算	1. 基层清理 2. 刮腻子 3. 刷、喷涂料
011407004	线条刷涂料	1. 基层清理 2. 线条宽度 3. 刮腻子遍数 4. 刷防护材料、油漆	m	按设计图示尺寸以长度计算	

2. 刷喷涂料工程量计算公式

根据刷喷涂料工程量计算规则,其计算公式可简化为:

空花格、栏杆刷油漆工程量＝设计图示高度×长度

线条刷油漆工程量＝设计图示长度

3. 计算实例

【例 10-8】某工程阳台如图 10-9 所示,欲刷防护涂料两遍,试计算其工程量。

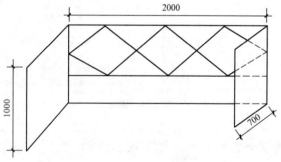

图 10-9　某工程阳台示意图

【解】花饰格刷涂料工程量=(1×0.7)×2+2.0×1

$\qquad$ =3.4m²

三、金属、木材构件喷刷防火涂料

清单项目设置及工程量计算规则见表10-16。

表10-16　　　　金属、木材构件喷刷防火涂料

项目编码	项目名称	项目特征	计量单位	工程量计算规则	工作内容
011407005	金属构件刷防火涂料	1. 喷刷防火涂料构件名称 2. 防火等级要求 3. 涂料品种、喷刷遍数	1. m² 2. t	1. 以吨计量,按设计图示尺寸以质量计算 2. 以平方米计量,按设计展开面积计算	1. 基层清理 2. 刷防护材料、油漆
011407006	木材构件喷刷防火涂料		m²	以平方米计量,按设计图示尺寸以面积计算	1. 基层清理 2. 刷防火材料

第四节　裱糊工程工程量计算

一、墙纸裱糊

1. 墙纸裱糊的分类与规格

墙纸又叫壁纸,有纸质壁纸和塑料壁纸两大类。纸质型壁纸透气、吸音性能好;塑料型壁纸光滑、耐擦洗。

壁纸是目前国内外使用十分广泛的墙面装饰材料。它的色泽丰富,图案繁多,通过印花、压花、发泡等多种工艺可以仿制许多传统材料的外观,如仿木纹、石纹、锦缎和各种织物等,也有仿瓷砖、黏土砖等。塑料面壁纸规格见表10-17。

表 10-17　　　　　　　　　塑料面壁纸规格

项　目	幅度/mm	长度/mm	每卷面积/m²
小卷	窄幅 530～600	10～20	5～6
中卷	中幅 600～900	20～50	20～40
大卷	宽幅 920～1200	50	46～90

2. 清单项目设置及工程量计算规则

清单项目设置及工程量计算规则见表 10-18。

表 10-18　　　　　　　　　墙纸裱糊

项目编码	项目名称	项目特征	计量单位	工程量计算规则	工作内容
011408001	墙纸裱糊	1. 基层类型 2. 裱糊部位 3. 腻子种类 4. 刮腻子遍数 5. 粘结材料种类 6. 防护材料种类 7. 面层材料品种、规格、颜色	m²	按设计图示尺寸以面积计算	1. 基层清理 2. 刮腻子 3. 面层铺粘 4. 刷防护材料

3. 墙纸裱糊工程量计算公式

根据墙纸裱糊工程量计算规则,其计算公式可简化为:

墙纸裱糊工程量＝设计图示高度×长度

4. 计算实例

【例 10-9】某住宅客厅如图 10-10 所示,已知其墙面贴壁纸,门窗厚为 100mm,墙高 3.3m,求其贴壁纸工程量。

【解】墙纸裱糊工程量＝$(5.3-0.24+4-0.24) \times 2 \times 3.3 - 1.8 \times 1.9 - 1.5 \times 1.8 - 1.2 \times 2.4$

＝49.21m²

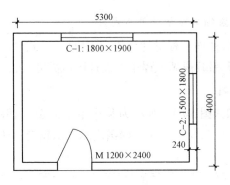

图 10-10 会议室部分墙面装饰图

二、织锦缎裱糊

1. 织锦缎裱糊的组成与特点

织锦缎墙布是用棉、毛、麻丝等天然纤维或玻璃纤维制成的各种粗细纱或织物,经不同纺纱编制工艺和花色捻线加工,再与防水防潮纸黏贴复合而成。它具有耐老化、无静电、不乏光、透气性能好等特点。

2. 清单项目设置及工程量计算规则

清单项目设置及工程量计算规则见表 10-19。

表 10-19　　　　　　　　织锦缎裱糊

项目编码	项目名称	项目特征	计量单位	工程量计算规则	工作内容
011408002	织锦缎裱糊	1. 基层类型 2. 裱糊部位 3. 腻子种类 4. 刮腻子遍数 5. 粘结材料种类 6. 防护材料种类 7. 面层材料品种、规格、品牌、颜色	m²	按设计图示尺寸以面积计算	1. 基层清理 2. 刮腻子 3. 面层铺粘 4. 刷防护材料

3. 织锦缎裱糊工程量计算公式

根据织锦缎裱糊工程量计算规则,其计算公式可简化为:

织锦缎裱糊工程量=设计图示高度×长度

4. 计算实例

【例10-10】如图10-11所示为某居室平面图,内墙面设计为贴织锦缎,贴织锦缎高3.3m,室内木墙裙高0.9m,窗台高1.2m,试求贴织锦缎的工程量。

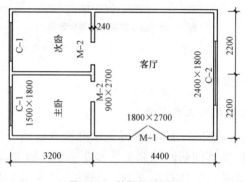

图10-11 某居室平面图

【解】贴织锦缎工作量按设计图示尺寸以面积计算,扣除相应孔洞面积,则贴织锦缎的工程量:

贴织锦缎工程量=客厅工程量+主卧工程量+次卧工程量
=[(4.4−0.24)+(4.4−0.24)]×2×(3.3−0.9)−1.8×(2.7−0.9)−0.9×(2.7−0.9)×2−2.4×1.8+{[(3.2−0.24)+(2.2−0.24)]×2×(3.3−0.9)−0.9×(2.7−0.9)−1.5×1.8}×2
=67.73m^2

第十一章 其他装饰工程工程量计算

第一节 概 述

按《消耗量定额》执行的其他装饰工程项目,执行时应注意下列事项:

(1)定额项目在实际施工中使用的材料品种、规格与定额取定不同时,可以换算,但人工、材料不变。

(2)定额中铁件已包括刷防锈漆一遍,如设计需涂刷油漆、防火涂料,按油漆、涂料、裱糊工程相应子目执行。

(3)招牌基层。

1)平面招牌是指安装在门前的墙面上的;箱体招牌、竖式标箱是指六面体固定在墙体上的;沿雨篷、檐口、阳台走向的立式招牌,套用平面招牌复杂项目。

2)一般招牌和矩形招牌是指正立面平整无凸出面,复杂招牌和异形招牌是指正立面有凸起或造型。

3)招牌的灯饰均不包括在定额内。

(4)美术字安装。

1)美术字均以成品安装固定为准。

2)美术字不分字体均执行本章定额。

(5)装饰线条。

1)木装饰线、石膏装饰线均以成品安装为准。

2)石材装饰线条均以成品安装为准。石材装饰线条磨边、磨圆角均包括在成品的单价中,不再另行计算。

(6)石材磨斜边、磨半圆边及台面开孔子目均为现场磨制。

(7)装饰线条以墙面上直线安装为准,如天棚安装直线型、圆弧型或其他同案者,按以下规定计算。

1)天棚面安装直线装饰线条,人工乘以系数 1.34。

2)天棚面安装圆弧装饰线条,人工乘以系数 1.6,材料乘以系数 1.1。

3)墙面安装圆弧装饰线条,人工乘以系数 1.2,材料乘以系数 1.1。

4)装饰线条做艺术图案者,人工乘以系数 1.8,材料乘以系数 1.1。

5)暖气罩挂板式是指钩挂在暖气片上;平墙式是指凹入墙内;明式是指凸出墙面;半凹半凸式按明式定额子目执行。

6)货架、柜类定额中未考虑面板拼花及饰面板上贴其他材料的花饰、造型艺术品。

第二节 扶手、栏杆、栏板装饰工程量计算

一、栏杆、栏板装饰

1. 栏杆、栏板构造做法

目前,应用较多的金属栏杆、扶手为不锈钢栏杆、扶手。不锈钢扶手的构造如图 11-1 所示。木栏杆和木扶手是楼梯的主要部件,除考虑外形设计的实用和美观外,根据我国有关建筑结构设计规范要求应能承受规定的水平荷载,以保证楼梯的通行安全。所以,通常木栏杆和木扶手都要用材质密实的硬木制作。常用的木材树种有水曲柳、红松、红榉、白榉、泰柚木等。常用木扶手断面如图 11-2 所示。塑料扶手(聚氯乙烯扶手料)是化工塑料产品,其断面形式、规格尺寸及色彩应

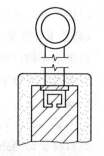

图 11-1 不锈钢(或铜)扶手构造示意图

按设计要求选用。

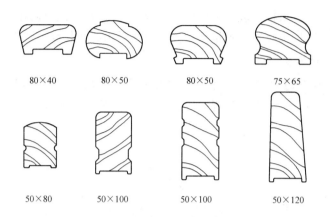

图11-2 常用木扶手断面

2. 清单项目设置及工程量计算规则

清单项目设置及工程量计算规则见表11-1。

表11-1　　　　　　　　栏杆、栏板装饰

项目编码	项目名称	项目特征	计量单位	工程量计算规则	工作内容
011503001	金属扶手带栏杆、栏板	1. 扶手材料种类、规格 2. 栏杆材料种类、规格 3. 栏板材料种类、规格、颜色 4. 固定配件种类 5. 防护材料种类	m	按设计图示尺寸以扶手中心线长度（包括弯头长度）计算	1. 制作 2. 运输 3. 安装 4. 刷防护材料
011503002	硬木扶手带栏杆、栏板				
011503003	塑料扶手带栏杆、栏板				
011503004	GRC栏杆、扶手	1. 栏杆的规格 2. 安装间距 3. 扶手类型、规格 4. 填充材料种类			

3. 栏杆、栏板装饰工程量计算公式

根据栏杆、栏板装饰工程量计算规则,其计算公式可简化为:

栏杆、栏板装饰工程量=设计图示扶手中心线长度+弯头长度

4. 计算实例

【例11-1】如图11-3所示,某学校图书馆一层平面图,楼梯为不锈钢钢管栏杆,试根据计算规则计算其工程量(梯段踏步宽=300mm,踏步高=150mm)。

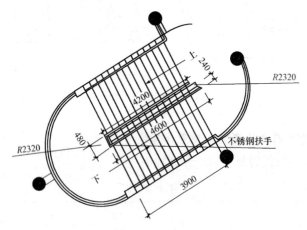

图11-3 楼梯为不锈钢钢管栏杆示意图

【解】不锈钢栏杆工程量 $= (4.2+4.6) \times \dfrac{\sqrt{0.15^2+0.3^2}}{0.3} + 0.48$

$\qquad\qquad\qquad\qquad +0.24$

$\qquad\qquad\qquad = 10.56 \text{m}$

二、扶手装饰

1. 扶手构造做法

靠墙扶手是指固定在墙上的扶手,其下面不设置栏杆、栏板。靠墙扶手一般采用硬木、塑料和金属材料制作,其中硬木和金属靠墙扶

手应用较为普通。靠墙扶手通过连接件固定于墙上,连接件通常直接埋入墙上的预留孔内,也可用预埋螺栓连接。连接件与靠墙扶手的连接构造如图11-4所示。

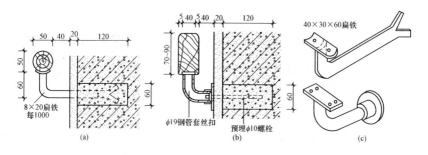

图 11-4 靠墙扶手
(a)圆木扶手;(b)条木扶条;(c)扶手铁脚

2. 楼梯扶手安装常用材料数量

楼梯扶手安装常用材料数量见表11-2。

表 11-2　　　　楼梯扶手安装常用材料数量表

材料名称	单位	每1m需用数量			材料名称	单位	每1m需用数量		
		不锈钢扶手	黄铜扶手	铝合金扶手			不锈钢扶手	黄铜扶手	铝合金扶手
角钢 50mm×50mm×3mm	kg	4.80	4.80	—	铝拉铆钉 φ5	只	—	—	10
方钢 20mm×20mm	kg	—	—	1.60	膨胀螺栓 M8	只	4	4	4
钢板 2mm	kg	0.50	0.50	0.50	钢钉 32mm	只	2	2	2
玻璃胶	支	1.80	1.80	1.80	自攻螺钉 M5	只	—	—	5
不锈钢焊条	kg	0.05	—	—	不锈钢法兰盘座	只	0.50	—	—
铜焊条	kg	—	0.05	—	抛光蜡	盒	0.10	0.10	0.10
电焊条	kg	—	—	0.05					

3. 清单项目设置及工程量计算规则

清单项目设置及工程量计算规则见表11-3。

表 11-3　　　　　　　　　　　扶手装饰

项目编码	项目名称	项目特征	计量单位	工程量计算规则	工作内容
011503005	金属靠墙扶手	1. 扶手材料种类、规格 2. 固定配件种类 3. 防护材料种类	m	按设计图示尺寸以扶手中心线长度（包括弯头长度）计算	1. 制作 2. 运输 3. 安装 4. 刷防护材料
011503006	硬木靠墙扶手				
011503007	塑料靠墙扶手				

4. 扶手装饰工程量计算公式

根据扶手装饰工程量计算规则，其计算公式可简化为：

扶手装饰工程量＝设计图示扶手中心线长度＋弯头长度

三、玻璃栏板

1. 玻璃栏板介绍

玻璃栏板一般用于公共建筑的主楼梯、大厅跑马廊等部位。要严格要求栏板安装的安全性，使用的玻璃、骨架一定要稳固。

2. 清单项目设置及工程量计算规则

清单项目设置及工程量计算规则见表 11-4。

表 11-4　　　　　　　　　　　玻璃栏板

项目编码	项目名称	项目特征	计量单位	工程量计算规则	工作内容
011503008	玻璃栏板	1. 栏杆玻璃的种类、规格、颜色 2. 固定方式 3. 固定配件种类	m	按设计图示以扶手中心线长度（包括弯头长度）计算	1. 制作 2. 运输 3. 安装 4. 刷防护材料

3. 玻璃栏板工程量计算公式

根据玻璃栏板工程量计算规则，其计算公式可简化为：

玻璃栏板工程量＝设计图示扶手中心线长度＋弯头长度

4. 计算实例

【例11-2】某地铁站设有如图11-5所示的玻璃栏板,试计算其工程量。

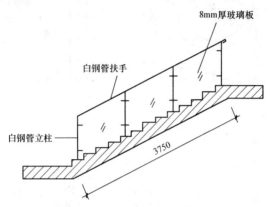

图11-5 某地铁站靠墙玻璃栏板

【解】根据玻璃栏板工程量计算规则,得:

玻璃栏板工程量＝设计图示扶手中心线长度＝3.75m

第三节 浴厕配件工程量计算

一、洗漱台

1. 洗漱台构造做法

洗漱台是卫生间中用于支承台式洗脸盆,搁放洗漱、卫生用品,同时装饰卫生间,使之显示豪华气派风格的台面。洗漱台一般用纹理颜色具有较强的装饰性的云石和花岗石光面板材经磨边、开孔制作而成。洗漱台安装示意图如图11-6所示。

2. 清单项目设置及工程量计算规则

清单项目设置及工程量计算规则见表11-5。

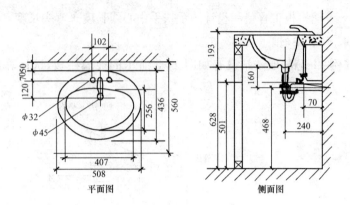

图 11-6 洗漱台安装示意图

表 11-5　　　　　　　　　洗漱台

项目编码	项目名称	项目特征	计量单位	工程量计算规则	工作内容
011505001	洗漱台	1. 材料品种、规格、颜色 2. 支架、配件品种、规格	1. m² 2. 个	1. 按设计图示尺寸以台面外接矩形面积计算。不扣除孔洞、挖弯、削角所占面积，挡板、吊板板面积并入台面面积内（图 11-7） 2. 按设计图示数量计算	1. 台面及支架、运输、安装 2. 杆、环、盒、配件安装 3. 刷油漆

注：挡板指镜面玻璃下边沿至洗漱台面和侧墙与台面接触部位的竖挡板（一般挡板与台面使用同种材料品种，不同材料品种应另行计算）。吊沿指台面外边沿下方的竖挡板。挡板和吊沿均以面积并入台面面积内计算。

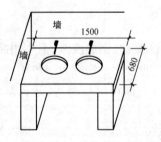 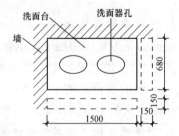

图 11-7 洗漱台示意图

3. 计算实例

【例 11-3】如图 11-8 所示的云石洗漱台,试计算其工程量。

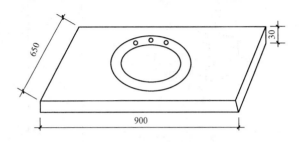

图 11-8 云石洗漱台示意图

【解】洗漱台工程量 $=0.65\times0.9=0.59m^2$

二、浴厕其他配件

1. 浴厕其他配件的型号及规格

浴厕其他配件主要指晒衣架、帘子杆、浴缸拉手、毛巾杆(架)、毛巾环、卫生纸盒、肥皂盒等。表 11-6 所列为手纸盒、手纸架及肥皂盒的型号及规格。

表 11-6　　　　手纸盒、手纸架及肥皂盒的型号及规格

名　称	图　形	型　号	规格/mm
手纸盒		A-102	

续表

名称	图形	型号	规格/mm
手纸架	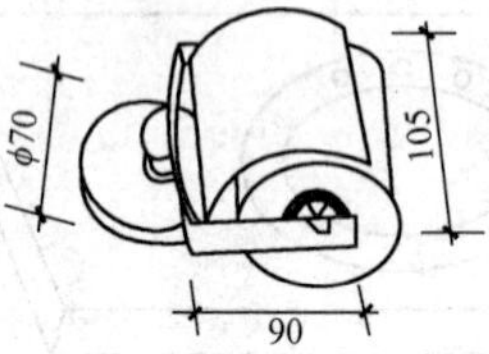	W-1060	
	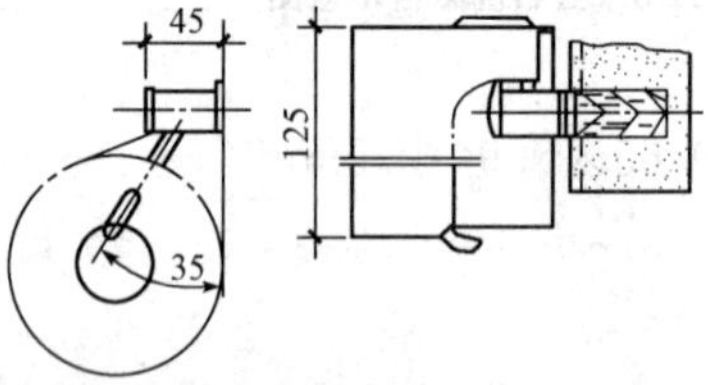	PSh1	
肥皂盒	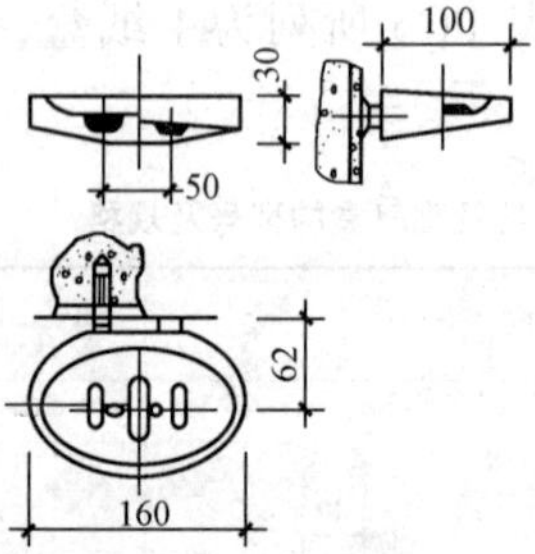	PZ1	160×62

2. 清单项目设置及工程量计算规则

清单项目设置及工程量计算规则见表 11-7。

表 11-7　　　　　　　　　浴厕其他配件

项目编码	项目名称	项目特征	计量单位	工程量计算规则	工作内容
011505002	晒衣架	1. 材料品种、规格、颜色 2. 支架、配件品种、规格	个	按设计图示数量计算	1. 台面及支架运输、安装 2. 杆、环、盒、配件安装 3. 刷油漆
011505003	帘子杆				
011505004	浴缸拉手				
011505005	卫生间扶手				
011505006	毛巾杆(架)		套		1. 台面及支架制作、运输、安装 2. 杆、环、盒、配件安装 3. 刷油漆
011505007	毛巾环		副		
011505008	卫生纸盒		个		
011505009	肥皂盒				

3. 计算实例

【例 11-4】某木质晒衣架,长 350mm,高 200mm,共 10 根,试计算其工程量。

【解】晒衣架工程量按图示数量计算,则

$$\text{晒衣架工程量} = 10 \text{ 个}$$

三、镜面玻璃

1. 镜面玻璃的选用与存放、安装要求

镜面玻璃选用的材料规格、品种、颜色或图案等均应符合设计要求,不得随意改动。

镜面玻璃应存放于干燥通风的室内,玻璃箱应竖直立放,不应斜放或平放。安装后的镜面应达到平整、清洁,接缝顺直、严密,不得有翘起、松动、裂纹和掉角等质量弊病。

2. 清单项目设置及工程量计算规则

清单项目设置及工程量计算规则见表 11-8。

表 11-8　　　　　　　　　　镜面玻璃

项目编码	项目名称	项目特征	计量单位	工程量计算规则	工作内容
011505010	镜面玻璃	1. 镜面玻璃品种、规格 2. 框材质、断面尺寸 3. 基层材料种类 4. 防护材料种类	m²	按设计图示尺寸以边框外围面积计算	1. 基层安装 2. 玻璃及框制作、运输、安装

3. 计算实例

【例 11-5】如图 11-9 所示，某卫生间安装一块不带框镜面玻璃，长为 1100mm，宽为 450mm，计算其工程量。

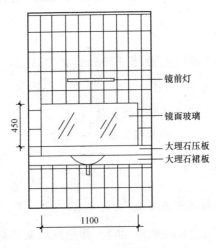

图 11-9　镜面玻璃

【解】镜面玻璃工程量 $=1.1\times 0.45=0.495\mathrm{m}^2$

四、镜箱

用于盛装浴室用具的箱子称为镜箱。

第十一章 其他装饰工程工程量计算

1. 清单项目设置及工程量计算规则

清单项目设置及工程量计算规则见表 11-9。

表 11-9　　　　　　　　　　镜箱

项目编码	项目名称	项目特征	计量单位	工程量计算规则	工作内容
011505011	镜箱	1. 箱体材质、规格 2. 玻璃品种、规格 3. 基层材料种类 4. 防护材料种类 5. 油漆品种、刷漆遍数	个	按设计图示数量计算	1. 基层安装 2. 箱体制作、运输、安装 3. 玻璃安装 4. 刷防护材料、油漆

2. 计算实例

【例 11-6】如图 11-10 所示为某浴室镜箱示意图,计算其工程量。

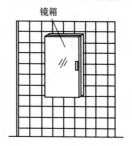

图 11-10　某浴室镜箱示意图

【解】镜箱工程量＝1 个

第四节　雨篷、旗杆工程量计算

一、雨篷吊挂饰面

1. 雨篷构造做法

雨篷除可保护大门不受侵害外,还具有一定的装饰作用。按结构形式的不同,雨篷有板式和梁板式两种。传统的店面雨篷,一般都承担雨篷兼招牌的双重作用。现代店面往往以丰富入口及立面造型为主要目的,制作凸出和悬挑于入口上部建筑立面的雨篷式构造。如图 11-11 所示为传统的店面雨篷式招牌形式,其构造做法如图 11-12 所示。

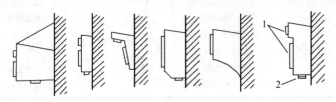

图 11-11　传统的雨篷式招牌形式

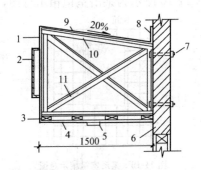

图 11-12　雨篷式招牌构造

1—饰面材料;2—店面招牌;3—40mm×50mm 吊顶木筋;
4—天棚饰面;5—吸顶灯;6—外墙;7—$\phi 10 \sim \phi 12$ 螺杆;
8—26 号镀锌铁皮泛水;9—玻璃钢瓦;
10—∟30×3 角钢;11—角钢剪刀撑

2. 清单项目设置及工程量计算规则

清单项目设置及工程量计算规则见表 11-10。

表 11-10　雨篷吊挂饰面与玻璃雨篷

项目编码	项目名称	项目特征	计量单位	工程量计算规则	工作内容
011506001	雨篷吊挂饰面	1. 基层类型 2. 龙骨材料种类、规格、中距 3. 面层材料品种、规格 4. 吊顶（天棚）材料品种、规格 5. 嵌缝材料种类 6. 防护材料种类	m^2	按设计图示尺寸以水平投影面积计算	1. 底层抹灰 2. 龙骨基层安装 3. 面层安装 4. 刷防护材料、油漆
011506003	玻璃雨篷	1. 玻璃雨篷固定方式 2. 龙骨材料种类、规格、中距 3. 玻璃材料品种、规格 4. 嵌缝材料种类 5. 防护材料种类			1. 龙骨基层安装 2. 面层安装 3. 刷防护材料、油漆

3. 计算实例

【例 11-7】如图 11-13 所示，某商店的店门前的雨篷吊挂饰面采用金属压型板，高 400mm，长 3000mm，宽 600mm，计算其工程量。

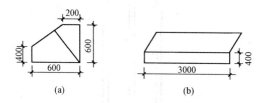

图 11-13　某商店雨篷

【解】雨篷吊挂饰面工程量＝3×0.6＝1.8m^2

二、金属旗杆

1. 清单项目设置及工程量计算规则

清单项目设置及工程量计算规则见表 11-11。

表 11-11　　　　　　　　　金属旗杆

项目编码	项目名称	项目特征	计量单位	工程量计算规则	工作内容
011506002	金属旗杆	1. 旗杆材料、种类、规格 2. 旗杆高度 3. 基础材料种类 4. 基座材料种类 5. 基座面层材料、种类、规格	根	按设计图示数量计算	1. 土石挖、填、运 2. 基础混凝土浇筑 3. 旗杆制作、安装 4. 旗杆台座制作、饰面

2. 计算实例

【例 11-8】如图 11-14 所示,某政府部门的门厅处,立有 3 根长 12000mm 的金属旗杆,试计算其工程量。

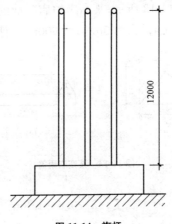

图 11-14　旗杆

【解】金属旗杆工程量=3 根

第五节 招牌、灯箱、美术字工程量计算

一、招牌

平面、箱式招牌是一种广告招牌形式,主要强调平面感,描绘精致,多用于墙面。

1. 清单项目设置及工程量计算规则

清单项目设置及工程量计算规则见表 11-12。

表 11-12　　　　　　平面、箱式招牌

项目编码	项目名称	项目特征	计量单位	工程量计算规则	工作内容
011507001	平面、箱式招牌	1. 箱体规格 2. 基层材料种类 3. 面层材料种类 4. 防护材料种类	m²	按设计图示尺寸以正立面边框外围面积计算。复杂形的凸凹造型部分不增加面积	1. 基层安装 2. 箱体及支架制作、运输、安装 3. 面层制作、安装 4. 刷防护材料、油漆

2. 计算实例

【例 11-9】如图 11-15 所示的悬挑式平面招牌,试计算其工程量。

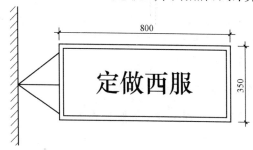

图 11-15　悬挑式平面招牌

【解】平面招牌工程量＝0.8×0.35＝0.28m²

二、灯箱与信报箱

1. 灯箱、信报箱构造做法

灯箱主要用作户外广告,分布于道路、街道两旁,以及影院、车站、商业区、机场、公园等公共场所。店面灯箱构造示意图,如图11-16所示。灯箱与墙体的连接方法较多,常用的方法有悬吊、悬挑和附贴等。

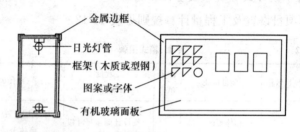

图 11-16 店面灯箱构造示意

信报箱是用户接收邮件和各类账单的重要载体,在满足信报箱本身使用功能的同时,人们随着产品的不断升级换代以及小区建筑风格的差异和楼盘品质的提高,对信报箱的材质、制作工艺要求越来越高。随着社会的发展,信报箱就成了生活中不可缺少的必备品。信报箱经历了从木质信报箱、铁皮信报箱到不锈钢信报箱,再到智能信报箱的一个发展过程,目前已形成涵盖智能信报箱、普通信报箱、别墅信报箱三大类多个系列的产品。

2. 清单项目设置及工程量计算规则

清单项目设置及工程量计算规则见表11-13。

表 11-13　　　　　　　　　灯箱

项目编码	项目名称	项目特征	计量单位	工程量计算规则	工作内容
011507002	竖式标箱	1. 箱体规格 2. 基层材料种类 3. 面层材料种类 4. 防护材料种类	个	按设计图示数量计算	1. 基层安装 2. 箱体及支架制作、运输、安装 3. 面层制作、安装 4. 刷防护材料、油漆
011507003	灯箱				
011507004	信报箱	1. 箱体规格 2. 基层材料种类 3. 面层材料种类 4. 保护材料种类 5. 户数			

3. 计算实例

【例 11-10】如图 11-17 所示,某商店前设 1 个灯箱,长 1.5m,高 0.6m,计算其工程量。

【解】灯箱工程量＝1 个

三、美术字

美术字是指制作广告牌时所用的一种装饰字。根据使用材料的不同,可分为泡沫塑料字、有机玻璃字、木质字和金属字。木质字因为其材料的普遍性,所以历史悠久。但由于森林资源的匮乏,优质木材更是奇缺,价格昂贵,所以一般字牌都不采用木质字,而采用泡沫塑料字或有机玻璃字。

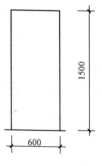

图 11-17　灯箱

1. 清单项目设置及工程量计算规则

清单项目设置及工程量计算规则见表 11-14。

表 11-14　　　　　　　　　美术字

项目编码	项目名称	项目特征	计量单位	工程量计算规则	工作内容
011508001	泡沫塑料字	1. 基层类型	个	按设计图示数量计算	1. 字制作、运输、安装 2. 刷油漆
011508002	有机玻璃字	2. 镌字材料品种、颜色			
011508003	木质字	3. 字体规格			
011508004	金属字	4. 固定方式			
011508005	吸塑字	5. 油漆品种、刷漆遍数			

注：美术字的基层类型是指美术字依托体的材料，如砖墙、混凝土墙等；固定方式是指粘贴、焊接及铁钉、螺栓、铆钉固定等方式。美术字的字体规格以字的外接矩形长、宽和厚度表示。外文名拼音字以中文音译的单字计算，字的支架其价款应计入相应项目的报价内。

2. 计算实例

【例 11-11】 如图 11-18 所示，某工程檐口上方设一招牌，上嵌 6 个 350mm×350mm 的金属字，试计算金属字工程量。

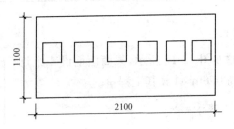

图 11-18　平面招牌

【解】 金属字的工程量＝6 个

第六节　其他工程工程量计算

一、柜类、货架

1. 柜类、货架构造做法

柜类工程按高度分为：高柜（高度 1600mm 以上）、中柜（高度 900～

1600mm)、低柜(高度 900mm 以内);按用途分为:衣柜、书柜、资料柜、厨房壁柜、厨房吊柜、电视柜、床头柜、收银台等。如图 11-19 所示为普通百货柜台构造。

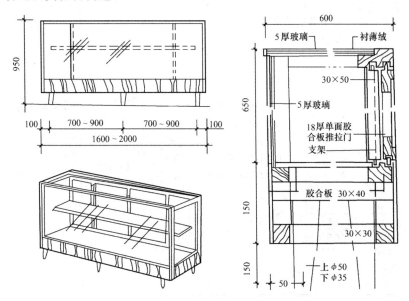

图 11-19 普通百货柜台构造

货架是指存放各种货物的架子。

(1)货架的分类从规模上可分为重型托盘货架、中量型货架、轻量型货架、阁楼式货架和特殊货架五大类。

(2)货架从适用性及外形特点上可以分为高位货架、通廊式货架和横梁式货架三类,其中横梁式货架是最流行、最经济的一种货架形式,安全方便,适合各种仓库,直接存取货物,是最简单,也是最广泛使用的货架。

2. 清单项目设置及工程量计算规则

清单项目设置及工程量计算规则见表 11-15。

表 11-15　　　　　　　　　　　柜类、货架

项目编码	项目名称	项目特征	计量单位	工程量计算规则	工作内容
011501001	柜台				
011501002	酒柜				
011501003	衣柜				
011501004	存包柜				
011501005	鞋柜				
011501006	书柜				
011501007	厨房壁柜	1. 台柜规格 2. 材料种类、规格 3. 五金种类、规格 4. 防护材料种类 5. 油漆品种、刷漆遍数	1. 个 2. m 3. m³	1. 以个计量,按设计图示数量计量 2. 以米计量,按设计图示尺寸以延长米计算 3. 以立方米计量,按设计图示尺寸以体积计算	1. 台柜制作、运输、安装(安放) 2. 刷防护材料、油漆 3. 五金件安装
011501008	木壁柜				
011501009	厨房低柜				
011501010	厨房吊柜				
011501011	矮柜				
011501012	吧台背柜				
011501013	酒吧吊柜				
011501014	酒吧台				
011501015	展台				
011501016	收银台				
011501017	试衣间				
011501018	货架				
011501019	书架				
011501020	服务台				

3. 计算实例

【例 11-12】某货柜如图 11-20 所示,试计算其工程量。

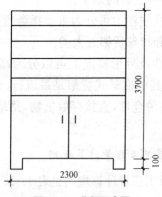

图 11-20　货柜示意图

【解】货柜工程量按图示数量计算,则货柜工程量为 1 个。

二、压条、装饰线

1. 压条、装饰线构造做法

装饰线属于墙面装饰类,用于增加感观效果。金属装饰线(压条、嵌条)是一种新型装饰材料,也是高级装饰工程中不可缺少的配套材料。金属装饰线有白色、金色、青铜色等多种,适用于现代室内装饰、壁板色边压条。效果极佳,精美高贵。木装饰线一般选用木质较硬、木纹较细、耐磨、耐腐蚀、不劈裂、切面光滑、加工性能良好、油漆上色性好、粘结性好、钉着力强的木材,经干燥处理后用机械加工或手工加工而成。石材装饰线是在石材板材的表面或沿着边缘开的一个连续凹槽,用来达到装饰目的或突出连接位置。塑料装饰线早期是选用硬聚氯乙烯树脂为主要原料,加入适量的稳定剂、增塑剂、填料、着色剂等辅助材料,经捏合、选粒、挤出成型而制得。目前,市场上使用较广泛的是聚氨酯浮雕装饰线。

如图 11-21 所示为常见的各种木线条。

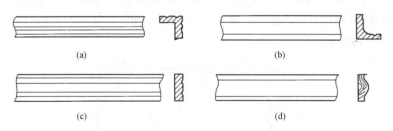

图 11-21 常见的各种木线条

2. 清单项目设置及工程量计算规则

清单项目设置及工程量计算规则见表 11-16。

表 11-16 压条、装饰线

项目编码	项目名称	项目特征	计量单位	工程量计算规则	工作内容
011502001	金属装饰线	1. 基层类型 2. 线条材料品种、规格、颜色 3. 防护材料种类	m	按设计图示尺寸以长度计算	1. 线条制作、安装 2. 刷防护材料
011502002	木质装饰线				
011502003	石材装饰线				
011502004	石膏装饰线				
011502005	镜面装饰线				
011502006	铝塑装饰线				
011502007	塑料装饰线				
011502008	GRC装饰线条	1. 基层类型 2. 线条规格 3. 线条安装部位 4. 填充材料种类			线条制作安装

3. 计算实例

【例 11-13】如图 11-22 所示,某办公楼走廊内安装一块带框镜面玻璃,采用铝合金条槽线形镶饰,长为 1500mm,宽为 1000mm,计算装饰线工程量。

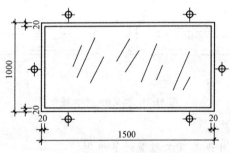

图 11-22 带框镜面玻璃

【解】装饰线工程量 $=[(1.5-0.02)+(1.0-0.02)]\times 2$
$=4.92\text{m}$

三、暖气罩

1. 暖气罩构造做法

暖气罩是罩在暖气片外面的一层金属或木制的外壳,它的用途主要是美化室内环境,可以挡住样子比较难看的金属制或塑料制的暖气片,同时可以防止人不小心烫伤。目前,暖气罩的种类主要分为木质和金属质两种,最为流行的是木质暖气罩。暖气罩的构造做法如图11-23 所示。

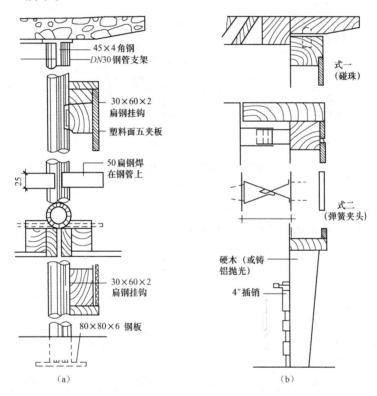

图 11-23 暖气罩的构造做法(一)
(a)挂接法;(b)插接法;

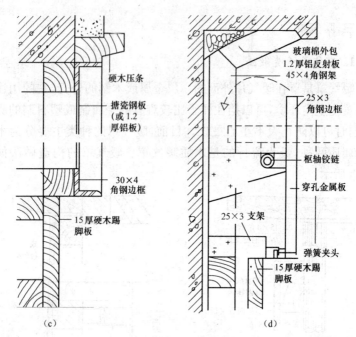

图 11-23 暖气罩的构造做法(二)

(c)钉接法;(d)支撑法

2. 清单项目设置及工程量计算规则

清单项目设置及工程量计算规则见表 11-17。

表 11-17　　　　　　　暖气罩

项目编码	项目名称	项目特征	计量单位	工程量计算规则	工作内容
011504001	饰面板暖气罩	1. 暖气罩材质 2. 防护材料种类	m^2	按设计图示尺寸以垂直投影面积(不展开)计算	1. 暖气罩制作、运输、安装 2. 刷防护材料
011504002	塑料板暖气罩				
011504003	金属暖气罩				

3. 暖气罩工程量计算公式

根据暖气罩工程量计算规则,其计算公式可简化为:

暖气罩工程量＝图示高度×长度

4. 计算实例

【**例 11-14**】平墙式暖气罩，尺寸如图 11-24 所示，五合板基层，榉木板面层，机制木花格散热口，共 18 个，计算其工程量。

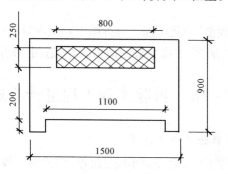

图 11-24 平墙式暖气罩

【**解**】饰面板暖气罩工程量＝(1.5×0.9－1.10×0.20－0.80×
　　　　　　　　　　　　　　　0.25)×18
　　　　　　　　　　　　＝16.74m²

第十二章 拆除工程工程量计算

"13 计价规范"中新增加了对拆除工程工程量的计算,其适用于房屋工程的维修、加固、二次装修前的拆除,不适用于房屋的整体拆除。

第一节 拆除工程工程量计算规则

1. 砖砌体拆除工程量计算

砖砌体拆除工程工程量清单项目设置及工程量计算规则见表 12-1。

表 12-1　　　　　砖砌体拆除(编码:011601)

项目编码	项目名称	项目特征	计量单位	工程量计算规则	工作内容
011601001	砖砌体拆除	1. 砌体名称 2. 砌体材质 3. 拆除高度 4. 拆除砌体的截面尺寸 5. 砌体表面的附着物种类	1. m³ 2. m	1. 以立方米计量,按拆除的体积计算 2. 以米计量,按拆除的延长米计算	1. 拆除 2. 控制扬尘 3. 清理 4. 建渣场内、外运输

2. 混凝土及钢筋混凝土构件拆除工程量计算

混凝土及钢筋混凝土构件拆除工程工程量清单项目设置及工程量计算规则见表 12-2。

表 12-2　　　　混凝土及钢筋混凝土构件拆除(编码:011602)

项目编码	项目名称	项目特征	计量单位	工程量计算规则	工作内容
011602001	混凝土构件拆除	1. 构件名称 2. 拆除构件的厚度或规格尺寸 3. 构件表面的附着物种类	1. m³ 2. m² 3. m	1. 以立方米计量,按拆除构件的混凝土体积计算 2. 以平方米计量,按拆除部位的面积计算 3. 以米计量,按拆除部位的延长米计算	1. 拆除 2. 控制扬尘 3. 清理 4. 建渣场内、外运输
011602002	钢筋混凝土构件拆除				

3. 木构件拆除工程量计算

木构件拆除工程工程量清单项目设置及工程量计算规则见表12-3。

表12-3　　　　　　　　木构件拆除（编码：011603）

项目编码	项目名称	项目特征	计量单位	工程量计算规则	工作内容
011603001	木构件拆除	1. 构件名称 2. 拆除构件的厚度或规格尺寸 3. 构件表面的附着物种类	1. m^3 2. m^2 3. m	1. 以立方米计量，按拆除构件的体积计算 2. 以平方米计量，按拆除面积计算 3. 以米计量，按拆除延长米计算	1. 拆除 2. 控制扬尘 3. 清理 4. 建渣场内、外运输

4. 抹灰层拆除工程量计算

抹灰层拆除工程工程量清单项目设置及工程量计算规则见表12-4。

表12-4　　　　　　　　抹灰层拆除（编码：011604）

项目编码	项目名称	项目特征	计量单位	工程量计算规则	工作内容
011604001	平面抹灰层拆除	1. 拆除部位 2. 抹灰层种类	m^2	按拆除部位的面积计算	1. 拆除 2. 控制扬尘 3. 清理 4. 建渣场内、外运输
011604002	立面抹灰层拆除				
011604003	天棚抹灰面拆除				

5. 块料面层拆除工程量计算

块料面层拆除工程工程量清单项目设置及工程量计算规则见表12-5。

表12-5　　　　　　　　块料面层拆除（编码：011605）

项目编码	项目名称	项目特征	计量单位	工程量计算规则	工作内容
011605001	平面块料拆除	1. 拆除的基层类型 2. 饰面材料种类	m^2	按拆除面积计算	1. 拆除 2. 控制扬尘 3. 清理 4. 建渣场内、外运输
011605002	立面块料拆除				

6. 龙骨及饰面拆除工程量计算

龙骨及饰面拆除工程工程量清单项目设置及工程量计算规则见表 12-6。

表 12-6　　　　　龙骨及饰面拆除(编码:011606)

项目编码	项目名称	项目特征	计量单位	工程量计算规则	工作内容
011606001	楼地面龙骨及饰面拆除	1. 拆除的基层类型 2. 龙骨及饰面种类	m^2	按拆除面积计算	1. 拆除 2. 控制扬尘 3. 清理 4. 建渣场内、外运输
011606002	墙柱面龙骨及饰面拆除				
011606003	天棚面龙骨及饰面拆除				

7. 屋面拆除工程量计算

屋面拆除工程工程量清单项目设置及工程量计算规则见表 12-7。

表 12-7　　　　　屋面拆除(编码:011607)

项目编码	项目名称	项目特征	计量单位	工程量计算规则	工作内容
011607001	刚性层拆除	刚性层厚度	m^2	按铲除部位的面积计算	1. 铲除 2. 控制扬尘 3. 清理 4. 建渣场内、外运输
011607002	防水层拆除	防水层种类			

8. 铲除油漆涂料裱糊面工程量计算

铲除油漆涂料裱糊面工程工程量清单项目设置及工程量计算规则见表 12-8。

表 12-8　　　　　铲除油漆涂料裱糊面(编码:011608)

项目编码	项目名称	项目特征	计量单位	工程量计算规则	工作内容
011608001	铲除油漆面	1. 铲除部位名称 2. 铲除部位的截面尺寸	1. m^2 2. m	1. 以平方米计量,按铲除部位的面积计算 2. 以米计量,按铲除部位的延长米计算	1. 铲除 2. 控制扬尘 3. 清理 4. 建渣场内、外运输
011608002	铲除涂料面				
011608003	铲除裱糊面				

9. 栏杆栏板、轻质隔断隔墙拆除工程量计算

栏杆栏板、轻质隔断隔墙拆除工程工程量清单项目设置及工程量计算规则见表12-9。

表12-9　　　　栏杆栏板、轻质隔断隔墙拆除（编码：011609）

项目编码	项目名称	项目特征	计量单位	工程量计算规则	工作内容
011609001	栏杆、栏板拆除	1. 栏杆（板）的高度 2. 栏杆、栏板种类	1. m² 2. m	1. 以平方米计量，按拆除部位的面积计算 2. 以米计量，按拆除的延长米计算	1. 拆除 2. 控制扬尘 3. 清理 4. 建渣场内、外运输
011609002	隔断隔墙拆除	1. 拆除隔墙的骨架种类 2. 拆除隔墙的饰面种类	m²	按拆除部位的面积计算	

10. 门窗拆除工程量计算

门窗拆除工程工程量清单项目设置及工程量计算规则见表12-10。

表12-10　　　　　　门窗拆除（编码：011610）

项目编码	项目名称	项目特征	计量单位	工程量计算规则	工作内容
011610001	木门窗拆除	1. 室内高度 2. 门窗洞口尺寸	1. m² 2. 樘	1. 以平方米计量，按拆除面积计算 2. 以樘计量，按拆除樘数计算	1. 拆除 2. 控制扬尘 3. 清理 4. 建渣场内、外运输
011610002	金属门窗拆除				

11. 金属构件拆除工程量计算

金属构件拆除工程工程量清单项目设置及工程量计算规则见表12-11。

表 12-11　　　金属构件拆除(编码:011611)

项目编码	项目名称	项目特征	计量单位	工程量计算规则	工作内容
011611001	钢梁拆除	1. 构件名称 2. 拆除构件的规格尺寸	1. t 2. m	1. 以吨计量,按拆除构件的质量计算 2. 以米计量,按拆除延长米计算	1. 拆除 2. 控制扬尘 3. 清理 4. 建渣场内、外运输
011611002	钢柱拆除		t	按拆除构件的质量计算	
011611003	钢网架拆除				
011611004	钢支撑、钢墙架拆除		1. t 2. m	1. 以吨计量,按拆除构件的质量计算 2. 以米计量,按拆除延长米计算	
011611005	其他金属构件拆除				

12. 管道及卫生洁具拆除工程量计算

管道及卫生洁具拆除工程工程量清单项目设置及工程量计算规则见表 12-12。

表 12-12　　　管道及卫生洁具拆除(编码:011612)

项目编码	项目名称	项目特征	计量单位	工程量计算规则	工作内容
011612001	管道拆除	1. 管道种类、材质 2. 管道上的附着物种类	m	按拆除管道的延长米计算	1. 拆除 2. 控制扬尘 3. 清理 4. 建渣场内、外运输
011612002	卫生洁具拆除	卫生洁具种类	1. 套 2. 个	按拆除的数量计算	

13. 灯具、玻璃拆除工程量计算

灯具、玻璃拆除工程工程量清单项目设置及工程量计算规则见表 12-13。

表 12-13　　　　　灯具、玻璃拆除(编码:011613)

项目编码	项目名称	项目特征	计量单位	工程量计算规则	工作内容
011613001	灯具拆除	1. 拆除灯具高度 2. 灯具种类	套	按拆除的数量计算	1. 拆除 2. 控制扬尘 3. 清理 4. 建渣场内、外运输
011613002	玻璃拆除	1. 玻璃厚度 2. 拆除部位	m²	按拆除的面积计算	

14. 其他构件拆除工程量计算

其他构件拆除工程工程量清单项目设置及工程量计算规则见表 12-14。

表 12-14　　　　　其他构件拆除(编码:011614)

项目编码	项目名称	项目特征	计量单位	工程量计算规则	工作内容
011614001	暖气罩拆除	暖气罩材质	1. 个 2. m	1. 以个为单位计量,按拆除个数计算 2. 以米为单位计量,按拆除延长米计算	1. 拆除 2. 控制扬尘 3. 清理 4. 建渣场内、外运输
011614002	柜体拆除	1. 柜体材质 2. 柜体尺寸:长、宽、高			
011614003	窗台板拆除	窗台板平面尺寸	1. 块 2. m	1. 以块计量,按拆除数量计算 2. 以米计量,按拆除的延长米计算	
011614004	筒子板拆除	筒子板的平面尺寸			
011614005	窗帘盒拆除	窗帘盒的平面尺寸	m	按拆除的延长米计算	
011614006	窗帘轨拆除	窗帘轨的材质			

15. 开孔(打洞)工程量计算

开孔(打洞)工程工程量清单项目设置及工程量计算规则见表 12-15。

表 12-15　　　　　开孔(打洞)(编码:011615)

项目编码	项目名称	项目特征	计量单位	工程量计算规则	工作内容
011615001	开孔(打洞)	1. 部位 2. 打洞部位材质 3. 洞尺寸	个	按数量计算	1. 拆除 2. 控制扬尘 3. 清理 4. 建渣场内、外运输

第二节　拆除工程工程量计算说明

1. 砖砌体拆除工程量计算说明

(1)砌体名称指墙、柱、水池等。

(2)砌体表面的附着物种类指抹灰层、块料层、龙骨及装饰面层等。

(3)以米计量,如砖地沟、砖明沟等必须描述拆除部位的截面尺寸;以立方米计量,截面尺寸则不必描述。

2. 混凝土及钢筋混凝土构件拆除工程量计算说明

(1)以立方米作为计量单位时,可不描述构件的规格尺寸;以平方米作为计量单位时,则应描述构件的厚度;以米作为计量单位时,则必须描述构件的规格尺寸。

(2)构件表面的附着物种类指抹灰层、块料层、龙骨及装饰面层等。

3. 木构件拆除工程量计算说明

(1)拆除木构件应按木梁、木柱、木楼梯、木屋架、承重木楼板等分别在构件名称中描述。

(2)以立方米作为计量单位时,可不描述构件的规格尺寸,以平方米作为计量单位时,则应描述构件的厚度,以米作为计量单位时,则必须描述构件的规格尺寸。

(3)构件表面的附着物种类指抹灰层、块料层、龙骨及装饰面层等。

4. 抹灰层拆除工程量计算说明

(1)单独拆除抹灰层应按表 11-4 中的项目编码列项。

(2)抹灰层种类可描述为一般抹灰或装饰抹灰。

5. 块料面层拆除工程量计算说明

(1)如仅拆除块料层,拆除的基层类型不用描述。

(2)拆除的基层类型的描述指砂浆层、防水层、干挂或挂贴所采用的钢骨架层等。

6. 龙骨及饰面拆除工程量计算说明

(1)基层类型的描述指砂浆层、防水层等。

(2)如仅拆除龙骨及饰面,拆除的基层类型不用描述。

(3)如只拆除饰面,不用描述龙骨材料种类。

7. 铲除油漆涂料裱糊面工程量计算说明

(1)单独铲除油漆涂料裱糊面的工程按表 12-8 中的项目编码列项。

(2)铲除部位名称的描述指墙面、柱面、天棚、门窗等。

(3)按米计量,必须描述铲除部位的截面尺寸;以平方米计量时,则不用描述铲除部位的截面尺寸。

8. 栏杆栏板、轻质隔断隔墙拆除工程量计算说明

以平方米计量,不用描述栏杆(板)的高度。

9. 门窗拆除工程量计算说明

门窗拆除以平方米计量,不用描述门窗的洞口尺寸。室内高度指室内楼地面至门窗的上边框。

10. 灯具、玻璃拆除工程量计算说明

拆除部位的描述指门窗玻璃、隔断玻璃、墙玻璃、家具玻璃等。

11. 其他构件拆除工程量计算说明

双轨窗帘轨拆除按双轨长度分别计算工程量。

12. 开孔(打洞)工程量计算说明

(1)部位可描述为墙面或楼板。

(2)打洞部位材质可描述为页岩砖或空心砖或钢筋混凝土等。

第十三章 装饰装修工程措施项目

第一节 单价措施项目

一、脚手架工程

1. 相关知识

(1)脚手架的概念。脚手架是指为施工作业需要所搭设的架子。随着脚手架品种和多功能用途的发展,现已扩展为使用脚手架材料(杆件、配件和构件)所搭设的、用于施工要求的各种临时性构架。

(2)脚手架的分类与构造。

1)脚手架主要有以下几种分类方法:

①按用途分为操作(作业)脚手架、防护用脚手架、承重支撑用脚手架。

②按构架方式分为杆件组合式脚手架、框架组合式脚手架、格构件组合式脚手架和台架。

③按设置形式分为单排脚手架、双排脚手架、多排脚手架、满堂脚手架、满高脚手架、交圈(周边)脚手架和特形脚手架。

④按脚手架的支固方式分为落地式脚手架、悬挑脚手架、附墙悬挂脚手架、悬吊脚手架、附着升降脚手架和水平移动脚手架。

⑤按脚手架平、立杆的连接方式分为承插式脚手架、扣接式脚手架和销栓式脚手架。

⑥按脚手架材料分为竹脚手架、木脚手架和钢管或金属脚手架。

2)扣件式钢管外脚手架构造形式如图 13-1 所示。其相邻立杆接头位置应错开布置在不同的步距内,与相近大横杆的距离不宜大于步距的 1/3,上下横杆的接长位置也应错开布置在不同的立杆纵距中,与相邻立杆的距离不大于纵距的 1/3(图 13-2)。

第十三章　装饰装修工程措施项目

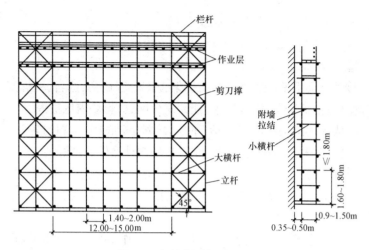

图 13-1　扣件式钢管外脚手架

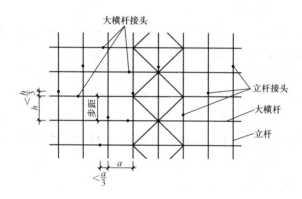

图 13-2　立杆、大横杆的接头位置

2. 基础定额工作内容及有关规定

（1）定额工作内容

1）外脚手架工作内容包括：平土、挖坑、安底座、打缆风绳、场内外材料运输、搭拆脚手架、上料平台、挡脚板、护身栏杆、上下翻板子和拆除后的材料堆放整理等。

2）里脚手架工作内容包括：平土、挖坑、选料、材料的内外运输、搭拆架子、脚手架、拆除后材料堆放等。

3)满堂脚手架工作内容包括:平土、挖坑、安底座、选料、材料的内外运输、搭拆架子、搭拆脚手板等。

4)悬空脚手架、挑脚手架、防护架工作内容包括:选料、绑拆架子、护身栏杆、铺拆板子、安全挡板、挂卸安全网、材料场内运输等。

5)依附斜道工作内容包括:平土、挖坑、安底座、选料、搭架子、斜道、平台、挡脚板、栏杆、钉防滑条、材料场内外运输、拆除等。

6)安全网工作内容包括:支撑、挂网、翻网绳、阴阳角挂绳、拆除等。

7)烟囱(水塔)脚手架工作内容包括:挖坑、平台、搭拆脚手架、打缆风桩、拉缆风绳等。

8)电梯井字架工作内容包括:平土、安装底座、搭设、拆除脚手架等。

9)架空运输道工作内容包括:平地、安装底座、脚手架搭设、拆除等。

(2)定额一般规定

1)本定额脚手架、里脚手架按搭设材料分为木制、竹制、钢管脚手架;烟囱脚手架和电梯井字脚手架为钢管式脚手架。

2)外脚手架定额中均综合了上料平台、护卫栏杆等。

3)斜道是按依附斜道编制的,独立斜道按依附斜道定额项目人工、材料、机械乘以系数1.8。

4)水平防护架和垂直防护架指脚手架以外单独搭设的,用于车辆通道、人行通道、临街防护和施工与其他物体隔离等的防护。

5)烟囱脚手架综合了垂直运输架、斜道、缆风绳、地锚等。

6)水塔脚手架按相应的烟囱脚手架人工乘以系数1.11,其他不变。

7)架空运输道,以架宽2m为准,如架宽超过2m时,应按相应项目乘以系数1.2,超过3m时按相应项目乘以系数1.5。

8)满堂基础套用满堂脚手架基本层定额项目的50%计算脚手架。

9)外架全封闭材料按竹考虑,如采用竹笆板时,人工乘以系数1.10;采用纺织布时,人工乘以系数0.80。

10)高层钢管脚手架是按现行规范为依据计算的,如采用型钢平台加固时,各地市自行补充定额。

第十三章 装饰装修工程措施项目

3. 工程量清单项目设置及工程量计算规则

脚手架工程(编码:011701)工程量清单项目设置及工程量计算规则见表13-1。

表13-1　　　　　脚手架工程(编码:011701)

项目编码	项目名称	项目特征	计量单位	工程量计算规则	工作内容
011701001	综合脚手架	1. 建筑结构形式 2. 檐口高度	m²	按建筑面积计算	1. 场内、场外材料搬运 2. 搭、拆脚手架、斜道、上料平台 3. 安全网的铺设 4. 选择附墙点与主体连接 5. 测试电动装置、安全锁等 6. 拆除脚手架后材料的堆放
011701002	外脚手架	1. 搭设方式 2. 搭设高度 3. 脚手架材质		按所服务对象的垂直投影面积计算	1. 场内、场外材料搬运 2. 搭、拆脚手架、斜道、上料平台 3. 安全网的铺设 4. 拆除脚手架后材料的堆放
011701003	里脚手架				
011701004	悬空脚手架	1. 搭设方式 2. 悬挑宽度 3. 脚手架材质		按搭设的水平投影面积计算	
011701005	挑脚手架		m	按搭设长度乘以搭设层数以延长米计算	
011701006	满堂脚手架	1. 搭设方式 2. 搭设高度 3. 脚手架材质		按搭设的水平投影面积计算	
011701007	整体提升架	1. 搭设方式及启动装置 2. 搭设高度	m²	按所服务对象的垂直投影面积计算	1. 场内、场外材料搬运 2. 选择附墙点与主体连接 3. 搭、拆脚手架、斜道、上料平台 4. 安全网的铺设 5. 测试电动装置、安全锁等 6. 拆除脚手架后材料的堆放
011701008	外装饰吊篮	1. 升降方式及启动装置 2. 搭设高度及吊篮型号			1. 场内、场外材料搬运 2. 吊篮的安装 3. 测试电动装置、安全锁、平衡控制器等 4. 吊篮的拆卸

4. 工程量计算相关说明

(1)使用综合脚手架时,不再使用外脚手架、里脚手架等单项脚手架;综合脚手架适用于能够按"建筑面积计算规则"计算建筑面积的建筑工程脚手架,不适用于房屋加层、构筑物及附属工程脚手架。

(2)同一建筑物有不同檐高时,按建筑物竖向切面分别按不同檐高编列清单项目。

(3)整体提升架已包括 2m 高的防护架体设施。

(4)脚手架材质可以不描述,但应注明由投标人根据工程实际情况按照国家现行标准《建筑施工扣件式钢管脚手架安全技术规范》(JGJ 130)、《建筑施工附着升降脚手架管理暂行规定》(建建[2000]230 号)等规范自行确定。

二、混凝土模板及支架(撑)

1. 工程量清单项目设置及工程量计算规则

混凝土模板及支架(撑)工程(编码:011702)工程量清单项目设置及工程量计算规则见表 13-2。

表 13-2　　　　　混凝土模板及支架(撑)(编码:011702)

项目编码	项目名称	项目特征	计量单位	工程量计算规则	工作内容
011702001	基础	基础类型	m²	按模板与现浇混凝土构件的接触面积计算 1. 现浇钢筋混凝土墙、板单孔面积≤0.3m² 的孔洞不予扣除,洞侧壁模板亦不增加;单孔面积>0.3m² 时应予扣除,洞侧壁模板面积并入墙、板工程量内计算	1. 模板制作 2. 模板安装、拆除、整理堆放及场内外运输 3. 清理模板粘结物及模内杂物、刷隔离剂等
011702002	矩形柱				
011702003	构造柱				
011702004	异形柱	柱截面形状			
011702005	基础梁	梁截面形状			
011702006	矩形梁	支撑高度			
011702007	异形梁	1. 梁截面形状 2. 支撑高度			
011702008	圈梁				
011702009	过梁				

第十三章 装饰装修工程措施项目

续一

项目编码	项目名称	项目特征	计量单位	工程量计算规则	工作内容
011702010	弧形、拱形梁	1. 梁截面形状 2. 支撑高度			
011702011	直形墙			2. 现浇框架分别按梁、板、柱有关规定计算；附墙柱、暗梁、暗柱并入墙内工程量内计算 3. 柱、梁、墙、板相互连接的重叠部分，均不计算模板面积 4. 构造柱按图示外露部分计算模板面积	
011702012	弧形墙				
011702013	短肢剪力墙、电梯井壁				
011702014	有梁板				
011702015	无梁板	支撑高度			
011702016	平板				
011702017	拱板				
011702018	薄壳板				
011702019	空心板				
011702020	其他板				1. 模板制作 2. 模板安装、拆除、整理堆放及场内外运输 3. 清理模板粘结物及模内杂物、刷隔离剂等
011702021	栏板				
011702022	天沟、檐沟	构件类型	m²	按模板与现浇混凝土构件的接触面积计算	
011702023	雨篷、悬挑板、阳台板	1. 构件类型 2. 板厚度		按图示外挑部分尺寸的水平投影面积计算，挑出墙外的悬臂梁及板边不另计算	
011702024	楼梯	类型		按楼梯(包括休息平台、平台梁、斜梁和楼层板的连接梁)的水平投影面积计算，不扣除宽度≤500mm的楼梯井所占面积，楼梯踏步、踏步板、平台梁等侧面模板不另计算，伸入墙内部分亦不增加	
011702025	其他现浇构件	构件类型		按模板与现浇混凝土构件的接触面积计算	
011702026	电缆沟、地沟	1. 沟类型 2. 沟截面		按模板与电缆沟、地沟接触的面积计算	

续二

项目编码	项目名称	项目特征	计量单位	工程量计算规则	工作内容
011702027	台阶	台阶踏步宽	m²	按图示台阶水平投影面积计算,台阶端头两侧不另计算模板面积。架空式混凝土台阶,按现浇楼梯计算	1. 模板制作 2. 模板安装、拆除、整理堆放及场内外运输 3. 清理模板粘结物及模内杂物、刷隔离剂等
011702028	扶手	扶手断面尺寸		按模板与扶手的接触面积计算	
011702029	散水			按模板与散水的接触面积计算	
011702030	后浇带	后浇带部位		按模板与后浇带的接触面积计算	
011702031	化粪池	1. 化粪池部位 2. 化粪池规格		按模板与混凝土接触面积计算	
011702032	检查井	1. 检查井部位 2. 检查井规格			

2. 工程量计算相关说明

(1)原槽浇灌的混凝土基础,不计算模板。

(2)混凝土模板及支撑(架)项目,只适用于以平方米计量,按模板与混凝土构件的接触面积计算。以立方米计量的模板及支撑(支架),按混凝土及钢筋混凝土实体项目执行,其综合单价中应包含模板及支撑(支架)。

(3)采用清水模板时,应在特征中注明。

(4)若现浇混凝土梁、板支撑高度超过 3.6m 时,项目特征应描述支撑高度。

三、垂直运输

1. 基础定额工作内容及有关规定

(1)定额工作内容

1)20m(6 层)以内卷扬机施工包括单位工程在合理工期内完成全

部工程项目所需的卷扬机台班。

2)20m(6层)以内塔式起重机施工包括单位工程在合理工期内完成全部工程项目所需的塔吊、卷扬机台班。

3)20m(6层)以上塔式起重机施工包括单位工程在合理工期内完成全部工程项目所需的塔吊、卷扬机、外用电梯和通信用步话机以及通信联络配备的人工。

4)构筑物的垂直运输包括单位工程在合理工期内完成全部工程项目所需要的塔吊、卷扬机。

(2)定额一般规定

1)建筑物垂直运输

①檐高是指设计室外地坪至檐口的高度,突出主体建筑屋顶的电梯间、水箱间等不计入檐口高度之内。

②本定额工作内容,包括单位工程在合理工期内完成全部工程项目所需的垂直运输机械台班,不包括机械的场外往返运输,一次安拆及路基铺垫和轨道铺拆等的费用。

③同一建筑物多种用途(或多种结构),按不同用途或结构分别计算。分别计算后的建筑物檐高均应以该建筑物总檐高为准。

④本定额中现浇框架系指柱、梁全部为现浇的钢筋混凝土框架结构,如部分现浇时按现浇框架定额乘以 0.96 系数,如楼板也为现浇的钢筋混凝土时,按现浇框架定额乘以 1.04 系数。

⑤预制钢筋混凝土柱、钢屋架的单层厂房按预制排架定额计算。

⑥单身宿舍按住宅定额乘以 0.9 系数。

⑦本定额是按Ⅰ类厂房为准编制的,Ⅱ类厂房定额乘以 1.14 系数。厂房分类见表 13-3。

表 13-3　　　　　　　　　　厂房分类

Ⅰ 类	Ⅱ 类
机加工、机修、五金缝纫、一般纺织(粗纺、制条、洗毛等)及无特殊要求的车间	厂房内设备基础及工艺要求较复杂、建筑设备或建筑标准较高的车间。如铸造、锻压、电镀、酸碱、电子、仪表、手表、电视、医药、食品等车间

⑧服务用房系指城镇、街道、居民区具有较小规模综合服务功能的设施。其建筑面积不超过 1000m²，层数不超过三层的建筑，如副食、百货、饮食店等。

⑨檐高 3.6m 以内的单层建筑，不计算垂直运输机械台班。

⑩本定额项目划分是以建筑物的檐高及层数两个指标同时界定的，凡檐高达到上限而层数未达到时，以檐高为准；如层数达到上限而檐高未达到时，以层数为准。

⑪本定额是按全国统一《建筑安装工程工期定额》中规定的Ⅱ类地区标准编制的，Ⅰ、Ⅱ类地区按相应定额乘以表 13-4 规定系数。

表 13-4 系数表

项　目	Ⅰ类地区	Ⅲ类地区
建筑物	0.95	1.10
构筑物	1	1.11

2)构筑物垂直运输。

构筑物的高度，从设计室外地坪至构筑物的顶面高度为准。

2. 工程量清单项目设置及工程量计算规则

垂直运输工程(编码:011703)工程量清单项目设置及工程量计算规则见表 13-5。

表 13-5 垂直运输(编码:011703)

项目编码	项目名称	项目特征	计量单位	工程量计算规则	工作内容
011703001	垂直运输	1. 建筑物建筑类型及结构形式 2. 地下室建筑面积 3. 建筑物檐口高度、层数	1. m² 2. 天	1. 按建筑面积计算 2. 按施工工期日历天数计算	1. 垂直运输机械的固定装置、基础制作、安装 2. 行走式垂直运输机械轨道的铺设、拆除、摊销

3. 工程量计算相关说明

(1)建筑物的檐口高度是指设计室外地坪至檐口滴水的高度(平屋顶系指屋面板底高度)，突出主体建筑物屋顶的电梯机房、楼梯出口间、水箱间、瞭望塔、排烟机房等不计入檐口高度。

（2）垂直运输指施工工程在合理工期内所需垂直运输机械。

（3）同一建筑物有不同檐高时，按建筑物的不同檐高做纵向分割，分别计算建筑面积，以不同檐高分别编码列项。

四、超高施工增加

1. 基础定额工作内容及有关规定

（1）定额工作内容。

1）建筑物超高人工、机械降效率。

①人工上下班降低工效、上楼工作前休息及自然休息增加的时间。

②垂直运输影响的时间。

③由于人工降效引起的机械降效。

2）建筑物超高加压水泵台班

建筑物超高加压水泵台班工作内容包括：由于水压不足所发生的加压用水泵台班。

（2）定额一般规定。

1）本定额适用于建筑物檐高20m（层数6层）以上的工程。

2）檐高是指设计室外地坪至檐口的高度。突出主体建筑屋顶的电梯间、水箱间等不计入檐高之内。

3）同一建筑物高度不同时，按不同高度的建筑面积，分别按相应项目计算。

4）加压水泵选用电动多级离心清水泵，规格见表13-6。

表13-6　　　　　　电动多级离心清水泵规格

建筑物檐高	水泵规格
20m以上～40m以内	50m以内
40m以上～80m以内	100m以内
80m以上～120m以内	150m以内

2. 工程量清单项目设置及工程量计算规则

超高施工增加（编码：011704）工程量清单项目设置及工程量计算

规则见表13-7。

表13-7 超高施工增加(编码:011704)

项目编码	项目名称	项目特征	计量单位	工程量计算规则	工作内容
011704001	超高施工增加	1. 建筑物建筑类型及结构形式 2. 建筑物檐口高度、层数 3. 单层建筑物檐口高度超过20m,多层建筑物超过6层部分的建筑面积	m²	按建筑物超高部分的建筑面积计算	1. 建筑物超高引起的人工工效降低以及由于人工工效降低引起的机械降效 2. 高层施工用水加压水泵的安装、拆除及工作台班 3. 通信联络设备的使用及摊销

3. 工程量计算相关说明

(1)单层建筑物檐口高度超过20m,多层建筑物超过6层时,可按超高部分的建筑面积计算超高施工增加。计算层数时,地下室不计入层数。

(2)同一建筑物有不同檐高时,可按不同高度的建筑面积分别计算建筑面积,以不同檐高分别编码列项。

五、大型机械设备进出场及安拆

大型机械设备进出场及安拆工程(编码:011705)工程量清单项目设置及工程量计算规则见表13-8。

表13-8 大型机械设备进出场及安拆(编码:011705)

项目编码	项目名称	项目特征	计量单位	工程量计算规则	工作内容
011705001	大型机械设备进出场及安拆	1. 机械设备名称 2. 机械设备规格型号	台次	按使用机械设备的数量计算	1. 安拆费包括施工机械、设备在现场进行安装拆卸所需人工、材料、机械和试运转费用以及机械辅助设施的折旧、搭设、拆除等费用 2. 进出场费包括施工机械、设备整体或分体自停放地点运至施工现场或由一施工地点运至另一施工地点所发生的运输、装卸、辅助材料等费用

六、施工排水、降水

1. 工程量清单项目设置及工程量计算规则

施工排水、降水工程(编码:011706)工程量清单项目设置及工程量计算规则见表13-9。

表13-9　　　　　施工排水、降水(编码:011706)

项目编码	项目名称	项目特征	计量单位	工程量计算规则	工作内容
011706001	成井	1. 成井方式 2. 地层情况 3. 成井直径 4. 井(滤)管类型、直径	m	按设计图示尺寸以钻孔深度计算	1. 准备钻孔机械、埋设护筒、钻机就位;泥浆制作、固壁;成孔、出渣、清孔等 2. 对接上、下井管(滤管)、焊接、安放,下滤料,洗井,连接试抽等
011706002	排水、降水	1. 机械规格型号 2. 降排水管规格	昼夜	按排、降水日历天数计算	1. 管道安装、拆除、场内搬运等 2. 抽水、值班、降水设备维修等

2. 工程量计算规则相关说明

相应专项设计不具备时,可按暂估量计算。

第二节　安全文明施工及其他措施项目

一、清单项目设置及工程量计算规则

安全文明施工及其他措施项目(编码:011707)工程量清单项目设置及工程量计算规则见表13-10。

表 13-10　安全文明施工及其他措施项目(编码:011707)

项目编码	项目名称	工作内容及包含范围
011707001	安全文明施工	1. 环境保护:现场施工机械设备降低噪声、防扰民措施;水泥和其他易飞扬细颗粒建筑材料密闭存放或采取覆盖措施等;工程防扬尘洒水;土石方、建渣外运车辆防护措施等;现场污染源的控制、生活垃圾清理外运、场地排水排污措施;其他环境保护措施 2. 文明施工:"五牌一图";现场围挡的墙面美化(包括内外粉刷、刷白、标语等)、压顶装饰;现场厕所便槽刷白、贴面砖,水泥砂浆地面或地砖,建筑物内临时便溺设施;其他施工现场临时设施的装饰装修、美化措施;现场生活卫生设施;符合卫生要求的饮水设备、淋浴、消毒等设施;生活用洁净燃料;防煤气中毒、防蚊虫叮咬等措施;施工现场操作场地的硬化;现场绿化、治安综合治理;现场配备医药保健器材、物品和急救人员培训;现场工人的防暑降温、电风扇、空调等设备及用电;其他文明施工措施 3. 安全施工;安全资料、特殊作业专项方案的编制,安全施工标志的购置及安全宣传;"三宝"(安全帽、安全带、安全网)、"四口"(楼梯口、电梯井口、通道口、预留洞口)、"五临边"(阳台围挡、楼板围挡、屋面围挡、槽坑围挡、卸料平台两侧),水平防护架、垂直防护架、外架封闭等防护;施工安全用电,包括配电箱三级配电、两级保护装置要求、外电防护措施;起重机、塔吊等起重设备(含井架、门架)及外用电梯的安全防护措施(含警示标志)及卸料平台的临边防护、层间安全门、防护棚等设施;建筑工地起重机械的检验检测;施工机具防护棚及其围栏等的安全保护设施;施工安全防护通道;工人的安全防护用品、用具购置;消防设施与消防器材的配置;电气保护、安全照明设施;其他安全防护措施 4. 临时设施;施工现场采用彩色、定型钢板、砖、混凝土砌块等围挡的安砌、维修、拆除;施工现场临时建筑物、构筑物的搭设、维修、拆除,如临时宿舍、办公室、食堂、厨房、厕所、诊疗所、临时文化福利用房、临时仓库、加工场、搅拌台、临时简易水塔、水池等;施工现场临时设施的搭设、维修、拆除,如临时供水管道、临时供电管线、小型临时设施等;施工现场规定范围内临时简易道路铺设,临时排水沟、排水设施安砌、维修、拆除;其他临时设施搭设、维修、拆除
011707002	夜间施工	1. 夜间固定照明灯具和临时可移动照明灯具的设置、拆除 2. 夜间施工时,施工现场交通标志、安全标牌、警示灯等的设置、移动、拆除 3. 包括夜间照明设备及照明用电、施工人员夜班补助、夜间施工劳动效率降低等
011707003	非夜间施工照明	为保证工程施工正常进行,在地下室等特殊施工部位施工时所采用的照明设备的安拆、维护及照明用电等

续表

项目编码	项目名称	工作内容及包含范围
011707004	二次搬运	由于施工场地条件限制而发生的材料、成品、半成品等一次运输不能到达堆放地点,必须进行的二次或多次搬运
011707005	冬雨季施工	1. 冬雨(风)季施工时增加的临时设施(防寒保温、防雨、防风设施)的搭设、拆除 2. 冬雨(风)季施工时,对砌体、混凝土等采用的特殊加温、保温和养护措施 3. 冬雨(风)季施工时,施工现场的防滑处理、对影响施工的雨雪的清除 4. 包括冬雨(风)季施工时增加的临时设施、施工人员的劳动保护用品、冬雨(风)季施工劳动效率降低等
011707006	地上、地下设施、建筑物的临时保护设施	在工程施工过程中,对已建成的地上、地下设施和建筑物进行的遮盖、封闭、隔离等必要保护措施
011707007	已完工程及设备保护	对已完工程及设备采取的覆盖、包裹、封闭、隔离等必要保护措施

二、工程量计算相关说明

表 13-10 所列项目应根据工程实际情况计算措施项目费用,需分摊的应合理计算摊销费用。

第十四章 装饰装修工程工程量清单计价编制

第一节 建筑安装工程费用项目

一、建筑安装工程费用项目组成

2013年7月1日起施行的《建筑安装工程费用项目组成》中规定：建筑安装工程费用项目按费用构成要素组成划分为人工费、材料费、施工机具使用费、企业管理费、利润、规费和税金（图14-1），按工程造价形成顺序划分为分部分项工程费、措施项目费、其他项目费、规费和税金（图14-2）。

二、建筑安装工程费用组成内容

1. 按费用构成要素划分

建筑安装工程费按照费用构成要素划分，由人工费、材料（包含工程设备，下同）费、施工机具使用费、企业管理费、利润、规费和税金组成。其中人工费、材料费、施工机具使用费、企业管理费和利润包含在分部分项工程费、措施项目费、其他项目费中。

（1）人工费。人工费是指按工资总额构成规定，支付给从事建筑安装工程施工的生产工人和附属生产单位工人的各项费用。其内容包括：

1）计时工资或计件工资，是指按计时工资标准和工作时间或对已做工作按计件单价支付给个人的劳动报酬。

2）奖金，是指对超额劳动和增收节支支付给个人的劳动报酬。如节约奖、劳动竞赛奖等。

第十四章 装饰装修工程工程量清单计价编制

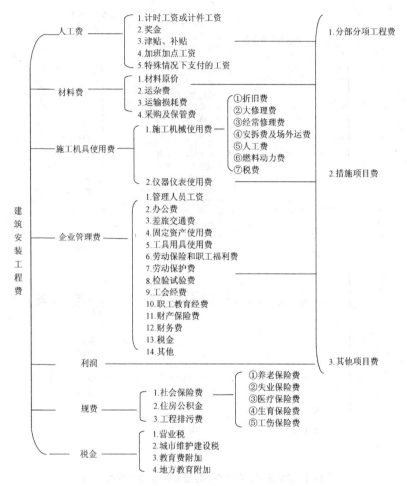

图 14-1 建筑安装工程费用项目组成表（按费用构成要素划分）

3) 津贴补贴，是指为了补偿职工特殊或额外的劳动消耗和因其他特殊原因支付给个人的津贴，以及为了保证职工工资水平不受物价影响支付给个人的物价补贴。如流动施工津贴、特殊地区施工津贴、高温（寒）作业临时津贴、高空津贴等。

4) 加班加点工资，是指按规定支付的在法定节假日工作的加班工

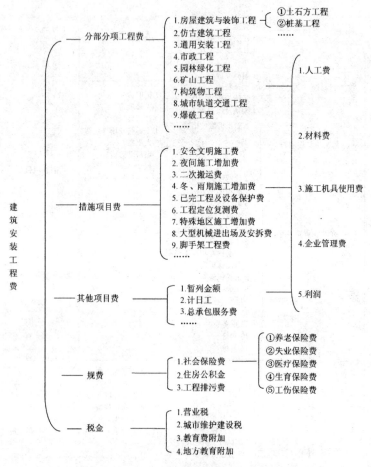

图 14-2　建筑安装工程费用项目组成表（按造价形成划分）

资和在法定日工作时间外延时工作的加点工资。

5）特殊情况下支付的工资，是指根据国家法律、法规和政策规定，因病、工伤、产假、计划生育假、婚丧假、事假、探亲假、定期休假、停工学习、执行国家或社会义务等原因按计时工资标准或计时工资标准的一定比例支付的工资。

（2）材料费。材料费是指施工过程中耗费的原材料、辅助材料、构配件、零件、半成品或成品、工程设备的费用。其内容包括：

1) 材料原价,是指材料、工程设备的出厂价格或商家供应价格。

2) 运杂费,是指材料、工程设备自来源地运至工地仓库或指定堆放地点所发生的全部费用。

3) 运输损耗费,是指材料在运输装卸过程中不可避免的损耗。

4) 采购及保管费,是指为组织采购、供应和保管材料、工程设备的过程中所需要的各项费用。其包括采购费、仓储费、工地保管费、仓储损耗。其中工程设备是指构成或计划构成永久工程一部分的机电设备、金属结构设备、仪器装置及其他类似的设备和装置。

(3) 施工机具使用费。施工机具使用费是指施工作业所发生的施工机械、仪器仪表使用费或其租赁费。

1) 施工机械使用费,以施工机械台班耗用量乘以施工机械台班单价表示,施工机械台班单价应由下列七项费用组成:

①折旧费,指施工机械在规定的使用年限内,陆续收回其原值的费用。

②大修理费,指施工机械按规定的大修理间隔台班进行必要的大修理,以恢复其正常功能所需的费用。

③经常修理费,指施工机械除大修理以外的各级保养和临时故障排除所需的费用。其包括为保障机械正常运转所需替换设备与随机配备工具附具的摊销和维护费用,机械运转中日常保养所需润滑与擦拭的材料费用及机械停滞期间的维护和保养费用等。

④安拆费及场外运费,安拆费指施工机械(大型机械除外)在现场进行安装与拆卸所需的人工、材料、机械和试运转费用以及机械辅助设施的折旧、搭设、拆除等费用;场外运费指施工机械整体或分体自停放地点运至施工现场或由一施工地点运至另一施工地点的运输、装卸、辅助材料及架线等费用。

⑤人工费,指机上司机(司炉)和其他操作人员的人工费。

⑥燃料动力费,指施工机械在运转作业中所消耗的各种燃料及水、电等。

⑦税费,指施工机械按照国家规定应缴纳的车船使用税、保险费

及年检费等。

2) 仪器仪表使用费，是指工程施工所需使用的仪器仪表的摊销及维修费用。

(4) 企业管理费。企业管理费是指建筑安装企业组织施工生产和经营管理所需的费用。内容包括：

1) 管理人员工资，是指按规定支付给管理人员的计时工资、奖金、津贴补贴、加班加点工资及特殊情况下支付的工资等。

2) 办公费，是指企业管理办公用的文具、纸张、账表、印刷、邮电、书报、办公软件、现场监控、会议、水电、烧水和集体取暖降温（包括现场临时宿舍取暖降温）等费用。

3) 差旅交通费，是指职工因公出差、调动工作的差旅费、住勤补助费，市内交通费和误餐补助费，职工探亲路费，劳动力招募费，职工退休、退职一次性路费，工伤人员就医路费，工地转移费以及管理部门使用的交通工具的油料、燃料等费用。

4) 固定资产使用费，是指管理和试验部门及附属生产单位使用的属于固定资产的房屋、设备、仪器等的折旧、大修、维修或租赁费。

5) 工具用具使用费，是指企业施工生产和管理使用的不属于固定资产的工具、器具、家具、交通工具和检验、试验、测绘、消防用具等的购置、维修和摊销费。

6) 劳动保险和职工福利费，是指由企业支付的职工退职金，按规定支付给离休干部的经费，集体福利费、夏季防暑降温、冬季取暖补贴、上下班交通补贴等。

7) 劳动保护费，是企业按规定发放的劳动保护用品的支出。如工作服、手套、防暑降温饮料以及在有碍身体健康的环境中施工的保健费用等。

8) 检验试验费，是指施工企业按照有关标准规定，对建筑以及材料、构件和建筑安装物进行一般鉴定、检查所发生的费用，包括自设试验室进行试验所耗用的材料等费用。不包括新结构、新材料的试验费，对构件做破坏性试验及其他特殊要求检验试验的费用和建设单位委托检测机构进行检测的费用,对此类检测发生的费用,由建设单位在工程建设其他费用中列支。但对施工企业提供的具有合格证明的材料进行检测不合格的,该检测费用由施工企业支付。

9)工会经费,是指企业按《工会法》规定的全部职工工资总额比例计提的工会经费。

10)职工教育经费,是指按职工工资总额的规定比例计提,企业为职工进行专业技术和职业技能培训、专业技术人员继续教育、职工职业技能鉴定、职业资格认定以及根据需要对职工进行各类文化教育所发生的费用。

11)财产保险费,是指施工管理用财产、车辆等的保险费用。

12)财务费,是指企业为施工生产筹集资金或提供预付款担保、履约担保、职工工资支付担保等所发生的各种费用。

13)税金,是指企业按规定缴纳的房产税、车船使用税、土地使用税、印花税等。

14)其他,包括技术转让费、技术开发费、投标费、业务招待费、绿化费、广告费、公证费、法律顾问费、审计费、咨询费、保险费等。

(5)利润。利润是指施工企业完成所承包工程获得的盈利。

(6)规费。规费是指按国家法律、法规规定,由省级政府和省级有关权力部门规定必须缴纳或计取的费用。其包括:

1)社会保险费。

①养老保险费,是指企业按照规定标准为职工缴纳的基本养老保险费。

②失业保险费,是指企业按照规定标准为职工缴纳的失业保险费。

③医疗保险费,是指企业按照规定标准为职工缴纳的基本医疗保险费。

④生育保险费,是指企业按照规定标准为职工缴纳的生育保险费。

⑤工伤保险费,是指企业按照规定标准为职工缴纳的工伤保

险费。

2)住房公积金,是指企业按规定标准为职工缴纳的住房公积金。

3)工程排污费,是指按规定缴纳的施工现场工程排污费。

其他应列而未列入的规费,按实际发生计取。

(7)税金。税金是指国家税法规定的应计入建筑安装工程造价内的营业税、城市维护建设税、教育费附加以及地方教育附加。

2. 按造价形成划分

建筑安装工程费按照工程造价形成,由分部分项工程费、措施项目费、其他项目费、规费、税金组成。分部分项工程费、措施项目费、其他项目费包含人工费、材料费、施工机具使用费、企业管理费和利润。

(1)分部分项工程费。分部分项工程费是指各专业工程的分部分项工程应予列支的各项费用。

1)专业工程,是指按现行国家计量规范划分的房屋建筑与装饰工程、仿古建筑工程、通用安装工程、市政工程、园林绿化工程、矿山工程、构筑物工程、城市轨道交通工程、爆破工程等各类工程。

2)分部分项工程,指按现行国家计量规范对各专业工程划分的项目。如房屋建筑与装饰工程划分的土石方工程、地基处理与桩基工程、砌筑工程、钢筋及钢筋混凝土工程等。

各类专业工程的分部分项工程划分见现行国家或行业计量规范。

(2)措施项目费。措施项目费是指为完成建设工程施工,发生于该工程施工前和施工过程中的技术、生活、安全、环境保护等方面的费用。其内容包括:

1)安全文明施工费。

①环境保护费,是指施工现场为达到环保部门要求所需要的各项费用。

②文明施工费,是指施工现场文明施工所需要的各项费用。

③安全施工费,是指施工现场安全施工所需要的各项费用。

④临时设施费,是指施工企业为进行建设工程施工所必须搭设的生活和生产用的临时建筑物、构筑物和其他临时设施费用。其包括临

时设施的搭设、维修、拆除、清理费或摊销费等。

2)夜间施工增加费,是指因夜间施工所发生的夜班补助费、夜间施工降效、夜间施工照明设备摊销及照明用电等费用。

3)二次搬运费,是指因施工场地条件限制而发生的材料、构配件、半成品等一次运输不能到达堆放地点,必须进行二次或多次搬运所发生的费用。

4)冬雨季施工增加费,是指在冬季或雨季施工需增加的临时设施、防滑、排除雨雪、人工及施工机械效率降低等费用。

5)已完工程及设备保护费,是指竣工验收前,对已完工程及设备采取的必要保护措施所发生的费用。

6)工程定位复测费,是指工程施工过程中进行全部施工测量放线和复测工作的费用。

7)特殊地区施工增加费,是指工程在沙漠或其边缘地区,高海拔、高寒、原始森林等特殊地区施工增加的费用。

8)大型机械设备进出场及安拆费,是指机械整体或分体自停放场地运至施工现场或由一个施工地点运至另一个施工地点,所发生的机械进出场运输及转移费用及机械在施工现场进行安装、拆卸所需的人工费、材料费、机械费、试运转费和安装所需的辅助设施的费用。

9)脚手架工程费,是指施工需要的各种脚手架搭、拆、运输费用以及脚手架购置费的摊销(或租赁)费用。

措施项目及其包含的内容详见各类专业工程的现行国家或行业计量规范。

(3)其他项目费。

1)暂列金额,是指建设单位在工程量清单中暂定并包括在工程合同价款中的一笔款项。用于施工合同签订时尚未确定或者不可预见的所需材料、工程设备、服务的采购,施工中可能发生的工程变更、合同约定调整因素出现时的工程价款调整以及发生的索赔、现场签证确认等的费用。

2)计日工,是指在施工过程中,施工企业完成建设单位提出的施工图纸以外的零星项目或工作所需的费用。

3)总承包服务费,是指总承包人为配合、协调建设单位进行的专业工程发包,对建设单位自行采购的材料、工程设备等进行保管以及施工现场管理、竣工资料汇总整理等服务所需的费用。

(4)规费。同前述"按费用构成要素划分"的相关内容。

(5)税金。同前述"按费用构成要素划分"的相关内容。

三、建筑安装工程费用参考计算方法

1. 各费用构成要素参考计算方法

(1)人工费。

1)公式1:

$$人工费 = \sum (工日消耗量 \times 日工资单价)$$

$$日工资单价 = \frac{生产工人平均月工资(计时计件) + 平均月(奖金+津贴补贴+特殊情况下支付的工资)}{年平均每月法定工作日}$$

注:公式1主要适用于施工企业投标报价时自主确定人工费,也是工程造价管理机构编制计价定额确定定额人工单价或发布人工成本信息的参考依据。

2)公式2:

$$人工费 = \sum (工程工日消耗量 \times 日工资单价)$$

日工资单价是指施工企业平均技术熟练程度的生产工人在每工作日(国家法定工作时间内)按规定从事施工作业应得的日工资总额。

工程造价管理机构确定日工资单价应通过市场调查,根据工程项目的技术要求,参考实物工程量人工单价综合分析确定,最低日工资单价不得低于工程所在地人力资源和社会保障部门所发布的最低工资标准的:普工1.3倍、一般技工2倍、高级技工3倍。

工程计价定额不可只列一个综合工日单价,应根据工程项目技术要求和工种差别适当划分多种日人工单价,确保各分部工程人工费的合理构成。

注:公式2适用于工程造价管理机构编制计价定额时确定定额人工费,是施工企业投标

报价的参考依据。

(2)材料费。

1)材料费：

$$材料费 = \sum (材料消耗量 \times 材料单价)$$

$$材料单价 = [(材料原价 + 运杂费) \times [1 + 运输损耗率(\%)]] \times [1 + 采购保管费率(\%)]$$

2)工程设备费：

$$工程设备费 = \sum (工程设备量 \times 工程设备单价)$$

$$工程设备单价 = (设备原价 + 运杂费) \times [1 + 采购保管费率(\%)]$$

(3)施工机具使用费。

1)施工机械使用费：

$$施工机械使用费 = \sum (施工机械台班消耗量 \times 机械台班单价)$$

$$机械台班单价 = 台班折旧费 + 台班大修费 + 台班经常修理费 + 台班安拆费及场外运费 + 台班人工费 + 台班燃料动力费 + 台班车船税费$$

注：工程造价管理机构在确定计价定额中的施工机械使用费时，应根据《建筑施工机械台班费用计算规则》，结合市场调查编制施工机械台班单价。施工企业可以参考工程造价管理机构发布的台班单价，自主确定施工机械使用费的报价，如租赁施工机械，公式为：施工机械使用费 $= \sum$ (施工机械台班消耗量 $\times$ 机械台班租赁单价)。

2)仪器仪表使用费：

$$仪器仪表使用费 = 工程使用的仪器仪表摊销费 + 维修费$$

(4)企业管理费费率。

1)以分部分项工程费为计算基础：

$$企业管理费费率(\%) = \frac{生产工人年平均管理费}{年有效施工天数 \times 人工单价} \times 人工费占分部分项工程费比例(\%)$$

2)以人工费和机械费合计为计算基础：

$$企业管理费费率(\%) = \frac{生产工人年平均管理费}{年有效施工天数 \times \left(\begin{array}{c}人工单价 + 每一\\工日机械使用费\end{array}\right)} \times 100\%$$

3) 以人工费为计算基础：

$$企业管理费费率(\%) = \frac{生产工人年平均管理费}{年有效施工天数 \times 人工单价} \times 100\%$$

注：上述公式适用于施工企业投标报价时自主确定管理费，是工程造价管理机构编制计价定额确定企业管理费的参考依据。

工程造价管理机构在确定计价定额中企业管理费时，应以定额人工费或(定额人工费+定额机械费)作为计算基数，其费率根据历年工程造价积累的资料，辅以调查数据确定，列入分部分项工程和措施项目中。

(5) 利润。

1) 施工企业根据企业自身需求并结合建筑市场实际自主确定，列入报价中。

2) 工程造价管理机构在确定计价定额中利润时，应以定额人工费或(定额人工费+定额机械费)作为计算基数，其费率根据历年工程造价积累的资料，并结合建筑市场实际确定，以单位(单项)工程测算，利润在税前建筑安装工程费的比重可按不低于5%且不高于7%的费率计算。利润应列入分部分项工程和措施项目中。

(6) 规费。

1) 社会保险费和住房公积金：

社会保险费和住房公积金应以定额人工费为计算基础，根据工程所在地省、自治区、直辖市或行业建设主管部门规定费率计算。

$$\begin{matrix}社会保险费和\\住房公积金\end{matrix} = \sum \left(工程定额人工费 \times \begin{matrix}社会保险费和\\住房公积金费率\end{matrix} \right)$$

式中，社会保险费和住房公积金费率可以每万元发承包价的生产工人人工费和管理人员工资含量与工程所在地规定的缴纳标准综合分析取定。

2) 工程排污费：

工程排污费等其他应列而未列入的规费应按工程所在地环境保护等部门规定的标准缴纳，按实计取列入。

(7) 税金。

1) 税金计算公式：

$$税金 = 税前造价 \times 综合税率(\%)$$

2)综合税率按下列规定确定:

①纳税地点在市区的企业

$$综合税率(\%) = \frac{1}{1-3\%-(3\%\times7\%)-(3\%\times3\%)-(3\%\times2\%)} - 1$$

②纳税地点在县城、镇的企业

$$综合税率(\%) = \frac{1}{1-3\%-(3\%\times5\%)-(3\%\times3\%)-(3\%\times2\%)} - 1$$

③纳税地点不在市区、县城、镇的企业

$$综合税率(\%) = \frac{1}{1-3\%-(3\%\times1\%)-(3\%\times3\%)-(3\%\times2\%)} - 1$$

④实行营业税改增值税的,按纳税地点现行税率计算。

2. 建筑安装工程计价参考公式

(1)分部分项工程费。

$$分部分项工程费 = \sum(分部分项工程量 \times 综合单价)$$

式中,综合单价包括人工费、材料费、施工机具使用费、企业管理费和利润以及一定范围的风险费用(下同)。

(2)措施项目费。

1)国家计量规范规定应予计量的措施项目,其计算公式为:

$$措施项目费 = \sum(措施项目工程量 \times 综合单价)$$

2)国家计量规范规定不宜计量的措施项目计算方法如下:

①安全文明施工费。

$$安全文明施工费 = 计算基数 \times 安全文明施工费费率(\%)$$

计算基数应为定额基价(定额分部分项工程费+定额中可以计量的措施项目费)、定额人工费或(定额人工费+定额机械费),其费率由工程造价管理机构根据各专业工程的特点综合确定。

②夜间施工增加费。

$$夜间施工增加费 = 计算基数 \times 夜间施工增加费费率(\%)$$

③二次搬运费。

二次搬运费＝计算基数×二次搬运费费率(%)

④冬雨季施工增加费

冬雨季施工增加费＝计算基数×冬雨季施工增加费费率(%)

⑤已完工程及设备保护费。

已完工程及设备保护费＝计算基数×已完工程及设备保护费费率(%)

上述②～⑤项措施项目的计费基数应为定额人工费或(定额人工费＋定额机械费),其费率由工程造价管理机构根据各专业工程特点和调查资料综合分析后确定。

(3)其他项目费。

1)暂列金额由建设单位根据工程特点,按有关计价规定估算,施工过程中由建设单位掌握使用、扣除合同价款调整后如有余额,归建设单位。

2)计日工由建设单位和施工企业按施工过程中的签证计价。

3)总承包服务费由建设单位在招标控制价中根据总包服务范围和有关计价规定编制,施工企业投标时自主报价,施工过程中按签约合同价执行。

(4)规费和税金。建设单位和施工企业均应按照省、自治区、直辖市或行业建设主管部门发布标准计算规费和税金,不得作为竞争性费用。

3. 相关问题的说明

(1)各专业工程计价定额的使用周期原则上为5年。

(2)工程造价管理机构在定额使用周期内,应及时发布人工、材料、机械台班价格信息,实行工程造价动态管理,如遇国家法律、法规、规章或相关政策变化以及建筑市场物价波动较大时,应适时调整定额人工费、定额机械费以及定额基价或规费费率,使建筑安装工程费能反映建筑市场实际。

(3)建设单位在编制招标控制价时,应按照各专业工程的计量规范和计价定额以及工程造价信息编制。

(4)施工企业在使用计价定额时除不可竞争费用外,其余仅作参考,由施工企业投标时自主报价。

第二节　装饰装修招标控制价编制

一、一般规定

招标控制价是招标人根据国家或省级、行业建设主管部门颁发的有关计价依据和办法,按设计施工图纸计算的,对招标工程限定的最高工程造价。国有资金投资的工程建设项目必须实行工程量清单招标,并必须编制招标控制价。

(一)招标控制价的作用

(1)我国对国有资金投资项目的投资控制实行的是投资概算审批制度,国有资金投资的工程原则上不能超过批准的投资概算。因此,在工程招标发包时,当编制的招标控制价超过批准的概算,招标人应当将其报原概算审批部门重新审核。

(2)国有资金投资的工程进行招标,根据《中华人民共和国招标投标法》的规定,招标人可以设标底。当招标人不设标底时,为有利于客观、合理的评审投标报价和避免哄抬标价,造成国有资产流失,招标人必须编制招标控制价。

(3)国有资金投资的工程,招标人编制并公布的招标控制价相当于招标人的采购预算,同时要求其不能超过批准的概算,因此,招标控制价是招标人在工程招标时能接受投标人报价的最高限价。

(二)招标控制价的编制人员

招标控制价应由具有编制能力的招标人编制,当招标人不具有编制招标控制价的能力时,可委托具有相应资质的工程造价咨询人编制。工程造价咨询人接受招标人委托编制招标控制价,不得再就同一工程接受投标人委托编制投标报价。

所谓具有相应工程造价咨询资质的工程造价咨询人是指根据《工程造价咨询企业管理办法》(原建设部令第149号)的规定,依法取得工程造价咨询企业资质,并在其资质许可的范围内接受招标人的委托,编制招标控制价的工程造价咨询企业。即取得甲级工程造价咨询资质的咨询人可承担各类建设项目的招标控制价编制,取得乙级(包括乙级暂定)工程造价咨询资质的咨询人,则只能承担 5000 万元以下的招标控制价的编制。

(三)其他规定

(1)招标控制价的作用决定了招标控制价不同于标底,无须保密。为体现招标的公平、公正,防止招标人有意抬高或压低工程造价,招标人应在招标文件中如实公布招标控制价,不得对所编制的招标控制价进行上浮或下调。招标人在招标文件中公布招标控制价时,应公布招标控制价各组成部分的详细内容,不得只公布招标控制价总价。

(2)招标人应将招标控制价及有关资料报送工程所在地或有该工程管辖权的行业管理部门工程造价管理机构备查。

二、招标控制价编制与复核

(一)招标控制价编制依据

招标控制价的编制应根据下列依据进行:

(1)13 计价规范;

(2)国家或省级、行业建设主管部门颁发的计价定额和计价办法;

(3)建设工程设计文件及相关资料;

(4)拟定的招标文件及招标工程量清单;

(5)与建设项目相关的标准、规范、技术资料;

(6)施工现场情况、工程特点及常规施工方案;

(7)工程造价管理机构发布的工程造价信息,当工程造价信息没有发布时,参照市场价;

(8)其他的相关资料。

按上述依据进行招标控制价编制,应注意以下事项:

(1)使用的计价标准、计价政策应是国家或省、自治区、直辖市建设行政主管部门或行业建设主管部门颁布的计价定额和计价方法;

(2)采用的材料价格应是工程造价管理机构通过工程造价信息发

布的材料单价,工程造价信息未发布材料单价的材料,其材料价格应通过市场调查确定;

(3)国家或省、自治区、直辖市建设行政主管部门或行业建设主管部门对工程造价计价中费用或费用标准有规定的,应按规定执行。

(二)招标控制价编制要求

(1)综合单价中应包括招标文件中划分的应由投标人承担的风险范围及其费用。招标文件中没有明确的,如是工程造价咨询人编制,应提请招标人明确;如是招标人编制,应予明确。

(2)分部分项工程和措施项目中的单价项目,应根据拟定的招标文件和招标工程量清单项目中的特征描述及有关要求确定综合单价计算。招标文件中提供了暂估单价的材料,按暂估的单价计入综合单价。

(3)措施项目中的总价项目应根据拟定的招标文件和常规施工方案采用综合单价计价。措施项目中的安全文明施工费必须按国家或省级、行业建设主管部门的规定计算,不得作为竞争性费用。

(4)其他项目费应按下列规定计价。

1)暂列金额。暂列金额应按招标工程量清单中列出的金额填写。

2)暂估价。暂估价包括材料暂估单价、工程设备暂估单价和专业工程暂估价。暂估价中的材料、工程设备单价应根据招标工程量清单列出的单价计入综合单价。

3)计日工。计日工包括计日工人工、材料和施工机械。在编制招标控制价时,对计日工中的人工单价和施工机械台班单价应按省级、行业建设主管部门或其授权的工程造价管理机构公布的单价计算;材料应按工程造价管理机构发布的工程造价信息中的材料单价计算,工程造价信息未发布材料单价的材料,其价格应按市场调查确定的单价计算。

4)总承包服务费。招标人编制招标控制价时,总承包服务费应根据招标文件中列出的内容和向总承包人提出的要求,按照省级或行业建设主管部门的规定或参照下列标准计算:

①招标人仅要求对分包的专业工程进行总承包管理和协调时,按分包的专业工程估算造价的1.5%计算;

②招标人要求对分包的专业工程进行总承包管理和协调,并同时要求提供配合服务时,根据招标文件中列出的配合服务内容和提出的要求,按分包的专业工程估算造价的3‰～5‰计算;

③招标人自行供应材料的,按招标人供应材料价值的1%计算。

(5)招标控制价的规费和税金必须按国家或省级、行业建设主管部门的规定计算。

(三)招标控制价编制示例

<u>　　　　××××装饰装修　　　　</u>工程

招标控制价

招　标　人:<u>　　×××　　</u>
　　　　　　　(单位盖章)

造价咨询人:<u>　　×××　　</u>
　　　　　　　(单位盖章)

2013年×月×日

封-2

××××装饰装修 工程

招 标 控 制 价

招标控制价(小写)：　　　1159179.39
　　　　(大写)：　壹佰壹拾伍万玖仟壹佰柒拾玖元叁角玖分

招 标 人：<u>××市房地产开发公司</u>　　造价咨询人：<u>××工程造价咨询公司</u>
　　　　　　　(单位盖章)　　　　　　　　　　　　　(单位资质专用章)

法定代表人　　　　　　　　　　　　法定代表人
或其授权人：<u>　×××　</u>　　　　或其授权人：<u>　×××　</u>
　　　　　(签字或盖章)　　　　　　　　　　　　(签字或盖章)

编 制 人：<u>　×××　</u>　　　　　复 核 人：<u>　×××　</u>
　　　　(造价人员签字盖专用章)　　　　　　(造价工程师签字盖专用章)

编制时间:2013 年×月×日　　　　复核时间:2013 年×月×日

总 说 明

工程名称：××××装饰装修工程　　　　　　　　　　　　　　第 页共 页

1. 工程概况：该工程建筑面积 $500m^2$，其主要使用功能为商住楼；层数三层，混合结构，建筑高度 10.8m。

2. 招标范围：装饰装修工程。

3. 工程质量要求：优良工程。

4. 工期：60 天

5. 工程量清单招标控制价编制依据：

5.1 由××市建筑工程设计事务所设计的施工图 1 套；

5.2 由××房地产开发公司编制的《××楼装饰装修工程施工招标书》。

5.3 工程量清单计量按照国标《建设工程工程量清单计价规范》(GB 50500—2013)、《房屋建筑与装饰工程工程量计算规范》(GB 50854—2013)。

5.4 工程量清单计价中的工、料、机数量参考当地建筑、水电安装工程定额；其工、料、机的价格参考省、市造价管理部门有关文件及近期发布的材料价格，并调查市场价格后取定。

5.5 税金按 3.413% 计取。

5.6 人工工资按 41.80 元/工日计。

5.7 垂直运输机械采用卷扬机，费用按×省定额估价表中规定计费。

表—02

建设项目招标控制价汇总表

工程名称：××××装饰装修工程　　　　　　　　　　　　　　第 页共 页

序号	单项工程名称	金额(元)	其中：(元)		
			暂估价	安全文明施工费	规费
1	××××装饰装修工程	1159179.39	11128.00	63650.00	72651.00
	合　　计	1159179.39	11128.00	63650.00	72651.00

注：本表适用于建设项目招标控制价或投标报价的汇总。

表—02

第十四章 装饰装修工程工程量清单计价编制

单项工程招标控制价汇总表

工程名称：××××装饰装修工程　　　　　　　　　　　　　　　第　页共　页

序号	单项工程名称	金额(元)	其中:(元)		
			暂估价	安全文明施工费	规费
1	××××装饰装修工程	1159179.39	11128.00	63650.00	72651.00
	合　计	1159179.39	11128.00	63650.00	72651.00

注：本表适用于单项工程招标控制价的汇总。暂估价包括分部分项工程中的暂估价和专业工程暂估价。

表-03

单位工程招标控制价汇总表

工程名称：　　　　　　　　　　标段：　　　　　　　　　　第　页共　页

序号	汇总内容	金额(元)	其中:暂估价(元)
1	分部分项工程	636633.43	
0111	楼地面装饰工程	289786.56	
0112	墙、柱面装饰与隔断、幕墙工程	100862.63	
0113	天棚工程	98362.78	
0108	门窗工程	58375.29	11128.00
0114	油漆、涂料、裱糊工程	89246.17	
2	措施项目	258928.76	
2.1	其中:安全文明施工费	63650.00	
3	其他项目	152799.12	
3.1	其中:暂列金额	56000.00	
3.2	其中:专业工程暂估价	76000.00	

续表

序号	汇总内容	金额(元)	其中:暂估价(元)
3.3	其中:计日工	16832.20	
3.4	其中:总承包服务费	3966.92	
4	规费	72561.00	
5	税金	38257.08	
	招标控制价合计=1+2+3+4+5	1159179.39	11128.00

注:本表适用于单位工程招标控制价或投标报价的汇总,如无单位工程划分,单项工程也使用本表汇总。

表—04

分部分项工程和单价措施项目清单与计价表

工程名称:×××装饰装修工程　　标段:　　　　　　　第 页共 页

序号	项目编码	项目名称	项目特征描述	计量单位	工程量	金　额(元)		
						综合单价	合价	其中:暂估价
			0111 楼地面装饰工程					
1	011101001001	水泥砂浆楼地面	二层楼面粉水泥砂浆,1:2 水泥砂浆,厚 20mm	m²	10.68	8.89	94.95	
2	011102001001	石材楼地面	一层大理石地面,混凝土垫层 C10,厚0.08m,0.80m×0.80m 大理石面层	m²	83.25	211.34	17592.99	
			(其他略)					
			分部小计				289786.56	
			0112 墙、柱面装饰与隔断、幕墙工程					
3	011201001001	墙面一般抹灰	混合砂浆 15mm 厚,888 涂料三遍。	m²	926.15	13.11	12141.83	
4	011204003001	块料墙面	瓷板墙裙,砖墙面层,17mm 厚 1:3 水泥砂浆。	m²	66.32	36.96	2451.19	
			(其他略)					
			分部小计				100862.63	

续一

序号	项目编码	项目名称	项目特征描述	计量单位	工程量	金额(元)		
						综合单价	合价	其中：暂估价
			0113 天棚工程					
5	011301001001	天棚抹灰	天棚抹灰（现浇板底），7mm 厚 1:4 水泥、石灰砂浆，5mm 厚 1:0.5:3 水泥砂浆，888 涂料三遍	m²	123.61	13.56	1676.15	
6	011302002001	格栅吊顶	不上人型 U 型轻钢龙骨 600×600 间距，600×600 石膏板面层	m²	162.40	50.47	8196.33	
			（其他略）					
			分部小计				98362.78	
			0108 门窗工程					
7	010801001001	胶合板门	胶合板门 M-2，900mm×2400mm，杉木框钉 5mm 胶合板，面层 3mm 厚榉木板，聚氨酯 5 遍，门碰、执手锁 11 个	樘	13	1028.97	13376.61	11128.00
8	010807001001	金属平开窗	铝合金平开窗，1500mm×1500mm 铝合金 1.2mm 厚，50 系列 5mm 厚白玻璃	樘	8	857.96	6863.68	
			（其他略）					
			分部小计				58375.29	11128.00
			0114 油漆、涂料、裱糊工程					
9	011406001001	抹灰面油漆	外墙门窗套外墙漆，水泥砂浆面上刷外墙漆	m²	42.82	45.36	1942.32	
			（其他略）					
			分部小计				89246.17	
			0117 措施项目					

续二

序号	项目编码	项目名称	项目特征描述	计量单位	工程量	金额(元)		
						综合单价	合价	其中：暂估价
10	011701001001	综合脚手架	砖混结构，檐高21m	m²	5628	20.85	117343.80	
		(其他略)						
		分部小计					258928.76	
		合 计						

注：为计取规费等使用，可在表中增设其中："定额人工费"。

表-08

综合单价分析表

工程名称： 标段： 第 页共 页

项目编码	011406001001		项目名称		抹灰面油漆	计量单位		m²
清单综合单价组成明细								
定额编号	定额名称	定额单位	数量	单价			人工费	材料费	机械费	管理费和利润

定额编号	定额名称	定额单位	数量	人工费	材料费	机械费	管理费和利润	人工费	材料费	机械费	管理费和利润
BE0267	抹灰面满刮耐水腻子	100m²	0.01	372.37	2625		127.76	3.72	26.25		1.28
BE0267	外墙乳胶底漆一遍面漆二遍	100m²	0.01	349.77	940.37		120.01	3.5	9.4		1.2
人工单价			小 计					7.22	35.65		2.48
41.8元/工日			未计价材料费								
清单项目综合单价								45.36			

材料明细	名称、规格、型号	单位	数量	单价/元	合价/元	暂估单价/元	暂估合价/元
	耐水成品腻子	kg	2.50	10.50	26.25		
	×××牌乳胶漆面漆	kg	0.353	20.00	7.06		
	×××牌乳胶漆底漆	kg	0.136	17.00	2.31		
	其他材料费			—	0.03	—	
	材料费小计			—	35.65	—	

注：1. 如不使用省级或行业建设主管部门发布的计价依据，可不填定额项目、编号等。
2. 招标文件提供了暂估单价的材料，按暂估的单价填入表内"暂估单价"栏及"暂估合价"栏。

表-09

第十四章 装饰装修工程工程量清单计价编制

总价措施项目清单与计价表

工程名称：×××装饰装修工程　　　　　标段：　　　　　　　　　　第　页 共　页

序号	项目编码	项目名称	计算基础	费率(%)	金额(元)	调整费率(%)	调整后金额(元)	备注
1	011707001001	安全文明施工费	定额人工费	25	63650.00			
2	011707002001	夜间施工增加费	定额人工费	2.5	6365.00			
3	011207004001	二次搬运费	定额人工费	3	7638.00			
4	011707005001	冬雨季施工增加费	定额人工费	1	2546.00			
5	011707007001	已完工程及设备保护费			5000.00			
		合　计						

编制人(造价人员)：　　　　　　　　　　　　复核人(造价工程师)：

注：1."计算基础"中安全文明施工费可为"定额基价"、"定额人工费"或"定额人工费＋定额机械费"，其他项目可为"定额人工费"或"定额人工费＋定额机械费"
2. 按施工方案计算的措施费，若无"计算基础"和"费率"的数值，也可只填"金额"数值，但应在备注栏说明施工方案出处或计算方法。

表-11

其他项目清单与计价汇总表

工程名称：×××装饰装修工程　　　　　标段：　　　　　　　　　　第　页 共　页

序号	项目名称	金额(元)	结算金额(元)	备注
1	暂列金额	56000.00		明细详见表-12-1
2	暂估价	76000.00		
2.1	材料(工程设备)暂估价/结算价	—		明细详见表-12-2
2.2	专业工程暂估价/结算价	76000.00		明细详见表-12-3
3	计日工	16832.20		明细详见表-12-4
4	总承包服务费	3966.92		明细详见表-12-5
5				
	合　计	152799.12		

注：材料(工程设备)暂估单价计入清单项目综合单价，此处不汇总。

表-12

暂列金额明细表

工程名称：×××装饰装修工程　　　　标段：　　　　　　　　第 页共 页

序号	项目名称	计量单位	暂定金额(元)	备注
1	图纸中已经标明可能位置，但未最终确定是否需要的主入口处的钢结构雨篷工程的安装工作	项	50000.00	此部分的设计图纸有待进一步完善
2	其他	项	6000.00	
3				
	合计		56000.00	—

注：此表由招标人填写，如不能详列，也可只列暂定金额总额，投标人应将上述暂列金额计入投标总价中。

表－12－1

材料(工程设备)暂估单价及调整表

工程名称：×××装饰装修工程　　　　标段：　　　　　　　　第 页共 页

序号	材料(工程设备)名称、规格、型号	计量单位	数量		暂估(元)		确认(元)		差额(元)		备注
			暂估	确认	单价	合价	单价	合价	单价	合价	
1	胶合板门	樘	13		856.00	11128.00					含门框、门扇，用于本工程的门安装工程项目
2											
	合　计					11128.00					

注：此表由招标人填写"暂估单价"，并在备注栏说明暂估单价的材料、工程设备拟用在哪些清单项目上，投标人应将上述材料、工程设备暂估单价计入工程量清单综合单价报价中。

表－12－2

第十四章 装饰装修工程工程量清单计价编制

专业工程暂估价及结算价表

工程名称：×××装饰装修工程　　　　标段：　　　　　　　第 页共 页

序号	工程名称	工作内容	暂估金额（元）	结算金额（元）	差额（元）	备注
1	消防工程	合同图纸中标明的以及工程规范和技术说明中规定的各系统，包括但不限于消火栓系统、消防游泳池供水系统、水喷淋系统、火灾自动报警系统及消防联动系统中的设备、管道、阀门、线缆等的供应、安装和调试工作	76000.00			
		合 计	76000.00			

注：此表"暂估金额"由招标人填写，招标人应将"暂估金额"计入投标总价中。结算时按合同约定结算金额填写。

表—12—3

计日工表

工程名称：×××装饰装修工程　　　　标段：　　　　　　　第 页共 页

编号	项目名称	单位	暂定数量	实际数量	综合单价（元）	合价（元）	
						暂定	实际
一	人工						
1	普工		50		70.00	3500.00	
2	技工		39		120.00	4680.00	
3							
4							
		人工小计				8180.00	
二	材料						
1	水泥P·O42.5	t	5		560.00	2800.00	
2	中砂	m³	18		105.00	1890.00	
3	卵石5～40mm	m³	30		70.00	2100.00	
4							
5							
		材料小计				4900.00	

续表

编号	项目名称	单位	暂定数量	实际数量	综合单价(元)	合价(元)	
						暂定	实际
三	施工机械						
1	灰浆搅拌机	台班	30		28.38	851.40	
2	地板磨光机	台班	10		126.48	1264.80	
3							
	施工机械小计					2116.20	
四、企业管理费和利润(按人工费20%计取)						1636.00	
总 计						16832.20	

注:此表项目名称、暂定数量由招标人填写,编制招标控制价时,单价由招标人按有关规定确定;投标时,单价由投标人自主确定,按暂定数量计算合价计入投标总价中;结算时,按发承包双方确定的实际数量计算合价。

表—12—4

总承包服务费计价表

工程名称:×××装饰装修工程　　　　标段:　　　　　　　　第 页共 页

序号	项目名称	项目价值(元)	服务内容	计算基础	费率(%)	金额(元)
1	发包人发包专业工程	76000.00	1. 按专业工程承包人的要求提供施工作业面并对施工现场进行统一管理。 2. 为专业工程承包人提供垂直运输机械和焊接电源接入点,并承担垂直运输费和电费	项目价值	5	3800.00
2	发包人提供材料	11128.00	对发包人供应的材料进行验收保管及使用发放	项目价值	1.5	166.92
	合 计				—	3966.92

注:此表项目名称、服务内容由招标人填写,编制招标控制价时,费率及金额由招标人按有关计价规定确定;投标时,费率及金额由投标人自主报价,计入投标总价中。

表—12—5

第十四章　装饰装修工程工程量清单计价编制

规费、税金项目计价表

工程名称：×××装饰装修工程　　　　标段：　　　　　　第　页共　页

序号	项目名称	计算基础	计算基数	计算费率(%)	金额(元)
1	规费	定额人工费			72561.00
1.1	社会保险费	定额人工费			57285.00
(1)	养老保险费	定额人工费		14	35644.00
(2)	失业保险费	定额人工费		2	5092.00
(3)	医疗保险费	定额人工费		6	15276.00
(4)	工伤保险费	定额人工费		0.25	636.50
(5)	生育保险费	定额人工费		0.25	636.50
1.2	住房公积金	定额人工费		6	15276.00
1.3	工程排污费	按工程所在地环境保护部门收取标准，按实计入			
2	税金	分部分项工程费＋措施项目费＋其他项目费＋规费—按规定不计税的工程设备金额		3.413	38257.08
	合　计				110818.08

编制人：　　　　　　复核人(造价工程师)：

表—13

三、投诉与处理

(1)投标人经复核认为招标人公布的招标控制价未按照"13 计价规范"的规定进行编制的，应在招标控制价公布后 5 天内向招投标监督机构和工程造价管理机构投诉。

(2)投诉人投诉时，应当提交由单位盖章和法定代表人或其委托人签名或盖章的书面投诉书。投诉书应包括下列内容：

1)投诉人与被投诉人的名称、地址及有效联系方式；

2)投诉的招标工程名称、具体事项及理由；

3)投诉依据及有关证明材料；

4)相关的请求及主张。

(3)投诉人不得进行虚假、恶意投诉，阻碍招投标活动的正常进行。

(4)工程造价管理机构在接到投诉书后应在2个工作日内进行审查,对有下列情况之一的,不予受理:

1)投诉人不是所投诉招标工程招标文件的收受人;

2)投诉书提交的时间不符合上述第(1)条规定的;

3)投诉书不符合上述第(2)条规定的;

4)投诉事项已进入行政复议或行政诉讼程序的。

(5)工程造价管理机构应在不迟于结束审查的次日将是否受理投诉的决定书面通知投诉人、被投诉人以及负责该工程招投标监督的招投标管理机构。

(6)工程造价管理机构受理投诉后,应立即对招标控制价进行复查,组织投诉人、被投诉人或其委托的招标控制价编制人等单位人员对投诉问题逐一核对。有关当事人应当予以配合,并应保证所提供资料的真实性。

(7)工程造价管理机构应当在受理投诉的10天内完成复查,特殊情况下可适当延长,并作出书面结论通知投诉人、被投诉人及负责该工程招投标监督的招投标管理机构。

(8)当招标控制价复查结论与原公布的招标控制价误差大于±3%时,应当责成招标人改正。

(9)招标人根据招标控制价复查结论需要重新公布招标控制价的,其最终公布的时间至招标文件要求提交投标文件截止时间不足15天的,应相应延长投标文件的截止时间。

第三节 装饰装修工程投标报价编制

一、一般规定

(1)投标价应由投标人或受其委托具有相应资质的工程造价咨询人编制。

(2)投标价中除"13计价规范"中规定的规费、税金及措施项目清单中的安全文明施工费应按国家或省级、行业建设主管部门的规定计

第十四章 装饰装修工程工程量清单计价编制

价,不得作为竞争性费用外,其他项目的投标报价由投标人自主决定。

(3)投标人的投标报价不得低于工程成本。《中华人民共和国反不正当竞争法》第十一条规定:"经营者不得以排挤竞争对手为目的,以低于成本的价格销售商品。"《中华人民共和国招标投标法》第四十一条规定:"中标人的投标应当符合下列条件……(二)能够满足招标文件的实质性要求,并且经评审的投标价格最低;但是投标价格低于成本的除外。"《评标委员会和评标方法暂行规定》(国家计委等七部委第12号令)第二十一条规定:"在评标过程中,评标委员会发现投标人的报价明显低于其他投标报价或者在设有标底时明显低于标底的,使得其投标报价可能低于其个别成本的,应当要求该投标人作出书面说明并提供相关证明材料。投标人不能合理说明或者不能提供相关证明材料的,由评标委员会认定该投标人以低于成本报价竞标,其投标应作废标处理。"

(4)实行工程量清单招标,招标人在招标文件中提供工程量清单,其目的是使各投标人在投标报价中具有共同的竞争平台。因此,要求投标人必须按招标工程量清单填报价格,工程量清单的项目编码、项目名称、项目特征、计量单位、工程数量必须与招标人招标文件中提供的招标工程量清单一致。

(5)根据《中华人民共和国政府采购法》第三十六条规定:"在招标采购中,出现下列情形之一的,应予废标……(三)投标人的报价均超过了采购预算,采购人不能支付的。"《中华人民共和国招标投标法实施条例》第五十一条规定:"有下列情形之一者,评标委员会应当否决其投标:……(五)投标报价低于成本或者高于招标文件设定的最高投标限价。"对于国有资金投资的工程,其招标控制价相当于政府采购中的采购预算,且其定义就是最高投标限价,因此投标人的投标报价不能高于招标控制价,否则,应予废标。

二、投标报价编制与复核

(一)投标报价编制依据

投标报价应根据下列依据编制和复核:

(1)"13 计价规范";

(2)国家或省级、行业建设主管部门颁发的计价办法;

(3)企业定额,国家或省级、行业建设主管部门颁发的计价定额和计价办法;

(4)招标文件、招标工程量清单及其补充通知、答疑纪要;

(5)建设工程设计文件及相关资料;

(6)施工现场情况、工程特点及投标时拟定的施工组织设计或施工方案;

(7)与建设项目相关的标准、规范等技术资料;

(8)市场价格信息或工程造价管理机构发布的工程造价信息;

(9)其他的相关资料。

(二)投标报价编制要求

(1)综合单价中应考虑招标文件中要求投标人承担的风险内容及其范围(幅度)产生的风险费用,招标文件中没有明确的,应提请招标人明确。在施工过程中,当出现的风险内容及其范围(幅度)在合同约定的范围内时,合同价款不作调整。

(2)分部分项工程和措施项目中的单价项目,应根据招标文件和招标工程量清单项目中的特征描述确定综合单价。招标工程量清单的项目特征描述是确定分部分项工程和措施项目中的单价的重要依据之一,投标人投标报价时应依据招标工程量清单项目的特征描述确定清单项目的综合单价。招投标过程中,当出现招标工程量清单项目特征描述与设计图纸不符时,投标人应以招标工程量清单的项目特征描述为准,确定投标报价的综合单价。当施工中施工图纸或设计变更与招标工程量清单的项目特征描述不一致时,发、承包双方应按实际施工的项目特征,依据合同约定重新确定综合单价。

招标文件中提供了暂估单价的材料,应按暂估的单价计入综合单价;综合单价中应考虑招标文件中要求投标人承担的风险内容及其范围(幅度)产生的风险费用。在施工过程中,当出现的风险内容及其范围(幅度)在合同约定的范围内时,工程价款不做调整。

(3)投标人可根据工程实际情况并结合施工组织设计,对招标人所列的措施项目进行增补。由于各投标人拥有的施工装备、技术水平和采用的施工方法有所差异,招标人提出的措施项目清单是根据一般情况确定的,没有考虑不同投标人的"个性",投标人投标时应根据自身编制的投标施工组织设计或施工方案确定措施项目,对招标人提供的措施项目进行调整。投标人根据投标施工组织设计或施工方案调整和确定的措施项目应通过评标委员会的评审。

措施项目中的总价项目应采用综合单价计价。其中安全文明施工费应按国家或省级、行业建设主管部门的规定确定,且不得作为竞争性费用。

(4)其他项目应按下列规定报价:

1)暂列金额应按招标工程量清单中列出的金额填写,不得变动;

2)材料、工程设备暂估价应按招标工程量清单中列出的单价计入综合单价,不得变动和更改;

3)专业工程暂估价应按招标工程量清单中列出的金额填写,不得变动和更改;

4)计日工应按招标工程量清单中列出的项目和数量,自主确定综合单价并计算计日工金额;

5)总承包服务费应依据招标工程量清单中列出的专业工程暂估价内容和供应材料、设备情况,按照招标人提出协调、配合与服务要求和施工现场管理需要自主确定。

(5)规费和税金应按国家或省级、行业建设主管部门的规定计算,不得作为竞争性费用。规费和税金的计取标准是依据有关法律、法规和政策规定制定的,具有强制性。投标人是法律、法规和政策的执行者,不能改变,更不能制定,而必须按照法律、法规、政策的有关规定执行。

(6)招标工程量清单与计价表中列明的所有需要填写单价和合价的项目,投标人均应填写且只允许有一个报价。未填写单价和合价的项目,可视为此项费用已包含在已标价工程量清单中其他项目的单价和合价之中。当竣工结算时,此项目不得重新组价予以调整。

(7)实行工程量清单招标,投标人的投标总价应当与组成已标价工程量清单的分部分项工程费、措施项目费、其他项目费和规费、税金的合计金额相一致,即投标人在投标报价时,不能进行投标总价优惠(或降价、让利),投标人对招标人的任何优惠(或降价、让利)均应反映在相应清单项目的综合单价中。

第四节 装饰装修工程合同价款结算

一、合同价款约定

(一)一般规定

(1)工程合同价款的约定是建设工程合同的主要内容。根据有关法律条款的规定,实行招标的工程合同价款应在中标通知书发出之日起30天内,由发承包双方依据招标文件和中标人的投标文件在书面合同中约定。

工程合同价款的约定应满足以下几个方面的要求:
1)约定的依据要求:招标人向中标的投标人发出的中标通知书;
2)约定的时间要求:自招标人发出中标通知书之日起30天内;
3)约定的内容要求:招标文件和中标人的投标文件;
4)合同的形式要求:书面合同。

在工程招投标及建设工程合同签订过程中,招标文件应视为要约邀请,投标文件为要约,中标通知书为承诺。因此,在签订建设工程合同时,若招标文件与中标人的投标文件有不一致的地方,应以投标文件为准。

(2)实行招标的工程,合同约定不得违背招标文件中关于工期、造价、资质等方面的实质性内容。所谓合同实质性内容,按照《中华人民共和国合同法》第三十条规定:"有关合同标的、数量、质量、价款或者报酬、履行期限、履行地点和方式、违约责任和解决争议方法等的变更,是对要约内容的实质性变更"。

(3)不实行招标的工程合同价款,应在发承包双方认可的工程价款基础上,由发承包双方在合同中约定。

(4)工程建设合同的形式对工程量清单计价的适用性不构成影响,无论是单价合同、总价合同,还是成本加酬金合同均可以采用工程量清单计价。采用单价合同形式时,经标价的工程量清单是合同文件必不可少的组成内容,其中的工程量一般具备合同约束力(量可调),工程款结算时按照合同中约定应予计量并实际完成的工程量计算进行调整,由招标人提供统一的工程量清单则彰显了工程量清单计价的主要优点。总价合同是指总价包干或总价不变合同,采用总价合同形式,工程量清单中的工程量不具备合同的约束力(量不可调),工程量以合同图纸的标示内容为准,工程量以外的其他内容一般均赋予合同约束力,以方便合同变更的计量和计价。成本加酬金合同是承包人不承担任何价格变化风险的合同。

"13计价规范"中规定:"实行工程量清单计价的工程,应采用单价合同;建设规模较小,技术难度较低,工期较短,且施工图设计已审查批准的建设工程可采用总价合同;紧急抢险、救灾以及施工技术特别复杂的建设工程可采用成本加酬金合同。"单价合同约定的工程价款中所包含的工程量清单项目综合单价在约定条件内是固定的,不予调整,工程量允许调整。工程量清单项目综合单价在约定的条件外,允许调整。但调整方式、方法应在合同中约定。

(二)合同价款约定内容

(1)发承包双方应在合同条款中对下列事项进行约定:

1)预付工程款的数额、支付时间及抵扣方式。预付款是发包人为解决承包人在施工准备阶段资金周转问题提供的协助。如使用大宗材料,可根据工程具体情况设置工程材料预付款。

2)安全文明施工措施的支付计划、使用要求等;

3)工程计量与支付工程进度款的方式、数额及时间;

4)工程价款的调整因素、方法、程序、支付及时间;

5)施工索赔与现场签证的程序、金额确认与支付时间;

6)承担计价风险的内容、范围以及超出约定内容、范围的调整办法;

7)工程竣工价款结算编制与核对、支付及时间;

8)工程质量保证金的数额、预留方式及时间;

9)违约责任以及发生合同价款争议的解决方法及时间;

10)与履行合同、支付价款有关的其他事项等。

由于合同中涉及工程价款的事项较多,能够详细约定的事项应尽可能具体的约定,约定的用词应尽可能唯一,如有几种解释,最好对用词进行定义,尽量避免因理解上的歧义造成合同纠纷。

(2)合同中没有按照上述第(1)条的要求约定或约定不明的,若发承包双方在合同履行中发生争议由双方协商确定;当协商不能达成一致时,应按"13计价规范"的规定执行。

二、工程计量

(一)一般规定

(1)正确的计量是发包人向承包人支付合同价款的前提和依据,因此"13计价规范"中规定:"工程量必须按照相关工程现行国家计量规范规定的工程量计算规则计算。"这就明确了不论采用何种计价方式,其工程量必须按照相关工程的现行国家计量规范规定的工程量计算规则计算。采用统一的工程量计算规则,对于规范工程建设各方的计量计价行为,有效减少计量争议具有重要意义。

(2)选择恰当的工程计量方式对于正确计量是十分必要的。由于工程建设具有投资大、周期长等特点,因而"13计价规范"中规定:"工程计量可选择按月或按工程形象进度分段计量,当采用分段结算方式时,应在合同中约定具体的工程分段划分界限。"按工程形象进度分段计量与按月计量相比,其计量结果更具稳定性,可以简化竣工结算。但应注意工程形象进度分段的时间应与按月计量保持一定关系,不应过长。

(3)因承包人原因造成的超出合同工程范围施工或返工的工程量,发包人不予计量。

(4)成本加酬金合同应按单价合同的规定计量。

(二)单价合同的计量

(1)招标工程量清单标明的工程量是招标人根据拟建工程设计文件预计的工程量,不能作为承包人在实际工作中应予完成的实际和准确的工程量。招标工程量清单所列的工程量一方面是各投标人进行投标报价的共同基础,另一方面也是对各投标人的投标报价进行评审的共同平台,是招投标活动应当遵循公开、公平、公正和诚实、信用原则的具体体现。

发承包双方竣工结算的工程量应以承包人按照现行国家计量规范规定的工程量计算规则计算的实际完成应予计量的工程量确定,而非招标工程量清单所列的工程量。

(2)施工中进行工程计量,当发现招标工程量清单中出现缺项、工程量偏差,或因工程变更引起工程量增减时,应按承包人在履行合同义务中完成的工程量计算。

(3)承包人应当按照合同约定的计量周期和时间向发包人提交当期已完工程量报告。发包人应在收到报告后7天内核实,并将核实计量结果通知承包人。发包人未在约定时间内进行核实的,承包人提交的计量报告中所列的工程量应视为承包人实际完成的工程量。

(4)发包人认为需要进行现场计量核实时,应在计量前24小时通知承包人,承包人应为计量提供便利条件并派人参加。当双方均同意核实结果时,双方应在上述记录上签字确认。承包人收到通知后不派人参加计量,视为认可发包人的计量核实结果。发包人不按照约定时间通知承包人,致使承包人未能派人参加计量,计量核实结果无效。

(5)当承包人认为发包人核实后的计量结果有误时,应在收到计量结果通知后的7天内向发包人提出书面意见,并应附上其认为正确的计量结果和详细的计算资料。发包人收到书面意见后,应在7天内对承包人的计量结果进行复核后通知承包人。承包人对复核计量结果仍有异议的,按照合同约定的争议解决办法处理。

(6)承包人完成已标价工程量清单中每个项目的工程量并经发包

人核实无误后,发承包双方应对每个项目的历次计量报表进行汇总,以核实最终结算工程量,并应在汇总表上签字确认。

(三)总价合同的计量

(1)由于工程量是招标人提供的,招标人必须对其准确性和完整性负责,且工程量必须按照相关工程现行国家计量规范规定的工程量计算规则计算,因而对于采用工程量清单方式形成的总价合同,若招标工程量清单中工程量与合同实施过程中的工程量存在差异时,都应按上述"单价合同的计量"中的相关规定进行调整。

(2)采用经审定批准的施工图纸及其预算方式发包形成的总价合同,由于承包人自行对施工图纸进行计量,因此除按照工程变更规定引起的工程量增减外,总价合同各项目的工程量是承包人用于结算的最终工程量。

(3)总价合同约定的项目计量应以合同工程经审定批准的施工图纸为依据,发承包双方应在合同中约定工程计量的形象目标或时间节点进行计量。

(4)承包人应在合同约定的每个计量周期内对已完成的工程进行计量,并向发包人提交达到工程形象目标完成的工程量和有关计量资料的报告。

(5)发包人应在收到报告后 7 天内对承包人提交的上述资料进行复核,以确定实际完成的工程量和工程形象目标。对其有异议的,应通知承包人进行共同复核。

三、合同价款调整

(一)一般规定

(1)下列事项(但不限于)发生,发承包双方应当按照合同约定调整合同价款:

1)法律法规变化;

2)工程变更;

3)项目特征不符;

4)工程量清单缺项;

5)工程量偏差;

6)计日工;

7)物价变化;

8)暂估价;

9)不可抗力;

10)提前竣工(赶工补偿);

11)误期赔偿;

12)索赔;

13)现场签证;

14)暂列金额;

15)发承包双方约定的其他调整事项。

(2)出现合同价款调增事项(不含工程量偏差、计日工、现场签证、索赔)后的14天内,承包人应向发包人提交合同价款调增报告并附上相关资料;承包人在14天内未提交合同价款调增报告的,应视为承包人对该事项不存在调整价款请求。

此处所指合同价款调增事项不包括工程量偏差,是因为工程量偏差的调整在竣工结算完成之前均可提出;不包括计日工、现场签证和索赔,是因为这三项的合同价款调增时限在"13计价规范"中另有规定。

(3)出现合同价款调减事项(不含工程量偏差、索赔)后的14天内,发包人应向承包人提交合同价款调减报告并附相关资料;发包人在14天内未提交合同价款调减报告的,应视为发包人对该事项不存在调整价款请求。

基于上述第(2)条同样的原因,此处合同价款调减事项中不包括工程量偏差和索赔两项。

(4)发(承)包人应在收到承(发)包人合同价款调增(减)报告及相关资料之日起14天内对其核实,予以确认的应书面通知承(发)包人。当有疑问时,应向承(发)包人提出协商意见。发(承)包人在收到合同价款调增(减)报告之日起14天内未确认也未提出协商意见的,应视为承(发)包人提交的合同价款调增(减)报告已被发(承)包人认可。发(承)包人提出协商意见的,承(发)包人应在收到协商意见后的14天内对其核实,予以确认的应书面通知发(承)包人。承(发)包人在收到发(承)包人的协商意见后14天内既不确认也未提出不同意见的,应视为发(承)包人提出的意见已被承(发)包人认可。

(5)发包人与承包人对合同价款调整的不同意见不能达成一致的,只要对发承包双方履约不产生实质影响,双方应继续履行合同义务,直到其按照合同约定的争议解决方式得到处理。

(6)根据财政部、原建设部印发的《建设工程价款结算暂行办法》(财建[2004]369号)的相关规定,如第十五条:"发包人和承包人要加强施工现场的造价控制,及时对工程合同外的事项如实纪录并履行书面手续。凡由发、承包双方授权的现场代表签字的现场签证以及发、承包双方协商确定的索赔等费用,应在工程竣工结算中如实办理,不得因发、承包双方现场代表的中途变更改变其有效性","13计价规范"对发承包双方确定调整的合同价款的支付方法进行了约定,即:"经发承包双方确认调整的合同价款,作为追加(减)合同价款,应与工程进度款或结算款同期支付"。

(二)法律法规变化

(1)工程建设过程中,发、承包双方都是国家法律、法规、规章及政策的执行者。因此,在发、承包双方履行合同的过程中,当国家的法律、法规、规章及政策发生变化,国家或省级、行业建设主管部门或其授权的工程造价管理机构据此发布工程造价调整文件,工程价款应当进行调整。"13计价规范"中规定:"招标工程以投标截止日前28天、非招标工程以合同签订前28天为基准日,其后因国家的法律、法规、规章和政策发生变化引起工程造价增减变化的,发承包双方应按照省级或行业建设主管部门或其授权的工程造价管理机构据此发布的规定调整合同价款。"

(2)因承包人原因导致工期延误的,按上述第(1)条规定的调整时间,在合同工程原定竣工时间之后,合同价款调增的不予调整,合同价款调减的予以调整。这就说明由于承包人原因导致工期延误,将按不利于承包人的原则调整合同价款。

(三)工程变更

建设工程施工合同实施过程中,如果合同签订时所依赖的承包范围、设计标准、施工条件等发生变化,则必须在新的承包范围、新的设计标准或新的施工条件等前提下对发承包双方的权利和义务进行重新分配,从而建立新的平衡,追求新的公平和合理。由于施工条件变化和发包人要求变化等原因,往往会发生合同约定的工程材料性质和品种、建筑物结构形式、施工工艺和方法等的变动,此时必须变更才能维护合同的公平。因此,"13计价规范"中对因分部分项工程量清单的漏项或非承包人原因引起的工程变更,造成增加新的工程量清单项目时,新增项目综合单价的确定原则进行了约定,具体如下:

(1)因工程变更引起已标价工程量清单项目或其工程数量发生变化时,应按照下列规定调整:

1)已标价工程量清单中有适用于变更工程项目的,应采用该项目的单价;但当工程变更导致该清单项目的工程数量发生变化,且工程量偏差超过15%时,该项目单价应按照规定进行调整,即当工程量增加15%以上时,增加部分的工程量的综合单价应予调低;当工程量减少15%以上时,减少后剩余部分的工程量的综合单价应予调高。采用此条进行调整的前提条件是其采用的材料、施工工艺和方法相同,亦不因此增加关键线路上工程的施工时间。

如:某水泥砂浆楼地面工程施工过程中,由于设计变更,新增加工程量 $56m^2$,已标价工程量清单中有水泥砂浆楼地面项目的综合单价,且新增部分工程量偏差在15%以内,则就应采用该项目的综合单价。

2)已标价工程量清单中没有适用但有类似于变更工程项目的,可在合理范围内参照类似项目的单价。采用此条进行调整的前提条件是其采用的材料、施工工艺和方法基本相似,不增加关键线路上工程的施工时间,则可仅就其变更后的差异部分,参考类似的项目单价由发、承包双方协商新的项目单价。

如:某细石混凝土楼地面的混凝土强度等级为 C20,施工过程中设计单位将其调整为 C25,此时则可将原综合单价组成中 C20 混凝土价格用 C25 混凝土价格替换,其余不变,组成新的综合单价。

3)已标价工程量清单中没有适用也没有类似于变更工程项目的,应由承包人根据变更工程资料、计量规则和计价办法、工程造价管理机构发布的信息价格和承包人报价浮动率提出变更工程项目的单价,并应报发包人确认后调整。承包人报价浮动率可按下列公式计算:

招标工程:

承包人报价浮动率 $L=(1-中标价/招标控制价)\times 100\%$

非招标工程:

承包人报价浮动率 $L=(1-报价/施工图预算)\times 100\%$

【例 14-1】某工程招标控制价为 2383692 元,中标人的投标报价为 2276938 元,试求该中标人的报价浮动率。

【解】该中标人的报价浮动率为:

$L=(1-2276938/2383692)\times 100\%=4.48\%$

【例 14-2】若例 14-1 中工程项目,施工过程中屋面防水采用自粘橡胶沥青防水卷材,已标价清单项目中没有此类似项目,工程造价管理机构发布有该卷材单价为 25 元/m²,试确定该项目综合单价。

【解】由于已标价工程量清单中没有适用也没有类似于该工程项目的,故承包人应根据有关资料变更该工程项目的综合单价。查项目所在地该项目定额人工费为 5.85 元,除防水卷材外的其他材料费为 1.35 元,管理费和利润为 1.48 元,则

该项目综合单价 $=(5.85+25+1.35+1.48)\times(1-4.48\%)=32.17$ 元

发承包双方可按 32.17 元协商确定该项目综合单价。

4)已标价工程量清单中没有适用也没有类似变更工程项目,且工程造价管理机构发布的信息价格缺价的,应由承包人根据变更工程资料、计量规则、计价办法和通过市场调查等取得有合法依据的市场价格提出变更工程项目的单价,并应报发包人确认后调整。

(2)工程变更引起施工方案改变并使措施项目发生变化时,承包

人提出调整措施项目费的,应事先将拟实施的方案提交发包人确认,并应详细说明与原方案措施项目相比的变化情况。拟实施的方案经发承包双方确认后执行,并应按照下列规定调整措施项目费:

1)安全文明施工费应按照实际发生变化的措施项目依据国家或省级、行业建设主管部门的规定计算。

2)采用单价计算的措施项目费,应按照实际发生变化的措施项目,按上述第(1)条的规定确定单价。

3)按总价(或系数)计算的措施项目费,按照实际发生变化的措施项目调整,但应考虑承包人报价浮动因素,即调整金额按照实际调整金额乘以上述第(1)条规定的承包人报价浮动率计算。

如果承包人未事先将拟实施的方案提交给发包人确认,则应视为工程变更不引起措施项目费的调整或承包人放弃调整措施项目费的权利。

(3)当发包人提出的工程变更因非承包人原因删减了合同中的某项原定工作或工程,致使承包人发生的费用或(和)得到的收益不能被包括在其他已支付或应支付的项目中,也未被包含在任何替代的工作或工程中时,承包人有权提出并应得到合理的费用及利润补偿。这主要是为了维护合同的公平,防止发包人在签约后擅自取消合同中的工作,转而由发包人自己或其他承包人实施而使本合同工程承包人蒙受损失。

(四)项目特征不符

工程量清单的项目特征是确定一个清单项目综合单价不可缺少的主要依据。对工程量清单项目的特征描述具有十分重要的意义,其主要体现包括三个方面:①项目特征是区分清单项目的依据。工程量清单项目特征是用来表述分部分项清单项目的实质内容,用于区分计价规范中同一清单条目下各个具体的清单项目。没有项目特征的准确描述,对于相同或相似的清单项目名称,就无从区分。②项目特征是确定综合单价的前提。由于工程量清单项目的特征决定了工程实体的实质内容,必然直接决定了工程实体的自身价值。因此,工程量清单项目特征描述得准确与否,直接关系到工程量清单项目综合单价的准确确定。③项目特征是履行合同义务的基础。实行工程量清单计价,工程量清单及其综合单价是施工合同的组成部分,因此,如果工程量清单项目特征的描述不清甚至漏项、错误,从而引起在施工过程中的更改,都会引起分歧,导致纠纷。

在按"13工程计量规范"对工程量清单项目的特征进行描述时,应注意"项目特征"与"工作内容"的区别。"项目特征"是工程项目的实质,决定着工程量清单项目的价值大小,而"工作内容"主要讲的是操作程序,是承包人完成能通过验收的工程项目所必须要操作的工序。在"13工程计量规范"中,工程量清单项目与工程量计算规则、工作内容具有一一对应的关系,当采用"13计价规范"进行计价时,工作内容即有规定,无需再对其进行描述。而"项目特征"栏中的任何一项都影响着清单项目的综合单价的确定,招标人应高度重视分部分项工程项目清单项目特征的描述,任何不描述或描述不清,均会在施工合同履约过程中产生分歧,导致纠纷、索赔。例如屋面卷材防水,按照"13计价规范"编码为010902001项目中"项目特征"栏的规定,发包人在对工程量清单项目进行描述时,就必须要对卷材的品种、规格、厚度,防水层数及防水层做法等进行详细的描述,因为这其中任何一项的不同都直接影响到屋面卷材防水的综合单价。而在该项"工作内容"栏中阐述了屋面卷材防水应包括基层处理、刷底油、铺油毡卷材、接缝等施工工序,这些工序即便发包人不提,承包人为完成合格屋面卷材防水工程也必然要经过,因而发包人在对工程量清单项目进行描述时就没有必要针对屋面卷材防水的施工工序对承包人提出规定。

正因为此,在编制工程量清单时,必须对项目特征进行准确而且全面的描述,准确地描述工程量清单的项目特征对于准确地确定工程量清单项目的综合单价具有决定性的作用。

"13计价规范"中对清单项目特征描述及项目特征发生变化后重新确定综合单价的有关要求进行了如下约定:

(1)发包人在招标工程量清单中对项目特征的描述,应被认为是准确的和全面的,并且与实际施工要求相符合。承包人应按照发包人提供的招标工程量清单,根据项目特征描述的内容及有关要求实施合同工程,直到项目被改变为止。

(2)承包人应按照发包人提供的设计图纸实施合同工程,若在合同履行期间出现设计图纸(含设计变更)与招标工程量清单任一项目的特征描述不符,且该变化引起该项目工程造价增减变化的,应按照实际施工的项目特征,按前述"工程计量"中的有关规定重新确定相应工程量清单项目的综合单价,并调整合同价款。

(五)工程量清单缺项

导致工程量清单缺项的原因主要包括:①设计变更;②施工条件改变;③工程量清单编制错误。由于工程量清单的增减变化必然使合同价款发生增减变化。

(1)合同履行期间,由于招标工程量清单中缺项,新增分部分项工程清单项目的,应按照前述"工程变更"中的第(1)条的有关规定确定单价,并调整合同价款。

(2)新增分部分项工程清单项目后,引起措施项目发生变化的,应按照前述"工程变更"中的第(2)条的有关规定,在承包人提交的实施方案被发包人批准后调整合同价款。

(3)由于招标工程量清单中措施项目缺项,承包人应将新增措施项目实施方案提交发包人批准后,按照前述"工程变更"中的第(1)、(2)条的有关规定调整合同价款。

(六)工程量偏差

施工过程中,由于施工条件、地质水文、工程变更等变化以及招标工程量清单编制人专业水平的差异,往往会造成实际工程量与招标工程量清单出现偏差,工程量偏差过大,对综合成本的分摊带来影响。如突然增加太多,仍按原综合单价计价,对发包人不公平;如突然减少太多,仍按原综合单价计价,对承包人不公平。并且,这给有经验的承包人的不平衡报价打开了大门。为维护合同的公平,"13计价规范"中进行了如下规定:

(1)合同履行期间,当应予计算的实际工程量与招标工程量清单出现偏差,且符合下述第(2)、(3)条规定时,发承包双方应调整合同价款。

(2) 对于任一招标工程量清单项目,当因工程量偏差和前述"工程变更"中规定的工程变更等原因导致工程量偏差超过 15% 时,可进行调整。当工程量增加 15% 以上时,增加部分的工程量的综合单价应予调低;当工程量减少 15% 以上时,减少后剩余部分的工程量的综合单价应予调高。调整后的某一分部分项工程费结算价可参照以下公式计算:

1) 当 $Q_1 > 1.15Q_0$ 时:
$$S = 1.15Q_0 \times P_0 + (Q_1 - 1.15Q_0) \times P_1$$

2) 当 $Q_1 < 0.85Q_0$ 时:
$$S = Q_1 \times P_1$$

式中　S——调整后的某一分部分项工程费结算价;

　　　Q_1——最终完成的工程量;

　　　Q_0——招标工程量清单中列出的工程量;

　　　P_1——按照最终完成工程量重新调整后的综合单价;

　　　P_0——承包人在工程量清单中填报的综合单价。

由上述两式可以看出,计算调整后的某一分部分项工程费结算价的关键是确定新的综合单价 P_1。确定的方法,一是发承包双方协商确定,二是与招标控制价相联系,当工程量偏差项目出现承包人在工程量清单中填报的综合单价与发包人招标控制价相应清单项目的综合单价偏差超过 15% 时,工程量偏差项目综合单价的调整可参考以下公式确定:

1) 当 $P_0 < P_2 \times (1-L) \times (1-15\%)$ 时,该类项目的综合单价 P_1 按 $P_2 \times (1-L) \times (1-15\%)$ 进行调整;

2) 当 $P_0 > P_2 \times (1+15\%)$ 时,该类项目的综合单价 P_1 按 $P_2 \times (1+15\%)$ 进行调整;

3) 当 $P_0 > P_2 \times (1-L) \times (1-15\%)$ 或 $P_0 < P_2 \times (1+15\%)$ 时,可不进行调整。

以上各式中　P_0——承包人在工程量清单中填报的综合单价;

　　　　　　P_2——发包人招标控制价相应项目的综合单价;

　　　　　　L——承包人报价浮动率。

第十四章　装饰装修工程工程量清单计价编制

【例 14-3】 某工程项目投标报价浮动率为 8%，各项目招标控制价及投标报价的综合单价见表 14-1，试确定当招标工程量清单中工程量偏差超过 15% 时，其综合单价是否应进行调整？应怎样调整。

【解】 该工程综合单价调整情况见表 14-1。

表 14-1　　　　　　　　　工程量偏差项目综合单价调整

项目	综合单价（元）		投标报价浮动率 L	综合单价偏差	$P_2 \times (1-L) \times (1-15\%)$	$P_2 \times (1+15\%)$	结　论
	招标控制价 P_2	投标报价 P_0					
1	540	432	8%	20%	422.28	—	由于 $P_0 > 422.28$ 元，故当该项目工程量偏差超过 15% 时，其综合单价不予调整
2	450	531	8%	18%	—	517.5	由于 $P_0 > 517.5$，故当该项目工程量偏差超过 15% 时，其综合单价应调整为 517.5 元

【例 14-4】 若例 14-3 中工程，其招标工程量清单中项目 1 的工程数量为 500m，施工中由于设计变更调整为 410m；招标工程量清单中项目 2 的工程数量为 785m³，施工中由于设计变更调整为 942m³。试确定其分部分项工程费结算价应怎样进行调整。

【解】 该工程分部分项工程费结算价调整情况见表 14-2。

表 14-2　　　　　　　　　分部分项工程费结算价调整

项目	工程量数量		工程量偏差	调整后的综合单价①	调整后的分部分项工程结算价
	清单数量 Q_0	调整后数量 Q_1			
1	500	410	18%	432	$S = 410 \times 432 = 177120$ 元
2	785	942	20%	517.5	$S = 1.15 \times 785 \times 531 + (942 - 1.15 \times 785) \times 517.5 = 499672.13$ 元

注：调整后的综合单价取自例 4-3。

(3) 如果工程量出现变化引起相关措施项目相应发生变化时，按系数或单一总价方式计价的，工程量增加的措施项目费调增，工程量减少的措施项目费调减。反之,如未引起相关措施项目发生变化,则不予调整。

(七)计日工

(1)发包人通知承包人以计日工方式实施的零星工作,承包人应予执行。

(2)采用计日工计价的任何一项变更工作,在该项变更的实施过程中,承包人应按合同约定提交下列报表和有关凭证送发包人复核:

1)工作名称、内容和数量;

2)投入该工作所有人员的姓名、工种、级别和耗用工时;

3)投入该工作的材料名称、类别和数量;

4)投入该工作的施工设备型号、台数和耗用台时;

5)发包人要求提交的其他资料和凭证。

(3)任一计日工项目持续进行时,承包人应在该项工作实施结束后的24小时内向发包人提交有计日工记录汇总的现场签证报告一式三份。发包人在收到承包人提交现场签证报告后的2天内予以确认并将其中一份返还给承包人,作为计日工计价和支付的依据。发包人逾期未确认也未提出修改意见的,应视为承包人提交的现场签证报告已被发包人认可。

(4)任一计日工项目实施结束后,承包人应按照确认的计日工现场签证报告核实该类项目的工程数量,并应根据核实的工程数量和承包人已标价工程量清单中的计日工单价计算,提出应付价款;已标价工程量清单中没有该类计日工单价的,由发承包双方按前述"工程变更"中的相关规定商定计日工单价计算。

(5)每个支付期末,承包人应按规定向发包人提交本期间所有计日工记录的签证汇总表,并应说明本期间自己认为有权得到的计日工金额,调整合同价款,列入进度款支付。

(八)物价变化

1. 物价变化合同价款调整方法

(1)价格指数调整价格差额。

1)价格调整公式。因人工、材料和设备等价格波动影响合同价格时,根据投标函附录中的价格指数和权重表约定的数据,按以下公式计算差额并调整合同价格:

$$\Delta P = P_0 \left[A + \left(B_1 \times \frac{F_{t1}}{F_{01}} + B_2 \times \frac{F_{t2}}{F_{02}} + B_3 \times \frac{F_{t3}}{F_{03}} + \cdots + B_n \times \frac{F_{tn}}{F_{0n}} \right) - 1 \right]$$

式中　　　　　　　ΔP——需调整的价格差额;

P_0——约定的付款证书中承包人应得到的已完成工程量的金额。此项金额应不包括价格调整、不计质量保证金的扣留和支付、预付款的支付和扣回。约定的变更及其他金额已按现行价格计价的,也不计在内;

A——定值权重(即不调部分的权重);

$B_1, B_2, B_3, \cdots, B_n$——各可调因子的变值权重(即可调部分的权重),为各可调因子在投标函投标总报价中所占的比例;

$F_{t1}, F_{t2}, F_{t3}, \cdots, F_{tn}$——各可调因子的现行价格指数,指约定的付款证书相关周期最后一天的前 42 天的各可调因子的价格指数;

$F_{01}, F_{02}, F_{03}, \cdots, F_{0n}$——各可调因子的基本价格指数,指基准日期的各可调因子的价格指数。

以上价格调整公式中的各可调因子、定值和变值权重,以及基本价格指数及其来源在投标函附录价格指数和权重表中约定。价格指数应首先采用有关部门提供的价格指数,缺乏上述价格指数时,可采用有关部门提供的价格代替。

2)暂时确定调整差额。在计算调整差额时得不到现行价格指数的,可暂用上一次价格指数计算,并在以后的付款中再按实际价格指数进行调整。

3)权重的调整。约定的变更导致原定合同中的权重不合理时,由监理人与承包人和发包人协商后进行调整。

4)承包人工期延误后的价格调整。由于承包人原因未在约定的工期内竣工的,则对原约定竣工日期后继续施工的工程,在使用第1)条的价格调整公式时,应采用原约定竣工日期与实际竣工日期的两个价格指数中较低的一个作为现行价格指数。

5)若人工因素已作为可调因子包括在变值权重内,则不再对其进行单项调整。

(2)造价信息调整价格差额。

1)施工期内,因人工、材料和工程设备、施工机械台班价格波动影响合同价格时,人工、机械使用费按照国家或省、自治区、直辖市建设行政管理部门、行业建设管理部门或其授权的工程造价管理机构发布的人工成本信息、机械台班单价或机械使用费系数进行调整;需要进行价格调整的材料,其单价和采购数应由发包人复核,发包人确认需调整的材料单价及数量,作为调整合同价款差额的依据。

2)人工单价发生变化且该变化因省级或行业建设主管部门发布的人工费调整文件所致时,承包双方应按省级或行业建设主管部门或其授权的工程造价管理机构发布的人工成本文件调整合同价款。人工费调整时应以调整文件的时间为界限进行。

3)材料、工程设备价格变化按照发包人提供的《承包人提供主要材料和工程设备一览表(适用于造价信息差额调整法)》,由发承包双方约定的风险范围按下列规定调整合同价款。

①承包人投标报价中材料单价低于基准单价:施工期间材料单价涨幅以基准单价为基础超过合同约定的风险幅度值,或材料单价跌幅以投标报价为基础超过合同约定的风险幅度值时,其超过部分按实调整。

②承包人投标报价中材料单价高于基准单价:施工期间材料单价跌幅以基准单价为基础超过合同约定的风险幅度值,或材料单价涨幅以投标报价为基础超过合同约定的风险幅度值时,其超过部分按实调整。

③承包人投标报价中材料单价等于基准单价:施工期间材料单价

涨、跌幅以基准单价为基础超过合同约定的风险幅度值时，其超过部分按实调整。

④承包人应在采购材料前将采购数量和新的材料单价报送发包人核对，确认用于本合同工程时，发包人应确认采购材料的数量和单价。发包人在收到承包人报送的确认资料后3个工作日不予答复的视为已经认可，作为调整合同价款的依据。如果承包人未报经发包人核对即自行采购材料，再报发包人确认调整合同价款的，如发包人不同意，则不作调整。

4)施工机械台班单价或施工机械使用费发生变化超过省级或行业建设主管部门或其授权的工程造价管理机构规定的范围时，按其规定调整合同价款。

2. 物价变化合同价款调整要求

(1)合同履行期间，因人工、材料、工程设备、机械台班价格波动影响合同价款时，应根据合同约定，按上述"1."中介绍的方法之一调整合同价款。

(2)承包人采购材料和工程设备的，应在合同中约定主要材料、工程设备价格变化的范围或幅度；当没有约定，且材料、工程设备单价变化超过5%时，超过部分的价格应按照上述"1."中介绍的方法计算调整材料、工程设备费。

(3)发生合同工程工期延误的，应按照下列规定确定合同履行期的价格调整：

1)因非承包人原因导致工期延误的，计划进度日期后续工程的价格，应采用计划进度日期与实际进度日期两者的较高者。

2)因承包人原因导致工期延误的，计划进度日期后续工程的价格，应采用计划进度日期与实际进度日期两者的较低者。

(4)发包人供应材料和工程设备的，不适用上述第(1)和第(2)条规定，应由发包人按照实际变化调整，列入合同工程的工程造价内。

(九)暂估价

(1)按照《工程建设项目货物招标投标办法》(国家发改委、原建设部等七部委27号令)第五条规定:"以暂估价形式包括在总承包范围内的货物达到国家规定规模标准的,应当由总承包中标人和工程建设项目招标人共同依法组织招标"。若发包人在招标工程量清单中给定暂估价的材料、工程设备属于依法必须招标的,应由发承包双方以招标的方式选择供应商,确定价格,并应以此为依据取代暂估价,调整合同价款。

所谓共同招标,不能简单理解为发承包双方共同作为招标人,最后共同与招标人签订合同。恰当的做法应当是仍由总承包中标人作为招标人,采购合同应当由总承包人签订。建设项目招标人参与的所谓共同招标可以通过恰当的途径体现建设项目招标人对这类招标组织的参与、决策和控制。建设项目招标人约束总承包人的最佳途径就是通过合同约定相关的程序。建设项目招标人的参与主要体现在对相关项目招标文件、评标标准和方法等能够体现招标目的和招标要求的文件进行审批,未经审批不得发出招标文件;评标时建设项目招标人也可以派代表进入评标委员会参与评标,否则,中标结果对建设项目招标人没有约束力,并且,建设项目招标人有权拒绝对相应项目拨付工程款,对相关工程拒绝验收。

(2)发包人在招标工程量清单中给定暂估价的材料、工程设备不属于依法必须招标的,应由承包人按照合同约定采购,经发包人确认单价后取代暂估价,调整合同价款。暂估材料或工程设备的单价确定后,在综合单价中只应取代暂估单价,不应再在综合单价中涉及企业管理费或利润等其他费用的变动。

(3)发包人在工程量清单中给定暂估价的专业工程不属于依法必须招标的,应按照前述"工程变更"中的相关规定确定专业工程价款,并应以此为依据取代专业工程暂估价,调整合同价款。

(4)发包人在招标工程量清单中给定暂估价的专业工程,依法必须招标的,应当由发承包双方依法组织招标选择专业分包人,并接受有管辖权的建设工程招标投标管理机构的监督,还应符合下列要求:

1)除合同另有约定外,承包人不参加投标的专业工程发包招标,应由承包人作为招标人,但拟定的招标文件、评标工作、评标结果应报送发包人批准。与组织招标工作有关的费用应当被认为已经包括在承包人的签约合同价(投标总报价)中。

2)承包人参加投标的专业工程发包招标,应由发包人作为招标人,与组织招标工作有关的费用由发包人承担。同等条件下,应优先选择承包人中标。

3)应以专业工程发包中标价为依据取代专业工程暂估价,调整合同价款。

(十)不可抗力

(1)因不可抗力事件导致的人员伤亡、财产损失及其费用增加,发承包双方应按下列原则分别承担并调整合同价款和工期:

1)合同工程本身的损害、因工程损害导致第三方人员伤亡和财产损失以及运至施工场地用于施工的材料和待安装的设备的损害,应由发包人承担;

2)发包人、承包人人员伤亡应由其所在单位负责,并应承担相应费用;

3)承包人的施工机械设备损坏及停工损失,应由承包人承担;

4)停工期间,承包人应发包人要求留在施工场地的必要的管理人员及保卫人员的费用应由发包人承担;

5)工程所需清理、修复费用,应由发包人承担。

(2)不可抗力解除后复工的,若不能按期竣工,应合理延长工期。发包人要求赶工的,赶工费用应由发包人承担。

(十一)提前竣工(赶工补偿)

《建设工程质量管理条例》第十条规定:"建设工程发包单位不得迫使承包方以低于成本的价格竞标,不得任意压缩合理工期"。因此为了保证工程质量,承包人除了根据标准规范、施工图纸进行施工外,还应当按照科学合理的施工组织设计,按部就班地进行施工作业。

(1)招标人应依据相关工程的工期定额合理计算工期,压缩的工期天数不得超过定额工期的20%,超过者,应在招标文件中明示增加赶工费用。赶工费用主要包括：①人工费的增加，如新增加投入人工的报酬，不经济使用人工的补贴等；②材料费的增加，如可能造成不经济使用材料而损耗过大，材料运输费的增加等；③机械费的增加，例如可能增加机械设备投入，不经济地使用机械等。

(2)发包人要求合同工程提前竣工的，应征得承包人同意后与承包人商定采取加快工程进度的措施，并应修订合同工程进度计划。发包人应承担承包人由此增加的提前竣工(赶工补偿)费用，除合同另有约定外，提前竣工补偿的金额可为合同价款的5%。

(3)发承包双方应在合同中约定提前竣工每日历天应补偿额度，此项费用应作为增加合同价款列入竣工结算文件中，应与结算款一并支付。

(十二)误期赔偿

(1)如果承包人未按照合同约定施工，导致实际进度迟于计划进度的，承包人应加快进度，实现合同工期。即使承包人采取了赶工措施，赶工费用仍应由承包人承担。如合同工程仍然误期，承包人应赔偿发包人由此造成的损失，并按照合同约定向发包人支付误期赔偿费，除合同另有约定外，误期赔偿可为合同价款的5%。即使承包人支付误期赔偿费，也不能免除承包人按照合同约定应承担的任何责任和应履行的任何义务。

(2)发承包双方应在合同中约定误期赔偿费，并应明确每日历天应赔额度。误期赔偿费应列入竣工结算文件中，并应在结算款中扣除。

(3)在工程竣工之前，合同工程内的某单项(位)工程已通过了竣工验收，且该单项(位)工程接收证书中表明的竣工日期并未延误，而是合同工程的其他部分产生了工期延误时，误期赔偿费应按照已颁发工程接收证书的单项(位)工程造价占合同价款的比例幅度予以扣减。

(十三)索赔

索赔是合同双方依据合同约定维护自身合法利益的行为，它的性质属于经济补偿行为，而非惩罚。

1. 索赔的条件

当合同一方向另一方提出索赔时,应有正当的索赔理由和有效证据,并应符合合同的相关约定。建设工程施工中的索赔是发、承包双方行使正当权利的行为,承包人可向发包人索赔,发包人也可向承包人索赔。任何索赔事件的确立,其前提条件是必须有正当的索赔理由。对正当索赔理由的说明必须具有证据,因为进行索赔主要是靠证据说话。没有证据或证据不足,索赔是难以成功的。

2. 索赔的证据

(1)索赔证据的要求。一般有效的索赔证据都具有以下几个特征:

1)及时性:既然干扰事件已发生,又意识到需要索赔,就应在有效时间内提出索赔意向。在规定的时间内报告事件的发展影响情况,在规定时间内提交索赔的详细额外费用计算账单,对发包人或工程师提出的疑问及时补充有关材料。如果拖延太久,将增加索赔工作的难度。

2)真实性:索赔证据必须是在实际过程中产生,完全反映实际情况,能经得住对方的推敲。由于在工程过程中合同双方都在进行合同管理,收集工程资料,所以双方应有相同的证据。使用不实的、虚假证据是违反商业道德甚至法律的。

3)全面性:所提供的证据应能说明事件的全过程。索赔报告中所涉及的干扰事件、索赔理由、索赔值等都应有相应的证据,不能凌乱和支离破碎,否则发包人将退回索赔报告,要求重新补充证据。这会拖延索赔的解决,损害承包商在索赔中的有利地位。

4)关联性:索赔的证据应当能互相说明,相互具有关联性,不能互相矛盾。

5)法律证明效力:索赔证据必须有法律证明效力,特别对准备递交仲裁的索赔报告更要注意这一点。

①证据必须是当时的书面文件,一切口头承诺、口头协议不算。

②合同变更协议必须由双方签署,或以会谈纪要的形式确定,且

为决定性决议。一切商讨性、意向性的意见或建议都不算。

③工程中的重大事件、特殊情况的记录、统计应由工程师签署认可。

(2)索赔证据的种类。

1)招标文件、工程合同、发包人认可的施工组织设计、工程图纸、技术规范等。

2)工程各项有关的设计交底记录、变更图纸、变更施工指令等。

3)工程各项经发包人或合同中约定的发包人现场代表或监理工程师签认的签证。

4)工程各项往来信件、指令、信函、通知、答复等。

5)工程各项会议纪要。

6)施工计划及现场实施情况记录。

7)施工日报及工长工作日志、备忘录。

8)工程送电、送水、道路开通、封闭的日期及数量记录。

9)工程停电、停水和干扰事件影响的日期及恢复施工的日期记录。

10)工程预付款、进度款拨付的数额及日期记录。

11)工程图纸、图纸变更、交底记录的送达份数及日期记录。

12)工程有关施工部位的照片及录像等。

13)工程现场气候记录,如有关天气的温度、风力、雨雪等。

14)工程验收报告及各项技术鉴定报告等。

15)工程材料采购、订货、运输、进场、验收、使用等方面的凭据。

16)国家和省级或行业建设主管部门有关影响工程造价、工期的文件、规定等。

(3)索赔时效的功能。索赔时效是指合同履行过程中,索赔方在索赔事件发生后的约定期限内不行使索赔权即视为放弃索赔权利,其索赔权归于消灭的制度。一方面,索赔时效届满,即视为承包人放弃索赔权利,发包人可以此作为证据的代用,避免举证的困难;另一方面,只有促使承包人及时提出索赔要求,才能警示发包人充分履行合同义务,避免类似索赔事件的再次发生。

3. 承包人的索赔

(1)若承包人认为非承包人原因发生的事件造成了承包人的损失,承包人应在确认该事件发生后,持证明索赔事件发生的有效证据和依据正当的索赔理由,按合同约定的时间向发包人发出索赔通知。发包人应按合同约定的时间对承包人提出的索赔进行答复和确认。发包人在收到最终索赔报告后并在合同约定时间内,未向承包人作出答复,视为该项索赔已经认可。

这种索赔方式称之为单项索赔,即在每一件索赔事项发生后,递交索赔通知书,编报索赔报告书,要求单项解决支付,不与其他的索赔事项混在一起。单项索赔是施工索赔通常采用的方式。它避免了多项索赔的相互影响制约,所以解决起来比较容易。

当施工过程中受到非常严重的干扰,以致承包人的全部施工活动与原来的计划不大相同,原合同规定的工作与变更后的工作相互混淆,承包人无法为索赔保持准确而详细的成本记录资料,无法采用单项索赔的方式,而只能采用综合索赔。综合索赔俗称一揽子索赔,即对整个工程(或某项工程)中所发生的数起索赔事项,综合在一起进行索赔。采取这种方式进行索赔,是在特定的情况下被迫采用的一种索赔方法。

采取综合索赔时,承包人必须提出以下证明:①承包商的投标报价是合理的;②实际发生的总成本是合理的;③承包商对成本增加没有任何责任;④不可能采用其他方法准确地计算出实际发生的损失数额。

据合同约定,承包人应按下列程序向发包人提出索赔:

1)承包人应在知道或应当知道索赔事件发生后 28 天内,向发包人提交索赔意向通知书,说明发生索赔事件的事由。承包人逾期未发出索赔意向通知书的,丧失索赔的权利。

2)承包人应在发出索赔意向通知书后 28 天内,向发包人正式提交索赔通知书。索赔通知书应详细说明索赔理由和要求,并应附必要的记录和证明材料。

3）索赔事件具有连续影响的，承包人应继续提交延续索赔通知，说明连续影响的实际情况和记录。

4）在索赔事件影响结束后的28天内，承包人应向发包人提交最终索赔通知书，说明最终索赔要求，并应附必要的记录和证明材料。

(2）承包人索赔应按下列程序处理：

1）发包人收到承包人的索赔通知书后，应及时查验承包人的记录和证明材料。

2）发包人应在收到索赔通知书或有关索赔的进一步证明材料后的28天内，将索赔处理结果答复承包人，如果发包人逾期未作出答复，视为承包人索赔要求已被发包人认可。

3）承包人接受索赔处理结果的，索赔款项应作为增加合同价款，在当期进度款中进行支付；承包人不接受索赔处理结果的，应按合同约定的争议解决方式办理。

(3）承包人要求赔偿时，可以选择下列一项或几项方式获得赔偿：

1）延长工期；

2）要求发包人支付实际发生的额外费用；

3）要求发包人支付合理的预期利润；

4）要求发包人按合同的约定支付违约金。

(4）索赔事件发生后，在造成费用损失时，往往会造成工期的变动。当索赔事件造成的费用损失与工期相关联时，承包人应根据发生的索赔事件向发包人提出费用索赔要求的同时，提出工期延长的要求。发包人在批准承包人的索赔报告时，应将索赔事件造成的费用损失和工期延长联系起来，综合做出批准费用索赔和工期延长的决定。

(5）发承包双方在按合同约定办理了竣工结算后，应被认为承包人已无权再提出竣工结算前所发生的任何索赔。承包人在提交的最终结清申请中，只限于提出竣工结算后的索赔，提出索赔的期限应自发承包双方最终结清时终止。

4. 发包人的索赔

(1）根据合同约定，发包人认为由于承包人的原因造成发包人的损失,宜按承包人索赔的程序进行索赔。当合同中未就发包人的索赔事项作具体约定,按以下规定处理。

1)发包人应在确认引起索赔的事件发生后28天内向承包人发出索赔通知,否则,承包人免除该索赔的全部责任。

2)承包人在收到发包人索赔报告后的28天内,应作出回应,表示同意或不同意并附具体意见,如在收到索赔报告后的28天内,未向发包人作出答复,视为该项索赔报告已经认可。

(2)发包人要求赔偿时,可以选择下列一项或几项方式获得赔偿:

1)延长质量缺陷修复期限;

2)要求承包人支付实际发生的额外费用;

3)要求承包人按合同的约定支付违约金。

(3)承包人应付给发包人的索赔金额可从拟支付给承包人的合同价款中扣除,或由承包人以其他方式支付给发包人。

(十四)现场签证

由于施工生产的特殊性,施工过程中往往会出现一些与合同工程或合同约定不一致或未约定的事项,这时就需要发承包双方用书面形式记录下来,这就是现场签证。签证有多种情形,一是发包人的口头指令,需要承包人将其提出,由发包人转换成书面签证;二是发包人的书面通知如涉及工程实施,需要承包人就完成此通知需要的人工、材料、机械设备等内容向发包人提出,取得发包人的签证确认;三是合同工程招标工程量清单中已有,但施工中发现与其不符,比如土方类别、出现流砂等,需承包人及时向发包人提出签证确认,以便调整合同价款;四是由于发包人原因未按合同约定提供场地、材料、设备或停水、停电等造成承包人停工,需承包人及时向发包人提出签证确认,以便计算索赔费用;五是合同中约定材料、设备等价格,由于市场发生变化,需承包人向发包人提出采纳数量及其单价,以便发包人核对后取得发包人的签证确认;六是其他由于施工条件、合同条件变化需现场签证的事项等。

(1)承包人应发包人要求完成合同以外的零星项目、非承包人责任事件等工作的,发包人应及时以书面形式向承包人发出指令,并应提供所需的相关资料;承包人在收到指令后,应及时向发包人提出现场签证要求。

(2)承包人应在收到发包人指令后的 7 天内向发包人提交现场签证报告,发包人应在收到现场签证报告后的 48 小时内对报告内容进行核实,予以确认或提出修改意见。发包人在收到承包人现场签证报告后的 48 小时内未确认也未提出修改意见的,应视为承包人提交的现场签证报告已被发包人认可。

(3)现场签证的工作如已有相应的计日工单价,现场签证中应列明完成该类项目所需的人工、材料、工程设备和施工机械台班的数量。

如现场签证的工作没有相应的计日工单价,应在现场签证报告中列明完成该签证工作所需的人工、材料设备和施工机械台班的数量及单价。

(4)合同工程发生现场签证事项,未经发包人签证确认,承包人便擅自施工的,除非征得发包人书面同意,否则发生的费用应由承包人承担。

(5)按照财政部、原建设部印发的《建设工程价款结算办法》(财建[2004]369 号)等十五条的规定:"发包人和承包人要加强施工现场的造价控制,及时对工程合同外的事项如实纪录并履行书面手续。凡由发、承包双方授权的现场代表签字的现场签证以及发、承包双方协商确定的索赔等费用,应在工程竣工结算中如实办理,不得因发、承包双方现场代表的中途变更改变其有效性。""13 计价规范"规定:"现场签证工作完成后的 7 天内,承包人应按照现场签证内容计算价款,报送发包人确认后,作为增加合同价款,与进度款同期支付。"此举可避免发包方变相拖延工程款以及发包人以现场代表变更而不承认某些索赔或签证的事件发生。

(6)在施工过程中,当发现合同工作内容因场地条件、地质水文、发包人要求等不一致时,承包人应提供所需的相关资料,并提交发包人签证认可,作为合同价款调整的依据。

(十五)暂列金额

(1)已签约合同价中的暂列金额应由发包人掌握使用。

(2)暂列金额虽然列入合同价款,但并不属于承包人所有,也并不必然发生。只有按照合同约定实际发生后,才能成为承包人的应得金额,纳入工程合同结算价款中,发包人按照前述相关规定与要求进行支付后,暂列金额余额仍归发包人所有。

四、合同价款期中支付

(一)预付款

(1)预付款是发包人为解决承包人在施工准备阶段资金周转问题提供的协助,预付款用于承包人为合同工程施工购置材料、工程设备,购置或租赁施工设备以及组织施工人员进场。预付款应专用于合同工程。

(2)按照财政部、原建设部印发的《建设工程价款结算暂行办法》的相关规定,"13计价规范"中对预付款的支付比例进行了约定:包工包料工程的预付款的支付比例不得低于签约合同价(扣除暂列金额)的10%,不宜高于签约合同价(扣除暂列金额)的30%。预付款的总金额,分期拨付次数,每次付款金额、付款时间等应根据工程规模、工期长短等具体情况,在合同中约定。

(3)承包人应在签订合同或向发包人提供与预付款等额的预付款保函(如有)后向发包人提交预付款支付申请。

(4)发包人应在收到支付申请的7天内进行核实,向承包人发出预付款支付证书,并在签发支付证书后的7天内向承包人支付预付款。

(5)发包人没有按合同约定按时支付预付款的,承包人可催告发包人支付;发包人在预付款期满后的7天内仍未支付的,承包人可在付款期满后的第8天起暂停施工。发包人应承担由此增加的费用和延误的工期,并应向承包人支付合理利润。

(6)当承包人取得相应的合同价款时,预付款应从每一个支付期应支付给承包人的工程进度款中扣回,直到扣回的金额达到合同约定的预付款金额为止。通常约定承包人完成签约合同价款的比例在20%~30%时,开始从进度款中按一定比例扣还。

(7)承包人的预付款保函(如有)的担保金额根据预付款扣回的数额相应递减,但在预付款全部扣回之前一直保持有效。发包人应在预付款扣完后的14天内将预付款保函退还给承包人。

(二)安全文明施工费

(1)财政部、国家安全生产监督管理总局印发的《企业安全生产费用提取和使用管理办法》(财企[2012]16号)第十九条规定:"建设工程施工企业安全费用应当按照以下范围使用:

(一)完善、改造和维护安全防护设施设备支出(不含'三同时'要求初期投入的安全设施),包括施工现场临时用电系统、洞口、临边、机械设备、高处作业防护、交叉作业防护、防火、防爆、防尘、防毒、防雷、防台风、防地质灾害、地下工程有害气体监测、通风、临时安全防护等设施设备支出;

(二)配备、维护、保养应急救援器材、设备支出和应急演练支出;

(三)开展重大危险源和事故隐患评估、监控和整改支出;

(四)安全生产检查、评价(不包括新建、改建、扩建项目安全评价)、咨询和标准化建设支出;

(五)配备和更新现场作业人员安全防护用品支出;

(六)安全生产宣传、教育、培训支出;

(七)安全生产适用的新技术、新标准、新工艺、新装备的推广应用支出;

(八)安全设施及特种设备检测检验支出;

(九)其他与安全生产直接相关的支出。"

由于工程建设项目因专业及施工阶段的不同,对安全文明施工措施的要求也不一致,因此"13工程计量规范"针对不同的专业工程特点,规定了安全文明施工的内容和包含的范围。在实际执行过程中,安全文明施工费包括的内容及使用范围,既应符合国家现行有关文件的规定,也应符合"13工程计量规范"中的规定。

(2)发包人应在工程开工后的28天内预付不低于当年施工进度计划的安全文明施工费总额的60%,其余部分应按照提前安排的原则进行分解,并应与进度款同期支付。

(3)发包人没有按时支付安全文明施工费的,承包人可催告发包人支付;发包人在付款期满后的7天内仍未支付的,若发生安全事故,发包人应承担相应责任。

(4)承包人对安全文明施工费应专款专用,在财务账目中应单独列项备查,不得挪作他用,否则发包人有权要求其限期改正;逾期未改正的,造成的损失和延误的工期应由承包人承担。

(三)进度款

(1)发承包双方应按照合同约定的时间、程序和方法,根据工程计量结果,办理期中价款结算,支付进度款。

(2)发包人支付工程进度款,其支付周期应与合同约定的工程计量周期一致。工程量的正确计量是发包人向承包人支付工程进度款的前提和依据。计量和付款周期可采用分段或按月结算的方式。

1)按月结算与支付。即实行按月支付进度款,竣工后结算的办法。合同工期在两个年度以上的工程,在年终进行工程盘点,办理年度结算。

2)分段结算与支付。即当年开工、当年不能竣工的工程按照工程形象进度,划分不同阶段,支付工程进度款。

当采用分段结算方式时,应在合同中约定具体的工程分段划分,付款周期应与计量周期一致。

(3)已标价工程量清单中的单价项目,承包人应按工程计量确认的工程量与综合单价计算;综合单价发生调整的,以发承包双方确认调整的综合单价计算进度款。

(4)已标价工程量清单中的总价项目和采用经审定批准的施工图纸及其预算方式发包形成的总价合同应由承包人根据施工进度计划和总价构成、费用性质、计划发生时间和相应的工程量等因素按计量周期进行分解,分别列入进度款支付申请中的安全文明施工费和本周期应支付的总价项目的金额中,并形成进度款支付分解表,在投标时提交,非招标工程在合同洽商时提交。在施工过程中,由于进度计划的调整,发承包双方应对支付分解进行调整。

1)已标价工程量清单中的总价项目进度款支付分解方法可选择以下之一(但不限于):

①将各个总价项目的总金额按合同约定的计量周期平均支付;

②按照各个总价项目的总金额占签约合同价的百分比,以及各个计量支付周期内所完成的单价项目的总金额,以百分比方式均摊支付;

③按照各个总价项目组成的性质(如时间、与单价项目的关联性等)分解到形象进度计划或计量周期中,与单价项目一起支付。

2)采用经审定批准的施工图纸及其预算方式发包形成的总价合同,除由于工程变更形成的工程量增减予以调整外,其工程量不予调整。因此,总价合同的进度款支付应按照计量周期进行支付分解,以便进度款有序支付。

(5)发包人提供的甲供材料金额,应按照发包人签约提供的单价和数量从进度款支付中扣除,列入本周期应扣减的金额中。

(6)承包人现场签证和得到发包人确认的索赔金额应列入本周期应增加的金额中。

(7)进度款的支付比例按照合同约定,按期中结算价款总额计,不低于60%,不高于90%。

(8)承包人应在每个计量周期到期后的7天内向发包人提交已完工程进度款支付申请一式四份,详细说明此周期认为有权得到的款额,包括分包人已完工程的价款。支付申请应包括下列内容:

1)累计已完成的合同价款;

2)累计已实际支付的合同价款;

3)本周期合计完成的合同价款:

①本周期已完成单价项目的金额;

②本周期应支付的总价项目的金额；
③本周期已完成的计日工价款；
④本周期应支付的安全文明施工费；
⑤本周期应增加的金额；
4)本周期合计应扣减的金额：
①本周期应扣回的预付款；
②本周期应扣减的金额；
5)本周期实际应支付的合同价款。

上述"本周期应增加的金额"中包括除单价项目、总价项目、计日工、安全文明施工费外的全部应增金额，如索赔、现场签证金额，"本周期应扣减的金额"包括除预付款外的全部应减金额。

由于进度款的支付比例最高不超过 90%，而且根据原建设部、财政部印发的《建设工程质量保证金管理暂行办法》第七条规定："全部或者部分使用政府投资的建设项目，按工程价款结算总额 5%左右的比例预留保证金"，因此"13 计价规范"未在进度款支付中要求扣减质量保证金，而是在竣工结算价款中预留保证金。

(9)发包人应在收到承包人进度款支付申请后的 14 天内，根据计量结果和合同约定对申请内容予以核实，确认后向承包人出具进度款支付证书。若发承包双方对部分清单项目的计量结果出现争议，发包人应对无争议部分的工程计量结果向承包人出具进度款支付证书。

(10)发包人应在签发进度款支付证书后的 14 天内，按照支付证书列明的金额向承包人支付进度款。

(11)若发包人逾期未签发进度款支付证书，则视为承包人提交的进度款支付申请已被发包人认可，承包人可向发包人发出催告付款的通知。发包人应在收到通知后的 14 天内，按照承包人支付申请的金额向承包人支付进度款。

(12)发包人未按照规定支付进度款的，承包人可催告发包人支付，并有权获得延迟支付的利息；发包人在付款期满后的 7 天内仍未支付的，承包人可在付款期满后的第 8 天起暂停施工。发包人应承担由此增加的费用和延误的工期,向承包人支付合理利润,并应承担违约责任。

(13)发现已签发的任何支付证书有错、漏或重复的数额,发包人有权予以修正,承包人也有权提出修正申请。经发承包双方复核同意修正的,应在本次到期的进度款中支付或扣除。

五、竣工结算与支付

(一)一般规定

(1)工程完工后,发承包双方必须在合同约定时间内办理工程竣工结算。合同中没有约定或约定不清的,按"13计价规范"中有关规定处理。

(2)工程竣工结算应由承包人或受其委托具有相应资质的工程造价咨询人编制,并应由发包人或受其委托具有相应资质的工程造价咨询人核对。实行总承包的工程,由总承包人对竣工结算的编制负总责。

(3)当发承包双方或一方对工程造价咨询人出具的竣工结算文件有异议时,可向工程造价管理机构投诉,申请对其进行执业质量鉴定。

(4)工程造价管理机构对投诉的竣工结算文件进行质量鉴定,宜按本章第五节的相关规定进行。

(5)根据《中华人民共和国建筑法》第六十一条规定:"交付竣工验收的建筑工程,必须符合规定的建筑工程质量标准,有完整的工程技术经济资料和经签署的工程保修书,并具备国家规定的其他竣工条件",由于竣工结算是反映工程造价计价规定执行情况的最终文件,竣工结算办理完毕,发包人应将竣工结算文件报送工程所在地或有该工程管辖权的行业管理部门的工程造价管理机构备案。竣工结算文件应作为工程竣工验收备案、交付使用的必备文件。

(二)编制与复核

(1)工程竣工结算应根据下列依据编制和复核:

1)"13计价规范";

2）工程合同；

3）发承包双方实施过程中已确认的工程量及其结算的合同价款；

4）发承包双方实施过程中已确认调整后追加（减）的合同价款；

5）建设工程设计文件及相关资料；

6）投标文件；

7）其他依据。

(2)分部分项工程和措施项目中的单价项目应依据发承包双方确认的工程量与已标价工程量清单的综合单价计算；发生调整的，应以发承包双方确认调整的综合单价计算。

(3)措施项目中的总价项目应依据已标价工程量清单的项目和金额计算；发生调整的，应以发承包双方确认调整的金额计算，其中安全文明施工费应按照国家或省级、行业建设主管部门的规定计算。施工过程中，国家或省级、行业建设主管部门对安全文明施工费进行了调整的，措施项目费中和安全文明施工费应作相应调整。

(4)办理竣工结算时，其他项目费的计算应按以下要求进行计价：

1）计日工的费用应按发包人实际签证确认的数量和合同约定的相应项目综合单价计算；

2）当暂估价中的材料、工程设备是招标采购的，其单价按中标价在综合单价中调整。当暂估价中的材料、设备为非招标采购的，其单价按发承包双方最终确认的单价在综合单价中调整。当暂估价中的专业工程是招标发包的，其专业工程费按中标价计算。当暂估价中的专业工程为非招标发包的，其专业工程费按发承包双方与分包人最终确认的金额计算；

3）总承包服务费应依据已标价工程量清单金额计算，发承包双方依据合同约定对总承包服务进行了调整的，应按调整后的金额计算；

4）索赔事件产生的费用在办理竣工结算时应在其他项目费中反映。索赔费用的金额应依据发承包双方确认的索赔事项和金额计算；

5）现场签证发生的费用在办理竣工结算时应在其他项目费中反映。现场签证费用金额依据发承包双方签证资料确认的金额计算；

6) 合同价款中的暂列金额在用于各项价款调整、索赔与现场签证后,若有余额,则余额归发包人,若出现差额,则由发包人补足并反映在相应的工程价款中。

(5) 规费和税金应按国家或省级、行业建设主管部门对规费和税金的计取标准计算。规费中的工程排污费应按工程所在地环境保护部门规定的标准缴纳后按实列入。

(6) 由于竣工结算与合同工程实施过程中的工程计量及其价款结算、进度款支付、合同价款调整等具有内在联系,因此发承包双方在合同工程实施过程中已经确认的工程计量结果和合同价款,在竣工结算办理中应直接进入结算,从而简化结算流程。

(三) 竣工结算

竣工结算的编制与核对是工程造价计价中发、承包双方应共同完成的重要工作。按照交易的一般原则,任何交易结束,都应做到钱、货两清,工程建设也不例外。工程施工的发承包活动作为期货交易行为,当工程竣工验收合格后,承包人将工程移交给发包人时,发承包双方应将工程价款结算清楚,即竣工结算办理完毕。

(1) 合同工程完工后,承包人应在经发承包双方确认的合同工程期中价款结算的基础上汇总编制完成竣工结算文件,应在提交竣工验收申请的同时向发包人提交竣工结算文件。

承包人未在合同约定的时间内提交竣工结算文件,经发包人催告后 14 天内仍未提交或没有明确答复的,发包人有权根据已有资料编制竣工结算文件,作为办理竣工结算和支付结算款的依据,承包人应予以认可。

因承包人无正当理由在约定时间内未递交竣工结算书,造成工程结算价款延期支付的,责任由承包人承担。

(2) 发包人应在收到承包人提交的竣工结算文件后的 28 天内核对。发包人经核实,认为承包人还应进一步补充资料和修改结算文件,应在上述时限内向承包人提出核实意见,承包人在收到核实意见后的 28 天内应按照发包人提出的合理要求补充资料,修改竣工结算文件，并应再次提交给发包人复核后批准。

（3）发包人应在收到承包人再次提交的竣工结算文件后的28天内予以复核，将复核结果通知承包人，并应遵守下列规定：

1）发包人、承包人对复核结果无异议的，应在7天内在竣工结算文件上签字确认，竣工结算办理完毕；

2）发包人或承包人对复核结果认为有误的，无异议部分按照本条第1）款规定办理不完全竣工结算；有异议部分由发承包双方协商解决；协商不成的，应按照合同约定的争议解决方式处理。

（4）《最高人民法院关于审理建设工程施工合同纠纷案件适用法律问题的解释》（法释[2004]14号）第二十条规定："当事人约定，发包人收到竣工结算文件后，在约定期限内不予答复，视为认可竣工结算文件的，按照约定处理。承包人请求按照竣工结算文件结算工程价款的，应予支持"。根据这一规定，要求发承包双方不仅应在合同中约定竣工结算的核对时间，并应约定发包人在约定时间内对竣工结算不予答复，视为认可承包人递交的竣工结算。"13计价规范"对发包人未在竣工结算中履行核对责任的后果进行了规定，即：发包人在收到承包人竣工结算文件后的28天内，不核对竣工结算或未提出核对意见的，应视为承包人提交的竣工结算文件已被发包人认可，竣工结算办理完毕。

（5）承包人在收到发包人提出的核实意见后的28天内，不确认也未提出异议的，应视为发包人提出的核实意见已被承包人认可，竣工结算办理完毕。

（6）发包人委托工程造价咨询人核对竣工结算的，工程造价咨询人应在28天内核对完毕，核对结论与承包人竣工结算文件不一致的，应提交给承包人复核；承包人应在14天内将同意核对结论或不同意见的说明提交工程造价咨询人。工程造价咨询人收到承包人提出的异议后，应再次复核，复核无异议的，应在7天内在竣工结算文件上签字确认，竣工结算办理完毕；复核后仍有异议的，对于无异议部分按照规定办理不完全竣工结算；有异议部分由发承包双方协商解决；协商不成的,应按照合同约定的争议解决方式处理。

承包人逾期未提出书面异议的,应视为工程造价咨询人核对的竣工结算文件已经承包人认可。

(7)对发包人或发包人委托的工程造价咨询人指派的专业人员与承包人指派的专业人员经核对后无异议并签名确认的竣工结算文件,除非发承包人能提出具体、详细的不同意见,发承包人都应在竣工结算文件上签名确认,如其中一方拒不签认的,按下列规定办理:

1)若发包人拒不签认的,承包人可不提供竣工验收备案资料,并有权拒绝与发包人或其上级部门委托的工程造价咨询人重新核对竣工结算文件。

2)若承包人拒不签认的,发包人要求办理竣工验收备案的,承包人不得拒绝提供竣工验收资料,否则,由此造成的损失,承包人承担相应责任。

(8)合同工程竣工结算核对完成,发承包双方签字确认后,发包人不得要求承包人与另一个或多个工程造价咨询人重复核对竣工结算。这可以有效地解决工程竣工结算中存在的一审再审、以审代拖、久审不结的现象。

(9)发包人对工程质量有异议,拒绝办理工程竣工结算的,已竣工验收或已竣工未验收但实际投入使用的工程,其质量争议应按该工程保修合同执行,竣工结算应按合同约定办理;已竣工未验收且未实际投入使用的工程以及停工、停建工程的质量争议,双方应就有争议的部分委托有资质的检测鉴定机构进行检测,并应根据检测结果确定解决方案,或按工程质量监督机构的处理决定执行后办理竣工结算,无争议部分的竣工结算应按合同约定办理。

(四)结算款支付

(1)承包人应根据办理的竣工结算文件向发包人提交竣工结算款支付申请。申请应包括下列内容:

1)竣工结算合同价款总额;

2)累计已实际支付的合同价款;

3)应预留的质量保证金;

4)实际应支付的竣工结算款金额。

(2)发包人应在收到承包人提交竣工结算款支付申请后7天内予以核实,向承包人签发竣工结算支付证书。

(3)发包人签发竣工结算支付证书后的14天内,应按照竣工结算支付证书列明的金额向承包人支付结算款。

(4)发包人在收到承包人提交的竣工结算款支付申请后7天内不予核实,不向承包人签发竣工结算支付证书的,视为承包人的竣工结算款支付申请已被发包人认可;发包人应在收到承包人提交的竣工结算款支付申请7天后的14天内,按照承包人提交的竣工结算款支付申请列明的金额向承包人支付结算款。

(5)工程竣工结算办理完毕后,发包人应按合同约定向承包人支付工程价款。发包人按合同约定应向承包人支付而未支付的工程款视为拖欠工程款。根据《最高人民法院关于审理建设工程施工合同纠纷案件适用法律问题的解释》(法释[2004]14号)第十七条:"当事人对欠付工程价款利息计付标准有约定的,按照约定处理;没有约定的,按照中国人民银行发布的同期同类贷款利率信息。发包人应向承包人支付拖欠工程款的利息,并承担违约责任。"和《中华人民共和国合同法》第二百八十六条:"发包人未按照合同约定支付价款的,承包人可以催告发包人在合理期限内支付价款。发包人逾期不支付的,除按照建设工程的性质不宜折价、拍卖的以外,承包人可以与发包人协议将该工程折价,也可以申请人民法院将该工程依法拍卖。建设工程的价款就该工程折价或者拍卖的价款优先受偿。"等规定,"13计价规范"中指出:"发包人未按照上述第(3)条和第(4)条规定支付竣工结算款的,承包人可催告发包人支付,并有权获得延迟支付的利息。发包人在竣工结算支付证书签发后或者在收到承包人提交的竣工结算款支付申请7天后的56天内仍未支付的,除法律另有规定外,承包人可与发包人协商将该工程折价,也可直接向人民法院申请将该工程依法拍卖。承包人应就该工程折价或拍卖的价款优先受偿。"

所谓优先受偿,最高人民法院在《关于建设工程价款优先受偿权的批复》(法释[2002]16号)中规定如下:

1)人民法院在审理房地产纠纷案件和办理执行案件中,应当依照《中华人民共和国合同法》第二百八十六条的规定,认定建筑工程的承包人的优先受偿权优于抵押权和其他债权。

2)消费者交付购买商品房的全部或者大部分款项后,承包人就该商品房享有的工程价款优先受偿权不得对抗买受人。

3)建筑工程价款包括承包人为建设工程应当支付的工作人员报酬、材料款等实际支出的费用,不包括承包人因发包人违约所造成的损失。

4)建设工程承包人行使优先权的期限为六个月,自建设工程竣工之日或者建设工程合同约定的竣工之日起计算。

(五)质量保证金

(1)发包人应按照合同约定的质量保证金比例从结算款中预留质量保证金。质量保证金用于承包人按照合同约定履行属于自身责任的工程缺陷修复义务的,为发包人有效监督承包人完成缺陷修复提供资金保证。原建设部、财政部印发的《建设工程质量保证金管理暂行办法》(建质[2005]7号)第七条规定:"全部或者部分使用政府投资的建设项目,按工程价款结算总额5%左右的比例预留保证金。社会投资项目采用预留保证金方式的,预留保证金的比例可参照执行。"

(2)承包人未按照合同约定履行属于自身责任的工程缺陷修复义务的,发包人有权从质量保证金中扣除用于缺陷修复的各项支出。经查验,工程缺陷属于发包人原因造成的,应由发包人承担查验和缺陷修复的费用。

(3)在合同约定的缺陷责任期终止后,发包人应按照规定,将剩余的质量保证金返还给承包人。原建设部、财政部印发的《建设工程质量保证金管理暂行办法》(建质[2005]7号)第九条规定:"缺陷责任期内,承包人认真履行合同约定的责任,到期后,承包人向发包人申请返还保证金。"

(六)最终结清

(1)缺陷责任期终止后,承包人已完成合同约定的全部承包工作,但合同工程的财务账目需要结清,因此承包人应按照合同约定向发包人提交最终结清支付申请。发包人对最终结清支付申请有异议的,有权要求承包人进行修正和提供补充资料。承包人修正后,应再次向发包人提交修正后的最终结清支付申请。

(2)发包人应在收到最终结清支付申请后的 14 天内予以核实,并应向承包人签发最终结清支付证书。

(3)发包人应在签发最终结清支付证书后的 14 天内,按照最终结清支付证书列明的金额向承包人支付最终结清款。

(4)发包人未在约定的时间内核实,又未提出具体意见的,应视为承包人提交的最终结清支付申请已被发包人认可。

(5)发包人未按期最终结清支付的,承包人可催告发包人支付,并有权获得延迟支付的利息。

(6)最终结清时,承包人被预留的质量保证金不足以抵减发包人工程缺陷修复费用的,承包人应承担不足部分的补偿责任。

(7)承包人对发包人支付的最终结清款有异议的,应按照合同约定的争议解决方式处理。

六、合同解除的价款结算与支付

合同解除是合同非常态的终止,为了限制合同的解除,法律规定了合同解除制度。根据解除权来源划分,可分为协议解除和法定解除。鉴于建设工程施工合同的特性,为了防止社会资源浪费,法律不赋予发承包人享有任意单方解除权,因此,除了协议解除,按照《最高人民法院关于审理建设工程施工合同纠纷案件适用法律问题的解释》第八条、第九条的规定,施工合同的解除有承包人根本违约的解除和发包人根本违约的解除两种。

(1)发承包双方协商一致解除合同的,应按照达成的协议办理结算和支付合同价款。

(2) 由于不可抗力致使合同无法履行解除合同的,发包人应向承包人支付合同解除之日前已完成工程但尚未支付的合同价款,此外,还应支付下列金额:

1) 招标文件中明示应由发包人承担的赶工费用;

2) 已实施或部分实施的措施项目应付价款;

3) 承包人为合同工程合理订购且已交付的材料和工程设备货款;

4) 承包人撤离现场所需的合理费用,包括员工遣送费和临时工程拆除、施工设备运离现场的费用;

5) 承包人为完成合同工程而预期开支的任何合理费用,且该项费用未包括在本款其他各项支付之内。

发承包双方办理结算合同价款时,应扣除合同解除之日前发包人应向承包人收回的价款。当发包人应扣除的金额超过了应支付的金额,承包人应在合同解除后的 86 天内将其差额退还给发包人。

(3) 由于承包人违约解除合同的,对于价款结算与支付应按以下规定处理:

1) 发包人应暂停向承包人支付任何价款。

2) 发包人应在合同解除后 28 天内核实合同解除时承包人已完成的全部合同价款以及按施工进度计划已运至现场的材料和工程设备货款,按合同约定核算承包人应支付的违约金以及造成损失的索赔金额,并将结果通知承包人。发承包双方应在 28 天内予以确认或提出意见,并办理结算合同价款。如果发包人应扣除的金额超过了应支付的金额,则承包人应在合同解除后的 56 天内将其差额退还给发包人。

3) 发承包双方不能就解除合同后的结算达成一致的,按照合同约定的争议解决方式处理。

(4) 由于发包人违约解除合同的,对于价款结算与支付应按以下规定处理:

1) 发包人除应按照上述第(2)条的有关规定向承包人支付各项价款外,应按合同约定核算发包人应支付的违约金以及给承包人造成损失或损害的索赔金额费用。该笔费用由承包人提出,发包人核实后与承包人协商确定后的 7 天内向承包人签发支付证书。

2)发承包双方协商不能达成一致的,按照合同约定的争议解决方式处理。

七、合同价款争议的解决

施工合同履行过程中出现争议是在所难免的,解决合同履行过程中争议的主要方法包括协商、调解、仲裁和诉讼四种。当发承包双方发生争议后,可以先进行协商和解从而达到消除争议的目的,也可以请第三方进行调解;若争议继续存在,发承包双方可以继续通过仲裁或诉讼的途径解决,当然,也可以直接进入仲裁或诉讼程序解决争议。不论采用何种方式解决发承包双方的争议,只有及时并有效的解决施工过程中的合同价款争议,才是工程建设顺利进行的必要保证。

(一)监理或造价工程师暂定

从我国现行施工合同示范文本、监理合同示范文本、造价咨询合同示范文本的内容可以看出,合同中一般均会对总监理工程师或造价工程师在合同履行过程中发承包双方的争议如何处理有所约定。为使合同争议在施工过程中就能够由总监理工程师或造价工程师予以解决,"13 计价规范"对总监理工程师或造价工程师的合同价款争议处理流程及职责权限进行了如下约定:

(1)若发包人和承包人之间就工程质量、进度、价款支付与扣除、工期延期、索赔、价款调整等发生任何法律上、经济上或技术上的争议,首先应根据已签约合同的规定,提交合同约定职责范围内的总监理工程师或造价工程师解决,并应抄送另一方。总监理工程师或造价工程师在收到此提交件后 14 天内应将暂定结果通知发包人和承包人。发承包双方对暂定结果认可的,应以书面形式予以确认,暂定结果成为最终决定。

(2)发承包双方在收到总监理工程师或造价工程师的暂定结果通知之后的 14 天内未对暂定结果予以确认也未提出不同意见的,应视为发承包双方已认可该暂定结果。

(3) 发承包双方或一方不同意暂定结果的，应以书面形式向总监理工程师或造价工程师提出，说明自己认为正确的结果，同时抄送另一方，此时该暂定结果成为争议。在暂定结果对发承包双方当事人履约不产生实质影响的前提下，发承包双方应实施该结果，直到按照发承包双方认可的争议解决办法被改变为止。

(二)管理机构的解释和认定

(1) 合同价款争议发生后，发承包双方可就工程计价依据的争议以书面形式提请工程造价管理机构对争议以书面文件进行解释或认定。工程造价管理机构是工程造价计价依据、办法以及相关政策的制定和管理机构。对发包人、承包人或工程造价咨询人在工程计价中，对计价依据、办法以及相关政策规定发生的争议进行解释是工程造价管理机构的职责。

(2) 工程造价管理机构应在收到申请的 10 个工作日内就发承包双方提请的争议问题进行解释或认定。

(3) 发承包双方或一方在收到工程造价管理机构书面解释或认定后仍可按照合同约定的争议解决方式提请仲裁或诉讼。除工程造价管理机构的上级管理部门作出了不同的解释或认定，或在仲裁裁决或法院判决中不予采信的外，工程造价管理机构作出的书面解释或认定应为最终结果，并应对发承包双方均有约束力。

(三)协商和解

(1) 合同价款争议发生后，发承包双方任何时候都可以进行协商。协商达成一致的，双方应签订书面和解协议，并明确和解协议对发承包双方均有约束力。

(2) 如果协商不能达成一致协议，发包人或承包人都可以按合同约定的其他方式解决争议。

(四)调解

按照《中华人民共和国合同法》的规定，当事人可以通过调解解决合同争议，但在工程建设领域，目前的调解主要出现在仲裁或诉讼中,即所谓司法调解;有的通过建设行政主管部门或工程造价管理机构处理,双方认可,即所谓行政调解。司法调解耗时较长,且增加了诉讼成本;行政调解受行政管理人员专业水平、处理能力等的影响,其效果也受到限制。因此,"13计价规范"提出了由发承包双方约定相关工程专家作为合同工程争议调解人的思路,类似于国外的争议评审或争端裁决,可定义为专业调解,这在我国合同法的框架内,为有法可依,使争议尽可能在合同履行过程中得到解决,确保工程建设顺利进行。

(1)发承包双方应在合同中约定或在合同签订后共同约定争议调解人,负责双方在合同履行过程中发生争议的调解。

(2)合同履行期间,发承包双方可协议调换或终止任何调解人,但发包人或承包人都不能单独采取行动。除非双方另有协议,在最终结清支付证书生效后,调解人的任期应即终止。

(3)如果发承包双方发生了争议,任何一方可将该争议以书面形式提交调解人,并将副本抄送另一方,委托调解人调解。

(4)发承包双方应按照调解人提出的要求,给调解人提供所需要的资料、现场进入权及相应设施。调解人应被视为不是在进行仲裁人的工作。

(5)调解人应在收到调解委托后28天内或由调解人建议并经发承包双方认可的其他期限内提出调解书,发承包双方接受调解书的,经双方签字后作为合同的补充文件,对发承包双方均具有约束力,双方都应立即遵照执行。

(6)当发承包双方中任一方对调解人的调解书有异议时,应在收到调解书后28天内向另一方发出异议通知,并应说明争议的事项和理由。但除非并直到调解书在协商和解或仲裁裁决、诉讼判决中作出修改,或合同已经解除,承包人应继续按照合同实施工程。

(7)当调解人已就争议事项向发承包双方提交了调解书,而任一方在收到调解书后28天内均未发出表示异议的通知时,调解书对发承包双方应均具有约束力。

(五)仲裁、诉讼

(1)发承包双方的协商和解或调解均未达成一致意见,其中的一方已就此争议事项根据合同约定的仲裁协议申请仲裁,应同时通知另一方。进行协议仲裁时,应遵守《中华人民共和国仲裁法》的有关规定,如第四条:"当事人采用仲裁方式解决纠纷,应当双方自愿,达成仲裁协议。没有仲裁协议,一方申请仲裁的,仲裁委员会不予受理";第五条:"当事人达成仲裁协议,一方向人民法院起诉的,人民法院不予受理,但仲裁协议无效的除外";第六条:"仲裁委员会应当由当事人协议选定。仲裁不实行级别管辖和地域管辖"。

(2)仲裁可在竣工之前或之后进行,但发包人、承包人、调解人各自的义务不得因在工程实施期间进行仲裁而有所改变。当仲裁是在仲裁机构要求停止施工的情况下进行时,承包人应对合同工程采取保护措施,由此增加的费用应由败诉方承担。

(3)在前述(一)至(四)中规定的期限之内,暂定或和解协议或调解书已经有约束力的情况下,当发承包中一方未能遵守暂定或和解协议或调解书时,另一方可在不损害他可能具有的任何其他权利的情况下,将未能遵守暂定或不执行和解协议或调解书达成的事项提交仲裁。

(4)发包人、承包人在履行合同时发生争议,双方不愿和解、调解或者和解、调解不成,又没有达成仲裁协议的,可依法向人民法院提起诉讼。

第五节　装饰装修工程造价鉴定

发承包双方在履行施工合同过程中,由于不同的利益诉求,有一些施工合同纠纷需要采用仲裁、诉讼的方式解决,工程造价鉴定在一些施工合同纠纷案件处理中就成了裁决、判决的主要依据。

一、一般规定

(1)在工程合同价款纠纷案件处理中,需做工程造价司法鉴定的,应根据《工程造价咨询企业管理办法》(原建设部令第149号)第二十条的规定,委托具有相应资质的工程造价咨询人进行。

(2)工程造价咨询人接受委托时提供工程造价司法鉴定服务,不仅应符合建设工程造价方面的规定,还应按仲裁、诉讼程序和要求进行,并应符合国家关于司法鉴定的规定。

(3)按照《注册造价工程师管理办法》(原建设部令第150号)的规定,工程计价活动应由造价工程师担任。《建设部关于对工程造价司法鉴定有关问题的复函》(建办标函[2005]155号)第二条:"从事工程造价司法鉴定的人员,必须具备注册造价工程师执业资格,并只得在其注册的机构从事工程造价司法鉴定工作,否则不具有在该机构的工程造价成果文件上签字的权力。"鉴于进入司法程序的工程造价鉴定的难度一般较大,因此,工程造价咨询人进行工程造价司法鉴定时,应指派专业对口、经验丰富的注册造价工程师承担鉴定工作。

(4)工程造价咨询人应在收到工程造价司法鉴定资料后10天内,根据自身专业能力和证据资料判断能否胜任该项委托,如不能,应辞去该项委托。工程造价咨询人不得在鉴定期满后以上述理由不作出鉴定结论,影响案件处理。

(5)为保证工程造价司法鉴定的公正进行,接受工程造价司法鉴定委托的工程造价咨询人或造价工程师如是鉴定项目一方当事人的近亲属或代理人、咨询人以及其他关系可能影响鉴定公正的,应当自行回避;未自行回避,鉴定项目委托人以该理由要求其回避的,必须回避。

(6)《最高人民法院关于民事诉讼证据的若干规定》(法释[2001]33号)第五十九条规定:"鉴定人应当出庭接受当事人质询",因此,工程造价咨询人应当依法出庭接受鉴定项目当事人对工程造价司法鉴定意见书的质询。如确因特殊原因无法出庭的,经审理该鉴定项目的仲裁机关或人民法院准许,可以书面形式答复当事人的质询。

二、取证

(1)工程造价的确定与当时的法律法规、标准定额以及各种要素价格具有密切关系,为做好一些基础资料不完备的工程鉴定,工程造价咨询人进行工程造价鉴定工作,应自行收集以下(但不限于)鉴定资料:

1)适用于鉴定项目的法律、法规、规章、规范性文件以及规范、标准、定额;

2)鉴定项目同时期同类型工程的技术经济指标及其各类要素价格等。

(2)真实、完整、合法的鉴定依据是做好鉴定项目工程造价司法工作鉴定的前提。工程造价咨询人收集鉴定项目的鉴定依据时,应向鉴定项目委托人提出具体书面要求,其内容包括:

1)与鉴定项目相关的合同、协议及其附件;

2)相应的施工图纸等技术经济文件;

3)施工过程中的施工组织、质量、工期和造价等工程资料;

4)存在争议的事实及各方当事人的理由;

5)其他有关资料。

(3)根据最高人民法院规定"证据应当在法庭上出示,由当事人质证。未经质证的证据,不能作为认定案件事实的依据(法释[2001]33号)",工程造价咨询人在鉴定过程中要求鉴定项目当事人对缺陷资料进行补充的,应征得鉴定项目委托人同意,或者协调鉴定项目各方当事人共同签认。

(4)根据鉴定工作需要现场勘验的,工程造价咨询人应提请鉴定项目委托人组织各方当事人对被鉴定项目所涉及的实物标的进行现场勘验。

(5)勘验现场应制作勘验记录、笔录或勘验图表,记录勘验的时间、地点、勘验人、在场人、勘验经过、结果,由勘验人、在场人签名或者盖章确认。绘制的现场图应注明绘制的时间、测绘人姓名、身份等内容。必要时应采取拍照或摄像取证,留下影像资料。

(6)鉴定项目当事人未对现场勘验图表或勘验笔录等签字确认的,工程造价咨询人应提请鉴定项目委托人决定处理意见,并在鉴定意见书中作出表述。

三、鉴定

(1)《最高人民法院关于审理建设工程施工合同纠纷案件适用法律问题的解释》(法释[2004]14号)第十六条一款规定:"当事人对建设工程的计价标准或者计价方法有约定的,按照约定结算工程价款",因此,如鉴定项目委托人明确告之合同有效,工程造价咨询人就必须依据合同约定进行鉴定,不得随意改变发承包双方合法的合意,不能以专业技术方面的惯例来否定合同的约定。

(2)工程造价咨询人在鉴定项目合同无效或合同条款约定不明确的情况下应根据法律法规、相关国家标准和"13计价规范"的规定,选择相应专业工程的计价依据和方法进行鉴定。

(3)为保证工程造价鉴定的质量,尽可能将当事人之间的分歧缩小直至化解,为司法调解、裁决或判决提供科学合理的依据,工程造价咨询人出具正式鉴定意见书之前,可报请鉴定项目委托人向鉴定项目各方当事人发出鉴定意见书征求意见稿,并指明应书面答复的期限及其不答复的相应法律责任。

(4)工程造价咨询人收到鉴定项目各方当事人对鉴定意见书征求意见稿的书面复函后,应对不同意见认真复核,修改完善后再出具正式鉴定意见书。

(5)工程造价咨询人出具的工程造价鉴定书应包括下列内容:

1)鉴定项目委托人名称、委托鉴定的内容;

2)委托鉴定的证据材料;

3)鉴定的依据及使用的专业技术手段;

4)对鉴定过程的说明;

5)明确的鉴定结论;

6)其他需说明的事宜;

7)工程造价咨询人盖章及注册造价工程师签名盖执业专用章。

(6)进入仲裁或诉讼的施工合同纠纷案件,一般都有明确的结案时限，为避免影响案件的处理，工程造价咨询人应在委托鉴定项目的鉴定期限内完成鉴定工作，如确因特殊原因不能在原定期限内完成鉴定工作时，应按照相应法规提前向鉴定项目委托人申请延长鉴定期限，并应在此期限内完成鉴定工作。

经鉴定项目委托人同意等待鉴定项目当事人提交、补充证据的，质证所用的时间不应计入鉴定期限。

(7)对于已经出具的正式鉴定意见书中有部分缺陷的鉴定结论，工程造价咨询人应通过补充鉴定作出补充结论。

第六节 装饰装修工程计价资料与档案

一、工程计价资料

为有效减少甚至杜绝工程合同价款争议，发承包双方应认真履行合同义务，认真处理双方往来的信函，并共同管理好合同工程履约过程中双方之间的往来文件。

(1)发承包双方应当在合同中约定各自在合同工程中现场管理人员的职责范围，双方现场管理人员在职责范围内签字确认的书面文件是工程计价的有效凭证，但如有其他有效证据或经实证证明其是虚假的除外。

1)发承包双方现场管理人员的职责范围。首先是要明确发承包双方的现场管理人员，包括受其委托的第三方人员，如发包人委托的监理人、工程造价咨询人，仍然属于发包人现场管理人员的范畴；其次是明确管理人员的职责范围，也就是业务分工，并应明确在合同中约定，施工过程中如发生人员变动，应及时以书面形式通知对方，涉及到合同中约定的主要人员变动需经对方同意的，应事先征求对方的意见，同意后才能更换。

2)现场管理人员签署的书面文件的效力。首先，双方现场管理人员在合同约定的职责范围签署的书面文件必定是工程计价的有效凭证;其次,双方现场管理人员签署的书面文件如有错误的应予纠正,这方面的错误主要有两方面的原因,一是无意识失误,属工作中偶发性错误,只要双方认真核对就可有效减少此类错误;二是有意致错,如双方现场管理人员以利益交换,有意犯错,如工程计量有意多计等。对于现场管理人员签署的书面文件,如有其他有效证据或经实证证明其是虚假的,则应更正。

(2)发承包双方不论在何种场合对与工程计价有关的事项所给予的批准、证明、同意、指令、商定、确定、确认、通知和请求,或表示同意、否定、提出要求和意见等,均应采用书面形式,口头指令不得作为计价凭证。

(3)任何书面文件送达时,应由对方签收,通过邮寄应采用挂号、特快专递传送,或以发承包双方商定的电子传输方式发送,交付、传送或传输至指定的接收人的地址。如接收人通知了另外地址时,随后通信信息应按新地址发送。

(4)发承包双方分别向对方发出的任何书面文件,均应将其抄送现场管理人员,如系复印件应加盖合同工程管理机构印章,证明与原件相同。双方现场管理人员向对方所发任何书面文件,也应将其复印件发送给发承包双方,复印件应加盖合同工程管理机构印章,证明与原件相同。

(5)发承包双方均应当及时签收另一方送达其指定接收地点的来往信函,拒不签收的,送达信函的一方可以采用特快专递或者公证方式送达,所造成的费用增加(包括被迫采用特殊送达方式所发生的费用)和延误的工期由拒绝签收一方承担。

(6)书面文件和通知不得扣压,一方能够提供证据证明另一方拒绝签收或已送达的,应视为对方已签收并应承担相应责任。

二、计价档案

(1)发承包双方以及工程造价咨询人对具有保存价值的各种载体的计价文件,均应收集齐全,整理立卷后归档。

(2)发承包双方和工程造价咨询人应建立完善的工程计价档案管理制度,并应符合国家和有关部门发布的档案管理相关规定。

(3)工程造价咨询人归档的计价文件,保存期不宜少于五年。

(4)归档的工程计价成果文件应包括纸质原件和电子文件,其他归档文件及依据可为纸质原件、复印件或电子文件。

(5)归档文件应经过分类整理,并应组成符合要求的案卷。

(6)归档可以分阶段进行,也可以在项目竣工结算完成后进行。

(7)向接受单位移交档案时,应编制移交清单,双方应签字、盖章后方可交接。

参 考 文 献

[1] 中华人民共和国住房和城乡建设部. GB 50500－2013 建设工程工程量清单计价规范[S]. 北京：中国计划出版社，2013.
[2] 中华人民共和国住房和城乡建设部. GB 50854—2013 房屋建筑与装饰工程工程量计算规范[S]. 北京：中国计划出版社，2013.
[3] 中华人民共和国建设部. GJD－101－95 全国统一建筑工程基础定额（土建）[S]. 北京：中国计划出版社，1995.
[4] 中华人民共和国建设部. GYD－901－2002 全国统一建筑装饰装修工程消耗量定额[S]. 北京：中国建筑工业出版社，2002.
[5] 林毅辉. 建筑、安装、装饰工程工程量清单编制应用百例图解[M]. 济南：山东科学技术出版社，2005.
[6] 夏宪成，曾奎. 建筑与装饰工程量计量计价[M]. 徐州：中国矿业大学出版社，2010.
[7] 李海军，张慧芳. 装饰装修工程工程量汇款单计价编制实例[M]. 郑州：黄河水利出版社，2008.
[8] 代学灵，等. 建筑工程计量与计价[M]. 郑州：郑州大学出版社，2007.
[9] 全国造价工程师执业资格考试培训教材编审委员会. 工程造价计价与控制[M]. 北京：中国计划出版社，2006.

我们提供

图书出版、图书广告宣传、企业/个人定向出版、设计业务、企业内刊等外包、代选代购图书、团体用书、会议、培训，其他深度合作等优质高效服务。

编辑部	图书广告	出版咨询	图书销售	设计业务
010-68343948	010-68361706	010-68343948	010-68001605	010-88376510转1008

邮箱：jccbs-zbs@163.com　　网址：www.jccbs.com.cn

发展出版传媒　　服务经济建设
传播科技进步　　满足社会需求

(版权专有，盗版必究。未经出版者预先书面许可，不得以任何方式复制或抄袭本书的任何部分。举报电话：010-68343948)